"十二五"国家科技支撑计划项目——"三北"地区水源涵养林体系构建技术研究与示范(2011BAD38B05)

国家林业局林业公益性行业科研专项项目——典型森林植被对水资源形成过程的调控研究(201104005)

国家林业局林业科技成果推广计划——北京密云石质山地植被恢复与重建综合配套技术试验示范(2009QT01)

共同资助

生态水文学研究系列专著

水源涵养林——技术、研究、示范

余新晓　陈丽华　张志强　贺康宁
熊　伟　张毓涛　范志平　等　著

科 学 出 版 社

北　京

内 容 简 介

本书针对我国华北、西北和东北（"三北"）地区水资源缺乏和水源涵养林功能低下的关键问题以及国家林业生态工程和水源涵养林建设中急需解决的植被恢复、结构调控、植被配置等关键技术，在全面分析"三北"地区水源保护和生态环境及社会经济发展特点基础之上，从水源涵养林型植被定向恢复、低功能人工水源涵养林结构定向调控、小流域净水调水功能导向型水源涵养林配置3方面开展了系统的技术研究，并集成水源涵养林构建技术体系建立了完善试验示范区，旨在提高"三北"水源区水源涵养林生态服务功能，保障水资源生态安全。

本书可供林学、水土保持学、环境科学、地理科学等专业的研究、管理人员及高等院校相关专业的师生参考。

图书在版编目 CIP 数据

水源涵养林：技术、研究、示范/余新晓等著. —北京：科学出版社，2014.6
（生态水文学研究系列专著）
ISBN 978-7-03-041132-7

Ⅰ.①水… Ⅱ.①余… Ⅲ.①水源涵养林-研究 Ⅳ.①S727.21

中国版本图书馆 CIP 数据核字(2014)第 128968 号

责任编辑：朱 丽 杨新改 / 责任校对：郭瑞芝
责任印制：钱玉芬 / 封面设计：耕者设计工作室

科 学 出 版 社 出版
北京东黄城根北街 16 号
邮政编码：100717
http://www.sciencep.com
双青印刷厂 印刷
科学出版社发行 各地新华书店经销

*

2014 年 6 月第 一 版　　开本：787×1092 1/16
2014 年 6 月第一次印刷　　印张：20 1/2
字数：480 000

定价：118.00 元
（如有印装质量问题，我社负责调换）

《水源涵养林——技术、研究、示范》

编写人员名单 （按姓氏汉语拼音排序）

陈丽华　范志平　谷建才　贺康宁　贾国栋　娄源海

牛健植　王贺年　熊　伟　余新晓　查同刚　张毓涛

张振明　张志强　赵　阳

丛 书 序

水是生命之源、生产之要、生态之基。随着人口增长和社会经济的迅速发展，人类对水资源的需求越来越大，水资源危机成为困扰世界的三大危机之一，水资源短缺以及由此引发的水生态安全问题严重威胁着社会经济的可持续发展，成为任何一个国家在政策、经济和技术上所面临的复杂问题和社会经济发展的主要制约因素。随着水资源问题的日益严重，研究者们越来越意识到水文过程对生态系统功能的重要影响，因此在20世纪80年代，国外学者提出了生态水文学的概念。生态水文学是一门逐步发展起来的新兴学科，是现代水文科学与生态科学交叉发展中的一个亮点，它研究的目的是解释生态过程与水文循环之间的联系，明确水文交互作用如何影响物质的循环和能量交换，其观点对于理解生态系统的水文过程具有十分重要的意义，已经成为当代生态学、地理科学、环境科学和资源科学等相关研究的主题内容。

《生态水文学研究系列专著》是余新晓教授及其科研团队多年研究成果的总结，是在国家林业局林业公益性行业科研专项项目、"十二五"国家科技支撑计划项目和国家自然科学基金项目等支撑下完成的。该系列著作研究成果依托国家林业局首都圈森林生态系统定位观测研究站（CFERN）这一主要研究平台，编写内容充实、观点新颖鲜明，解决了当前生态水文学研究中的一些重要科学问题，填补了目前该领域研究中的一些空白。余新晓教授始终坚持生态水文领域的研究，以一丝不苟的工作态度和坚持不懈的科研精神，在这一领域不断前进，取得了显著成果，此系列著作可略见一斑。

该系列专著基于我国水资源短缺的背景，从不同的尺度深入探讨了森林生态系统的水文过程与功能、结构与水文生态功能及土壤-森林植被-大气连续体水分传输与循环等问题，以华北土石山区典型流域为研究对象，对人类活动与气候变化的流域生态水文响应进行分析和模拟，并对水源涵养林体系构建技术进行了研究与示范。该系列著作的内容均为生态水文领域的热点问题，引领了该学科的发展方向，其不仅在理论框架、知识集成方面做了很多开创性的工作，而且吸收了国内外先进的研究方法，在推动生态水文学的关键技术研究方面进行了有益的探索，为我国的生态环境建设提供了重要的理论指导和技术支持。

书是我们的良师益友。该系列著作的出版不仅为生态学、环境学、地理学、资源科学等学科的科研和教学工作者提供有益的参考，而且是我国水土保持、林业等生态环境建设工作者可参考的系列好书。望此系列著作可以为相关科研人员提供帮助，通过大家的工作实践，令祖国的青山绿水重现。是以为序。

中国工程院院士 **王 浩**

2013年6月

前　言

中国是世界上最为缺水的国家之一,人均水资源占有量仅为世界平均水平的1/4,水资源短缺已成为制约社会经济发展的瓶颈。我国水资源不仅总量缺乏,而且时空分布也很不均匀,呈南多北少的分布格局。北方地区的河川径流量仅占全国总径流量的17%,水资源分布与需求的极端不一致性是北方水资源的一大特点。水资源短缺和水体污染以及由此引发的水生态安全问题严重威胁了我国北方地区社会经济的可持续发展。

水源涵养林具有调节径流、净化水质等不可替代的水源保护功能,流域上游的水源涵养林建设和生态保护直接影响到整个流域的生态平衡和社会经济可持续发展,因此水源涵养林工程建设成为流域水源区综合管理的重点。随着国家大量人力、物力和财力的投入,相继开展了水源涵养林体系建设。随着工程建设的深入开展,在技术环节上面临着诸多问题,对水源涵养林体系构建提出了新的需求,如何构建系统稳定、功能高效的水源涵养林,发挥其净水调水功能,促进流域生态系统健康,是促进流域社会经济可持续发展的关键问题。

针对流域水资源与水生态安全保障的国家需求以及推动水源涵养林学科体系完善的科技需求,本书以"三北"典型水源区为研究对象,开展以下3方面研究:①水源涵养型植被定向恢复技术研究,进行低耗水人工植被重建、人工促进植被恢复和自然植被恢复技术研究,增强水源涵养型植被调水净水功能;②低功能人工水源涵养林结构定向调控技术研究,对低功能水源林进行健康诊断与成因分析,提出衰退、残次、低效水源涵养密度定向调控与多树种混交技术,以提高低效水源涵养林结构稳定性与功能高效性;③小流域净水调水功能导向型水源涵养林配置技术研究,提出与水土资源合理利用相匹配的水源涵养林体系适宜覆盖率以及优化配置模式,构建以水质净化为主要功能目标的、呈梯次分布的植被生态缓冲带,提高水源涵养林对水体的净化功能。该研究可为我国水源涵养林体系建设工程提供全面、先进、可行的科技支撑体系,为改善流域和区域生态环境及建立国土生态安全体系提供必需的技术保障。

本书是在"十二五"国家科技支撑计划项目(2011BAD38B05)和国家林业局林业公益性行业科研专项项目(201104005)等研究成果基础上整理而成。在本书写作过程中,课题组成员通力合作,进行了大量的资料分析工作。考虑到全书的系统性,书中参阅了大量文献,借此机会著者向这些文献的作者表示衷心感谢!科学出版社为本书出版给予了大力支持,编辑为此付出了辛勤劳动,在此表示诚挚感谢!

限于作者知识水平、能力有限,书中难免有不妥之处,敬请读者不吝赐教!

余新晓

2014 年 2 月于北京

目　　录

引　言

水资源危机是困扰世界的三大危机之一,水资源短缺和水体污染以及由此引发的水生态安全问题严重地威胁着社会经济的可持续发展。目前占全球陆地面积 60% 的地区、80 多个国家、40% 的人口面临缺水问题。由于全世界 70% 的水资源用于农业生产,淡水资源匮乏成为限制粮食安全最重要的因素。另外,全世界约有 20 亿人口不能获得清洁水,50% 的人口患有与水相关的疾病,每年约有 500 万人死于被污染的饮用水。1997 年联合国发布的《世界水资源综合评估报告》指出,水问题将严重制约 21 世纪全球经济和社会的发展。

中国是世界上最为缺水的国家之一,人均水资源占有量仅为世界平均水平的 1/4,水资源短缺已成为制约社会经济发展的瓶颈。我国水资源不仅总量缺乏,而且时空分布也很不均匀。从水资源的空间分布来看,呈南多北少的分布格局。北方地区的河川径流量仅占全国总径流量的 17%,水资源分布与需求的极端不一致性是北方水资源的一大特点。按流域面积平均,北方各大流域的水资源量均低于全国平均水平,如黄河流域还不到全国平均值的 1/3。按人口平均,北方人均水资源占有量仅为南方的 1/3。北方水资源供需矛盾主要体现为资源型缺水和污染型缺水。目前,水资源短缺、水质恶化等问题严重阻碍了区域社会经济发展,成为制约社会发展和流域生态安全的重要限制因素,对区域社会经济可持续发展造成了严重影响。

1. 流域水资源与水生态安全保障的国家需求

江河中上游水源区的流域是陆地生态系统地表水资源形成的基本单元。由于人类活动的强烈干扰对流域生态环境的破坏以及对流域水资源的过度开发和利用,流域水体受到的污染已越来越严重,流域生态系统面临着诸多问题,已严重影响到流域生态系统的健康,并危及流域生态安全。以流域生态系统为单元进行水资源综合管理是国际水资源管理的趋势和方向。在流域生态系统中,水源涵养林具有涵养水源、保持水土、改善水质、调节气候、保护物种多样性等多种功能,在流域水源保护方面起主体作用,成为流域综合管理的重要研究课题。如何科学合理地构建水源涵养林体系对其水文功能的发挥有很大影响。

水源涵养林具有调节径流、净化水质等不可替代的水源保护功能,流域上游的水源涵养林建设和生态保护直接影响到整个流域的生态平衡和社会经济可持续发展,因此水源涵养林工程建设成为流域水源区综合管理的重点。面对上述问题,国家投入大量的人力、物力和财力,开展了水源涵养林体系建设。随着工程建设的深入开展,在技术环节上面临着诸多问题,对水源涵养林体系构建提出了新的需求,如何构建系统稳定、功能高效的水源涵养林,发挥其净水调水功能,促进流域生态系统健康,是促进流域社会经济可持续发展的关键。

2. 支撑水源涵养林体系建设技术的工程需求

在我国重要水源区水源涵养林工程建设方面,有几个关键问题没有解决。首先,水源涵养林体系构建缺乏结构优化配置与水土资源合理利用的相关技术,造成水源涵养林体系与水土资源承载力之间不协调;其次,树种配置和林分结构不合理,树种单一,结构简单,致使水源涵养功能无法充分发挥。长期以来,水源涵养林体系构建技术过多地依赖传统经验,低功能水源涵养林占有相当大的比例,无法满足水源涵养林整体结构要求,影响了水源涵养林功能的发挥。因此,需要研究确定水源涵养林体系构建适宜植被类型,构建与区域水资源可持续利用相匹配的水源涵养林体系,维持水源涵养林体系的稳定性,发挥最大的净水调水功能。目前,在水源林构建技术方面缺乏综合集成技术体系,缺少可供参考的示范和样板,近自然、健康、高效的水源涵养林建设模式尚处于起步阶段,亟待开展技术集成与综合配套试验示范。水源涵养林的构建技术体系在很大程度上影响和决定着水源涵养林整体功能的高低,这是水源涵养林建设中急需解决的重要问题。建设符合调水净水为主要目标的多功能水源涵养林,迫切需要以水源涵养功能为导向的构建技术体系,并全面开展试验示范,形成配套的技术模式,提高水源涵养林工程建设质量。

3. 推动水源涵养林学科体系完善的科技需求

在水源涵养林研究领域,经过多年的积累,在基础理论及技术体系方面取得了许多成果,为我国水源涵养林建设提供了一定的理论依据。但是应该看到,随着我国水源涵养林建设工程不断推进和发展,出现了许多亟待解决的新问题,需要新的技术以及与之相关的理论来解决。然而,以往的水源涵养林研究主要集中于规划设计和营造方面,或仅仅注重森林水文效益单方面的研究,对水源涵养林结构与功能的定量关系研究较少,更没有从流域生态系统的角度提出基于功能导向为目标的构建技术体系及其理论,致使当前的水源涵养林的培育和经营技术滞后,难以满足新时期水源区保护的技术要求。目前,通过综合研究和系统试验示范,集成国内外先进技术,形成水源涵养林构建技术体系,对于提高我国水源涵养林经营管理水平、保障水资源安全具有重要意义。现代水源涵养林体系建设需要以完善的理论为依据,系统的技术为支撑,将水源涵养林功能需求与结构优化紧密结合起来,才能更加科学地解决水源涵养林构建技术难题。本书的出版将进一步丰富和发展水源涵养林学科的理论基础和技术体系,推动水源涵养林学科体系建设。

水源涵养林具有涵养水源、改善水质等多种功能,在水源保护方面起主体作用。但长期以来,水源涵养林体系树种与树种单一、空间布局与结构配置不合理、林分稳定性差、生物多样性低,导致其应有价值得不到发挥,整体防护功能低下,为此,针对我国华北、西北和东北地区水资源缺乏和水源涵养林功能低下的关键问题,以提高水源涵养功能和水体质量为目标,选择海河上游水源区、辽河上游水源区、黄河上游土石山区水源区、黄河中上游土石山区水源区、黄河中游黄土区水源区、西北内陆河乌鲁木齐河流域水源区等6个重要水源区,进行水源涵养林体系构建技术与示范研究。研究的主要目标在于:①开展水源涵养林构建关键技术研究与集成;②进行技术体系示范并建立完善的试验示范区;③研究促进提高水源涵养林综合功能,为工程建设提供科技支撑。

第1章 研究区域概况与分区

1.1 研究区域概况

1.1.1 海河上游水源区区域概况

1. 研究区域概况

海河流域位于东经 112°~120°、北纬 35°~43°之间,包括海河、滦河、徒骇马颊河等水系。流域范围,西以山西高原与黄河流域接界,北以蒙古高原与内陆河流域接界,东北与辽河流域接界,南界黄河,东临渤海。流域的北部和西部为山地和高原,东部和东南部为广阔平原,山地高原和平原面积各占 60% 和 40%。主要山脉有燕山、太行山,从东北至西南,形成一道高耸的屏障,环抱着平原。山地与平原几乎直接相交,丘陵过渡地区甚短。流域面积 31.78 万 km²,约占全国总面积的 3.3%。海河流域地跨北京、天津、河北、山西、山东、河南、内蒙古和辽宁等 8 个省(自治区、直辖市)。其中,北京、天津全部属于海河流域,河北省面积的 91%、山西省面积的 38%、山东省面积的 20%、河南省面积的 9.2%属于海河流域,内蒙古自治区中 1.36 万 km² 和辽宁省中 0.17 万 km² 也属于海河流域,海河流域上游主要是指海河流域的山地部分。

2. 研究区域代表性分析

(1) 海河流域水资源是华北地区水资源的主要来源,华北地区在全国政治、经济和文化领域中占有非常重要的地位,但又是水资源矛盾和环境问题十分突出的地区。据水利部门的估算,海河流域多年平均水资源量约为 419×10⁸ m³,人均水资源占有量 350 m³,不足全国平均水平的 1/6,世界平均水平的 1/24,因此对海河流域水源区进行生态环境建设,保护海河流域水资源十分重要。

(2) 近年来由于海河流域境内山区与平原径流明显减少和过量开发水资源,已造成了地下水漏斗、平原区河道干涸、湖泊湿地萎缩、地表和地下水污染等生态环境恶化问题,严重影响到该区域水安全并引起了国家的高度重视。水源涵养林作为该区域水源地重要的植被类型,长期以来,林分稳定性差、生物多样性低,整体防护功能低下,迫切需要对海河流域水域涵养林构建技术进行专项研究。

3. 研究区域水源涵养林现状及存在问题

1) 海河流域水源涵养林现状

海河流域山区林地总面积为 75 958.87 km²,占流域山区面积的 40%,其中,有林地面积为 15 862.23 km²,占流域山区面积的 8.35%;灌木林地面积 43 711.81 km²,占流域山区面积的 23.02%[有林地是指郁闭度大于 30% 的天然林和人工林,包括用材林、经济林、防护林等成片林地;灌木林是指郁闭度大于 40%、高度在 2 m 以下的矮林地和灌丛林地;疏林地是指林木郁闭度为 10%~30% 的林地;其他林地是指未成林造林地、迹地、苗圃及各类园地(果园、桑园、茶园、热作林园等)]。

　　根据有林地、灌木林地、疏林地、高覆被草地、中覆被草地、低覆被草地和其他等类型所占流域山区面积的百分比(图 1-1),得出海河流域山区植被类型的结构为:有林地 8.35%、灌木林地 23.02%、疏林地 8.63%、高覆被草地 0.65%、中覆被草地 7.18%、低覆被草地 29.03% 及其他 23.14%。

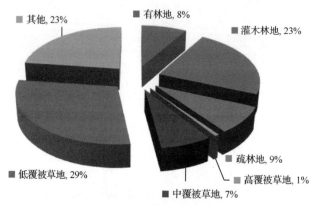

图 1-1　海河流域山区植被类型图

　　海河流域植被覆盖度大于 75% 的面积为 37 368.61 km²,占流域面积的 19.68%;覆盖度为 60%~75% 的面积为 24 615.28 km²,占流域面积的 12.96%;覆盖度为 45%~60% 的面积为 24 855.40 km²,占流域面积的 13.09%;覆盖度为 30%~45% 的面积为 31 188.60 km²,占流域面积的 16.42%;覆盖度为 10%~30% 的面积为 27 934.51 km²,占流域面积的 14.71%;覆盖度 <10% 的面积为 43 928.58 km²,占流域面积的 23.13%(图 1-2)。

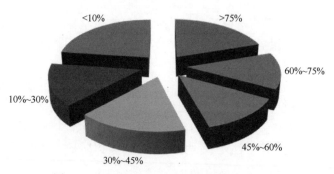

图 1-2　海河流域山区植被覆盖度分级结构图

　　2) 海河流域水源涵养林存在的问题

　　(1) 海河流域的植被有明显的纬度变化,从北部的干草原和森林草原逐渐向南部底边为针阔叶混交林、落叶阔叶林,植被的覆盖度逐渐增加,种类成分越来越复杂。高植被覆盖度分布以山脊或山峰为中心。这些地区海拔在 1000 m 以上,人类活动影响小,热量和水分条件较好。

（2）西部和北部水源涵养林覆盖度较低。分布在流域北界和西界于燕山、太行山之间的区域，包括闪电河流域、张家口市、大同市、朔州市、忻州市、阳泉市等区域，由于受到山脉阻隔，地处雨影区，降水量在 400 mm 左右，植被稀疏，生态脆弱。

（3）低功能水源涵养林面积较大。低功能林由于林分结构不合理，功能低下，造成系统组成成分缺失，或造成森林植被类型的某种功能，如水源涵养功能、防风固沙功能等显著低于经营措施一致、生长正常的同龄同类林分的指标均值，对这些低功能林形成的原因进行研究，能够进一步提出改造、培育、利用的技术方法，加快林业生态工程建设速度，形成完备的"林业生态体系"和"产业体系"。

4. 研究区域存在的生态环境问题

（1）海河流域部分河道断流、地下水位下降、湖泊干涸、湿地萎缩、入海水量减少、河口淤积。20 世纪 60 年代末 70 年代初，河道断流长度不到 1000 km，地下水埋深仅为 3～10 m，湖泊湿地面积有 1500 km^2；而现在河道断流长度已超过 4000 km，地下水埋深变为 5～35 m，湖泊湿地面积已缩减为 122 km^2。20 世纪 70 年代，入海水量每年平均为 116 亿 m^3，而现状每年为 69 亿 m^3；20 世纪 70 年代，枯水年入海水量为 25 亿 m^3（1972年），而现状枯水年入海水量仅 12 亿 m^3。

（2）水体污染，包括地表水、地下水污染。20 世纪 60 年代末 70 年代初，海河流域的水体水质基本为Ⅰ～Ⅲ级，而现状 75% 的河长水体水质不符合Ⅲ级标准；2/3 井中的地下水达不到饮用水要求。海河流域水污染形势十分严峻。

（3）水土流失持续恶化造成耕地减少、河道水库淤积、沙尘暴肆虐。水土流失是海河流域自然灾害之一。海河流域与水相关的生态环境问题在山区和平原区表现不同，山区主要是水土流失问题，平原区生态环境问题最为严重，有水质污染、地下水超采、河道断流、湿地萎缩、入海水量减少等。

1.1.2　黄河上游土石山区水源区研究区域概况

1. 研究区域概况

大通县位于青海省东部，地处祁连山地与黄土高原的过渡地带，为青海省会西宁市市属县。介于东经 100°51′～101°56′、北纬 36°43′～37°23′之间，海拔 2280～4622 m。大通县三面环山，湟水河支流北川河贯流全境。东部隔马鞍山与互助县相邻，西部以娘娘山与湟中、海晏县为界，南接西宁市城北区，北隔大坂山与门源县相望。全县东西最长处约 95 km，南北最宽处约 85 km，总面积 3090 km^2。县城所在地为桥头镇，距西宁市 35 km。宁大铁路由西宁通至大通，宁张（西宁至张掖）公路贯穿县境，在大通境内长达 86 km，是西宁通向甘肃河西走廊的重要通道。

2. 研究区域代表性分析

大通县属于青藏高原高寒植物区域，地处青藏高原与黄土高原过渡地带。森林植被属寒温性常绿针叶林类型及落叶阔叶林类型，集中分布于北川河及其支流的河谷两岸，主要包括东峡林区和宝库林区的天然林、娘娘山的小片天然林和宁张公路 8～53 km 沿线两侧的人工杨树林。这些天然乔、灌木林组成了北川河水系的天然水源涵养林,对大通县及下游西宁市等的工农业生产及人民生活用水起着重大的作用。该地区在地质地貌、气候、水文、土壤、植被及社会经济状况等方面在我国西北地区降水量稍多的地区具有较好的代表性。

1) 气候

大通县地处中纬度地区,深居内陆,海拔高,受海洋影响微弱,属大陆性气候。冬半年受来自西伯利亚的西北干冷空气影响,气候比较寒冷、干燥,降水量稀少,多大风;夏半年受来自孟加拉国湾的西南暖温气流影响,降水集中。所以春季干旱多风,气温上升慢;夏季凉爽不热;秋季短暂;冬季漫长。特征是长冬无夏,春秋相连,四季很不分明。

大通县在青海省为降水次数较多的地区。年降水量为 450～800 mm。一年最多降水量为 695.9 mm(1967 年),比常年偏多 36.8%;一年最少降水量为 330.2 mm(1962年),比常年偏少 35.1%。不同典型区降水量为:丰水年 656.5 mm,平水年576.2 mm,偏枯年 518.0 mm,枯水年 436.5 mm。降水的季节分配很不均匀。降水量显著地集中在暖季,春季(3～5 月)占年总量的 19%,夏季(6～8 月)占 55%,秋季(9～11 月)占 24%,冬季(12～2 月)占 2%。

2) 水文

全县具有多年平均自产地表水量 6.96 亿 m³。不同典型年径流量为:丰水年($P=20\%$)8.35 亿 m³,平水年($P=50\%$)6.82 亿 m³,偏枯年($P=75\%$)5.71 亿 m³,枯水年($P=95\%$)4.39 亿 m³。地表水的地区分布随地形由东南向西北递增,径流深由 100 mm 增至 300 mm,其中宝库河流域为 282 mm,黑林河流域为 280 mm,东峡河流域为196 mm,桥头以上北川河干流区间为 159 mm,桥头以下区间为 111 mm。径流的年内变化随降水而变,7～10月汛期流量占全年的 57.6%～60.0%,每年 2 月流量最小,8 月最大,两者相差 7～10 倍。

大通县是沟梁相间的山区县,地下水大部分排入河道,全县地下水河谷平原地区储藏量为 2.8 亿 m³,平均储存模数为 127.9 万 t/km²。全县地下水可分为两部分,桥头以上19 个乡镇的 2705 km² 属大通盆地,桥头以下 9 乡镇的 385 km² 属西宁盆地。地下水综合补给来源,主要靠大气降水入渗、河道入渗,其次是灌溉回归与渠道渗漏及山前侧向补给。地下水主要利用打井开采,可开采量 1.2 亿 m³。

大通县河流属湟水河支流北川河水系,水力资源丰富。北川河的主要支流有宝库河、黑林河、东峡河,均发源于达坂山。主流由北向南注入湟水。河川径流由降水补给量占48.5%,由地下水补给量占 51.5%。

3) 土壤

大通县内土壤类型较多,土壤的主要成土母质类型有黄土和黄土状物质,另外还有残积母质、坡积母质、第四纪红土洪积物、近代冲积物等。大通境内共有 8 个土类、18 个亚类、22 个土属、38 个土种。这些土壤,垂直分布比较明显。

4) 植被

大通县属于青藏高原高寒植物区域,地处青藏高原与黄土高原过渡地带。大通县的森林植被属寒温性常绿针叶林类型及落叶阔叶林类型,其分布状况不但有明显的坡向性,而且还有明显的垂直地带性,其山地垂直带谱包括 5 个带。

(1) 河川谷地落叶阔叶针叶林植被带。海拔为 2280～2800 m,以河滩坠地为主。分布的乔木树种有青杨(*Populus cathayana*)、小叶杨(*Populus simonii*)、北京杨(*Populus beijingensis*)、白榆(*Ulmus pumila*)、旱柳(*Salix matsudana*)等;灌木树种有中国沙棘(*Hippophae rhamnoides* ssp. *sinensis*)、乌柳(*Salix cheilophila*)、康定柳(*Salix paraplesia*)、水柏枝(*Myricaria paniculata*)等;草本植物有艾蒿(*Artemisia argyi*)、车前草(*Plantago asiatica*)、巴天酸模(*Rumex patientia*)、蒲公英(*Taraxacum mongolicum*)等。

(2) 山地针阔叶林植被带。海拔为 2400~2800 m,以山地中下部的阴坡和半阴坡为主,也有个别半阳坡。分布的乔木树种有白桦(*Betula platyphylla*)、山杨(*Populus davidiana*);部分地区有针阔叶混交林,混交树种有青海云杉(*Picea crassifolia*)、白桦、糙皮桦(*Betula utilis*),以东峡林区和老爷山较为明显。灌木树种有灰栒子(*Contoneaster acutifolius*)、峨眉蔷薇(*Rosa omeiensis*)、扁刺蔷薇(*Rosa sweginzowii*)、短叶锦鸡儿(*Caragana brevifolia*)、唐古特忍冬(*Lonicera tangutica*)、陇塞忍冬(*Lonicera tangutica*)、狭果茶藨子(*Ribes stenocarpum*)、中国沙棘、银露梅(*Potentilla glabra*)、直穗小檗(*Berberis dasystachya*)等。草本植物有珠牙蓼(*Polygonum viviparum*)、蛛毛蟹甲草(*Parasenecio roborowskii*)、东方草莓(*Fragaria orientalis*)、柳叶凤毛菊(*Saussurea epilobioides*)、赤芍(*Paeonia veitchii*)、高乌头(*Aconitum sinomontanum*)等。

(3) 山地常绿针叶林植被带。海拔为 2700~3200 m,以山地中上部为主。乔木树种有青海云杉,个别地区有祁连圆柏(*Sabina przewalskii*)和人工栽植的落叶松(*Larix principis-rupprechi*)分布。灌木树种有扁刺蔷薇、鬼箭锦鸡儿(*Caragana jubata*)、金露梅(*Potentilla fruticosa*)、山生柳(*Salix oritrepha*)、千里香杜鹃(*Rhododendron thymifolium*)、甘肃瑞香(*Daphne tangutica*)等。草本植物为珠牙蓼、东方草莓、高乌头、中国马先蒿(*Pedicularis chinensis*)等。

(4) 亚高山灌木林植被带。海拔为 3200~3600 m。部分地区有糙皮桦分布,宝库林区的少数地区有祁连圆柏。主要灌木树种有山生柳、金露梅、西藏沙棘(*Hippophae thibetana*)、鬼箭锦鸡儿等。草本植物有珠牙蓼、委陵菜(*Potentilla chinensis*)、中国马先蒿、火绒草(*Leontopodium leontopodioides*)、山罂粟(*Papaver nudicaule*)等。

(5) 高山灌丛植被带。海拔为 3600~4622 m。无乔木树种分布。灌木树种只有金露梅分布,多呈不规则团块状或斑块状分布。草本植物有唐古特雪莲(*Saussurea tangutica*)等。海拔 4000 m 以上草本植物稀少,主要为裸露岩石。

在造林还草工程中,人工造林的主要乔木树种有青海云杉、白桦、华北落叶松、青杨、山杨等;主要灌木树种有柠条(*Caragana koshinskii*)、中国沙棘等。

5) 社会经济状况

大通县是 1986 年经国务院批准成立的回族土族自治县,属青海省省会西宁市辖县,地处青海省东部,海拔 2280~4622 m,全县总面积 3090 km²,辖 9 镇 11 乡,全县有汉、回、土、藏、蒙古等 27 个民族,总人口 45.5 万人,其中,少数民族人口 22.2 万人。大通县是全省的工业县,境内有工业企业 231 家,规模以上工业企业 28 家。2011 年,全县生产总值 93.8 亿元;城镇居民人均可支配收入达 14 238 元;农民人均纯收入达 6844.6 元。

3. 研究区域水源涵养林现状及存在问题

通过对研究区历史资料的研究和实地样地的调查,发现研究区的水源涵养林主要存在以下几个方面的问题。

1）密度不合理

当地水源涵养林密度不合理。密度如果过大，各林木获取养分和生长的空间会不足，从而造成树木难以长大，林木耗水量也会增多。如当地的山杨林，平均每棵树的营养面积为 3 m^2，而根据计算可知，单株山杨的适宜营养面积应为 13 m^2，说明山杨林的密度过大。这与水源涵养林的培育目的不相符合，因此有必要进行适当的择伐，以保持合理的密度。部分天然次生林存在密度过小的问题，主要是由于人为反复破坏，使得林木密度偏小，因此应采取适当的补植措施，增加林分的密度。

2）林分结构不合理

在调查研究中发现，白桦、青海云杉、祁连圆柏、山杨、沙棘是构成当地林分类型的主体，混交林较少，并且纯林中单一树种的比例能达到 90% 以上。由于森林树种单一、生物多样性简化、种植密度不合理，从而导致森林自身抵御有害生物的能力减弱，一旦爆发病虫害或发生森林火灾将难以控制，对森林健康形成潜在威胁。

3）森林病虫害严重

由于林分结构的单一，以及抚育措施不力，造成当地森林病虫害严重，如青海云杉主要面临着小蠹虫、短喙象甲和云杉梢斑螟的危害。

4. 研究区域存在的生态环境问题

青海是长江、黄河、澜沧江的发源地，素有"江河源头"和"中华水塔"之称，是国家生态环境建设的重点地区。大通地处黄河流域上游，是西宁市的重要生活水源区，保护和建设好大通地区的生态环境，不仅对西宁的经济、社会的可持续发展具有重大作用，而且对改善黄河流域的生态环境和实施西部大开发战略都具有深远意义。大通县的生态环境问题主要有以下几方面：

（1）水土流失严重、灾害频繁。长期以来，在经济建设过程中，一方面开发资源，另一方面由于生态环境保护意识薄弱，过度垦殖、樵采等因素，造成植被的破坏，造成水土流失、灾害频繁。据统计，区域水土流失面积达 10.4 万 hm^2，占总土地面积 33.7%，年均输入湟水的泥沙量达 280.8 万 m^3。大通县气象灾害频繁，主要有霜冻、冰雹、干旱、雨涝、寒潮、连阴雨和大暴雨等。其中，霜冻在脑山和半脑山发生比较严重，秋季雨涝、低温冰雹、连阴雨和大暴雨也是发展林业的障碍性因素。1998 年灾害涉及全县 28 个乡镇，受灾面积达 2.1 万 hm^2，使 0.2 hm^2 的作物绝收，直接经济损失达 834.3 万元。

（2）水源涵养林保护不力。大通县水源涵养林遭受一定的破坏，水源涵养功能减弱，雪线上升，河川径流减少。

（3）森林资源结构不合理且分布不均。全县林业用地中，有林地 12 253 hm^2，灌木林地 52 009 hm^2。天然林地主要分布西北部山地阴坡，呈团状分布，不连续。人工林则分布在北川河两岸不足 2 km 的地带，但与林带、四旁树构成带片网相结合的农田防护林体系。从森林植被分布整体情况看，影响了森林整体预期防护功能的发挥，难以防御水力、风力的侵蚀。

（4）大通县有一定的降水资源，但是降水分布不均，前期偏少，后期偏多，易形成春旱或春夏连旱，加之地势高寒，生长期短，给绿化造林工程建设带来不利影响。

（5）大通县现有宜林荒山荒地 7171 hm^2，如以 25°以上坡耕地造林（草）计算，可增加造林(草)地 35 万亩①。按照规划大通宜林地共有 30.504 hm²,植被恢复与重建任务艰巨。

(6)草场牲畜过载问题严重。加之草原鼠害成灾,已出现草场严重退化趋势。

1.1.3　黄河中上游土石山区水源区研究区域概况

1. 研究区域概况

宁夏六盘山位于宁夏回族自治区固原市境内,地跨固原市原州区、隆德、泾源 3 县(区)。六盘山山脉狭长,呈南北走向,全长 110 km,东西宽 5~12 km。本试验区将综合利用六盘山区在气候、土壤、植被类型等方面的综合研究优势,在南、北两段各建立一个试验区,其中香水河小流域位于六盘山脉南段东坡,地理位置为东经 106°12'10.6″~106°16'30.5″,北纬 35°27'22.5″~35°33'29.7″,隶属于六盘山自然保护区的西峡林场,在行政区划上属泾源县,处于自然保护区的核心区,面积 43.74 km²,海拔高度 2070~2931 m,流域基本呈西北—东南走向。叠叠沟小流域隶属宁夏固原市原州区叠叠沟林场,在行政区划上属原州区,地理位置为东经 106°4'55″~106°9'15″,北纬 35°54'12″~35°58'33″,面积 25.4 km²,海拔范围 1975~2615 m,流域呈南北走向。

2. 研究区域代表性分析

根据研究区域的自然条件、气候特征以及群落结构特征,选择了两个典型小流域作为主要研究区域,分别为香水河小流域和叠叠沟小流域,其中香水河小流域代表六盘山水源涵养林中心区,叠叠沟小流域代表六盘山水源涵养林外围区域。现将两个区域的代表性分析如下:

(1)从地貌类型上看,六盘山核心地区属于典型的黄土高原的土石山区,而外围地区又属于土石山区和黄土丘陵区,因此,研究在此区域开展,可以利用气候/降水、地貌类型、土壤和植被等方面明显具有变化梯度大、代表性强、利于集中开展梯度研究等综合优势。故本次研究在六盘山南段和北段各建立 1 个试验区,以便于开展不同水分条件下的对比研究。

(2)六盘山是黄土高原重要的水源涵养地,也是黄土高原植被建设中的一个生态关键区。几十年来,与我国西北其他林区相仿,六盘山的植被建设中突出存在着诸如树种组成单一、林分密度过大、病虫害严重、林水矛盾突出等在整个干旱半干旱和半湿润地区相当普遍存在的问题。因此,选择在六盘山水源涵养林区开展研究,将利于大面积提升这些地区林业建设的质量和效益。

(3)六盘山是黄土高原目前为数不多的植被保护相对完整的地区。植被分为温性针叶林、落叶阔叶林、常绿竹类灌丛、落叶阔叶灌丛、草原、荒漠、草甸 7 个植被型,32 个群系和 89 个群丛,植被垂直地带性明显。该区汇集了西北地区多种典型生态系统类型,丰富多样的生态系统空间分布格局为开展多类型对比研究提供了优越条件,因而研究结果能够为西北和其他自然条件类似地区的大范围林业生产实践提供科技指导。

(4)六盘山地区在全国气候区划上属温带和暖温带之间的过渡区,其南部降水充沛属半湿润地区,北部降水较少属半干旱地区,受之影响,其土壤和植被等方面均表现出明显的过渡性和多样化。

————————————
① 亩为非法定单位,1 亩≈666.7 m²。

3. 研究区域水源涵养林现状及存在问题

1) 研究区域水源涵养林现状

六盘山中心区域的森林植被绝大多数是天然次生林,植被茂密,森林覆盖率达72.9%。流域植被的景观异质性分异明显,2300 m 以下的阴坡及半阴坡主要为落叶阔叶林,如辽东栎、椴树等,阳坡及半阳坡为草甸草原及杂灌丛。在 2300~2700 m 之间的山地森林带,阴坡及半阴坡主要以桦树类为主,另外还有山杨及华山松的分布;在阳坡以各种次生灌丛为主,也分布着一些华山松。超过 2700 m 的山地主要是一些亚高山草甸型及落叶阔叶矮曲林。乔木树种主要有华山松、辽东栎、白桦、红桦等。主要灌木树种有李、毛榛、沙棘、陕甘花楸、峨眉蔷薇、灰栒子、甘肃山楂、暴马丁香、秦岭小檗、三裂绣线菊、球花荚蒾、箭竹、忍冬属植物等。草本植物主要有苔草、艾蒿、紫苞凤毛菊、东方草莓等。此外,该流域还有大面积的华北落叶松人工纯林和油松人工纯林。土壤类型以森林灰褐土为主,另外在高海拔地区还分布有少量的亚高山草甸土。

外围区域主要的植被类型有:①针叶林,主要是华北落叶松人工林;②落叶阔叶林,主要为杨树林;③落叶阔叶灌丛林,主要有虎榛子灌丛、绣线菊灌丛、毛榛子灌丛、沙棘灌丛等;④草地,主要优势种包括铁杆蒿、本氏针茅、白羊草、百里香等,在流域海拔高的地方还有以细叶苔草为主的草甸分布。

2) 研究区域水源涵养林存在的问题

(1) 造林成活率低。干瘠石质山地的年降水量少,春旱严重,水分成为限制生态环境建设的主要因子。同时土壤瘠薄,又加之造林技术措施不当,造林成活率和保存率一般都很低。有些地块由于树种选择不当、造林方法不对、经营管理跟不上等原因,多次造林不成林。

(2) 林分结构不合理,病虫害严重且功能较差。人工林多年来由于受环境因子和人为因素的影响,或由于未生长在适宜的立地类型上,造成树木生长缓慢,个体矮小,分枝早,多病虫害。同时,自然植被绝大部分因反复开垦、轮耕和过度放牧而遭到严重破坏,植被种类少,盖度较低。天然林基本所剩无几,只在偏远的山地还能保留少量天然次生林,群落结构的单一和稳定性导致其水源涵养功能较低。

(3) 群落结构逆向演替,水源涵养功能欠佳。水源涵养功能不太理想的林分,如针叶纯林、原始森林植被经多次破坏形成的灌木林、次生林等。这样的林分类型往往水源涵养功能较差,并且存在着其他生态问题,例如,树种组成单一、林分结构简单、病虫害严重、易遭雪灾等,其中针叶纯林主要是华北落叶松纯林。

4. 研究区域存在的生态环境问题

1) 水资源短缺,水土流失严重

六盘山降水地域分布极不平衡,由东南向西北递减。区内地表水资源仅为 6.59×10^8 m^3,其中苦咸水 1.7×10^8 m^3。2006 年人均占有地表水资源仅为 343 m^3,仅为宁夏人均占有地表水资源量的 40%,全国的 16%。农田亩均水资源占有量仅为 65 m^3,不到全国平均值的 1/20。区内地下水少,且水质差、矿化度高,难以利用。

该研究区所在的固原市为四县一区,除泾源县水资源相对丰富外,其他县区水资源严重不足,甚至西吉县城出现新中国建立以来最为严峻的缺水局面,城镇居民的生活用水都

无法保障,水资源短缺成为制约当地社会经济发展的瓶颈。

2) 水资源分布不均,影响林分的生长

年降水量由于受六盘山地形的影响,降水时空分布不均,年际变化大,由北向南多年平均降水量在 261.9～651.6 mm 之间,年内降水分配与作物生长需水不同步。6～9 月份降水占年降水总量的 70%,4～6 月份农作物生长的关键时期,降水量仅占年降水总量的 25%左右,7～10 月份作物成熟收获期,降水量占全年降水量的 68%,造成季节性干旱。突出表现为春旱普遍,伏旱严重,只是造林成活率低、作物在关键生长期严重缺水。在空间分布上,泾河水系流域面积占全市面积的 37.21%,自产水资源量占全市水资源总量的 55.62%。而清水河水系及葫芦河水系流域面积占全市总面积的比例分别为 23%和 29.07%,水系自产水资源量分别仅占全市水资源总量的 16.74%和 26.76%。水资源在各流域的分布极不均匀。

3) 水资源利用率低,水量损失严重

生活用水无度,工业循环用水利用率低。农业用水损失大,目前建成节水灌溉面积 2.21 万 hm²,只占灌溉面积的 48.87%,农业灌溉水利用系数达不到 40%。工程性缺水问题严重,病险水库占 52%,渠道衬砌率不足 50%,其中完好率仅为 65%,再加上大部分水利工程设施老化失修,节灌措施跟不上,输水损失大,效益衰减。不合理用水造成的深层渗漏、土地不完整产生的田间流失,损失水量大约为农业用水的 1/3。本地区农业仍然没有摆脱传统的内向型旱作农业,产业结构不合理,在大农业内部种植业仍占主导地位,在旱作农业中,天然降水没有得到充分利用。

1.1.4　黄河中游黄土区水源区研究区域概况

1. 研究区域概况

黄河流域黄土高原地区西起日月山,东至吕梁山,南靠秦岭,北抵阴山,涉及青海、甘肃、宁夏、内蒙古、陕西、山西、河南七省(区) 46 个地(盟、州、市),282 个县(旗、市、区)。全区总面积 63.5 万 km²,其中水土流失面积 45.4 万 km²(水蚀面积 33.7 万 km²、风蚀面积 11.7 万 km²),年均输入黄河泥沙 16 亿 t,是我国乃至世界上水土流失最严重、生态环境最脆弱的地区。平均海拔 1000～1500 m,除少数石质山地外,高原上覆盖着深厚的黄土层,黄土厚度在 50～80 m 之间。最厚达 150～180 m。年均气温 6～14℃,年均降水量 200～700 mm。从东南向西北,气候依次为暖温带半湿润气候、半干旱气候和干旱气候。植被依次出现森林草原、草原和风沙草原。土壤依次为褐土、垆土、黄绵土和灰钙土。山地土壤和植被地带性分布也十分明显。该区域气候较干旱,降水集中,植被稀疏,水土流失严重。由于缺乏植被保护,加以夏雨集中,且多暴雨,在长期流水侵蚀下地面被分割得非常破碎,形成沟壑交错其间的塬、梁、峁。

2. 研究区域代表性分析

1) 气候

黄土高原地区属(暖) 温带(大陆性) 季风气候,冬春季受极地干冷气团影响,寒冷干燥多风沙；夏秋季受西太平洋副热带高压和印度洋低压影响，炎热多暴雨。多年平均降雨量为 466 mm，总的趋势是从东南向西北递减，东南部 600～700 mm，中部 300～400 mm，西北部 100～200 mm。以 200 mm 和 400 mm 等年降雨量线为界，西北部为干旱区，中部为半干旱区，东南部为半湿润区。中部半干旱区包括黄土高原大部分地区，主要位于晋中、陕北、陇东和陇西南部等地区，年均温 4～12℃，年降雨量 400～600 mm，干燥指数1.5～2.0，夏季风渐弱，蒸发量远大于降水量。该区的范围与草原带大体一致。东南部半湿润区主要位于河南西部、陕西关中、甘肃东南部、山西南部，年均气温 8～14℃，年降雨量 600～800 mm，干燥指数 1.0～1.5，夏季温暖，盛行东南风，雨热同季。该区的范围与落叶阔叶林带大体一致。西北部干旱区主要位于长城沿线以北，陕西定边至宁夏同心、海原以西。年均温 2～8℃，年降雨量 100～300 mm，干燥指数 2.0～6.0。气温年较差、月较差、日较差均增大，大陆性气候特征显著。风沙活动频繁，风蚀沙化作用剧烈。该区的范围与荒漠草原带大体一致。

黄土高原地区降雨年际变化大，丰水年的降水量为枯水年的 3～4 倍；年内分布不均，汛期（6～9 月）降水量占年降水量的 70% 左右，且以暴雨形式为主。每年夏秋季节易发生大面积暴雨，24 h 暴雨笼罩面积可达 5 万～7 万 km²。河口镇至龙门、泾洛渭汾河、伊洛沁河为三大暴雨中心。形成的暴雨有两大类：一类是在西风带内，受局部地形条件影响，形成强对流而导致的暴雨，范围小、历时短、强度大，如 1981 年 6 月 20 日陕西省渭南地区的暴雨强度达 267 mm/h；另一类是受西太平洋副高压的扰动而形成的暴雨，面积大、历时较长、强度更大，如 1977 年 7 月、8 月，在晋陕蒙接壤地区出现了历史罕见的大暴雨，笼罩面积达 2.5 万 km²，安塞（7 月 5 日，225 mm）、子洲（7 月 27 日，210 mm）、平遥（8 月 5 日，365 mm），暴雨中心内蒙古乌审旗的木多才当（8 月 1 日）10 h 雨量高达 1400 mm。

2）地貌特征

该区主要有黄土沟间地、黄土沟谷和独特的黄土潜蚀地貌。

（1）黄土沟间地。又称黄土谷间地，包括黄土塬、梁、峁、坪地等。黄土塬、梁、峁是黄土地貌的主要类型，它们是当地群众对桌状黄土高地、梁状和圆丘状黄土丘陵的俗称，黄秉维于 1953 年首先将其引入地理学文献，罗来兴于 1956 年给予科学定义。黄土塬为顶面平坦宽阔的黄土高地，又称黄土平台。其顶面平坦，边缘倾斜 3°～5°，周围为沟谷深切，它代表黄土的最高堆积面。目前面积较大的塬有陇东董志塬、陕北洛川塬和甘肃会宁的白草塬。塬的成因多样，或是在山前倾斜平原上黄土堆积所成，如秦岭中段北麓和六盘山东麓的缓倾斜塬（称为靠山塬）；或是河流高阶地被沟谷分割而成，如晋西乡宁、大宁一带的塬；或是在平缓分水岭上黄土堆积形成，如延河支流杏子河中游的杨台塬；或是在古缓倾斜平地上由黄土堆积形成，如董志塬、洛川塬；或是黄土堆积面被新构造断块运动抬升成塬（称为台塬），如汾河和渭河下游谷地两侧的塬。

黄土梁为长条状的黄土丘陵。梁顶倾斜 3°～5°至 8°～10°者为斜梁。梁顶平坦者为平梁。丘与鞍状交替分布的梁称为峁梁。平梁多分布在塬的外围，是黄土塬为沟谷分割生成，又称破碎塬。六盘山以西黄土梁的走向，反映了黄土下伏甘肃系地层构成的古地形面走向，其梁体宽厚，长度可达数千米至数十千米；六盘山以东黄土梁的走向和基岩面起伏的关系不大,是黄土堆积过程中沟谷侵蚀发育的结果。

黄土峁为沟谷分割的穹状或馒头状黄土丘。峁顶的面积不大,以 3°～10°向四周倾斜,并逐渐过渡为坡度 15°～35°的峁坡。若干个峁大体排列在一条线上的为连续峁,单个的叫孤立峁。连续峁大多是河沟流域的分水岭,由黄土梁侵蚀演变而成;孤立峁或者是黄土堆积过程中侵蚀形成,或者是受黄土下伏基岩面形态控制生成。

黄土覆盖河流阶地为老沟谷(距今 10 万年左右形成)中由黄土堆积成、未经现代沟谷分割的平坦谷地,即黄土覆盖阶地。谷地被现代沟谷分割,其中面积较大的地块称为坪地,即黄土坪;沿沟呈条状分布的破谷地称为谷地,即黄土谷,有的地方称为壕谷地。从成因上讲,坪地、谷地和壕谷地都是沟阶地,只是尚未完成阶地发育的全过程。

(2) 黄土沟谷。有细沟、浅沟、切沟、悬沟、冲沟、坳沟(干沟) 和河沟等 7 类。前 4 类是现代侵蚀沟,后两类为古代侵蚀沟;冲沟有的属于现代侵蚀沟,有的属于古代侵蚀沟,时间的分界线大致是中全新世(距今 3000～7000 年)。细沟深几厘米至 10～20 cm,宽十几厘米至几十厘米,纵比降与所在地面坡降一致。大暴雨后,细沟在农耕坡地上密如蛛网。浅沟深 0.5～1.0 m,宽 2～3 m。纵比降略大于所在斜坡的坡降,横剖面呈倒人字形,在耕垦历史越久和坡度与坡长越大的坡面上,浅沟的数目越多。它是由梁、峁坡地水流从分水岭向下坡汇集、侵蚀的结果。切沟深 1 m、2 m 至十多米,宽 2 m、3 m 至数十米。纵比降略小于所在斜坡坡降,横剖面尖"V"字形,沟坡和沟床不分,沟头有高 1～3 m 陡崖。它是坡面径流集中侵蚀的产物,或者是潜蚀发展而成,多出现在梁、峁坡下部或谷缘线附近,其沟头常与浅沟相连。如果浅沟的汇水面积较小,未能发育为切沟,汇集于浅沟中的水流汇入沟谷地时,常在谷缘线下方陡崖上侵蚀成半圆筒形直立状沟,称为悬沟。冲沟深 10 多米至 40～50 m,宽 20～30 m 至百米,长度可达百米以上。纵剖面微向上凹,横剖面"V"字形,其谷缘线附近常有切沟或悬沟发育。老冲沟的谷坡上有坡积黄土,沟谷平面形态呈瓶状,沟头接近分水岭;新冲沟无坡积黄土,平面形态为楔形,沟头前进速度较快。大多数冲沟由切沟发展而成。坳沟又称干沟,它和河沟是古代侵蚀沟在现代条件下的侵蚀发展。它们的纵剖面都呈上凹形,横剖面为箱形,谷底有近代流水下切生成的"V"字形沟槽。坳沟和河沟的区别是:前者仅在暴雨期有洪水水流,一般没有沟阶地;后者多数已切入地下水面,沟床有季节性或常年性流水,有沟阶地断续分布。

(3) 黄土潜蚀地貌。流水由地面径流沿着黄土中的裂隙和孔隙下渗进行潜蚀,破坏了黄土的原有结构或使土粒流失、产生洞穴,最后引起地面崩塌所形成。包括以下类型:黄土碟为湿陷性黄土区碟形洼地。由流水下渗侵蚀黄土,在重力的影响下土层逐渐压实,引起地面沉陷而成。形状为圆形或椭圆形,深 1 m 至数米,直径 10～20 m,常形成在平缓的地面上。黄土陷穴为黄土区漏陷溶洞。由流水沿黄土层节理裂隙进行潜蚀作用而成,多分布在地表水容易汇集的沟间地边缘和谷坡。根据形态分为 3 种:①漏斗状陷穴,口大底小,深度不超过 10 m;②竖井状陷穴,呈井状,深度可超过 20～30 m;③串珠状陷穴,几个陷穴连续分布成串珠状,各陷穴的底部常有孔道相通。它与黄土碟不同,各种陷穴都有地下排水道和出水口。两个或几个陷穴由地下通道不断扩大,使通道上方的土体不断塌落,未崩塌的残留土体形如桥梁,称为黄土桥。黄土柱为黄土沟边的柱状残留土体。由流水不断地沿黄土垂直节理进行侵蚀和潜蚀以及黄土的崩塌作用形成,有圆柱状、尖塔形、高度一般为几米到十几米。

3）植被

黄土高原植被呈典型的地带性分布,自南向北,自然植被呈森林向草原过渡的总体趋势。然而不同土质、地形部位和坡向的地块,土壤水分状况存在一定差异,适合不同植被群落的生长。但黄土高原的植被分布也存在以下非地带性特征,其植被分布的总体特征应为植被的地带性分布与非地带性分布两者的自然组合。其中土质非地带性主要表现为:①黄土颗粒组成细,孔隙度高,孔隙以细孔隙为主。在降水不丰沛的半湿润、半干旱区,降水入渗浅,地面蒸发耗水多。厚层黄土坡地土壤水分条件相对干旱,自然植被为草原。②裂隙发育的岩层,孔隙度低,孔隙以大孔隙为主,降水入渗深,地面蒸发耗水少。在降水不丰沛的半干旱、半湿润区,裂隙发育的岩质坡地,土壤水分条件较湿润,自然植被为森林。③薄层黄土坡地,由于下伏不透水岩层埋藏浅,地下水位较高,树木往往可以通过发达的根系吸取地下水,自然植被也为森林。微地貌非地带性:黄土高原沟壑密集,地形切割深。由于地表径流和土壤重力自由水向下运移,塬面、梁、峁等正地形部位,土壤含水量较低,地下水埋藏深;沟谷及沟坡中下部等负地形部位,土壤含水量较高,地下水埋藏浅。在半干旱、半湿润的气候条件下,沟谷及沟坡中下部的土壤水分条件往往适合树木的生长,自然植被为森林,梁、峁、塬面及沟坡中上部的土壤水分条件往往适合草灌的生长,自然植被为草原。沟坡森林植被的分布高度,自南向北呈降低的趋势。坡向非地带性:阳坡坡地的地面蒸发耗水大于阴坡,同一区域阳坡的土壤水分条件往往较阴坡干旱。因此,阳坡的植被群落往往较阴坡更耐干旱。沟坡的森林分布上限,阴坡高于阳坡。

4）黄河流域的泥沙

黄土高原地区的径流主要由暴雨洪水形成,区域差异明显。黄河兰州以上地区多湖泊、沼泽,降雨强度小、历时长、范围广,形成的洪水洪峰小,涨落平缓,含沙量小;兰州至河口镇区间两岸多为沙漠地带,无大的支流汇入,气候干旱,降雨量小,洪水过程更趋平缓;河口镇至花园口区间暴雨洪水频繁、洪峰高、含沙量大、历时短、陡涨陡落。该区间有三大暴雨中心,相应形成河口镇至龙门、龙门至三门峡、三门峡至花园口三大洪水来源区,常常形成大洪水和特大洪水,危害极大,如1958年7月17日由三花区间干支流洪水遭遇形成的特大洪水,花园口站实测洪峰流量22 300 m^3/s;窟野河1959年实测洪峰流量达14 000 m^3/s,最大含沙量达1700 kg/m^3。

黄河泥沙有四个主要特点:①含沙量高、输沙量大。黄河三门峡站多年平均输沙量约16亿 t,多年平均含沙量35 kg/m^3,实测最大含沙量911 kg/m^3(1997年),均为大江大河之最。河龙区间的皇甫川、孤山川和窟野河,洪水期含沙量常常超过1000 kg/m^3,实测含沙量达1700 kg/m^3(窟野河)。②地区分布不均。黄河兰州以上面积占34%,来沙仅占9%;河口镇至三门峡区间面积占17%,来沙占90%。特别是7.86万 km^{2}的多沙粗沙区,来沙占65.2%。③年内分配集中,年际变化大。黄河泥沙年内分配极不均匀,汛期6~9月沙量占全年的90%,尤其是7、8两个月来沙更为集中,占全年的71%。黄河沙量的年际变化不均,泥沙往往集中在几个大沙年份,三门峡站最大年输沙量39.1亿 t(1993年),是最小年输沙量3.75亿 t(2000年)的10.4倍。④泥沙主要来源于沟道。据皇甫川、清涧河、洛河流域典型小流域研究结果,沟间地产沙占20%,沟谷地产沙占80%。

3. 研究区域水源涵养林现状及存在问题

为了改善水土流失、土地沙化、水资源短缺等生态恶化现状,我国在黄河流域黄土区进行了包括退耕还林、天然林保护等林业生态工程,建成了一批水源涵养林分。但黄土高原是一个水资源匮乏的地区,不仅是农作物产量提高的主要限制因子,而且也是林草建设和植被生态建设的主要限制因子。黄土高原区植被生态恢复和水源涵养林建设应该按照植被区划"量水而行",根据水资源条件和植被群落结构原理合理配置乔、草、灌比例。根据黄土高原植被生态建设的区域分布,结合研究区水资源供应与消耗关系,建议不同区域的水源涵养植被为以下几个区。

1) 造林相对适宜区

该地区位于黄土高原东南部,其西北界东起大同盆地南缘的广灵,向西南经宁武、方山、延长、甘泉、正宁、平凉至于临夏。南至秦岭北麓,东至太行;包括汾渭盆地、豫西、陇东广大黄土丘陵和塬区。境内山地有太行山南端、吕梁山南端、中条山、秦岭和关中的北山。这一地区年降水量 > 550 mm,在植被区划上属于森林地带和森林草原的南部地区,土壤水分能够均衡补偿,是黄土高原发展林业的重点区。该区种成林、宜林地段的局限性不严格,阴坡和阳坡都有适宜的树种。杨、柳、榆、刺槐等树种广泛分布,另外还可能引种更多的经济植物,如分布在秦岭北坡一带中华猕猴桃、刺五加、刺梨、山楂等,可兼收水土保持和经济双重效益。但一些经济价值较高却不耐寒的树种,如板栗、核桃、泡桐、香椿、柿子、花椒等只限于本区东南部。在植被群落结构上以该地带森林植被的优势种作为主要造林树种,辅以乔木伴生树种和灌木,组成复层、针阔混交林。水分条件稍差的地段可采取乔、灌混交模式。

2) 树木受限、灌木适宜区

这一地区位于森林地区以西,偏关、神木、榆林、靖边、吴旗、环县、固原、定西、临洮以东。区内山地主要有六盘山、白于山、吕梁山北部和子午岭等。年降水量 450~550 mm,土壤年内存在水分周期性亏缺,乔木大面积生长受限制,只能生长在水分条件较好的沟坡。植被建设应以灌木为主,形成沟谷以乔灌混交为主,梁峁坡以灌木为主的森林草原景观。乔木可以选择油松、辽东栎、白桦、山杨等,灌木可以选择沙棘、山桃、胡枝子、连翘等。

3) 草灌适宜区

这一地区位于造林局部适宜区以西,包头、鄂托克前旗、盐池、海原、兰州以东。年降水量 300~450 mm,土壤水分处于失调状态,是草原的适宜地带。本区长芒草原、茭蒿草原、大针茅草原、小灌木百里香草原等多种草原植被占优势,植被恢复以旱生和旱中生牧草带为主。本区也适于沙蒿、柠条、小叶锦鸡儿等灌木生长,在植被群落上可以形成灌丛草原景观。适宜草种有沙打旺、苜蓿、草木犀等。

研究区山西省吉县森林覆被率达 45%,是全国林业先进县,其境内的蔡家川流域是森林生态系统国家野外科学观测研究站的观测基地,森林覆盖率达 55% 以上(图 1-3),是黄土高原具植被恢复、水土保持和土壤侵蚀防治的示范区。

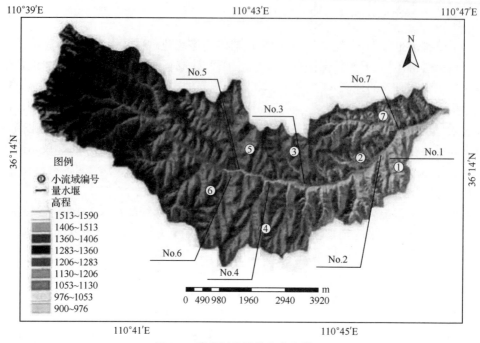

图 1-3　蔡家川流域数字高程模型

4. 研究区域存在的生态环境问题

1) 水资源短缺

黄土高原是流域内水资源匮乏地区。该区多年平均径流深 71.1 mm, 不及全国平均径流深的 1/3, 平均每公顷水量 2625 m³, 不及全国每公顷水量 26 280 m³ 的 1/10; 人均占有水量 546 m³, 只有全国人均水量的 30%。按国际认定的人均 1000 m³ 缺水最低标准评估, 黄土高原的人均水量远远低于这一最低标准, 可见黄土高原水资源问题的严峻形势。

黄土高原降水具有年际和年内分配不均、变率大的特点。由于季风影响致使降水量的年相对变率平均达 20%~30%, 季节降水的相对变率多在 50%~90%。黄土高原降水量的季节分配表现为夏季降水量集中, 6~8 月的降水量占年降水量的 50%~60%, 9~11 月为 20%~30%, 12~2 月为 1.5%~3.5%, 3~5 月为 13%~20%。黄土高原降水分布的总趋势是由东南向西北逐渐减少, 多年平均降水量由东南部的 750 mm, 递减至西北部的 150 mm 左右, 秦岭北坡的局部地区多年平均降水量可达 900 mm 以上, 为区内降水高值区。由于黄土高原的降水量总趋势是由东南向西北逐渐减少, 从而构成黄土高原雨水资源的区域分异。按黄土高原综合治理方案组确定的面积为 57.08×10⁴ km²。按黄土高原各地带平均降水量之和估算, 整个黄土高原年均降水总量为 2.39×10¹¹ m³。在黄土高原全年降水量中, 降雨量远大于降雪量, 加之冬季降水在全年降水量中所占比例很小, 因此黄土高原的雨水资源可近似地代表降水资源。

按联合国粮食和农业组织(FAO)的定义, 年(或季)降水中可在降水地点、无须提水、可就地直接或间接用于作物生长的那部分水, 其数量即为有效降水量。这样, 降水渗入土体总量即土壤总湿度(W_t),减去深层渗漏量或重力渗透补给地下水的水量(W_f),即为有效降水量(P_e)。在黄土高原广大地区地下水埋藏很深,不参与土壤水分循环过程,另外在枯水年或平水年,以及降水较少时,不产生深层渗漏的情况下,即当 $W_f=0$ 时,$P_e=W_t$。在降水初停后,W_t 则大体相当于土壤饱和持水量与田间持水量之间水分储量水平。所以,在一般情况下,$P_e<W_t$。当土壤总湿度相当于饱和持水量时,即相当于土壤潜在有效供水能力时,土壤储水存留时间很短暂,因而常趋近于土壤实际有效供水能力,即田间持水量(W_{fc})水平,这时 $P_e≈W_{fc}$。因此,田间持水量可视为林草植被建设以植物蒸腾耗水为主体的生态用水的上限。

2) 水土流失面积大,危害严重

黄土高原占到全国水土流失面积30%,每年输入黄河的泥沙量高达16亿 t,其中有4亿 t 淤积下游河道。黄土高原上的河流,大多具有泥沙含量大、径流量小且涨落迅速等特点。黄河年平均含泥沙量为 37.5 kg/m³,含沙量高出长江 65 倍(长江年均含沙量为 0.575 kg/m³),在世界各大河流中名列第一。黄河流域面积约为长江的41%,而其年径流量总量仅574.5亿 m³,只是长江的 5%。河流的最大含沙量与输沙量出现在夏秋汛期,春冬枯水期间含沙量与输沙量非常低。据测定,黄河陕县站 1933 年8月8~15日的洪水,输沙量高达 21.2 亿 t,占到当年输沙量的 54.5%。由于水土流失,地表土壤肥力减退,有的地方因暴雨冲刷,破坏农田和水利设施工程及道路交通,对下游造成潜在危害。

3) 植被建设的科技含量低

在植被建设中,缺乏对所在地区的立地条件类型、适宜的人工林灌草植被结构模式(林灌草适宜类型、适宜规模与合理结构和布局)以及相应的植被建设与恢复技术体系的深入研究。虽然许多乡土树种在黄土高原大部分地区都可生长,是四旁绿化植树的"适地适树",但由于它们不是地带性植被优势种,作为主要树种在荒山大面积营造纯林,不是"适地适林",从而在生产上和科学上还没有真正解决大面积造林种草的关键问题。在黄土高原北部荒漠草原和温带草原区,由于降水较少,植被建设应以灌木和草本植物为主;南部森林草原区,由于降水较多,植被建设可以乔灌草、多树种相结合。因此,应依据黄土高原干旱半干旱的气候特点以及由北到南地处荒漠草原、温带草原和森林草原的现实,黄土高原的生态建设应因地制宜,宜草则草、宜灌则灌、宜林则林,才能取得较好的植被建设效果。开展对人工林灌草植被建设的适宜林草类型、适宜规模与合理结构和布局的深入研究,对黄土高原大规模生态建设实践具有重要指导意义。

在黄土高原水土资源严重退化、生态极为脆弱的侵蚀逆境下,恢复和建造植被面临很多难题,干旱缺水即是制约植被建设的主要因素,仅靠自然降水是难以满足耗水量大的乔木生长对水的需求。干旱半干旱地区的自然条件满足不了林木生长的需求,是造成造林成活率低的直接原因。因此,植被建设必须考虑水资源的承载力,盲目种树是不能达到植被恢复和治理水土流失的目的的。在规划人工植被建造的规模与布局时,应根据不同的区域,区别对待那些经常有地表水和地下水汇集的沟谷和具有种树的立地条件的山坡区与其他降水少、干燥度高的大部分地区,研究人工林灌草植被建设规模与水源涵养能力的相关关系,使人工林灌草植被建设真正取得实效。

1.1.5　西北内陆乌鲁木齐河流域水源区研究区域概况

1. 研究区域概况

乌鲁木齐河是新疆维吾尔自治区的一条内流河,位于天山山脉北坡中段,发源于天山山脉喀拉乌成山天格尔Ⅱ峰附近的一号冰川,自南流向北东北,出山口后,至乌拉泊折向正北,横穿乌鲁木齐市区,流向西北,最后流入准噶尔盆地南缘米东区北沙窝的东道海子,全长 214 km,是一条冰雪融水、降雨及地下水混合补给的河流。也是新疆维吾尔自治区乌鲁木齐市工农业生产和城市生活用水的主要水源。

乌鲁木齐河流域的地理位置为东经 $86°45'\sim87°56'$,北纬 $43°00'\sim44°07'$,流域总面积 4684 km²。乌鲁木齐河多年平均年径流量 2.28 亿 m³。乌鲁木齐河流域地形地貌复杂,气候类型多样,从流域末端的古尔班通古特沙漠南部边缘区至河流发源地依次是温带干旱及半干旱荒漠气候、温带半湿润山地气候、寒温带湿润山地气候和寒带高山气候。

乌鲁木齐主要的气候特征:有着较大的昼夜温差,日照时间一般较长;春秋持续时间短,冬夏持续时间长,季节转换速度快,且冷热较为分明;实际的降水量较少,有着很强的蒸发性;因为受到地形的影响,导致气温以及降水地区存在着很大的差异,北部的平原地区平均气温约为 6~7 ℃,南部山区平均气温约为 -5 ℃以下。乌鲁木齐整体的降水趋势为,平原较少,山区较多;东部较少,西部较多;背风坡较少,迎风坡较多。

2. 研究区域代表性分析

乌鲁木齐河是西北内陆城市乌鲁木齐市工农业生产和城市生活用水的重要水源,其年径流量不足 2.5×10^8 m³,流域人均占有水资源量不足 500 m³,仅为全国平均水平的 25%,属于极度缺水区域。天山山区分布的大面积云杉林是乌鲁木齐河重要的天然水源涵养林。随着城市化进程加快和城市人口数量急剧增加,内陆河流域城市水资源供需面临巨大的压力。保障城市水资源安全是实现新疆水资源安全的关键和首要任务,合理建设和保护都市水源区将直接关系到乌鲁木齐市人口的生存,是保障都市发展的重要基础。

3. 研究区域水源涵养林现状及存在问题

乌鲁木齐河流域上游地区分布的大面积云杉林是乌鲁木齐市重要的天然水源涵养林,乌鲁木齐市西南部的天然草地、灌木林及人工林是乌鲁木齐唯一的地表水饮用水源地乌拉泊水库的又一重要水源涵养林。水源涵养林在涵养地表和地下水源、防止水土流失、净化水质和调节径流量等方面发挥着重要的生态功能。合理构建与经营水源涵养林是维护都市水源安全的重要任务,尤其在干旱区,建设山地水源涵养林对保障该区域的生态环境和经济持续稳定发展具有特殊意义。

天山云杉(*Picea schrenkiana* var. *tianschanica*(Rupr.)Chen et Fu)是新疆山地森林中分布最广的优势树种,它不仅是重要的天然林区,也是新疆重要的造林树种,更对水源涵养、水土保持、林区生态系统的形成和维护起着重要作用。当前,天山中段北坡山区的天然森林以中龄林和幼龄林居多,人工林以幼龄林为主,因此,本研究区水源涵养林存在明显的结构不合理、水源涵养功能较为低下的状况。

4. 研究区域存在的生态环境问题

当前,乌鲁木齐河流域最显著的问题是水资源严重不足,地表水利用率超过 100%,地下水超采严重。另外,天山山区普遍存在过度放牧的情况,使上中游的自然植被退化,森林自我更新能力下降,尤其是近年来人类对河流中上游周边土地资源的开发和利用也使河流生态系统发生了较明显的退化,农业非点源污染等问题日益严重。因此,乌鲁木齐河流域水资源的相当一部分出现水质恶化的情况。这为具有 300 多万常住人口的乌鲁木齐市敲响了警钟,促使地方政府和社会各界必须更加重视山区水源涵养森林的建设与保护。

1.1.6　辽河上游水源区研究区域概况

1. 研究区域概况

辽宁东部山区一般指辽东 9 县,包括铁岭市的西丰县,抚顺市的抚顺县、清原县、新宾县,本溪市的本溪县、桓仁县,丹东市的宽甸县、凤城市,鞍山市的岫岩县。范围为北纬 $40°00'\sim43°09'$,东经 $122°53'\sim125°47'$,区域面积近 4 万 km^2。辽东山区系长白山脉西南部的延伸,地形复杂,海拔高度多为 $200\sim1000$ m,以山地和丘陵为主,并与峡谷盆地呈镶嵌式复合分布,超过 1000 m 的山峰有近 20 座。本区域为长白山脉的延伸地区,构成了整个辽东中低山地。海拔高度一般在 $200\sim500$ m,少数山峰超过 1000 m。

全区降水量大,降水量自北向南递增。年降水量在 $750\sim1200$ mm。降水集中分布在植物生长季节,$5\sim9$ 月份降水占全年降水总量的 75% 以上。辽东山区是辽宁省浑河、太子河、柴河、凡河、苏子河、社河、蒲河、大洋河的发源地和集水区。提供了包括沈阳、鞍山等在内的中部城市群年用水量的 70%。辽东山区是中部城市群水源涵养基地,也是辽宁中城乡工农业生产和人民生活的绿色屏障。

本研究区域位于辽河流域大伙房水库上游湾甸子实验林场、辽东水源涵养林区老秃顶子国家级自然保护区、辽河流域大伙房实验林场。

2. 研究区域代表性分析

辽河流域水资源地区分布极不均衡,时间上变化剧烈。辽河中下游地区地表水量少,地下水量有限,工农业等用水过于集中,加上管理不善,因此,水资源十分紧张。1985 年在中等枯水年份$(P=75\%)$情况下,辽河流域共缺水 18.06 亿 m^3,其中:辽宁省辽河流域中下游缺水 11.56 亿 m^3;吉林省东辽河缺水 2.9 亿 m^3;西辽河缺水 3.35 亿 m^3;河北省西辽河缺水 0.24 亿 m^3。

辽河流域是中国水资源贫乏地区之一,特别是中下游地区,水资源短缺更为严重。辽河已建工程的供水能力占水资源量的 50% 以上,中下游开发程度更高。有些工程如太子河的汤河水库原以农业用水为主,由于工业用水不断增加,已不得不改为以工业供水为主。流域内将出现严重缺水现象。

辽河流域开发较晚,水利工程很少。由于流域内水利基础薄弱,历史上水旱灾害频发。$1886\sim1985$ 年的 100 年间,流域内共发生洪涝灾害 50 余次,平均 $2\sim3$ 年就有一次。

西辽河地区几乎年年都有旱灾,特别是春旱严重,辽河干流右侧支流的上中游地区,大面积的旱灾平均3~4年一次。

3. 研究区域水源涵养林现状及存在的主要问题

1) 水源涵养林现状

辽宁东部山区的森林经过长期自然演替所形成的阔叶红松林是长白植物区系的顶极群落。但是在剧烈的人为干扰下,阔叶红松林这一稳定的顶极森林生态系统失去了平衡,产生了逆行演替,原有的森林景观已不复存在,现有森林基本上是新中国成立后通过人工造林和封山育林形成的人工林和天然次生林,成为水源涵养林的主体。辽宁省现有天然次生林为171.86万hm^2,占林分面积的53.28%,其中,90%以上分布于东部山区,是中部城市群和辽河平原的绿色屏障和重要水源基地,又是保护该区生态安全,促进社会、经济协调发展的重要资源,发挥着不可替代的重要作用(张佩昌,1999)。

辽宁省从20世纪50~60年代,就开始对水源涵养林经营工作进行研究。针对当时林分特点,提出了"以抚育为主,抚育、改造、利用相结合"的方针,对天然次生林开展全面抚育间伐。由于受经济利益的驱动,采优留劣,采大留小,以单纯取材为目的,从而形成了大面积的劣质低产林分。20世纪70年代提出"以改造为主,抚育、改造相结合"的原则,对天然次生林采取小面积皆伐改造,人工更新针叶树,大大提高了林地生产力。但是,往往由于伐区连片,形成大面积人工针叶纯林,结果造成森林病虫害发生,林地土壤恶化,生态环境服务功能减弱,各种自然灾害频繁发生。20世纪80年代,采取"全面规划,因林制宜,一山一沟,立体经营,综合开发利用"的方针,采取择伐改造,林冠下人工更新红松、云冷杉等耐阴针叶树,诱导异龄复层针阔混交林。经过择伐改造,人工诱导的异龄复层阔叶红松林23年生林分蓄积量达89.878~90.391 m^3/hm^2;择伐改造人工更新红松,幼林抚育时保留部分有培育前途的萌生阔叶幼树,人工诱导的同龄阔叶红松林21年生林分总蓄积量达48.597~65.5335 m^3/hm^2;人工营造的红松与赤杨、水曲柳、白桦等混交林,16年生林分蓄积量达30.4845~73.8840 m^3/hm^2。并相继获得了"阔叶低产林择伐改造林冠下红松更新技术"、"柞林抚育间伐技术"、"天然次生林综合经营技术"、"辽东山区小流域综合开发模式"、"人工诱导的阔叶红松林抚育间伐技术"、"异龄复层阔叶红松林人工诱导及经营技术"等重大科研成果(宋德利和王拥军,2007)。

长期以来,辽宁东部地区的天然次生林经营存在一些实际问题,首先是偏重于林木自身生产力的研究,忽视了整个森林生态系统生产力的提高。多年来的营林科学研究,更多地把注意力放在主林木的生产上,结果是在较好的立地条件上,建立了一些有较高生产力水平的人工针叶纯林(如落叶松、红松人工林),而对低质立地条件(如石质山地、跳石塘、河滩地等)的植被恢复和保护的研究较少,使辽东山区以天然次生林为主体的生态系统的整体活力没有从根本上得到提高和改善。另一方面偏重于短期经营活动,对森林的自我恢复与发展研究不够,造成天然次生林资源越采越次,使天然次生林生态系统出现衰退趋势,物种多样性受到了严重的破坏。使水资源的供给能力日趋贫乏,因此,及时采取科学的措施,保护、恢复和再建已经退化了的天然次生林生态系统,已成为区域生态环境建设的首要任务。

由于对原始林大量的过度采伐,大面积的原始林被次生林、灌丛、人工林甚至裸地所代替。原始林比重小,次生阔叶林比重大,针叶林面积占35.7%,阔叶林面积占64.2%;年龄结构分布不合理,中、幼龄林占71%。辽宁的原始天然林已不复存在,现存的只是天然次生林,涵养水源的生态功能降低。

2) 水源涵养林经营管理存在的问题

长期以来,辽东山区的水源涵养林采用材林改造模式,造成次生林资源越采越次,可供利用的资源越来越少,珍贵树种(水曲柳、黄波罗、刺楸等) 比重急剧下降,使水源涵养林资源的生态系统出现衰退趋势。另一方面不注重对现有林的经营和管理,使该区大面积的水源涵养林得不到及时抚育,林下植被稀少,森林的功能削弱。由于森林生态系统的衰退,使物种多样性遭到严重的破坏,造成该区特产的野生动植物资源的数量和种类日趋减少或绝迹。加之对森林资源不合理采伐和过度开发,生态环境日趋恶化,表现为洪水和旱灾发生频度增加。另外,该区水土流失面积逐年扩大,土壤侵蚀模数增加,水资源的供给能力日趋贫乏,地下水位下降,河床提高,季节性干枯河流增加,严重影响了区域内工农业生产和人民生活,并严重威胁了该地区的生态安全。它们已成为影响辽东和中部社会经济可持续发展的制约因素,可见,对辽东山区现有水源涵养林资源实现有效保护与合理培育已势在必行(陈天民,1999)。近年来,随着森林分类经营的提出和天然林保护工程实施,在保护好现有水源涵养林资源的基础上,采取积极有效的营林体系,将水源涵养林的培育目标多样化,充分发挥森林生态系统的林产品和生态效益的多样性,是当前东部山区水源涵养林建设亟待解决的问题(周晓峰和蒋敏元,1999)。

因此,本书的研究针对我国面临着的水资源短缺、水环境恶化问题,以建设净水调水型水源涵养林体系为目标,以增强水源涵养功能为导向,在辽河上游重要水源区开展水源涵养林构建技术研究与示范,系统集成植被定向恢复、结构调控与优化配置技术,通过试验示范使相关技术完善和成熟,提出满足净水调水等多目标要求的水源涵养林构建技术体系,为我国水源涵养林建设提供科技支撑。

4. 研究区域存在的生态环境问题

针对国家林业生态工程和水源涵养林建设中急需解决的植被恢复、结构调控、植被配置等关键技术问题,需要回答以下关键问题:①如何实现水源涵养型植被定向恢复? ②如何对现有的水源涵养林结构进行定向调控? ③如何真正达到小流域净水调水功能导向型水源涵养林优化配置? 只有回答了以上关键问题,才能达到流域生态系统、经济系统、社会系统的有机耦合,实现以水源涵养林体系为主体的流域生态经济复合系统的稳定性、高效性和持续性。为此,在本书的研究过程中主要有以下 2 个技术难点和重点:①量化分析不同类型水源涵养林结构与产水功能关系;②确定植被空间配置对小流域产水、净水功能的影响。

只有解决了以上 2 个关键技术环节,才能提出满足水源涵养功能要求的水源涵养林重建与恢复技术、低功能水源涵养林结构定向调控技术、小流域净水调水功能导向型水源涵养林配置技术。

针对我国东北地区水资源缺乏和水源涵养林功能低下的关键问题,以提高水源涵养功能和水体质量为目标,选择大辽河上游重要水源区,进行水源涵养林体系构建技术与示范研究:①水源涵养型植被定向恢复技术研究,进行人工植被重建、人工促进植被恢复和自然植被恢复技术研究,增强水源涵养型植被调水净水功能;②人工水源涵养林结构定向调控技术研究,对水源林进行健康诊断与成因分析,研究不同立地条件下树种组成、层次结构、配置方式、合理密度等关键因子与水源涵养林净水调水功能之间的关系,提出衰退、残次、低效水源涵养密度定向调控与多树种混交技术,提高低效水源涵养林结构稳定性与功能高效性;③小流域净水调水功能导向型水源涵养林配置技术研究,提出与水土资源合理利用相匹配的水源涵养林体系适宜覆盖率以及优化配置模式,提出以增加有效产水量为导向的适宜植被类型及其合理配置模式,构建以水质净化为主要功能目标的植被生态缓冲带,提高水源涵养林对水体的净化功能。

　　研究将量化分析不同类型水源涵养林结构与产水功能关系,确定植被空间配置对小流域产水、净水功能的影响,解决水源涵养林构建与水量、水质之间的关系问题,实现水源涵养林生态服务功能持续提高与稳定发挥的最终目标,为我国水源涵养林体系建设工程提供全面、先进、可行的科技支撑体系,为改善流域和区域生态环境及建立国土生态安全体系提供必需的技术保障。

1.2　研究区域分区

1.2.1　海河上游水源区研究区域分区

　　海河上游主要指海河流域北部和西部的山地和高原部分(图1-4)。流域多年平均降雨量为560 mm,受地形、气候等因素影响,降水分布呈较明显的地带性分异。首先依据海河上游降水量多年平均值分布特征,将海河上游区划分为2个主体区域,分别为半干旱区(降水量<400 mm)和半湿润区(400 mm<降水量<800 mm)。在降水分区基础之上,依据海河流域规划水资源三级分区对海河上游区域进行进一步划分,将海河上游划分为11个研究单元。基于11个研究单元,依据研究单元 DEM 影像数据,提取各个研究单元坡度特征,并参考相关文献,将研究单元进一步划分为:0°~5°平坡区,6°~15°缓坡区,16°~25°斜坡区和>25°陡坡区。

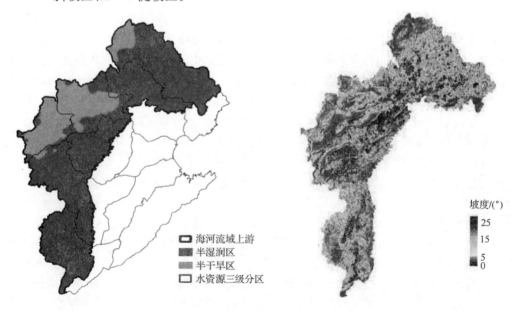

图1-4　海河上游区域分区

根据海河上游区域规划,结合华北土石山区的特点,在坡度基础之上,将坡向、土层厚度和土壤母质等因子加入立地条件划分体系,确定立地类型的划分标准。

1. 坡度分级标准

坡度大小对人工营林造林有重要影响,据此划分为:平坡(坡度 5°以下),缓坡(6°~15°),斜坡(16°~25°),陡坡(25°以上)。

2. 坡向分级标准

坡向对植被的生长起到非常重要的作用,不同坡向具有不同的太阳辐射和日照时数,从而影响其水热状况和土壤的理化性质。从 0°(正北方向)到 360°(重新回到正北方向)进行划分,划分为阴坡(小于 45°和大于 315°),阳坡(135°~225°),半阴坡(45°~90°和 275°~315°),半阳坡(90°~135°和 225°~270°)4 个等级。

3. 土层厚度划分标准

土壤越厚,土壤养分和水分的容量就越大,则有利林木的生长。海河上游土石山区的土层很薄,有时会出现岩石裸露的现象。我们根据研究区的特点,将涂层厚度分为 3 层:薄土层,土层厚度在 25 cm 以下;中土层,土层厚度 25~50 cm;厚土层,土层厚度在 50 cm 以上。岩石裸露地:无土壤覆盖的岩石裸露面积占总面积的 50% 以上的土地。

具体划分结果如表 1-1 所示。

表 1-1　流域立地划分

序号	立地类型小区	立地条件类型	立地特征	生境评价
1	沟底湿润型	沟谷河滩、平原洪积扇	平缓坡,土壤中,母质疏松	宜林
2	阴坡半湿润型	阴坡	阴坡,斜坡,土壤中,母质疏松	宜林
		阴坡	陡坡,土壤薄,母质坚硬	不适宜
		半阴缓斜坡	半阴坡,缓坡、斜坡	宜林
3	中低山阶地	中山或低山	平坡,土层薄,母质疏松	不适宜
4	半阳坡、半阴坡半干旱型	半阴陡坡	坡度>25°,半阴坡,母质坚硬、土层薄	不适宜
		半阳坡	缓坡、斜坡、陡坡	退化
5	半阳坡、阳坡干旱型	半阳陡坡	坡度>25°,半阳坡,陡坡,土层薄,母质坚硬	不适宜
		阳坡缓斜坡	坡度 6°~25°,阳坡,缓斜坡,土层薄,母质疏松	退化
		阳陡坡	坡度>25°,阳坡,陡坡,土层薄,母质坚硬	不适宜

根据所调查的各样地坡向、坡度、坡位、土层厚度等条件,参考前人立地划分研究成果(赵荟等,2010),按照下列立地类型划分标准确定坡面立地类型(表 1-2)。

表1-2 坡面立地条件划分

立地类型			立地条件
坡顶组	阳坡坡顶组	平缓阳坡坡顶组	平缓阳坡薄土坡顶组	坡向157.5°~247.5°,坡度0°~10°,土层厚度小于40 cm,位于坡顶
			平缓阳坡厚土坡顶组	坡向157.5°~247.5°,坡度0°~10°,土层厚度大于40 cm,位于坡顶
		缓坡阳坡坡顶组	缓坡阳坡薄土坡顶组	坡向157.5°~247.5°,坡度10°~30°,土层厚度小于40 cm,位于坡顶
			缓坡阳坡厚土坡顶组	坡向157.5°~247.5°,坡度10°~30°,土层厚度大于40 cm,位于坡顶
	半阳坡坡顶组	平缓半阳坡坡顶组	平缓半阳坡薄土坡顶组	坡向157.5°~247.5°&247.5°~292.5°,坡度0°~10°,土层厚度小于40 cm,位于坡顶
			平缓半阳坡厚土坡顶组	坡向157.5°~247.5°&247.5°~292.5°,坡度0°~10°,土层厚度大于40 cm,位于坡顶
		缓坡半阳坡坡顶组	缓坡半阳坡薄土坡顶组	坡向112.5°~157.5°&247.5°~292.5°,坡度10°~30°,土层厚度小于40 cm,位于坡顶
			缓坡半阳坡厚土坡顶组	坡向112.5°~157.5°&247.5°~292.5°,坡度10°~30°,土层厚度大于40 cm,位于坡顶
	塌陷坡顶组			位于坡顶,易于集水的陷坑
	石块坡顶组			位于坡顶,突出地面的大石块
坡中组	阳坡坡中组	缓坡阳坡坡中组	缓坡阳坡薄土坡中组	坡向157.5°~247.5°,坡度10°~30°,土层厚度小于40 cm,位于坡中
			缓坡阳坡厚土坡中组	坡向157.5°~247.5°,坡度10°~30°,土层厚度大于40 cm,位于坡中
		陡坡阳坡坡中组	陡坡阳坡薄土坡中组	坡向157.5°~247.5°,坡度大于30°,土层厚度小于40 cm,位于坡中
			陡坡阳坡厚土坡中组	坡向157.5°~247.5°,坡度大于30°,土层厚度大于40 cm,位于坡中
	半阳坡坡中组	缓坡半阳坡坡中组	缓坡半阳坡薄土坡中组	坡向157.5°~247.5°&247.5°~292.5°,坡度10°~30°,土层厚度小于40 cm,位于坡中
			缓坡半阳坡厚土坡中组	坡向157.5°~247.5°&247.5°~292.5°,坡度10°~30°,土层厚度大于40 cm,位于坡中
		陡坡半阳坡坡中组	陡坡半阳坡薄土坡中组	坡向112.5°~157.5°&247.5°~292.5°,坡度大于30°,土层厚度小于40 cm,位于坡中
			陡坡半阳坡厚土坡中组	坡向112.5°~157.5°&247.5°~292.5°,坡度大于30°,土层厚度大于40 cm,位于坡中
	阴坡坡中组	缓坡阴坡坡中组	缓坡阴坡薄土坡中组	坡向0°~112.5°&292.5°~360°,坡度10°~30°,土层厚度小于40 cm,位于坡中
			缓坡阴坡厚土坡中组	坡向0°~112.5°&292.5°~360°,坡度10°~30°,土层厚度大于40 cm,位于坡中

	立地类型		立地条件
坡中组	阴坡坡中组	陡坡阴坡薄土坡中组	坡向 0°～112.5°&292.5°～360°,坡度大于 30°,土层厚度小于 40 cm,位于坡中
		陡坡阴坡厚土坡中组	坡向 0°～112.5°&292.5°～360°,坡度大于 30°,土层厚度大于 40 cm,位于坡中
	塌陷坡中组		位于坡中,易于集水的陷坑
	石块坡中组		位于坡中,突出地面的大石块
坡底组	阳坡坡底组	缓坡阳坡薄土坡底组	坡向 157.5°～247.5°,坡度 10°～30°,土层厚度小于 40 cm,位于坡底
		缓坡阳坡厚土坡底组	坡向 157.5°～247.5°,坡度 10°～30°,土层厚度大于 40 cm,位于坡底
		陡坡阳坡薄土坡底组	坡向 157.5°～247.5°,坡度大于 30°,土层厚度小于 40 cm,位于坡底
		陡坡阳坡厚土坡底组	坡向 157.5°～247.5°,坡度大于 30°,土层厚度大于 40 cm,位于坡底
	半阳坡坡底组	缓坡半阳坡薄土坡底组	坡向 157.5°～247.5°&247.5°～292.5°,坡度 10°～30°,土层厚度小于 40 cm,位于坡底
		缓坡半阳坡厚土坡底组	坡向 157.5°～247.5°&247.5°～292.5°,坡度 10°～30°,土层厚度大于 40 cm,位于坡底
		陡坡半阳坡薄土坡底组	坡向 112.5°～157.5°&247.5°～292.5°,坡度大于 30°,土层厚度小于 40 cm,位于坡底
		陡坡半阳坡厚土坡底组	坡向 112.5°～157.5°&247.5°～292.5°,坡度大于 30°,土层厚度大于 40 cm,位于坡底
	阴坡坡底组	缓坡阴坡薄土坡底组	坡向 0°～112.5°&292.5°～360°,坡度 10°～30°,土层厚度小于 40 cm,位于坡底
		缓坡阴坡厚土坡底组	坡向 0°～112.5°&292.5°～360°,坡度 10°～30°,土层厚度大于 40 cm,位于坡底
		陡坡阴坡薄土坡底组	坡向 0°～112.5°&292.5°～360°,坡度大于 30°,土层厚度小于 40 cm,位于坡底
		陡坡阴坡厚土坡底组	坡向 0°～112.5°&292.5°～360°,坡度大于 30°,土层厚度大于 40 cm,位于坡底
	塌陷坡底组		位于坡底,易于集水的陷坑
	石块坡底组		位于坡底,突出地面的大石块

1.2.2　黄河上游土石山区水源区研究区域分区

结合黄河上游土石山区区域特征,首先确定了黄河流域范围,并根据已有的研究确定了黄河流域土石山区分布范围。在此基础上,按照地域分布确定参考植被类型。在 Arc-GIS 软件中将黄河流域土石山区进行了一级分区(图 1-5),分别为:青甘高寒土石山区、陕甘宁土石山区、晋豫鲁土石山区三部分,该节仅涉及青甘高寒土石山区。

参考不同地区植被群落的垂直分布,根据不同地区的海拔高度并参考降雨量和干燥度

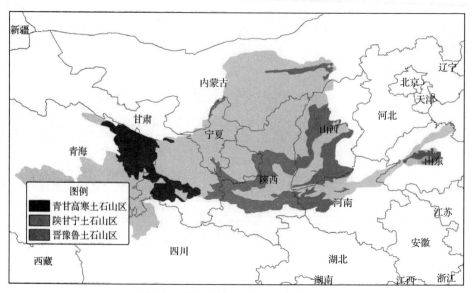

图 1-5　黄河流域土石山区一级分区图

分区依据:主要按照地域分布并参考植被类型进行分级①青甘高寒土石山区;②陕甘宁土石山区;③晋豫鲁土石山区。本书仅涉及青甘高寒土石山区

等指标将青甘高寒土石山区进行了二级分区(图 1-6),分别为:①河谷阶地(低于 2600 m),主要是农地及城镇用地;②中山、高山区(2600~3800 m),主要是乔灌草植被带;③裸露石山区(高于 3800 m),主要是裸露石砾,基本无植被。

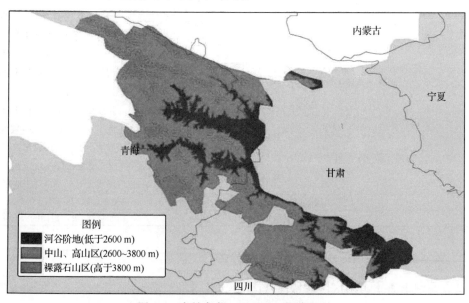

图 1-6　青甘高寒土石山区二级分区图

分区依据:主要依据海拔高度并参考降雨量和干燥度进行分级①河谷阶地(低于 2600 m),主要是农地及城镇用地;②中山、高山区(2600~3800 m),主要是乔灌草植被带;③裸露石山区(高于 3800 m),主要是裸露石砾,基本无植被。水源涵养林分布在中山、高山区(2600~3800 m),亦是本书的研究技术主要适用区

　　根据不同的研究技术,结合青甘高寒土石山区二级分区,并参考坡向、植被群落现状等因素进行了青甘高寒土石山区三级分区,具体如图1-7所示。

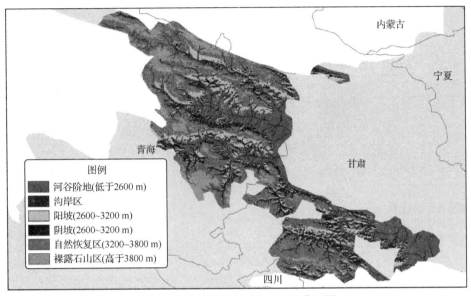

图1-7　青甘高寒土石山区三级分区图

分区依据:在二级分区的基础上再参考坡向等因子进行分类①河谷阶地(低于2600 m),主要是农地及城镇用地;②沟岸区,指河流两岸植被地带,为生态缓冲带植被配置技术适用区;③阳坡(2600~3200 m),为小流域及坡面水源涵养林优化配置技术适用区;④阴坡(2600~3200 m),为低耗水森林植被培育与抚育技术、人工诱导植被定向恢复技术;⑤自然恢复区(3200~3800 m),为自然植被群落恢复技术适用区;⑥裸露石山区(高于3800 m),主要是裸露石砾,基本无植被

1.2.3　黄河中上游土石山区水源区研究区域分区

　　结合本书的研究区特征,首先确定了黄河流域范围,并根据已有的研究确定黄河流域土石山区分布范围。在此基础上,按照地域分布确定参考植被类型。在ArcGIS软件中将黄河流域土石山区进行了一级分区(图1-8),分别为:青甘高寒土石山区、陕甘宁土石山区、晋豫鲁土石山区三部分,该节仅涉及陕甘宁土石山区。

　　由于陕甘宁土石山区分布于宁夏北部和宁夏南部以及陕西中南部等地区,参考不同地区植被群落的垂直分布,并根据不同地区的海拔、地貌以及降雨量等指标将陕甘宁土石山区进行了二级分区,具体如图1-9所示。

　　根据不同的研究技术,结合陕甘宁土石山区二级分区,并参考坡向、植被群落现状等因素进行了陕甘宁土石山区三级分区,具体如图1-10和图1-11所示。

1.2.4　黄河中游黄土区水源区研究区域分区

　　根据黄河中游气候条件的纬度变化,土壤侵蚀状况,土层厚度等情况,结合地域连接、无间隙、不重复、形成完整区域的区划原则,将研究地区黄河流域黄土区进行一级分区(图1-12),划分为:低中山阴坡薄土、低中山阴坡中厚土、阳坡黄土、丘陵沟底、河滩阶地等23种立地条件。研究地区西起日月山,东至吕梁山,南靠秦岭,北抵阴山,涉及青海、甘肃、宁夏、内蒙古、陕西、山西、河南七省(自治区),全区总面积63.5万 km²。

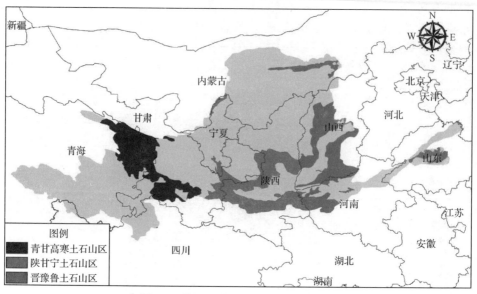

图 1-8　黄河流域土石山区一级分区图

分区依据:主要按照地域分布并参考植被类型进行分区①青甘高寒土石山区;②陕甘宁土石山区;③晋豫鲁土石山区。

本节的研究属于"十二五"科技支撑课题"黄河流域土石山区水源涵养林体系构建技术研究与示范"——六盘山团队的研究内容,因此研究报告仅涉及陕甘宁土石山区

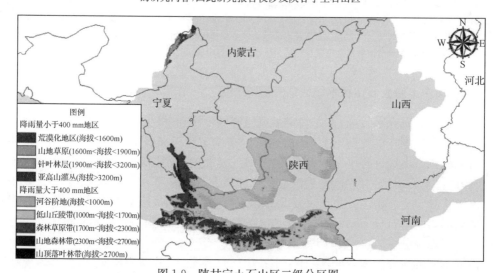

图 1-9　陕甘宁土石山区二级分区图

分区依据:主要依据海拔、地貌并结合降雨量进行分区。

降雨量小于 400 mm:①荒漠化地区(海拔<1600 m)。主要为裸露的岩石等,分布极少抗旱性草本和灌木。②山地草原(1600m <海拔<1900 m)。主要为草本植物群落分布。③针叶林层(1900 m<海拔<3200 m)。主要为以青海云杉为代表的针叶林植被类型。④亚高山灌丛(海拔>3200 m)。主要为以银露梅、小叶金露梅等构成灌丛带。降雨量大于 400 mm:①河谷阶地(海拔<1000 m)。主要为农用耕地和生活区。②低山丘陵带(1000 m<海拔<1700 m)。主要为常绿落叶林及部分农用耕地。③森林草原带(1700 m<海拔<2300 m)。主要为落叶阔叶林、人工针叶林和草甸草原构成。④山地森林带(2300 m<海拔<2700 m)。主要为乔灌草植被带(包括人工针叶林)。⑤山顶落叶林带(海拔>2700 m)。主要为稳定的山顶落叶阔叶矮曲林带

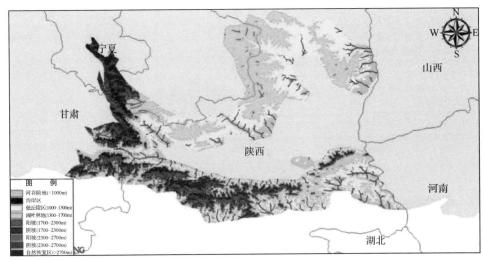

图 1-10　陕甘宁土石山区三级分区图 1(降雨量大于 400 mm 地区)

分区依据:在二级分区的基础上参考坡向等因子进行分区。①河谷阶地(<1000 m):为农耕用地和生活区,其中沟岸区(指河流两岸植被地带),为生态缓冲带植被配置技术适用区;②低丘陵(1000~1300 m):为低功能人工水源涵养林结构定向调控技术适用区;③阔叶林地(1300~1700 m):为小流域及坡面水源涵养林优化配置技术适用区;④阳坡(1700~2300 m):为自然植被群落恢复技术、低功能人工水源涵养林结构定向调控技术适用区;⑤阴坡(1700~2300 m):为低耗水人工群落重建技术、小流域及坡面水源涵养林优化配置技术适用区;⑥阳坡(2300~2700 m):为人工促进退化植被恢复技术适用区;⑦阴坡(2300~2700 m):为低功能人工水源涵养林结构定向调控技术适用区;⑧自然恢复区(>2700 m):为自然植被群落恢复技术适用区

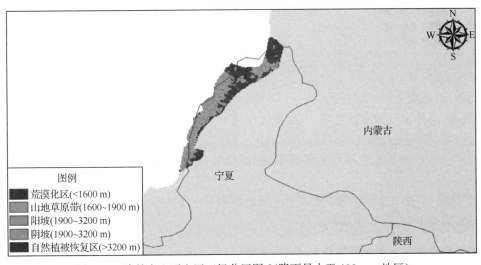

图 1-11　陕甘宁土石山区三级分区图 2(降雨量小于 400 mm 地区)

分区依据:在二级分区的基础上参考坡向等因子进行分区。①荒漠化区(<1600 m):为荒山或岩石裸露,分布稀疏的植被;②山地草原带(1600~1900 m):为自然植被群落技术适用区;③阳坡(1900~3200 m):为小流域及坡面水源涵养林优化配置技术适用区;④阴坡(1900~3200 m):为低耗水人工群落重建技术、人工促进退化植被群落恢复技术适用区;⑤自然植被恢复区(>3200 m):为自然植被群落技术适用区

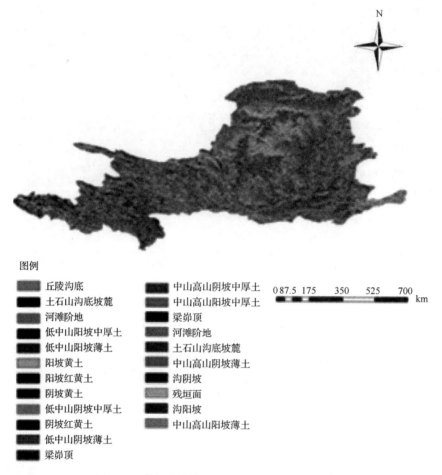

图例

丘陵沟底	中山高山阴坡中厚土
土石山沟底坡麓	中山高山阳坡中厚土
河滩阶地	梁峁顶
低中山阳坡中厚土	河滩阶地
低中山阳坡薄土	土石山沟底坡麓
阳坡黄土	中山高山阴坡薄土
阳坡红黄土	沟阴坡
阴坡黄土	残垣面
低中山阴坡中厚土	沟阳坡
阴坡红黄土	中山高山阳坡薄土
低中山阴坡薄土	
梁峁顶	

0 87.5 175　350　525　700 km

图 1-12　黄河流域黄土区一级分区立地条件划分

黄河流域黄土区二级分区（图 1-13）结合植被调查和土壤水分监测资料进行生境宜林性评价，总体上分为宜林生境、中度退化生境和严重退化生境，其中宜林生境包括沟底河滩、阴坡、半阴缓斜坡三种立地；中度退化生境包括半阴陡坡、半阳缓斜陡坡和阳坡缓斜坡三种立地；严重退化生境包括梁峁顶、半阳急坡和阳坡陡急坡。以上分类已在图 1-13 中详细划分。

三级分区（图 1-14）主要按照黄土区域坡面划分为 6 种立地类型：坡顶、阳坡上部、阳坡下部、阴坡上部、阴坡下部和沟坡。

1.2.5　西北内陆乌鲁木齐河流域水源区研究区域分区

对乌鲁木齐河流域天山云杉水源涵养林进行立地类型划分，确定近自然条件下植被分布变化情况，并据此提出相应的经营模式。利用影像资料，结合样地调查数据，依据坡度、坡向、海拔、土层厚度等指标划分立地类型。

以天山中部北坡乌鲁木齐河流域水源涵养区为研究区，在空间数据的支持下，考虑地形地貌、海拔、坡度、坡向、土壤结合遥感影像与野外调查、植被分布特征等多维立地因子，

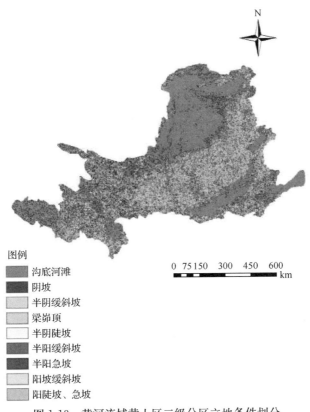

图 1-13　黄河流域黄土区二级分区立地条件划分

利用空间叠加组合技术进行乌鲁木齐河流域水源涵养区森林立地类型划分研究。在 ArcGIS 支持下,通过叠加分析进行了立地类型区-立地类型组-立地类型小区三级森林基层立地分类。

　　经调查资料分析,本次森林立地分类指标选取地形和土壤作为分类要素。根据分类原则最终确定分类体系表,即利用 DEM、坡向、坡位这三个因子的不同分布阈值进行分类,同时,将土壤类型进行重新归类,得到森林立地分类结果。分类等级体系见表 1-3。

表 1-3　乌鲁木齐河水源森林立地分类各等级立地代码、名称及体系

一级立地亚区				二级立地组		三级立地类	
	海拔高度		坡向		坡度		土壤类型
1	低山带 (960 m≤DEM≤2000 m)	1	阴坡 (271°~365°,0°~90°)	1	平地 <5°	1	草毡土
						2	栗钙土
2	中山带 (2000 m<DEM≤2400 m)			2	缓坡 5°~15°	3	棕钙土
						4	黑毡土
3	高山带 (DEM>2400 m)	2	阳坡 (91°~270°)	3	陡坡 >15°	5	灰褐土
						6	冰冻土

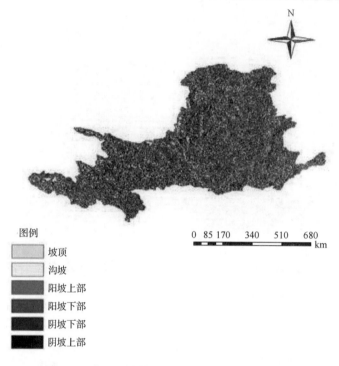

图例

- 坡顶
- 沟坡
- 阳坡上部
- 阳坡下部
- 阴坡下部
- 阴坡上部

0 85 170   340   510   680
　　　　　　　　　　　　　km

图 1-14　黄河流域黄土区三级分区立地条件划分

　　根据建立的森林立地分类体系和方法,将海拔高度与坡向叠加得到 6 类立地亚区,立地亚区与坡度叠加分析得到 18 类立地组,最后将立地组与土壤类型叠加分析得到 108 类立地类(区)。根据科学、实用、简洁的原则,在分类过程中应把握好分类的细致程度,分类过细则对于实践没有指导意义。本次分类将分类面积小于总面积 1% 的类型消除,消除原则为将面积小于 1% 的类型与相临周边边界最长的类型合并。

　　最终,乌鲁木齐河流域水源涵养区共划分出 24 个立地类型小区,见图 1-15。

1.2.6　辽河上游水源区研究区域分区

　　辽河上游研究区域植被类型绝大多数是次生的中、幼龄林及灌草丛。根据植被类型的差异性分为 4 大植被类型:①杂木林;②柞林;③灌木林;④灌草丛(疏林)。通过对影响落叶松生长立地因子研究,以土壤(石砾化、土层厚度、岩石性质)、地貌(石砬子、乱石窖、坡向、海拔高)为主要因子,根据主导因子分级组合法,把研究区域划分为 12 个立地类型:Ⅰ阴坡厚层土类型、Ⅱ阴坡中层土类型、Ⅲ阴坡薄层土类型、Ⅳ半阴坡厚层土类型、Ⅴ半阴坡中层土类型、Ⅵ半阴坡薄层土类型、Ⅶ半阳坡厚层土类型、Ⅷ半阳坡中层土类型、Ⅸ半阳坡薄层土类型、Ⅹ阳坡厚层土类型、Ⅺ阳坡中层土类型、Ⅻ阳坡薄层土类型。针对不同的立地条件类型,提出了相应的水源涵养林构建技术。

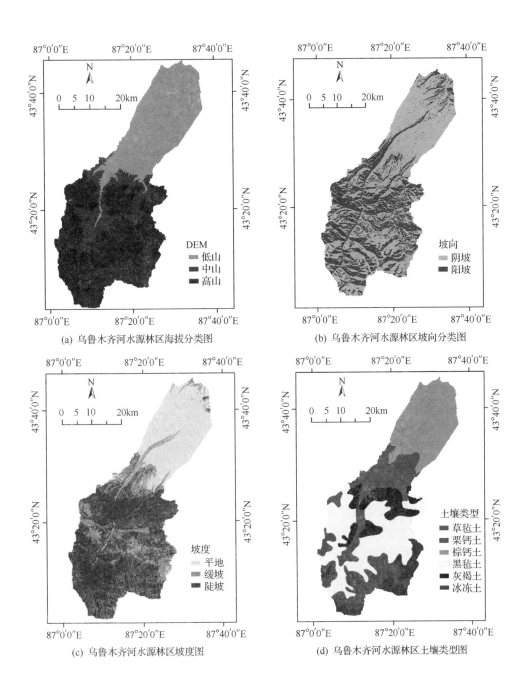

(a) 乌鲁木齐河水源林区海拔分类图

(b) 乌鲁木齐河水源林区坡向分类图

(c) 乌鲁木齐河水源林区坡度图

(d) 乌鲁木齐河水源林区土壤类型图

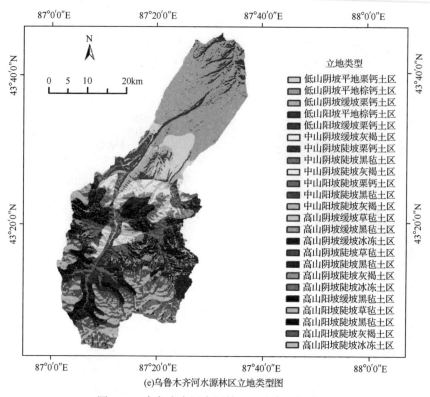

(e)乌鲁木齐河水源林区立地类型图

图 1-15　乌鲁木齐河水源林区立地类型划分图

1.3　试验区基本情况

1.3.1　海河上游水源区试验区基本情况

1. 潮关西沟流域概况

潮关西沟流域地处北京市密云县古北口镇潮关村(图 1-16),40°40′N,117°06′E。流域三面环山,出口为潮河,形成一个全封闭式的流域。研究区有西沟和桃园沟两条支沟,总面积 889.02 hm²。整个流域东南、西北走向,地势东低西高,海拔 210~1158 m,从沟口到破城子为沟谷平缓地带,地势比较开阔,从破城子两条支沟往里逐渐狭窄。研究区平均坡度 25°,外侧山坡坡度较缓,西北部山高坡陡,石峰林立,个别陡坡地段达 35°以上。流域土壤类型以山地褐土为主,在西北部高海拔地带存在少量山地棕壤,土壤平均厚度约 20cm,属薄土层,基岩为石灰岩,母质多为坚硬型。

流域属于中山区,典型暖温带半湿润大陆性季风气候,研究区年均降雨量 600~900 mm,而且 70%的降雨集中在 7 月、8 月、9 月三个月,年均气温 9~11℃,四季分明,雨热同期。有林地是该区域内林地的主体。有林地中天然林比例较大,除 32 hm²为人工林外,其余为天然林,多呈斑块状分布或零星分布。在有林地中,树种以油松(*Pinus tabuliformis*)、蒙古栎(*Quercus mongolica*)、辽椴(*Tilia mandshurica*)、小叶椴(*Tilia mongolica*)、元宝枫

图 1-16　北京密云潮关西沟位置遥感影像图

(*Acer truncatum* Bunge)、栾树(*Koelreuteria paniculata* Laxm)、臭椿(*Ailanthus altissima* Swingle)等为主,有少量山楂(*Crataegus pinnatifida*)、山杏(*Armeniaca sibirica* L.)、核桃楸(*Juglans mandshurica* Maxim.)等经济果树。

2. 半城子水库流域研究区概况

半城子水库流域位于密云水库北部的牤牛河流域上游,面积 66.1 km^2,属密云水库二级保护区。地貌为低山丘陵类型(图 1-17),海拔在 250~500 m 之间,平均坡度 25°~30°。流域土壤类型为山地褐土,土层厚度 10~30 cm,pH 呈中性至微酸性。年平均气温 10.5℃,年均降雨量 669 mm,主要集中在 6 月、7 月、8 月,占全年降雨量的 75%。流域林种为水源保护林,树种以侧柏纯林和油松纯林为主。由于营养面积水、肥、光、气、热严重不足,灌草植被极少,林分对水源的保护作用差,急需进行幼林抚育。

流域内自然植被偏重于旱生次生植被,以荆条群系为主,伴生灌木为荆条、薄皮木(*Leptodermis oblonga*)、多花胡枝子(*Lespedeza floribunda*)等草本,以丛生引子草、细叶苔草、白草(*Pennisetum centrasiaticum*)、卷柏为主,其次有三裂绣线菊(*Spiraea trilobata*)、平榛(*Corylus heterophylla*)等。

3. 河北省围场县北沟林场研究区概况

研究区位于木兰围场自然保护区所辖的北沟林场。林场位于围场满族蒙古族自治县境内,地处滦河上游地区,区域地理坐标为北纬 41°35′~42°40′,东经 116°32′~117°14′,海拔高度 750~1998 m,属半干旱向半湿润过度、寒温带向中温带过度、大陆季风型山地气候,年均降水量 380~560 mm,主要集中在 7~9 月。森林以天然次生林和人工林为主,主要乔木树种有华北落叶松(*Larix principis-rupprechtii*)、山杨(*Populus davidiana*)、白桦(*Betula platyphylla*)、油松(*Pinus tabuliformis*)、蒙古栎(*Quercus mongolica*)、五角枫(*Acer mono*)等。

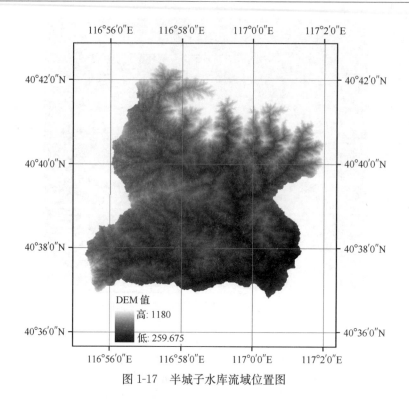

图 1-17　半城子水库流域位置图

1.3.2　黄河上游土石山区水源区试验区基本情况

试验区位于青海省大通县宝库林区,该林区位于大通县西北角大坂山下,地理坐标北纬 $36°55'\sim37°32'$,东经 $100°52'\sim101°39'$,海拔 $2610\sim4600$ m,东与新庄镇接壤,西与海晏县毗邻,北靠大坂山与门源县相望,东西长 66 km,南北宽 44 km,是西宁市重要的水源涵养林区,是黑泉水库和西宁市第七水源的水源林。宝库林场场部位于大通县西北角大坂山下,离县城 28 km,距西宁 63 km。

宝库林区三面环山,地处大通县纯脑山地区,最高海拔 4622 m,最低海拔 2610 m,垂直高差为 2012 m,境内山峦起伏,沟壑纵横,地形、地貌比较复杂,立地条件差。林木在小地形上呈团状分布,具有明显的坡向性和镶嵌性。宝库林区地处中纬度,系西南季风影响的边缘地带,属凉温半湿润气候型,高原大陆气候特点显著,受地形、海拔的影响,总的特点是冬长夏短、干湿两季不明,年平均气温 2.4℃、积温天数 73 d、年日照时数 2596.5 h、年无霜期 $45\sim0$ d,无绝对无霜期,年平均降水量为 549.9 mm。

宝库林场主要从事宝库林区国有林业建设工作,经营范围涉及宝库乡、青山乡、青林乡、多林镇、逊让乡等四乡一镇,经营总面积 13.1864 万 hm²,其中林业用地8.855 14万 hm²,乔木林地 0.1842 万 hm²,灌木林地 6.8118 万 hm²,未成林造林地 0.1724 万 hm²,灌丛地 1.6797 万 hm²,林区森林覆盖率为 79.0%,全林区活立木蓄积量为 12.9916 万 m³。主要乔木树种有白桦、云杉、山杨、圆柏等,主要灌木树种有沙棘、山生柳、杜鹃、金露梅、小檗等,主要野生动物有白唇鹿、马鹿、岩羊、狼、雪鸡、兰马鸡、环颈雉、旱獭等。

宝库林区共有 4 乡 1 镇,62 行政村,居住有汉、土、藏、蒙古、回、苗 6 个民族,总户数

12 125 户,总人口 55 767 人,由于高寒等自然条件的限制,社会经济条件落后,群众生活比较贫困。

1.3.3 黄河中上游土石山区水源区试验区基本情况

研究主要在六盘山保护区东南部泾河上游二级河流香水河流域的洪沟小流域进行。香水河位于六盘山脉南段的东坡,全流域面积 95.2 km²。洪沟小流域为香水河流域的亚流域,面积为 10.43 km²。海拔高度范围为 2140~2598 m,最大高差达 458 m,流域基本呈西北—东南走向。洪沟小流域内各坡向所占面积分布比较均匀,但以东坡、东北坡和东南坡面积较大,北坡面积较小,平地面积最小;流域内的坡度较大,全流域平均为 36.21°,主要分布在 20°~50°;坡度大于 30°的面积占到了全流域总面积的 74.93%,其中 30°~50°坡面在流域的分布最广,占流域面积的 64.18%。

香水河小流域内的土壤类型主要有灰褐土和亚高山草甸土两种。亚高山草甸土主要分布在流域北部海拔 2700 m 以上的山梁顶部或阳坡上部,主要植物种有苔草、紫苞凤毛菊、紫羊茅和其他杂草类,覆盖度在 90%左右。土壤表层具有深厚的腐殖质层,养分含量丰富,表层疏松,植被根系发达。

灰褐土是流域内最主要的土壤类型,乡土植被主要有山杨、桦树(*Betula*)、辽东栎(*Quercus wutaishanica*)、椴树、华山松(*Pinus armandii*)等树种的次生林,人工植被则有华北落叶松林、油松以及一些云杉林,灌木有榛、灰栒子、李(*Prunus salicina*)、忍冬、绣线菊等。灰褐土的典型剖面层次有枯落物层、腐殖质层、有机矿质土层、淀积层和母质层,土体中一般含有较多石砾。由于香水河流域植被较好,林下灌草层生长茂密,枯落物蓄积量大,再加上近年来的恢复保护,流域内水土流失面积较小。

由于香水河小流域处于半湿润气候区,与叠叠沟小流域形成对比,便于开展不同水文条件的对比研究;同时香水河处于自然保护区的核心,是重要的水源涵养地,选择此流域开展研究具有很好的代表性。

1.3.4 黄河中游黄土区水源区试验区基本情况

研究区域的蔡家川流域(北京林业大学教学科研试验场,国家森林生态系统野外科学观测研究站),位于山西省黄土高原西南部的吉县境内,吉县位于山西省吕梁山南端,属典型黄土残塬沟壑区,地理坐标在东经 110°27′~111°07′与北纬 35°53′~36°21′之间。东西长 62 km,南北宽 48 km,总面积 1777.26 km²。以县城为中心,东北与蒲县接壤,以石头山为界;东与临汾市和乡宁县相连,以金岗岭、姑射山为界;西邻黄河,隔河与陕西宜川相眺;南与乡宁张马乡相连,以下张尖为界;北与大宁接壤,以处鹤沟为界,县境周长 229 km,蔡家川流域地理坐标为北纬 36°14′~36°18′与东经 110°40′~111°48′之间,该嵌套流域主沟道为义亭河的一级支流,义亭河为黄河一级支流的昕水河支流,流域大体上为由西向东走向,流域面积 39.33 km²,流域平均海拔 1172 m。蔡家川流域主沟道及其部分支沟具有常流水(张志,2004)。研究区域地理位置见图 1-18。

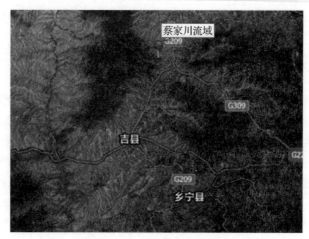

图 1-18　研究区地理位置图

1.3.5　西北内陆乌鲁木齐河流域水源区试验区基本情况

以天山森林生态定位站所在的乌鲁木齐板房沟林场小流域为试验区,通过建立天山云杉森林生态水文效应固定监测样地,分别选择幼龄林、中龄林(按郁闭度又分为 0.2、0.4、0.6 和 0.8)、近熟林、成熟林和对照(草地、裸地)等代表性样地,每个样地设 3 个重复,共建立了 27 个固定监测样地。在每个监测样地内,布设了林下降雨截留设施,修建了标准地表径流观测场,配备了茎流计,在上述郁闭度为 0.2、0.4、0.6 和 0.8 中龄林样地内设置了 120 个凋落物样方。监测各类型样地的地表径流、土壤蓄水、树木蒸腾、土壤蒸发散、冠层截留等生态水文要素,比较不同林分结构(郁闭度)下的水文效应差异,提出天山云杉水源涵养林调控措施,并建立试验示范区。

以新疆干旱荒漠区-新疆乌拉泊库区人工林内种植的白蜡、蔷薇、榆叶梅、丁香、紫穗槐、胡杨、山杏、山桃、沙枣、长枝榆、白榆、旱柳和银白杨为供试树种,对比了其气体交换特性、光合特性和水分利用效率等的季节动态变化,试图阐明这些种树种在干旱环境下的适应及调节机制。依据乌拉泊库区植被缓冲带结构的差异性,选择植被较少的缓冲带一道沟,以及另外两个具有不同程度人工林覆盖的二道沟和五道沟作为研究对象,分别在一道沟、二道沟和五道沟的起水点和水库入水口,以及水库的出水口布置采样点,检测降雨24 h 后(即降水流经缓冲带的时间)各样点水质,运用单因子指数法、综合污染指数法和综合净化指数法,通过对比分析缓冲带前后起水点和水库入水口的地表水水质特征以及变化规律。通过测定干旱区城市人工水源林各树种的生理生态指标,运用层次分析法,筛选适宜干旱区城市人工水源林的低耗水树种;对各植被缓冲带的净化水质功能进行比较,提出干旱区低耗水水源林适宜空间配置结构,建立和完善技术试验示范区。

1.3.6　辽河上游水源区试验区基本情况

1. 辽河流域大伙房水库上游湾甸子实验林场研究基地

本项目试验区位于清原满族自治县湾甸子镇砍椽沟村,地处北纬 41°58′,东经

125°8′,长白山脉西南边缘。清原地貌属侵蚀的低山丘陵,主要地貌类型是1000 m以下的低山和500 m左右的高丘陵。间有的山间盆地和河谷平原多集中在境内的浑河下段,在浑河源地区分布极少。浑河源地区山势陡峭,沟谷纵横,切割较深,形成东南高西北低的地势。

浑河发源于清原县滚马岭,流经抚顺三县、市区,经沈阳在三岔河与太子河汇合后,由营口注入渤海。浑河流域面积12 746 km²,在抚顺市境内面积7311 km²,占全流域面积57.4%。浑河上游在清原满族自治县马前塞附近分南北两支,南支红河,北支英额河,汇合后始称浑河,在清原北杂木入大伙房水库。红河、英额河和大伙房水库以上浑河干流均在清原满族自治县境内,三条河流域面积2350 km²。抚顺市共有水库120座,其中大型水库1座,在浑河干流上,为大伙房水库。是一座防洪、灌溉、工业和城市供水为主,兼顾发电、水产养殖和旅游等综合利用的大型水库,总库容21.87亿 m³,水面控制面积5437 km²,是沈阳、抚顺两大城市人口生活用水的主要水源。水库截流的主要河流有浑河(清原段)、苏子河和社河三条河,浑河是大伙房水库的主要供水河流,占三条入库河入库总水量的52%。浑河流域主要支流建有中型水库6座,其中项目区毗邻的红河上建有后楼水库,后楼水库为中型水库,面积125 hm²,位于湾甸子镇河东村,长5000 m,宽2000 m,最深处18 m,最大库容1494万 m³,主要功能为灌溉、养殖。

试验区属温带大陆性季风气候,冬寒夏热,年温差较大,年平均气温为3.4℃。7月份最温暖,平均气温22.9℃,最高气温37.2℃。1月份最冷,平均气温−16℃,最低气温−37.6℃。年平均日照时数2433 h。年平均蒸发量1275 mm,年平均降雨量810 mm,多集中于6月、7月、8月三个月,占全年总降雨量的60%以上。河水结冰期约为4个月,每年降雪期为11月中旬至来年3月,平均积雪日数为105 d,年最大积雪深度为37 cm。项目区多年平均风速3.1 m/s,最大风速26.3 m/s。项目区年平均积雪日数为105 d,无霜期平均为125 d。最大冻土深度169 mm。

项目区主要土壤类型为暗棕壤土、草甸土、水稻土。暗棕壤的形成是和当地生物气候带相一致的地带性土壤,是暖温带夏绿阔叶林下形成的棕色森林土。在暗棕壤生物气候带内,由于地形、水文、原生植被和长期栽培水稻等作用形成的隐域性土壤,即草甸土、水稻土。滑雪场所在的地区的土壤属暗棕壤土。

湾甸子镇地处东北长白山余脉,植被主要为天然次生林和人工林等类型构成,季相变化明显,四季特色各异。植被区划上位于暖温带落叶阔叶林区和温带针阔混交林区交汇处,属于长白植物区系和华北植物区系的过渡区,据调查共有植物102科417属1112种,真菌168种,林下野生中草药200多种,野生花卉、野果、山野菜资源丰富。木本植物有红松、油松、云杉、冷杉、长白落叶松、蒙古栎、色木槭、胡桃楸、花曲柳、山桃、榆树、杨树、卫矛等。灌木有榛子、胡枝子、悬钩子、忍冬、茶条槭、荚蒾、山梅花等。草本植物中蕨类、毛茛科、蔷薇科、豆科、菊科、禾本科、莎草科分布较多。动物区系属古北界、东北亚界长白山地亚区,区内有主要野生动物53科176种,森林昆虫2400余种。

湾甸子镇土地总面积为358 km²,其中耕地为25.3 km²,占总面积的7.1%;林地面积为282.1 km²,占总面积的78.8%;果园面积为2.2 km²,占总面积的0.6%;水域面积为16.1 km²,占总面积的4.5%;城乡、工矿、居民用地面积为18.6 km²,占总面积的

5.2%;荒地面积 4.7 km²,占总面积的 1.3%;其他用地面积为 9.0 km²,占总面积的 2.5%。

2. 辽东水源涵养林区老秃顶子国家级自然保护区研究基地

辽宁老秃顶子地处辽宁东部,为辽宁省最高峰(海拔 1367.3 m,相对高差 875 m),属长白山系龙岗支脉向西南的延伸部分,是一个典型的辽东山地生态系统。该山体具有浓缩的环境梯度和高度异质化的生境、相对较低的人类干扰强度,以及在地质历史上就成为大量物种的避难所和新兴植物区系分化繁衍的摇篮。老秃顶子国家级自然保护区生物区系具有过渡性特征,是我国长白山植物区种红松分布的最南限和华北植物区种油松分布的最北限,并保存了较为完整的植物垂直分布带谱,是辽宁境内唯一具有明显植被垂直带谱的山地生态系统,这种在暖温带近海区域的中山地带形成植物垂直带谱的现象比较罕见(武晶,2009)。老秃顶子自然保护区森林生态系统保护完整,野生动植物物种资源丰富,中山植被垂直分布比较明显,是重要的水资源基地,也是重要的科学研究教学实习基地,1998 年经国务院批准为国家级自然保护区。

辽宁老秃顶子国家级自然保护区(抚顺管理局)位于辽宁东部新宾县与桓仁县交界处新宾一侧,距抚顺市区 100 km,规划总面积 3965.6 hm²,是保护区内珍稀濒危动植物的主要分布区域,属长白山脉龙岗支脉向西南的延续部分。境内最高峰老秃顶子海拔 1367 m,相对高差 858 m,地理坐标为东经 124°41′13″~125°5′15″,北纬 41°11′11″~41°21′34″。辽宁老秃顶子国家级自然保护区(抚顺管理局)属于森林动植物类型保护区,是集森林生态系统保护、科学研究、教学实习、科普宣传、可持续利用等多功能于一体的综合性自然保护区。

保护区内划分三个功能分区,分别是核心区、缓冲区和实验区。其中,核心区面积 530.9 hm²,占保护区面积的 13.4%;缓冲区面积 2983.4 hm²,占保护区面积的 75.2%;实验区面积 451.3 hm²,占保护区面积的 11.4%。

该区属长白山脉龙岗支脉向西南的延续部分。地质构造属华北台块、辽东背斜、太子河台凹。山体主要由古生代奥陶纪沉积的石灰岩和二叠纪沉积的砂岩、页岩、砾岩等岩石构成,其地貌地质形成与华北地貌形成有联系。因受中生代华北地壳运动——燕山运动的影响,地层发生倾斜和断裂,岩浆侵入地势升高形成山顶,主峰老秃顶子海拔 1367 m(原中央军委测绘总局数据)[135.3 m(辽宁省测绘局数据)]。以主峰为中心的山脉呈"丫"字形向东、西南、北三个方向延伸出海拔 1000 m 以上的山峰有 9 座,山势曲折蜿蜒,沟壑纵横。相对高差 858 m。中上腹局部地段因受第四纪冰缘气候的影响,形成大面积的乱石窑(跳石塘)地貌。目前植被状况良好,苔藓、地衣、蕨类和灌木覆盖严密,乔木根系固定在岩石缝隙之间,郁闭度多在 0.7 以上。但这种特殊的石质生境上的森林植被一旦遭到破坏,不仅恢复难,还潜藏着发生泥石流和啸山等重大地质灾害的危险。加之该区正处于我国东部 2~3 级生态敏感带的边缘,生态环境脆弱,存在着生态环境不稳定性。相应提高保护等级,才能有效地保护好跳石塘生态环境。

区内气候属中温带湿润大陆性季风气候区,四季分明,雨量充沛,年降水量 860 mm,年平均气温 8℃,最高气温 35.7℃,最低气温零下 37 ℃,无霜期 140 d 左右。保护区内水资源丰富,辽河较大支流太子河发源地即位于保护区的鸿雁沟,属辽河水系。

土壤类型主要以棕色森林土和暗棕色森林土为典型代表,具有与植物带相一致的垂直分布规律。土壤湿润,结构疏松,有机质含量高,pH 约为 5.5～6.0,很适宜森林植物的生长发育。

保护区植被属长白植物区系兼有华北植物特征,具有长白植物区系向华北植物区系过渡性,原生型植被为红松、阔叶混交林。区域内现存植物 232 科 1788 种,其中被列为国家级重点保护的珍稀濒危植物有人参、紫杉、水曲柳、紫椴、钻天柳、双蕊兰、野大豆等 17 种。双蕊兰是单属单种世界上唯本保护区独有物种,处于濒危状态,极具研究价值。保护区内中山植被垂直分布带谱明显,具有典型性、完整性。海拔 950 m 以下为落叶阔叶林带;950～1050 m 为云冷杉和枫桦等组成的混交林带;1050～1180 m 为云冷杉暗针叶林带;1180～1250 m 为岳桦林带;1250～1290 m 为中山灌丛带;1290 m 以上为中山草地。在中山草地分布有高山苔原植物 20 余种。这种海拔较低的条件下能形成植物带谱垂直分布在中山类型中是极为少见的,具有极高的科研、科普及观赏价值。

老秃顶子国家级自然保护区资源丰富,其中真菌植物 50 科 344 种、地衣植物 13 科 84 种、苔藓植物 50 科 204 种、维管束植物 120 科 1156 种。植物群落组成十分复杂,垂直带谱明显。植物区系属长白植物区系与华北植物区系的交错地带。代表植物种有红松、紫杉、鱼鳞云杉、沙松冷杉、柞、桦、蒙古栎、拧筋槭、胡桃楸、暴马丁香、东北刺人参、油松、赤松、天女木兰等。沿海拔高度从低到高依次为落叶阔叶林带、云冷杉和枫桦等组成的混交林带、云冷杉暗针叶林带、岳桦林带、中山灌丛带和中山草地。

3. 辽河流域大伙房实验林场研究基地

大伙房水库位于浑河上游辽宁省抚顺市章党乡,北纬 41°30′～42°15′,东经 120°20′～125°15′,是典型的山谷型水库,水库控制流域面积 5437 km²,最大水面面积 110 km²,库区长 35 km,最宽处 4 km,最窄处 0.3 km,库区最大深度 34 m,年平均流量 52.3 m³/s,设计洪水流量 15 600 m³/s,总库容 21.81×10⁸ m³,设计灌溉面积 8.6×10⁴ hm²,装机容量 3.2×10⁴ kW。大伙房水库始建于 1954 年,1958 年竣工,是新中国第一个五年计划内最早修建的大型水利工程之一,是一座以防洪、灌溉为主,兼顾城市用水、发电、养鱼等综合利用的大型水利枢纽工程,工程规模宏大。大伙房水库最大坝高 48 m,坝顶长度 1366.7 m,坝基岩石为花岗片麻岩,坝体工程量 800×10⁴ m³,是当时全国第二大水库。

1995 年,大伙房水库被列为全国城市供水九大重点水源地之一,为沈阳、抚顺两座城市提供生活用水 3×10⁸ m³,农业灌溉用水 8×10⁸ m³,是沈阳、抚顺两座城市的生活饮用水水源。2002 年国家重点水利工程"大伙房输水工程"项目正式启动,该工程从桓仁水库坝下的凤鸣水电站库区引水,经 87.55 km 引水隧洞,将水引至新宾县境内的苏子河,再经过大伙房水库,向辽河中下游地区的抚顺、沈阳、本溪、辽阳、鞍山、营口等城市供水。

大伙房水库集水区水源涵养林主要包括人工林和天然次生林,其中人工水源涵养林面积约 9.1 万 hm²,天然次生林面积约 15.1 万 hm²,形成了以落叶松(*Larix gmelinii*)、油松(*Pinus tabuliformis*)为主体,兼有红松(*Pinus koraiensis*)等树种的人工水源涵养林，以及胡桃楸（*Juglans mandshurica*）、水曲柳（*Fraxinus mandschurica*）、蒙古栎（*Quercus mongolica*）等阔叶树种组成的天然次生林。林下灌木主要由胡枝子（*Lespedeza buergeri*）、榛子（*Corylus heterophylla*）、紫穗槐（*Amorpha fruticosa*）、接骨木（*Sambucus williamsii*）、忍冬（*Lonicera japonica*）等形成的灌丛植被。

1.4 研究技术路线与方法

本书的研究技术路线图（图 1-19）如下：

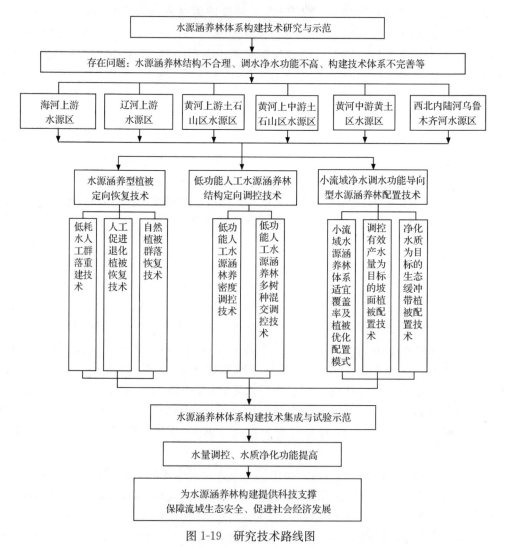

图 1-19　研究技术路线图

第 2 章　水源涵养型植被定向恢复技术

2.1　低耗水水源涵养林植被的群落重建技术

2.1.1　海河上游水源区低耗水水源涵养林植被的群落重建技术

1. 森林植被耗水规律与特征

以 5~10 月生长季为观测时期,通过采用蒸渗仪称重法对北京常见造林乔灌草树种盆栽苗连续观测,同时测定光合蒸腾速率、叶面积,获取了不同物种在整个生长季中的日平均单位叶面积耗水量指标,并推算了不同树种的月平均最大蒸腾耗水量,进而为低耗水树种的选择提供了参考依据。本试验选取典型林分晴天的蒸腾速率值,时间为早 7 点到下午 17 点,结合叶面积,换算得到不同乔木树种的耗水量。由表 2-1 和表 2-2,并结合相关树种耗水规律研究结果,最终选取侧柏、油松、刺槐、栓皮栎、黄栌等近 20 个示范区宜林地造林种。

表 2-1　典型天气典型乔木树种蒸腾耗水比较

5~10 月	油松	侧柏	槲树	刺槐	麻栎	栓皮栎	臭椿
平均值/mm	1.928	1.868	2.505	2.031	2.191	1.881	2.348

表 2-2　典型天气典型灌木树种蒸腾耗水比较

5~10 月	鼠李	黄栌	酸枣	荆条	孩儿拳头	火炬	花木蓝	雀儿舌头
平均值/mm	1.976	1.719	1.119	1.442	1.471	1.432	0.601	0.639

结合表 2-1、表 2-2,从树种间的蒸腾耗水量比较发现,槲树蒸腾耗水量最大,蒸腾耗水量排序结果:槲树>臭椿>麻栎>刺槐>油松>栓皮栎>侧柏。灌木树种蒸腾耗水量排序结果为:鼠李>黄栌>孩儿拳头>荆条>火炬>酸枣>雀儿舌头>花木蓝。

2. 微立地条件与类型划分

微立地的划分首先是立地的划分,划分立地先要确定立地因子,根据实验区的实际调查资料并结合以往研究,提出以下五种立地因子:地貌、坡度、坡向、土厚和母质。通过这五个立地因子对实验区采集的 45 个样点进行立地的划分,再加入坡位、坡面类型、土壤类型和土壤侵蚀状况和小地形等五个微立地因子,对研究地类进行微立地类型的划分。划分结果如表 2-3 所示。

表 2-3 微地形分类表

样地编号	样点编号	地貌	土壤母质	土厚/cm	土壤种类	坡度/(°)	坡向	坡位	海拔/m	土壤侵蚀程度	坡面类型
	A2-1	低山	坚硬	21	褐土	39	南	坡上	395	中度	岩质
	A2-2	低山	坚硬	23	褐土	26	南偏东 3°	坡上	392	中度	岩质
	A2-3	低山	坚硬	20	褐土	25	南偏西 10°	坡上	389	中度	岩质
	A2-4	低山	坚硬	17	褐土	34	南偏西 5°	坡中	367	中度	岩质
	A2-5	低山	坚硬	24	褐土	27	南偏西 9°	坡中	359	中度	岩质
	A2-6	低山	坚硬	19	褐土	29	南	坡中	349	中度	岩质
	A2-7	低山	坚硬	22	褐土	33	南偏东 3°	坡中	337	中度	岩质
A2	A2-8	低山	坚硬	25	褐土	37	南偏东 7°	坡中	324	中度	岩质
	A2-9	低山	疏松	24	褐土	32	南偏西 6°	坡下	315	轻度	土质
	A2-10	低山	疏松	26	褐土	27	南偏西 17°	坡下	306	轻度	土质
	A2-11	低山	疏松	30	褐土	26	南偏西 22°	坡下	292	轻度	土质
	A2-12	低山	疏松	27	褐土	19	南偏西 26°	坡下	278	轻度	土质
	A2-13	低山	疏松	30	褐土	9	南偏西 17°	平地	269	轻度	土质
	A2-14	低山	疏松	32	褐土	10	南偏西 21°	平地	263	轻度	土质
	A2-15	低山	疏松	33	褐土	7	南偏西 13°	平地	257	轻度	土质
	A1-1	低山	坚硬	21	褐土	38	南偏东 6°	坡上	436	中度	岩质
	A1-2	低山	坚硬	18	褐土	36	南偏东 13°	坡上	422	中度	岩质
	A1-3	低山	坚硬	26	褐土	36	南偏东 8°	坡上	415	中度	岩质
	A1-4	低山	坚硬	29	褐土	31	南	坡上	404	中度	岩质
	A1-5	低山	坚硬	27	褐土	33	南偏西 7°	坡上	396	中度	岩质
	A1-6	低山	疏松	22	褐土	28	南偏西 11°	坡中	379	轻度	土质
A1	A1-7	低山	疏松	25	褐土	34	南偏西 10°	坡中	371	轻度	土质
	A1-8	低山	疏松	30	褐土	26	南偏东 3°	坡中	358	轻度	土质
	A1-9	低山	疏松	24	褐土	32	南偏东 9°	坡中	342	轻度	土质
	A1-10	低山	疏松	22	褐土	23	南偏东 18°	坡中	330	轻度	土质
	A1-11	低山	疏松	27	褐土	29	南偏东 15°	坡下	316	轻度	土质
	A1-12	低山	疏松	26	褐土	26	南偏东 9°	坡下	302	轻度	土质

续表

样地编号	样点编号	地貌	土壤母质	土厚/cm	土壤种类	坡度/(°)	坡向	坡位	海拔/m	土壤侵蚀程度	坡面类型
	A1-13	低山	疏松	28	褐土	21	南偏东 6°	坡下	293	轻度	土质
A1	A1-14	低山	疏松	29	褐土	23	南偏西 2°	坡下	278	轻度	土质
	A1-15	低山	疏松	32	褐土	18	南偏西 13°	坡下	266	轻度	土质
	B7-1	低山	坚硬	10	棕壤土	51	南偏东 20°	坡上	589	中度	岩质
	B7-2	低山	坚硬	8	同上	43	南偏东 15°	坡上	583	中度	岩质
	B7-3	低山	坚硬	9	同上	47	南偏西 12°	坡上	576	中度	岩质
	B7-4	低山	坚硬	12	同上	45	南偏东 19°	坡上	568	中度	岩质
	B7-5	低山	疏松	19	同上	41	南偏西 9°	坡上	557	中度	土质
	B7-6	低山	疏松	23	同上	40	南偏西 7°	坡上	550	中度	土质
	B7-7	低山	疏松	24	褐土	36	南偏东 23°	坡中	530	轻度	土质
B7	B7-8	低山	疏松	26	褐土	33	南偏东 14°	坡中	517	轻度	土质
	B7-9	低山	疏松	25	褐土	38	南偏西 3°	坡中	504	轻度	土质
	B7-10	低山	疏松	20	褐土	40	南偏东 7°	坡中	493	轻度	土质
	B7-11	低山	疏松	35	褐土	32	南偏东 17°	坡中	482	轻度	土质
	B7-12	低山	疏松	33	褐土	27	南偏东 19°	坡中	470	轻度	土质
	B7-13	低山	疏松	31	褐土	35	南偏西 16°	坡中	456	轻度	土质
	B7-14	低山	疏松	37	褐土	29	南偏西 22°	坡中	442	轻度	土质
	B7-15	低山	疏松	36	褐土	31	南偏东 3°	坡中	416	轻度	土质

3. 土壤水分的植被承载力

基于在北京山区多年开展的典型植被样地的生态水文过程和各径流场水量平衡的研究结果,初步提出了土壤水分植被承载力的计算方法,具体方法如下。

(1) 基于北京山区不同林分数据,建立了生长季总蒸散量与叶面积指数(LAI)的回归方程:

$$\begin{aligned} Y_1 &= 408.57\ln(\text{LAI}) + 0.9267 & R^2 &= 0.71, & n &= 24, & p &< 0.05 \\ Y_2 &= 320.325\ln(\text{LAI}) + 1.1829 & R^2 &= 0.62, & n &= 24, & p &< 0.05 \\ Y_3 &= 455.058\ln(\text{LAI}) + 8.9499 & R^2 &= 0.61, & n &= 24, & p &< 0.05 \\ Y_4 &= 311.709\ln(\text{LAI}) + 9.3741 & R^2 &= 0.68, & n &= 24, & p &< 0.05 \end{aligned}$$

(2-1)

式中,Y_1 代表侧柏林的生长季内总蒸散量(mm),Y_2 代表油松林的生长季内总蒸散量

(mm)，Y_3 代表灌木林的生长季内总蒸散量(mm)，Y_4 代表松栎混交林的生长季内总蒸散量(mm)，LAI 代表叶面积指数(m^2/m^2)。经检验 4 个方程 R^2 均大于 0.6，p 均小于 0.05，模型拟合效果较好。

（2）根据水量平衡方程，当降雨量大于或等于林分的总蒸散量时，才能保证植被耗水需要，使林分维持健康稳定。而林地的总蒸散量又受降雨量决定，利用 BROOK90 模型的模拟结果，计算得到了各典型植被的年总蒸散量与年降雨量的关系：

$$
\begin{aligned}
Y_5 &= 0.9572 \times P + 19.716 & R^2 &= 0.96, & p &< 0.001 \\
Y_6 &= 0.9935 \times P - 7.6385 & R^2 &= 0.97, & p &< 0.001 \\
Y_7 &= 0.9482 \times P + 9.2984 & R^2 &= 0.90, & p &< 0.001 \\
Y_8 &= 0.9982 \times P + 0.5711 & R^2 &= 0.96, & p &< 0.001
\end{aligned} \tag{2-2}
$$

式中，Y_5 代表侧柏林的年总蒸散量(mm)，Y_6 代表油松林的年总蒸散量(mm)，Y_7 代表灌木林的年总蒸散量(mm)，Y_8 代表松栎混交林的年总蒸散量(mm)，P 代表年降雨量(mm)。经检验 4 个方程 R^2 均大于 0.9，p 均小于 0.001，模型拟合效果较好。

（3）由于在研究区生长季以外的林分蒸散量占全年比例很小，因而可把上面的公式用于由生长季降雨量计算同期的蒸散量。则可联立方程，即 $Y_1 = Y_5$，$Y_2 = Y_6$，$Y_3 = Y_7$，$Y_4 = Y_8$，得到基于生长季降雨量计算的立地水分植被承载力(LAI)的公式：

$$
\begin{aligned}
\text{LAI(侧)} &= \exp[(0.9572 \times P + 18.7893)/408.57] \\
\text{LAI(油)} &= \exp[(0.9935 \times P - 8.8214)/320.325] \\
\text{LAI(灌)} &= \exp[(0.9482 \times P + 0.3485)/455.058] \\
\text{LAI(混)} &= \exp[(0.9982 \times P - 8.803)/311.709]
\end{aligned} \tag{2-3}
$$

4. 低干扰森林植被培育与抚育技术

结合以上研究，在荒草坡宜林地营造水源涵养林，提出宜林地低耗水人工群落重建技术体系，包括以下 7 个方面：①人工造林基本原则；②立地类型划分；③树种选择、目标林相选择及营林模式；④混交类型、方式与比例；⑤整地方式与规格选择；⑥造林方法、时间与密度。为了营造兼具景观效益的基于不同耗水量水平特性水源涵养林，以适地适树及近自然经营为原则理念，依据上述造林理论与依据，本章总结了密云低山丘陵区(典型华北土石山区立地条件)营造水源涵养混交林的造林技术体系(表 2-4)。

2.1.2 黄河上游土石山区水源区低耗水水源涵养林植被的群落重建技术

1. 森林植被耗水规律与特征

林木耗水根据研究尺度的不同分为树木个体耗水和林分群体耗水，在实际工作当中常用蒸腾耗水量替代边材液流量作为林木耗水量的指标，这更能反映林木耗水的生理意义。表 2-5 列出各树种生长季蒸腾耗水总量，从表中可以看出，各树种蒸腾总量分别在不同月份达到最大值，青海云杉 1 在 5 月耗水总量最大，6 月份最小，7 月和 8 月相差不大。青海云杉 2 与华北落叶松均在 7 月耗水量最大，但青海云杉 2 在 5 月耗水量最小，华北落叶松在 8 月蒸腾耗水量最小，而沙棘则在 8 月耗水量最大，整个生长季各树种耗水总量分

表 2-4　密云低山区水源涵养林造林技术体系

立地类型	树种选择	整地方法与规格	造林时间	营林模式	树种配置比例	混交方式	林分密度	株行距	栽植措施
低山阴坡薄土（海拔<800 m，土层厚度<30 cm）	油松、侧柏、刺槐、黄栌、元宝枫、栓皮栎等栎类	植树穴整地（壮苗栽植时，穴直径0.6 m，深0.2 m）禁止清理坑穴周边原生灌草	春季造林	针阔混交林	6侧柏，4元宝枫	带状	80 株/亩	株距2.5 m，行距3 m	1. 拌土混施保水剂（浓度在0.2%～0.3%）；2. 生根粉浸液蘸根；3. 元宝枫截杆深栽；4. 定植半个月后，第2次灌溉浇水
					5侧柏，3油松，2刺槐	行间或带状	70 株/亩	株行距3 m×3 m	1. 拌土混施保水剂（浓度在0.2%～0.3%）；2. 生根粉蘸根；3. 定植半个月后，第2次灌溉浇水
					5侧柏，3刺槐，2栓皮栎	行间或带状	70 株/亩		1. 拌土混施保水剂（浓度在0.2%～0.3%）；2. 生根粉浸液蘸根；3. 阔叶树截杆深栽；4. 定植半个月后，第2次灌溉浇水
					7侧柏，3栓皮栎	带状	80 株/亩	株行距2.5 m×3 m	
低山阴坡中厚土（海拔<800 m，土层厚度>30cm）	油松、侧柏、栎类树、元宝枫、刺槐、黄栌	植树穴整地（壮苗栽植时，穴直径0.6 m，深0.3 m），当土层厚>50 cm时，可采用鱼鳞坑整地（横高0.3 m，长径0.8 m，宽0.5 m，深0.4 m）坑穴周边禁止清理坑穴周边原生灌草	春季造林	针灌混交林	6侧柏，4黄栌	带状	90 株/亩	株行距2.5 m×2.5 m	1. 拌土混施保水剂（浓度在0.2%～0.3%）；2. 生根粉浸液蘸根；3. 定植半个月后，第2次灌溉浇水
				针叶纯林	侧柏	纯林	70 株/亩	株行距3 m×3 m	
				针阔混交林	5油松，3元宝枫，2黄栌	行间或带状	80 株/亩	株行距2.5 m×3 m	1. 拌土混施保水剂（浓度在0.2%～0.3%）；2. 生根粉浸液蘸根；3. 定植1个月，第2次灌溉浇水
					6油松，4蒙古栎	带状	70 株/亩	株行距3 m×3 m	
					6油松，4元宝枫	带状	70 株/亩	株行距3 m×3 m	

续表

立地类型	树种选择	整地方法与规格	造林时间	营林模式	树种配置比例	混交方式	林分密度	株行距	栽植措施
低山阴坡中厚土（海拔<800 m，土层厚度>30 cm）	油松、栎类树、刺槐、元宝枫、黄栌	植树穴整地（壮苗栽植时，穴直径0.6 m，深0.3 m），当土厚>50 cm时，可采用鱼鳞坑整地（顺坡0.3 m，长径0.8 m，宽0.5 m，深0.4 m），禁止清理坑穴周边原生灌草	春季造林		5油松、3蒙古栎、2刺槐	行间或带状	100株/亩	株行距2 m×3 m	1.拌土混施保水剂（浓度在0.2%~0.3%）；2.生根粉溶液蘸根；3.定植1个月，第2次灌溉浇水
					5油松、3蒙古栎、2元宝枫	行间或带状	90株/亩	株行距2.5 m×2.5 m	
				针灌混交林	6油松、4黄栌	带状混交	80株/亩	株行距2.5 m×3 m	
低山阳坡薄土（海拔<800 m，土层厚度<30 cm）	侧柏、油松、刺槐、栎类树、元宝枫（五角枫）、山杏、山桃、黄栌、紫穗槐、臭椿、白蜡	植树穴整地（壮苗栽植时，穴直径0.6 m，深0.3 m；小苗栽植时，穴深0.2 m），禁止清理坑穴周边原生灌草	春季造林		5侧柏、5栓皮栎	行间	70株/亩	株行距3 m×3 m	1.拌土混施保水剂（浓度在0.2%~0.3%）；2.生根粉溶液蘸根；3.覆盖地膜；4.定植半个月或1个月，分别再灌溉浇水
					2油松、4栓皮栎、4刺槐	行间或带状	70株/亩	株行距3 m×3 m	
				针阔混交林	5侧柏、3刺槐、2山杏	行间	70株/亩	株行距3 m×3 m	
					7侧柏、1油松、2刺槐	带状	70株/亩	株行距3 m×3 m	
				针灌混交林	5侧柏、5黄栌	行间	70株/亩	株行距3 m×3 m	
					2侧柏、4黄栌	带状	80株/亩	株行距2.5 m×3 m	
				阔叶灌木林	5栓皮栎、3黄栌、2紫穗槐	行间或带状	90株/亩	株行距2.5 m×2.5 m	

续表

立地类型	树种选择	整地方法与规格	造林时间	营林模式	树种配置比例	混交方式	林分密度	株行距	栽植措施
低山阳坡中厚土类型（海拔<800 m，土层厚度>30 cm）	侧柏、刺槐、栎类等、油松、元宝枫、黄栌、山杏、山桃、紫穗槐	植树穴整地（壮苗栽植时，穴直径0.6 m，深0.3 m；小苗栽植时，穴直径0.3 m，深0.2 m）。当土层厚>50 cm时，可采用水平梯田整地（田面宽1.2 m，梗高0.2 m），禁止清理坑穴周边原生灌草	春季造林	针阔混交林	5油松、5蒙古栎	行间	80株/亩	株行距2.5 m×3 m	1. 拌土混施保水剂（浓度在0.2%～0.3%）；2. 生根粉溶液蘸根；3. 穴面或天面覆盖；4. 定植半个月或1个月，分别再灌溉浇水
					5侧柏、5刺槐	行间	80株/亩	株行距2.5 m×3 m	
					5侧柏、3油松、2山杏	行间	70株/亩	株行距3 m×3 m	
					6油松、2元宝枫	带状	80株/亩	株行距2.5 m×3 m	
				针灌混交林	5侧柏、5紫穗槐	行间	80株/亩	株行距2.5 m×3 m	
				阔叶灌木林	6刺槐、2黄栌	带状	100株/亩	株行距2 m×3 m	
低山阳坡薄土沟谷区（海拔<800 m，土层厚度<30 cm）	沟道防护林选择杨树、小叶杨、金丝柳、旱柳等速生树种，插柳谷坊选择细枝柳等灌木柳	防护林采用植树穴整地。在下切侵蚀沟发育的沟道内布设插柳谷坊，插柳谷坊宽度略大于中心流水沟定	春季造林	阔叶混交林	5杨树、5旱柳、5小叶杨、5金丝梅	行间混交	100株/亩	株距2.5 m，行距2 m，插谷坊柳株距2～3 m，排间距1～1.5 m	1. 扦插前枝条以流水浸润1～2 d，栽植时以生根粉溶液蘸枝条或壮苗根部。2. 定植时扦插条没入土壤30 cm以上，地上部分保留至少15～30 cm；3. 半个月和一个月后，分别再灌溉浇水

别为449.46 kg、3708.65 kg、663.33 kg、75.93 kg。由此可见,青海云杉2因其胸径较大,树冠面积也较大,耗水量最大(表2-5)。在日常管理维护中,尤其是干旱条件下应注意多浇水。而华北落叶松和沙棘基本可以靠降水来满足生长季正常的蒸腾耗水。

表2-5 西部黄土高寒区主要造林树种生长季蒸腾耗水总量

月份	蒸腾耗水量/kg			
	青海云杉1	青海云杉2	华北落叶松	沙棘
5	138.44	895.07	143.92	11.55
6	82.87	952.32	135.60	12.54
7	114.38	968.68	249.19	25.12
8	113.77	892.58	134.62	26.72
合计	449.46	3708.65	663.33	75.93

2. 微立地条件与类型划分

青海大通宝库河流域林区的基本立地类型划分见表2-6。

表2-6 研究区立地类型划分

立地质量等级	立地条件名称	现状主要植被类型
Ⅰ	川地	青海云杉、紫果云杉、祁连圆柏、白桦、山杨、柳、沙棘、委陵菜、冰草
	中位脑山阴、缓坡	青海云杉、紫果云杉、祁连圆柏、白桦、山杨、甘蒙锦鸡儿、小檗、金露梅、长芒草、委陵菜、冰草
	中位脑山阴、陡坡	青海云杉、紫果云杉、祁连圆柏、白桦、山杨、小檗、金露梅、紫苑、冰草、蒿
	低位脑山阴、缓坡	青海云杉、紫果云杉、祁连圆柏、白桦、山杨、小檗、芨芨草、长芒草、马兰、冰草
	低位脑山台地、掌地	青海云杉、紫果云杉、祁连圆柏、白桦、山杨、锦鸡儿属、野枸杞、小檗、芨芨草、长芒草、马兰、冰草
Ⅱ	中位脑山阳、缓坡	祁连圆柏、白桦、山杨、沙棘、小檗
	中位脑山阴、急坡	青海云杉、紫果云杉、白桦、沙棘、小檗
	低位脑山阴、陡坡	青海云杉、紫果云杉、华北落叶松、沙棘、小檗
	低位脑山阳、缓坡	白桦、山杨、甘蒙锦鸡儿、野枸杞、白刺、长芒草、狼毒、冰草
Ⅲ	中位脑山阳、急坡	祁连圆柏、白桦、山杨、甘蒙锦鸡儿、野枸杞、白刺、长芒草、狼毒、冰草
	低位脑山阴、急坡	青海云杉、紫果云杉、白桦、沙棘、锦鸡儿、小檗、红花忍冬、长芒草
	中位脑山阳、陡坡	山杨、锦鸡儿、小檗、红花忍冬、沙棘、甘蒙锦鸡儿、野枸杞、狼毒、冰草
	低位脑山阳、陡坡	山杨、甘蒙锦鸡儿、野枸杞、沙棘、长芒草、狼毒
Ⅳ	低位脑山阳、急坡	甘蒙锦鸡儿、野枸杞、沙棘、长芒草、狼毒
	脑山冲沟	柳、小檗、锦鸡儿、红花忍冬、沙棘、长芒草、火绒草、禾草

3. 土壤水分的植被承载力

1) 研究区的林地需水量

利用实测数据和有关气象资料获得模型所需的反射率、消光系数、叶面积指数等参数,通过 Penman-Monteith 方程修正式,计算生长季林木蒸腾耗水量。在假定动量、热量和水汽输送的边界层阻力相差较小(不考虑温度层结问题),即令 $r_{ah} \approx r_{av} \approx r_a$,并考虑气压订正后,用冠层整体气孔阻力 r_{st} 代换冠层阻力 r_c,Penman-Monteith 方程基本式为

$$LT = \frac{\dfrac{P_0}{P} \dfrac{\Delta}{\gamma}(1 - e^{-kLAI})R_n + \dfrac{\rho C_p}{\gamma} \dfrac{(e_t - e_a)}{r_a}}{\dfrac{P_0}{P} \dfrac{\Delta}{\gamma} + (1 + \dfrac{r_{st}}{r_a})} \tag{2-4}$$

式中,LT 为冠层的蒸腾量;LAI 为冠层叶面积指数;k 为消光系数;P_0/P 为气压订正,$P_0/P = 10LH/18\,400(1+t/273)$,LH 为海拔高度;$\Delta$ 为饱和水汽压-温度曲线的斜率;γ 为温度常数,kPa/℃;e_t 为饱和水汽压,kPa;e_a 为实际水汽压,kPa;R_n 为净辐射,MJ/($cm^2 \cdot d$);C_p 为空气定压比热,MJ/(kg·℃);r_a 为空气动力学阻力,S/m。

冠层整体气孔阻力 r_{st} 用便携式气象站测定的气象参数以及茎流计实测的林木蒸腾量带入修正的 Penman-Monteith 方程回算,并建立其与环境因子的回归方程,便可以利用当地气象站资料计算在供水条件充足下,生长良好林地的蒸散量(表 2-7)。

表 2-7 2011 年研究区各林分生长季林木蒸散量的估算值

林地	5 月/mm	6 月/mm	7 月/mm	8 月/mm	9 月/mm	10 月/mm	合计/mm
祁连圆柏	38.57	45.95	86.11	62.91	55.44	37.52	326.5
山杨	32.05	46.8	97.03	138.12	81.74	74.92	470.66
青海云杉	39.23	48.03	83.74	127.79	70.2	62.07	431.06
华北落叶松	35.41	37.54	75.92	106.47	66.89	68.72	390.95
沙棘	34.84	40.5	88.94	121.43	63.42	42.48	281.61

2) 研究区适宜的造林密度选择

以各地区生长季 4～9 月 80% 保证率下的降水量为依据,根据前述各种林木的林木耗水量,可计算出适宜当地树种生长的营养面积(表 2-8)。可以看出,适宜祁连圆柏、山杨、青海云杉、华北落叶松、沙棘的营养面积分别为 6 m^2、13 m^2、6 m^2、6 m^2、6 m^2。

表 2-8 研究区生长季 80% 保证率下降水量(450mm)相适宜的林木水分营养面积

树种	保证低限林木需水量			保证实际林木耗水量		
	mm	kg/株	m^2	mm	kg/株	m^2
油松	579.2	1737.6	4	497.45	1492.4	4
柠条	511.5	255.8	1	437.6	218.8	1
紫穗槐	444.1	666.2	2	457.7	686.6	2
山杨	465.4	5584.8	13	465.38	5584.6	13
白桦	622.7	3807.2	9	412.36	2644.5	6
云杉	424.4	2546.4	6	424.42	2546.5	6
华北落叶松	382.9	2297.4	6	382.85	2297.1	6

续表

树种	保证低限林木需水量			保证实际林木耗水量		
	mm	kg/株	m²	mm	kg/株	m²
沙棘	391.4	2348.4	6	391.44	2348.6	6
沙柳	458.7	917.4	3	328.92	657.8	2
沙枣	445.1	1335.3	3	337.8	1013.4	3
锦鸡儿	436.7	209.6	1	291.43	139.9	1
四翅缤藜	387	232.2	1	298.45	179.1	1

4. 低干扰森林植被培育与抚育技术

通过对研究区历史资料的研究和实地样地的调查，发现研究区的森林植被主要存在密度不合理，林分结构不合理和森林病虫害等问题，针对这些问题做以下人工调控方式：

（1）择伐　主要是改善林分卫生状况。次生林在被人为反复破坏后生长起来，具有树种复杂、疏密不匀、林相杂乱、可塑性大等特点。采取上下层综合抚育措施，对林地进行清理，下层采伐主要是将长势不好的被压木和病腐木、死亡或濒临死亡的树木以及影响主要树种生长的灌木砍除。根据水源涵养的培育目的，在抚育砍伐时应注意保留林下目的树种更新的幼苗和灌木，以营造复层混交林。通过生态疏伐后可培育成目的树种明确，林相整齐，生态效益良好的森林。如针对密度过大的山杨林和青海云杉林，应当对长势不好的进行择伐；针对密度过大的云杉白桦混交林，应对枯死和长势较差的及时清理。

（2）定向补植　主要是调整林分之间的结构，促进森林的正向演替。对于郁闭度低的林分和需要更换树种的林分进行补植。在土层瘠薄的立地类型较差的高山陡坡，需引入耐干旱瘠薄的水源涵养林树种，以增加地被物和培育地力，提高林分水源涵养能力。

5. 低耗水人工植被群落重建技术的水文生态功能的分析与评价

采用因子分析法通过将不同模式下的植冠层截流量、枯枝落叶层容水量、土壤持水量、蓄水保水能力和土壤渗透性能进行研究分析作为水文生态功能进行评价因子，结果见表2-9。由表2-9的综合评价结果可以看出，在脑山区，配置模式A（青海云杉）的植冠层截留量、枯枝落叶层容水量、土壤持水量等指标表现最好；其他各项指标也表现出较好的优势，其综合评价得分最高，为各种配置模式中的最优配置模式。模式D（青海云杉＋中国沙棘）的大部分指标表现较差，其综合评价得分最低，原因是中国沙棘在脑山区生长到一定年限呈现明显的退化趋势。因此，在脑山区，由于其独特的自然条件，适当配置抗性较强的乡土树种纯林模式，在发挥生态效益的同时，可获得更高的经济效益。

表2-9　脑山区不同配置模式生态功能综合评价

模式类型	A	B	C	D	E
主要植物	青海云杉	华北落叶松	白桦＋青海云杉	青海云杉＋中国沙棘	山杨＋中国沙棘
综合得分(Y_i)	246.49	238.02	195.85	195.29	199.75
优化排序	1	2	4	5	3

2.1.3　黄河中上游土石山区水源区低耗水水源涵养林植被的群落重建技术

1. 森林植被耗水规律与特征

为量化认识六盘山半干旱区典型植被群落的水分利用特征及其与群落结构之间的关系,在叠叠沟小流域选择了华北落叶松人工林、沙棘人工林和天然草地等三种植被群落,在每种群落内各建立了 1 个固定样地,通过林冠层截留、林冠树木蒸腾和林下草本蒸散(含土壤蒸发)的观测,计算了植被群落各层次的蒸散量。主要结果如下所述。

(1) 典型群落蒸散量比较及季节变化特征。整个生长季中,三种典型植被群落(或林分)的蒸散量按照大小排序为:沙棘人工林>华北落叶松人工林>天然草地。具体来说,华北落叶松人工林总蒸散量为 433.9 mm,其中林冠层与草本层的蒸散量分别占总量的 50.5% 和 49.5%,其总蒸散呈现为低—高—低的月变化趋势。沙棘人工林总蒸散为 461.9 mm,其中草本层蒸散占总量的 68%,其他依次为截留量(17%)和冠层蒸腾量(15%),其蒸散量总体呈现低—高—低的月变化趋势。天然草地的总蒸散量为 299.2 mm,蒸散量月变化总体上呈现先升后降的起伏变化,最大值出现在 8 月(92.2mm)。详见图 2-1。

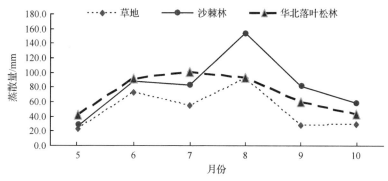

图 2-1　六盘山叠叠沟小流域三种典型植被群落蒸散的月变化

(2) 群落水分利用效率(WUE)比较及季节变化特征。在整个生长季中,三种典型植被群落(林分)的 WUE 大小排序为:天然草地>华北落叶松人工林>沙棘人工林。其中,天然草地的 WUE 为 3.1 g/kg,在生长季前四个月都保持在 3.2~4.8 g/kg 之间,9 月之后 WUE 降低为 0。华北落叶松人工林的总 WUE 为 2.7 g/kg,其中,5 月份的 WUE 最高,为 8.17 g/kg;其变化与乔木层 WUE 的月变化相同。从 WUE 在林分各层的分布来看,其乔木层 WUE 为 4.04 g/kg,而林下草本层 WUE 仅为 1.36 g/kg。沙棘人工林总 WUE 为 2.35 g/kg,其中灌木层 WUE 为 2.32 g/kg,而林下草本层 WUE 为 2.37 g/kg;其总体表现为前中期较高而后期低的变化趋势。

(3) 对六盘山半湿润气候类型下天然次生林与人工林蒸散的对比进行研究,在位于六盘山半湿润气候类型的香水河小流域,应用热扩散法,结合微型蒸渗仪和传统水文学方法,对六盘山华北落叶松人工林和华山松天然次生林蒸腾及其分量变化进行了分析对比(图 2-2)。结果表明:华北落叶松人工林生长季总蒸腾量 528.6 mm,是同期降雨量的

106.7%，其值远高于天然次生林的 433.0 mm。两种林分蒸腾在垂直层次上分配比例相似，但各分量所占比例明显不同。人工林冠层日均截留量和蒸腾量为 0.70 mm/d 和 0.83 mm/d，分别是天然次生林的 1.15 倍和 1.89 倍，这是由于人工林乔木层具有较高的叶面积指数所致（华北落叶松 4.8＞华山松 4.06）；人工林灌木层日均蒸腾量仅为 0.14 mm/d，其值仅为天然次生林的 22.58%，这与人工林分内灌木稀少、盖度较低紧密相关；人工林林下日均蒸腾量为 1.21 mm/d，是天然次生林的 1.5 倍，与人工林草本和地被物接收到更多太阳辐射有关。在忽略林分所处位置的立地因子（如坡向）影响时，林分结构决定了其蒸腾总量及其分量组成比例。

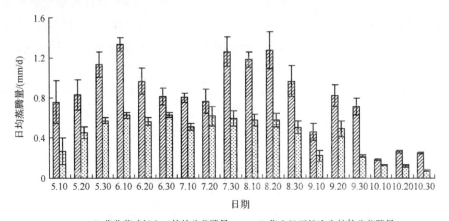

图 2-2　六盘山南侧华北落叶松林与华山松林日均蒸腾量的对比

2. 微立地条件与类型划分

立地类型划分对半干旱区水源涵养林的造林措施、树种选择和经营管理都非常重要。根据自然环境特点和森林多功能经营需求，依据不同海拔、坡向、坡位、土壤厚度、土壤类型、现有植被等把六盘山北侧半干旱区划分为 8 个类型区（表 2-10）。

表 2-10　六盘山北侧半干旱区立地类型划分

立地类型	海拔/m	坡向	坡位	土壤类型	土壤厚度/cm	现有主要植被
1	2058～2188	阳坡	中上坡	灰褐土	30～80	铁杆蒿+百里香+虎榛子
2	2035～2058	阳坡	下坡	灰褐土	＞100	铁杆蒿+白羊草+茭蒿
3	1997～2123	阴坡	中下坡	灰褐土	＞100	华北落叶松+少量沙棘+少量蔷薇
4	2123～2165	阴坡	上坡	灰褐土	100	华北落叶松+虎榛子+蔷薇
5	2018～2048	半阴坡	下坡	灰褐土	＞100	沙棘+榆树+披针叶苔草+铁杆蒿
6	2068～2148	半阴坡	中上坡	灰褐土	60～100	披针叶苔草+铁杆蒿
7	1997～2055	半阳坡	下坡	灰褐土	＞100	山桃+华北落叶松
8	2055～2166	半阳坡	中上坡	灰褐土	90	虎榛子

3. 土壤水分的植被承载力

以六盘山叠叠沟小流域华北落叶松人工林为例，基于在宁夏南部六盘山土石山区的退耕还林区(叠叠沟小流域)多年开展的典型植被样地的生态水文过程和样地水量平衡的研究结果,提出了土壤水分植被承载力的计算方法。下面是以六盘山北侧叠叠沟的华北落叶松人工林的土壤水分植被承载力计算实例。

首先,基于叠叠沟阴坡华北落叶松人工林样地水量平衡数据,建立了生长季群落总蒸散量(Y_1,mm)与叶面积指数(LAI)的回归关系:

$$Y_1 = 146.46\ln(\text{LAI}) + 273.09 \qquad (2\text{-}5)$$

然后,利用 BROOK90 模型的模拟结果,计算得到了华北落叶松林的年总蒸散量(Y_2,mm)与年降水量(P,mm)的关系:

$$Y_2 = 0.7731 \times P + 86.971 \qquad (2\text{-}6)$$

最后,联立方程,得到基于生长季降水量计算的立地水分植被承载力(LAI)的公式:

$$\text{LAI} = \exp[(0.7731 \times P - 186.12)/146.46] \qquad (2\text{-}7)$$

对于阴坡华北落叶松林,在生长季内降水量分别为 400 mm、450 mm、500 mm、550 mm、600 mm 时,可以计算得到能承载的华北落叶松林叶面积指数分别为 2.32、3.02、3.93、5.12、6.66。在得到不同年龄的林分叶面积指数与密度的关系后,可进一步推求出对应密度,以便于指导林业生产。如上述叶面积指数对应的 10 年生华北落叶松的密度分别约为 101 株/亩、131 株/亩、171 株/亩、223 株/亩、290 株/亩,20 年生时分别约为 69 株/亩、90 株/亩、117 株/亩、152 株/亩、198 株/亩。

4. 低干扰森林植被培育与抚育技术

1) 树种组成及比例

在六盘山干旱半干旱地区,坡向坡位对树种的组成及比例影响很大,对范围内,土层较厚、水分养分条件相对较好的阴坡立地,可适宜多栽植产材性能好的主要造林树种,如云杉、华山松、华北落叶松等。在水分不足的立地,应多采用非主要造林树种,尤其是抗旱性、节水性强的灌木,具体见表 2-11。

表 2-11 六盘山半干旱区立地特征及目标树种组成及比例

立地类型	海拔/m	坡向	坡位	土壤类型	土壤厚度/cm	现有主要植被	改造后树种组成及比例	造林密度
1	2058~2188	阳坡	中上坡	灰褐土	30~80	铁杆蒿+百里香+虎榛子	—	—
2	2035~2058	阳坡	下坡	灰褐土	>100	铁杆蒿+白羊草+茭蒿	沙棘	2×2,167 株
3	1997~2123	阴坡	中下坡	灰褐土	>100	华北落叶松+少量沙棘+少量蔷薇	华北落叶松(7)+沙棘(2)+樟子松(1)	2×1.5,220 株
4	2123~2165	阴坡	上坡	灰褐土	100	华北落叶松+虎榛子+蔷薇	华北落叶松(4)+虎榛子(3)+山桃(3)	2×2,167 株
5	2018~2048	半阴坡	下坡	灰褐土	>100	沙棘+榆树+披针叶苔草+铁杆蒿	桦树(4)+落叶松(3)+沙棘(3)	2×1.5,220 株

续表

立地类型	海拔/m	坡向	坡位	土壤类型	土壤厚度/cm	现有主要植被	改造后树种组成及比例	造林密度
6	2068~2148	半阴坡	中上坡	灰褐土	60~100	披针叶苔草+铁杆蒿	落叶松(5)+沙棘(5)	2×1.5,220株
7	1997~2055	半阳坡	下坡	灰褐土	>100	山桃+华北落叶松	山桃(6)+油松(3)+樟子松(1)	2×2,167株
8	2055~2166	半阳坡	中上坡	灰褐土	90	虎榛子	虎榛子(6)+山桃(4)	2×1.5,220株

2)造林方法确定

(1)鱼鳞坑整地。鱼鳞坑整地适用于退耕还林区的坡地及需蓄水保土的石质山地的造林地整地。整地时挖掘近似半月形的坑穴,排列呈"品"字形。挖坑时先把表土堆放在坑的上方,把生土堆放在坑的下方,按要求规格挖好后,再把熟土垫入坑内,用生土围成半环状高30~35 cm的土埝,并在上方左右两角各斜开一道引蓄雨水的小沟。坑的大小和距离因小地形和栽植树种的不同而有变化,鱼鳞坑一般长60 cm、宽40 cm、深30 cm。

(2)泥浆蘸根造林。泥浆蘸根造林是提高造林成活率的一种常用方法。造林时将苗根蘸泥浆后能使根部保持湿润,保持苗木根系的活力,此法简单易行,效果良好。

造林前先在山下修一个储水池,池底铺大塑料布,以防止漏水。池中灌水至1/3,倒入泥土搅拌成糊状。苗木打开捆使根部蘸满泥浆后立即造林。

3)林分管理

(1)补植。对于以灌木为主的水源涵养林群落,可适当增补低耗水的乔木树种,以便形成乔灌混交的格局。有利于发挥较好的水土保持效益。但应当注意密度不要太大,应根据该地区的植被承载力确定合理的林分结构,防止出现林分过大耗水,影响林分的正常生长和功能的有效发挥。对于林相残破的天然林或人工林,可适当增补一些低耗水的针叶或阔叶树种,通过这种人工诱导的方式,使人工林和天然林趋向一种更为合理的混交模式。疏林地中的空隙,也可以通过补植的手段,使其成为有林地。

(2)抚育。造林过程中,首先应当强调依据立地条件的水分状况确定合理密度。幼林抚育的林龄规定为:阔叶树种5~7年;针叶树种10~15年。抚育的内容有:松土除草、割灌、定株、修枝、平茬、补植补种和杂草清理。对密度过大的中幼林林分,由于上层林冠已经郁闭,因而应当进行抚育伐,调整为合理的密度。间伐后,由于密度减小,个体之间的竞争减弱,水分消耗减少;另外,上层林冠出现空隙,有利于林下植被的生长,这对于水源保护是有利的;此外,林冠的总面积减少了,林冠截留量大大减少,减少了无效的水分消耗,使更多的水分能被土壤层储存,提高土壤含水量。在林冠再次达到郁闭后,进行第二次疏伐,最后根据立地条件确定合理的林分密度。

(3)森林病虫害防治设计。森林病虫害防治首先要把好苗木检疫关,防止由苗木带入毁灭性的病虫害。重点抓好落叶松叶蜂、落叶松球蚜、金龟子、象鼻虫、松针早期落叶病等的产地检疫工作,严禁弱苗、病苗及携带虫害的苗木上山造林。其次抓好甘肃鼢鼠的防治。鼢鼠危害的树种主要为油松、樟子松、落叶松、云杉、沙棘等,防治方法采用人工捕打、投毒饵等方法进行防治。第三要大力保护猫头鹰、鸟类等虫(鼠)害天敌,做到生物措施和化学药物防治相结合。

(4)防火设计。随着造林面积的扩大,林草覆盖度增加,人为活动增多,森林火灾的隐患也在增大,尤其是冬春干旱季节,极易发生火灾。为了保护森林资源,防止森林火灾发生,提出下列防范措施:设立防火隔离林道,营造混交林分。根据森林分布情况,结合林区道路建设在成片森林外围设计建立防火隔离林道;营造混交林分,以抑制森林火灾的发生、发展和蔓延。

2.1.4　黄河中游黄土区水源区低耗水水源涵养林植被的群落重建技术

1. 森林植被耗水规律与特征

可以看出,一般胸径较大的树木具有较大的日蒸腾量,胸径较小的树木具有较小的蒸腾量,12 cm 径阶的样木日均液流量最大。胸径较大的树木具有较高的蒸腾量,很大程度上由于它的边材面积大而总液流量高,同时,高大树木在森林中占据空间优势,比其他个体能从环境中获得较多的资源,这些条件保证了高大树木具有较高的液流量。各径阶日均蒸腾量的大小排序为油松 12 cm>10 cm>6 cm>8 cm,刺槐 12 cm>8 cm>6 cm(表 2-12)。油松和刺槐各径阶日蒸腾量大小顺序的不同,又说明树木形态对不同树种蒸腾量的影响并不相同,但是,以胸径处单位边材面积来衡量日平均液流量,12 cm 径阶的蒸腾量仍然最大,但 6 cm 径阶也有较大的蒸腾量,说明在水分利用方面,12 cm 和 6 cm 径阶树木的水分利用效率较高。

表 2-12　各径阶样木 2012 年 7、8 月日均蒸腾量

树种	径阶/cm	边材面积/cm^3	日均蒸腾量/(kg/d)		单位面积蒸腾量(1.3 m)/[kg/(cm^2·d)]	
			7 月	8 月	7 月	8 月
油松	6	21.69	2.17±1.31	2.17±1.66	0.10±0.06	0.10±0.07
	8	27.81	1.59±0.5	1.55±1.09	0.06±0.02	0.05±0.04
	10	56.97	3.78±1.43	3.08±1.70	0.07±0.02	0.06±0.03
	12	76.86	13.69±3.71	10.46±3.50	0.18±0.05	0.14±0.05
刺槐	6	8.48	0.81±0.12	0.70±0.10	0.09±0.01	0.08±0.01
	8	15.05	1.10±0.26	0.95±0.30	0.07±0.02	0.06±0.02
	12	29.54	2.65±2.11	2.61±1.72	0.09±0.07	0.09±0.06

通过对林分各树种液流及总边材面积进行估计,可以获得林分各时间尺度的蒸腾耗水量。将 7~10 月各月份样地林分蒸腾量与同期降雨量作比较(表 2-13),可以看出,7 月、8 月、9 月份林分蒸腾量均小于同期降雨量,说明该林分密度在当前状况下是合理的,但由于该林分 10 cm 径阶的树木占到林分总数的 80%以上,而具有最大蒸腾量的 12 cm 树木只占到不足 20%,所以,在林分生长后期可能会出现供水不足的状况。从表 2-13 数据还可以看到,8 月份的降雨量最大,但林分蒸腾量较小,由于该实验地不存在水分胁迫情况,所以,林分的蒸腾可能主要由其自身生理结构、各环境因子及土壤理化性调

节,具体原因有待进一步研究。刺槐株数约占林分总数的 1/3,产生的蒸腾量却不足林分总蒸腾量的 1/5,刺槐的蒸腾量明显小于油松,而且 9 月份刺槐已经开始落叶,所以,刺槐的蒸腾量从 9 月份就开始下降。

表 2-13　各月林分蒸腾量与降雨量的比较

月份	样地林分总蒸腾量/kg			林分蒸腾量/mm	降雨量/mm
	油松	刺槐	合计		
7	6 271.927	1 310.785	7 582.712	31.6	36.7
8	4 799.110	1 065.097	5 864.207	23.9	110.4
9	5 760.621	830.457	6 591.078	26.3	91.1
10	4 202.105	400.659	4 602.764	18.3	7.9
总计	21 033.763	3 606.998	24 640.761	100.1	246.1

2. 微立地条件与划分

参照已有的研究成果,结合研究区实际情况与研究目的,将坡度、坡向、坡位作为主要的立地因子,按照森林立地分类的命名原则,结合研究区现状,按照地形因子分类技术标准结合研究区现状将坡向总体分为阳坡、半阳坡、阴坡和半阴坡;坡度分为平坡、缓坡、斜坡陡坡、急坡;鉴于主成分分析中得出坡位占比较小,为方便实际操作,将技术标准中的坡向划分为梁峁顶、沟坡和沟底河滩三大类。其立地类型分类结果见表 2-14。

表 2-14　研究区立地类型及适宜性

序号	立地类型小区	立地条件类型	立地特征	生境评价
1	沟底湿润型	沟底河滩	<5°,沟底河滩,平缓坡	宜林
2	阴坡半湿润型	阴坡	坡度 16°～35°,阴坡,斜坡、陡坡	宜林
3		半阴缓斜坡	坡度 6°～25°,半阴坡、缓坡、斜坡	宜林
4	梁峁顶、半阳坡、半阴坡半干旱型	梁峁顶	坡度 5°以下,梁峁顶	不适宜
5		半阴陡坡	坡度>25°,半阴坡,陡坡	退化
6		半阳缓斜坡	坡度 6°～35°,半阳坡、缓坡、陡坡	退化
7	半阳坡、阳坡干旱型	半阳急坡	坡度>35°,半阳坡,急坡	不适宜
8		阳坡缓斜坡	坡度 6°～25°,阳坡、缓坡	退化
9		阳陡坡、急坡	坡度>25°,阳坡,陡坡、急坡	不适宜

以上结果将蔡家川流域划分为 9 种立地类型,由于立境适宜性需要遵从适地适树的原则,结合植被调查和土壤水分监测资料进行生境宜林性评价,总体上分为宜林生境、中度退化生境和严重退化生境,其中宜林生境包括沟底河滩、阴坡、半阴缓斜坡三种立地;中度退化生境包括半阴陡坡、半阳缓斜陡坡和阳坡缓斜坡三种立地;严重退化生境包括梁峁顶,半阳急坡和阳陡坡、急坡。

3. 土壤水分的植被承载力

以黄土高原 200 余个县的资料为基础,乔木面积占乔、灌、草总面积比率与年降水的关系表现出一定的正相关关系。这种正相关的存在,说明尽管各地在水土保持植被的营造过程中,乔、灌、草的搭配有很大的主观任意性,但仍然不可避免地受到降水条件的制约。黄土高原大规模的水土保持始于 20 世纪 60 年代至 70 年代,迄今已有 40 年。在这时段内,通过水土保持植被这一自然-人工植物群落系统的自我调节和自组织过程,是有可能接近平衡点的。用二次多项式来拟合图中的点子,并假定该直线可以近似地表示平衡线。此直线的方程为

$$R = 9.0 \times 10\ P^2 - 0.0009P - 0.2152 \tag{2-8}$$

式中,R 为乔木面积占乔、灌、草总面积比率;P 为年降水量,以单位 mm 计。

4. 低干扰森林植被培育与抚育技术

调查区域的林分密度差异较大,在 800~2500 株/hm² 之间。在立地条件相近的条件下,林分密度与树高、胸径和生物量之间有明显的相关关系,林分密度与树高的关系表现为:随着林分密度的增加,树高呈缓慢减小趋势,当密度大于 2000 株/hm² 时,树高减少比较明显。树高生长的递减,主要是由于林木营养面积的减少导致。林分胸径随林分密度的增加其递减趋势十分明显,转折点位于林分密度 1500~2000 株/hm² 之间。一般认为,林分密度 2000 株/hm² 左右是调查区林分产生竞争作用的密度,密度越大,胸径生长越小,其作用程度显著。密度对于胸径生长的效应是和树木的营养面积直接有关的,其相关性系数可以达到 0.9 左右,林分密度的影响机理主要是由于密度不同改变了树木冠幅的大小,从而影响到光合作用的物质积累。

1) 树种选择

山西植被多以防护林为主,进行水源涵养林的营造的时候,树种选择的参考主要依据以下几个方面:①坚持造林立地条件与树种的生物学和生态学特性的一致性,做到适地适树适种源;②因地制宜的选择针叶树种和阔叶树种、乔木、灌木的合理比例,选择多树种造林,防止树种单一化;③充分利用优良的当地乡土树种,积极推广、引进取得成效的优良树种;④选择具有较好的稳定性、抗病虫害能力强的树种。同样对于水源涵养林的营造也应该遵循以上几点。而额外需要考虑的应当是耗水相对较少的树种。蔡家川流域的植被建设依据以上几点主要选择的是耐贫瘠、耐旱、耗水相对较少的刺槐、油松、侧柏,灌木主要有沙棘、虎榛子等。

2) 人工植被重建的规划设计

(1) 野外调查和内业设计分析。野外调查其任务是为造林规划设计准备图面材料,掌握调查设计地区的自然条件各环境因素的一般特征和分布规律,以及根据区划进行造林小班的地形、土壤、植被等调查,确定造林小班的立地类型和可供采用的主要造林树种。小班是调查设计的最小单位,也是组织生产的基本单位。小班规划合理,造林树种适当,整地方法就容易确定,施工作业也方便易行。

造林设计的内业工作主要包括资料整理、面积计算、造林技术设计、绘制图表以及编写造林说明书。资料整理主要是对外业调查的土壤、植被、立地条件类型和小班调查等材料进行整理,为下一步造林设计打下基础。

(2) 整地以及造林。整地方法根据造林的地形、土壤、植被和气候等条件的不同,通

常采用全面整地和局部整地两种。全面整地是翻垦造林的整地方法，适合平原地区。局部整地是目前采用最广的一种整地方式，方法较多，结合蔡家川所处地区的特点，一般采用的是水平阶整地、水平沟整地、鱼鳞坑整地、反坡梯田整地等。水平阶整地多用于干旱山地、土壤比较薄的中缓坡或黄土地区的缓坡或者中坡。施工时沿等高线开始修第一阶，然后以此类推。最后一阶可以就近取表土盖于阶面，阶面外缘培修土埂，阶面宽度 0.5～1.5 m，长度一般为 1～6 m，相邻阶距 1 m 左右，阶间距 1.5～2 m。一般适应 25°以下的宜林荒山。水平沟整地是沿等高线挖沟的一种整地方法，水平沟的断面以挖成梯形为好，上口宽约 0.6～1 m，沟底宽 0.3～0.6 m，沟深 0.4～0.6 m，外侧斜面坡度约＜60°，沟内成水平状，沟长 4～6 m，两水平沟顶端间距 1.0～2.0 m，沟间距 2.0～3.0 m，水平沟按品字形排列。同时，整地的关键必须用生土打埂，熟土回填。为了增强保持水土效果，当水平沟过长时，沟内可留几道横埂，但要求在同一水平沟内达到基本水平。一般用于 25°以上的退耕地或者荒山整地造林。鱼鳞坑整地的具体方法是：在山坡上按造林设计，挖近似半月形的坑穴，坑穴间呈"品"字形排列，坑的大小常因小地形和栽植树种的不同而变化，一般坑宽 0.8～1.5 m，坑长 0.6～1.0 m，坑距 2.0～3.0 m。挖坑时先把表土堆放到坑的上方，把生土堆放在坑的下方，围成高 20～25 cm 的半环状土埂。按要求规划好坑后，再把熟土回垫入坑内，外沿要踩实拍光，在坑的上方左右两角各斜开一道小沟，以便引蓄更多的雨水。适用于坡度在 30°以上，地形破碎的宜林荒山。

蔡家川流域内由于几十年的造林以及封禁措施，流域内植被覆盖度较高，选取宜林的天然草地进行造林地清理，主要是物理手段和化学药剂的清除。主要集中于坡顶和坡度较为缓和的坡地。对立地条件较好的坡面多选取水平沟整地造林，坡度较大的陡坡和阳坡多采取鱼鳞坑整地造林。

（3）混交林营造技术。蔡家川流域采用的是针阔混交和主栽树种与灌木混交，选取的树种为侧柏、油松、刺槐、沙棘、臭椿、核桃等。一般采取的混交模式为：刺槐＋侧柏、刺槐＋油松、侧柏＋沙棘、侧柏＋臭椿、侧柏＋火炬树等。多采取的是行间混交和带状混交。

（4）造林密度。依据研究区所处黄土地区的降水条件，以及不同树种的耗水规律，通过对各个树种不同生长阶段的耗水情况、土壤水分状况和林分的生长状况进行研究分析表明，为避免造林 20 年后造成水分亏缺，其造林的适宜密度为：刺槐 1000 株/hm²，油松 1200 株/hm²，侧柏 1400 株/hm²。低密度造林能够避免出现水分亏缺，使林分的土壤孔隙度、枯落物含水量较高，满足林分的水分需求，形成结构合理物种多样性丰富的稳定群落。初植密度应低于 3000 株/hm²，林龄达到 10～25 年时，密度应为刺槐 1500 株/hm² 左右，油松 1700 株/hm² 左右，侧柏 1800 株/hm² 左右，此后密度应当控制在 1500 株/hm² 以下，以 900～1200 株/hm² 为宜。造林树种及其配置：刺槐×侧柏，混交比例为 1∶1、1∶2。选择半阳坡、半阴坡、阴坡的缓坡（10°～25°）或者阴坡、半阴坡的陡坡（25°～35°）进行栽植。整地方式为集流型鱼鳞坑整地。春季造林，雨季补植。造林后两年进行除草防治病虫害等。

5. 低耗水人工植被群落重建技术的水文生态功能的分析与评价

本研究是选取以下使用较多的多样性指标分析其生物多样性。

（1）多样性指数采用 Shannon-Wiener 指数：$H' = -\Sigma P_i \ln P_i$，式中，$P_i = N_i/N$。

（2）优势度指数采用 Simpson 指数：$D = 1 - \Sigma P_i^2$，式中，P_i 种的个体数占群落中总个体数的比例。

（3）均匀度指数采用 Pielou 指数：$E = H/H_{max}$，式中，H 为实际观察的物种多样性指数，H_{max} 为最大的物种多样性指数，$H_{max} = \ln S$（S 为群落中的总物种数）。

根据实验区内几种代表性林分将实验区内的样地划分为 7 种群落类型（表 2-15）：人工油松林（Y）、人工刺槐林（C）、人工侧柏林（B）、侧柏-刺槐混交林（CB）、油松-刺槐混交林（YC）、山杨次生林（S）、辽东栎次生林（L）。各个群落类型的生境特征见表 2-15。

表 2-15　各群落类型的生境特征

群落类型	乔木			灌木		草本	
	树高/m	胸径/cm	密度/(株/hm²)	高度/cm	密度/(株/hm²)	高度/cm	盖度
1C 人工	11.36	14.24	850	147.4	0.78	38.48	81.37
10C 人工	9.16	9.93	1050	66.71	1.07	22.86	61.44
11C 人工	8.21	7.70	2175	39.2	0.95	20.87	55.44
16C 人工	9.09	11.14	1025	81.78	1.38	28.53	44.31
5Y 人工	2.01	4.48	1850	51.3	1.45	33.27	83.13
7Y 人工	6.46	11.12	900	22.13	1.00	19.59	42.81
9CB 人工	3.80	2.95	1200	48.71	0.99	17.52	36.38
4CC 混	2.63	3.73	1550	65.2	0.86	34.36	88.62
6CC 混	3.23	3.84	1475	80.26	1.27	38.41	67.44
13CC 混	8.07	10.29	1125	122.8	0.82	46.78	67.44
8YC 混	6.56	8.21	2575	114.61	1.09	18.61	30.62
3S 次生	7.13	7.44	1025	65.69	1.88	29.38	62.94
14SL 次生	8.60	9.32	1125	109.19	1.41	32.16	66.20
2L 次生	6.56	10.23	825	95.48	2.46	24.25	28.50
15 草灌				67.92	2.26		

由于蔡家川地区的人工林以单一纯林和混交林居多，乔木层的多样性指数较低，其多样性指数不予单独考虑。在蔡家川林区选取的 7 种代表性植物群落灌木层和草本层的丰富度指数、优势度指数、多样性指数和均匀度指数，反映了该地区不同的林分类型下各个层次的物种分布情况。调查显示：不同林分类型的多样性指数基本都表现为：草本层＞灌木层＞乔木层，只有辽东栎次生林为灌木层＞草本层，在植被演替的过程中草本植物的种类是逐渐下降的，而辽东栎作为黄土地区植被演替的顶极植物群落，其郁闭度高垂直结构清晰，乔灌木的种类和数量均趋于稳定，草本植物竞争力和对环境的适应性相对较差，故

而草本的多样性低于灌木层甚至乔木层。分别比较乔木层、灌木层、草本层的多样性,乔木层混交林和次生林的物种丰富度最高,纯林的丰富度最低;灌木层以次生林最高,油松林最低;草木层以刺槐-侧柏混交林、刺槐纯林 Shannon-Wiener 指数最高,山杨次生林最低。

根据图 2-3 反映的数据来看,灌木层优势度指数次生林>混交林>纯林,其中以山杨次生林最高为 0.863,油松纯林最低为 0.291,其 Simpson 指数在各个林分类型中的数值比较中与 Shannon-Wiener 指数基本一致;草本层中 Simpson 指数在各林分类型中差异不明显。山杨次生林和辽东栎次生林的灌木层丰富度最高,人工油松林、人工侧柏林等人工纯林最低。草本层物种丰富度:人工林>次生林。灌木层和草本层的多样性指数在各个林分类型中的趋势与其丰富度基本一致。灌木层各林分均匀度指数混交林最高,其中刺槐-侧柏混交林最高为 0.839,次生林最低为 0.466;草本层的均匀度相对复杂,总体上较为接近。灌木层的均匀度指数高于草本层,与马栏林区研究一致。

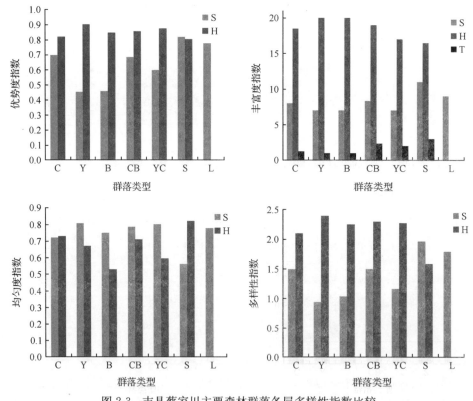

图 2-3　吉县蔡家川主要森林群落各层多样性指数比较
群落类型代号:S代表灌木;H代表草本;T代表乔木

在所有样地中,1 号刺槐林不管是其丰富度还是多样性指数均匀度指数,均有较高的数值,一方面是刺槐作为黄土地区的常用造林树种,适应性较强,保水固氮改良土壤,形成稳定的群落,且相对于油松,刺槐林下容易被其他树种入侵,进行演替以及自我更新;另一方面是其相对于其他刺槐林,密度较小(850 株/hm²),使得土壤能够给林下的灌草提供相应水分、光照和养分条件供其生长。

2.1.5　西北内陆乌鲁木齐河流域水源区低耗水水源涵养林植被的群落重建技术

1. 森林植被耗水规律与特征

在研究森林植被耗水方面,由单株树木蒸腾量向林分尺度转换是估算森林生态系统蒸腾量行之有效的方法。在对林班进行详细调查的基础上,依据不同树龄、海拔梯度和地形划分样方类别,选择天山云杉标准样方和标准木 4 个,同步进行单株云杉的日蒸腾量观测,计算实验区林分的月总蒸腾量,天山云杉森林为云杉单优群落,林下的草本层平均盖度小于 3%、平均高度小于 15 cm;在天山云杉森林带海拔下限的林缘和林下生长着大量灌木,如黑果栒子(*Cotoneaster melanocarpus*)、小檗(*Berberis thunbergii* DC.)、蔷薇(*Rosa multiflora*)、金丝桃叶绣线菊(*Spiraea hypericifolia* L.)、方枝柏(*Sabina saltuaria*)、锦鸡儿(*Caragana sinica*)、忍冬(*Lonicera japonica* Thunb.)等。除忍冬主要散生分布于林下之外,上述其他六种植物为天山北坡云杉森林海拔下限最具代表性的丛生灌木种。本书的研究即选取天山云杉与上述六种丛生灌木开展蒸腾耗水量的近似同步观测。计算结果见表 2-16。

表 2-16　天山云杉林木蒸腾耗水量

树龄	日均液流通量/ [g/(cm²·h)]	有效 胸径/cm	边材 面积/cm³	单株日均 蒸腾量/L	总株数/株	总蒸腾量/t	所占百 分率/%
幼龄林	73.304	9.925	14.700	1.078	28 000	30.172	1.20
中龄林	118.052	23.780	443.910	52.404	15 720	823.793	32.66
近熟林	249.407	31.940	801.235	199.833	6 400	1 278.933	50.71
成熟林	235.010	45.050	1 593.169	374.408	1 040	389.385	15.44

结果表明:①液流通量、有效胸径和边材面积均与树木的年龄成正比,因此,树龄越大,单株树木的蒸腾量越大,即成熟林(374.408 L)＞近熟林(199.833 L)＞中龄林(52.404 L)＞幼龄林(1.078 L);②研究区域的林木日均蒸腾量为 2522.283 t(月,31 天计),总蒸腾量为 78 190.74 t,所占比重近熟林最大,占总蒸腾量的 50.71%,其次是中龄林(32.66%)和成熟林(15.44%),幼龄林最小仅占 1.2%。

2. 微立地条件与类型划分

对乌鲁木齐河流域天山云杉水源涵养林进行立地类型划分,确定近自然条件下植被分布变化情况,并据此提出相应的经营模式。利用影像资料,结合样地调查数据,依据坡度、坡向、海拔、土层厚度等指标划分立地类型。

图面资料为 DEM 数据(中国科学院计算机网络信息中心,分辨率 90 m)、土壤类型数据(中国科学院南京土壤研究所,分辨率 1 km)、地貌类型数据(中国科学院地理科学与资源研究所,分辨率 1 km)及森林样地调查数据。森林资源调查数据利用 SPOT-5 卫星影像数据(分辨率2.5 m),主要用于目视判读立地类型验证,利用Google Earth进行了宏观数据验证。

乌鲁木齐河水源林地立地类型划分为类型亚区、类型小区、类型组三级,见图2-4。

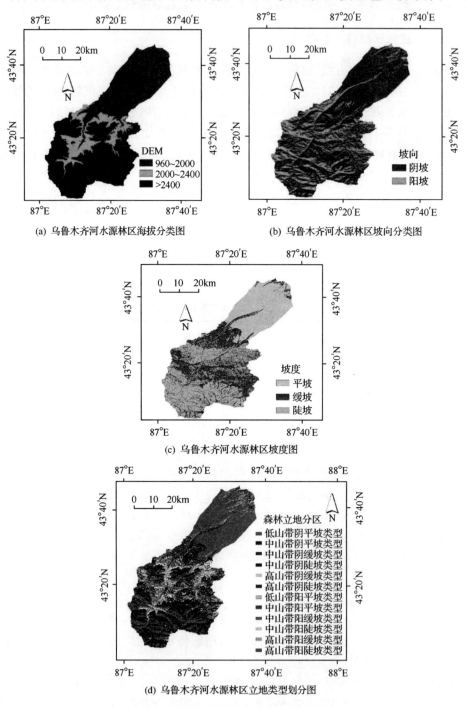

(a) 乌鲁木齐河水源林区海拔分类图

(b) 乌鲁木齐河水源林区坡向分类图

(c) 乌鲁木齐河水源林区坡度图

(d) 乌鲁木齐河水源林区立地类型划分图

图 2-4   乌鲁木齐河水源林地立地类型划分

3. 土壤水分的植被承载力

针对天山云杉森林,在详细调查林班和系统归类的基础上,实验采用波波夫蒸发器称重法进行科学布点,进行土壤日蒸散量观测,从而减少了蒸散的误差系数。依据不同林型类别、地形和海拔梯度,通过对日蒸散量数据进行加权平均和尺度转换估算。各样地地表土壤的日蒸散量排列顺序为:裸地(159.26 t/hm^2)>草地(75.98 t/hm^2)>成熟林(42.31 t/hm^2)>近熟林(40.48 t/hm^2)>中龄林(37.78 t/hm^2)>幼龄林(25.77 t/hm^2),见表 2-17。

表 2-17　土壤日蒸散量监测结果

时间	裸地	草地	幼龄林	中龄林	近熟林	成熟林
7 月 15 日	61.56	26.33	8.5	11.45	12	12.4
7 月 18 日	34.2	17.1	5.08	7.58	7.73	8
7 月 22 日	47.03	17.96	5.47	7.96	8.62	9.07
7 月 26 日	25.65	12.48	4.78	5.92	6.55	6.69
7 月 29 日	23.94	8.55	3.68	5.06	5.46	5.75
7 月 30 日	49.59	18.81	8.29	12.88	13.2	13.85
8 月 1 日	19.67	7.7	3.78	6	6.8	7.36
8 月 2 日	21.38	12.83	5	7.5	7.9	8.1
8 月 5 日	23.26	12.83	5.25	7.9	8.6	9.15
8 月 6 日	33.35	17.96	5.37	8.01	8.72	8.91
8 月 7 日	44.46	23.09	8.4	12.43	13	13.54
8 月 9 日	63.27	33.86	9.05	13.5	14.35	14.74
8 月 13 日	30.78	16.25	5.76	8.2	9.67	10.57
8 月 14 日	29.07	16.25	3.66	5.92	6.31	6.63
合计	507.19	241.97	82.07	120.31	128.91	134.75
每公顷蒸散量/t	159.26	75.98	25.77	37.78	40.48	42.31
总面积蒸散量/t	3025.88	4330.71	901.96	3248.86	1619.12	550.04

4. 低干扰森林植被培育与抚育技术

其可分为 3 种立地类型:

(1) 灌丛地,海拔 1450~1600 m。可采用下述 4 种处理方式之一进行森林植被培育:①横向割灌,沿山坡形成横带,带宽 2 m,间隔 2 m;②纵向割灌,沿山坡形成纵带,带宽 2 m,间隔 2 m;③不割灌,采用吸水剂,增加土壤湿度,提高苗木成活率;④不割灌,采取 80 cm×40 cm×30 cm 大穴整地,每穴栽植 5 株天山云杉幼苗,双"品"字形丛植,每丛距离 2.5 m,行距 2.0 m。

(2) 欧洲山杨皆伐迹地,海拔 1600~1680 m。采取 60 cm×40 cm×30 cm 穴状整地,每穴栽植 3 株天山云杉幼苗,"一"字排列,充分利用已有欧洲山杨萌蘖幼树的蔽荫作用,穴距 2.5m,行距 2.0m。

（3）欧洲山杨-天山云杉皆伐迹地，海拔 1680～1780 m。采取 40 cm×30 cm×30 cm 穴状整地，每穴栽植 2 株天山云杉幼苗，穴距 2.0 m，行距 2.0 m。

2.1.6 辽河上游水源区低耗水水源涵养林植被的群落重建技术

1. 森林植被耗水规律与特征

水源涵养林是以保护水资源和水环境为目的，以调节水量、控制土壤侵蚀和改善水质为目标的综合防护林体系，它包括水源保护区域范围内的人工林和天然林及其他植被资源，在涵养水源、减少径流泥沙、延缓径流汇集的速度、降低洪峰、增加枯水期流量等方面具有重要功能，能够有效地减轻洪水的冲击和破坏力，减免洪水灾害，缓解洪涝和旱灾，避免河床、塘堰、湖泊、水库泥沙淤填和抬高，减少堤岸溃决泛滥的灾祸。

2. 立地类型划分

水源涵养林立地条件类型是气候、地貌、岩石、土壤、植被和水文等因素的自然综合体。不同立地条件其环境因素差异较大，表现为对不同植物生长的适宜性或限制性。因此，对影响辽东山区水源涵养林立地类型的主要因素进行分析，对立地条件进行科学的分类和评价，在选择造林树种时做到适地适树，为水源涵养林植被恢复与重建提供指导。在对辽东山区水源涵养林调查的基础上，确定了土壤、地貌为立地条件类型划分的主导因素。以影响立地条件的主要指标——土壤、地貌作为主要因子，将辽东山区水源涵养林划分为 12 个立地类型，并提出了相应的经营措施，为水源涵养林工程建设提供了科学的配套技术。

通过对影响落叶松生长立地因子研究，以土壤（石砾化、土层厚度、岩石性质）、地貌（石砬子、乱石窖、坡向、海拔高）作为主要因子，根据主导因子分级组合法，把辽东山地划分为 12 个立地类型：I 阴坡厚层土类型、II 阴坡中层土类型、III 阴坡薄层土类型、IV 半阴坡厚层土类型、V 半阴坡中层土类型、VI 半阴坡薄层土类型、VII 半阳坡厚层土类型、VIII 半阳坡中层土类型、IX 半阳坡薄层土类型、X 阳坡厚层土类型、XI 阳坡中层土类型、XII 阳坡薄层土类型。对各立地类型进行多树种综合评价，筛选出适合各立地类型的主要造林树种，以改善该区树种单一、水源涵养能力低下、生态功能脆弱的局面。

3. 水源涵养林树种适地适树分析

运用数量化理论筛选出影响落叶松生长的主导因子，把辽东山区划分为 12 个立地类型，此立地类型的划分也适宜于阔叶树、灌木和草本植物。通过对辽东山区的主要水源涵养林树种落叶松、红松、油松、紫椴、蒙古栎、水曲柳在 12 个立地类型生长状况做一比较，可以看出，各树种在不同立地条件下生长状况不同。其中，落叶松为阳性浅根系树种，在湿润、肥沃的土壤类型生长最适宜，落叶松适宜生长在阴坡、半阴坡中厚层土及半阳坡厚层土立地条件，也可用于阴坡、半阴坡薄土层造林；红松属耐阴性树种，要求生长在土层深厚、肥沃、疏松、水分充足且排水良好的立地环境，红松适宜生长在阴坡、半阴坡土层深厚且排水良好立地条件；油松喜光，多生长在海拔偏低或水平分布偏南地区，较耐干旱，油松适宜生长在阳坡、半阳坡中厚层土立地条件；紫椴是深根系树种，喜生于湿润、肥沃、土层深厚的山腹,紫椴适宜生长在阴坡、半阴坡、半阳坡中厚层土立地条件;蒙古栎为深根系树种,比较耐干旱、耐瘠薄,适宜生长在阳坡、半阳坡、半阴坡中厚层土立地条件;水曲柳稍喜光,喜湿润,耐寒冷,适生于湿润、肥沃、排水良好的土壤,适合生长在阴坡、半阴坡中厚层土和半阳坡厚层土且排水良好的立地条件。

在辽东山区除了落叶松、红松、油松、紫椴、蒙古栎和水曲柳外,还有樟子松、沙松、鱼鳞云杉、刺槐、紫穗槐、白桦、裂叶榆、核桃楸、色木槭、胡枝子等树种。调查研究结果表明,樟子松、色木槭适宜阳坡、半阳坡中厚层土立地条件,色木槭还适宜半阴坡中厚层土立地条件;刺槐适宜阳坡中厚层土立地条件(阳坡厚层土树高年均生长量达 0.87 m,胸径年均生长量达 0.76 cm);沙松、鱼鳞云杉适宜阴坡、半阴坡土层深厚且排水良好的立地条件(沙松在半阴坡厚层土树高年均生长量达 0.80 m,胸径年均生长量达 1.06 cm);裂叶榆、核桃楸适宜阴坡、半阴坡中厚层土立地条件(核桃楸在阴坡厚层土树高年均生长量达 0.36 m,胸径年均生长量达 0.42 cm),其中裂叶榆还适宜半阳坡中厚层土立地条件;白桦适宜阳坡、半阳坡中厚层土立地条件(半阳坡厚层土树高年均生长量达 0.70 m,胸径年均生长量达 0.60 cm);紫穗槐、胡枝子可用于阳坡、半阳坡、土层薄、水土流失严重地段造林。

4. 水源涵养林植被树种选择

同一树种,在不同坡向、坡度,生长条件和生长状况不同。如辽东栎,在阴坡或缓坡上部比阳坡或陡坡生长好;在阴向斜缓坡上的辽东栎一般密度较大,单位面积的蓄积量大,而在阳坡特别是在阳向陡坡上,一般比较稀疏,单位面积的蓄积量小。立地条件和林分特点不同,林分的经营目的和经营措施也不尽相同。林分类型的名称以坡向、坡度结合优势树种命名,如阳向陡坡辽东栎林,阳向斜缓坡油松林等(表 2-18)。辽东山地人工水源涵养林多为纯林,导致防护效益降低、病虫鼠害频繁、生物多样性减少。要想进一步提高林分质量,有效提升水源涵养效益,必须按照现代林业理论的要求,加强混交林比例,将营造混交林作为林业建设的主体。

表 2-18 不同立地类型适宜树种选择

坡向	土层厚度		
	厚层土	中层土	薄层土
阴坡	落叶松、红松、水曲柳、核桃楸、紫椴、沙松、鱼鳞云杉、裂叶榆	落叶松、水曲柳、核桃楸、紫椴、裂叶榆	落叶松＋封育
半阴坡	落叶松、红松、紫椴、水曲柳、核桃楸、沙松、鱼鳞云杉、裂叶榆、色木槭、蒙古栎	落叶松、紫椴、水曲柳、核桃楸、裂叶榆、色木槭、蒙古栎	落叶松＋封育
半阳坡	落叶松、油松、蒙古栎、樟子松、色木槭、白桦、紫椴、水曲柳、裂叶榆	油松、蒙古栎、樟子松、色木槭、白桦、紫椴、裂叶榆	紫穗槐、胡枝子＋封育
阳坡	油松、蒙古栎、樟子松、色木槭、白桦、刺槐	油松、蒙古栎、樟子松、色木槭、白桦、刺槐	紫穗槐、胡枝子＋封育

5. 水源涵养林植被重建模式

(1)混交类型:把不同生物学特性的树种搭配在一起构成不同的混交林类型。主要有:

①乔木间混交,分为耐荫与喜光树种混交和喜光与喜光树种混交,前者如高海拔地区的落叶松与云杉混交、白桦与云杉混交,喜光树种在上层,耐荫树种在下层,易形成复层林;后者如油松与栎类、杨与刺槐、油松与刺槐混交等。②乔灌混交,如油松与紫穗槐、油松胡枝子等。

(2)混交方式:①带状混交,一个树种连续种植几行构成一带,一个工程区内多树种呈带状排列。②块状混交,不同树种按规则或不规则的团块状进行配置。③植生组混交,在一小块地域内密集种植的同一树种与相邻小地域密集种植的另一树种混交。

6. 人工植被重建对小流域内土壤生态功能的分析与评价

1) 植被类型对土壤硝态氮、铵态氮和有效磷的影响

流域内植被类型显著影响土壤硝态氮($p<0.001$)和土壤铵态氮($p<0.05$)(表2-19),而对有效磷影响不显著($p>0.05$)。其中,对于硝态氮而言,农田土壤硝态氮含量(11.86 mg/kg)显著高于落叶松(6.86 mg/kg)、阔叶林(4.84 mg/kg)和油松(3.98 mg/kg),阔叶林和油松的土壤硝态氮含量无显著差异。对于铵态氮而言,阔叶林土壤铵态氮含量显著高于油松和落叶松,农田显著高于落叶松,落叶松和油松无显著性差异。植被类型和坡位对土壤硝态氮、铵态氮和有效磷的影响有交互作用(表2-19)。在坡上部、坡中部和坡下部,植被类型土壤硝态氮和铵态氮含量均达到显著性差异(图2-5)。在各个坡位上,农田土壤硝态氮含量显著高于其他3种植被类型的土壤硝态氮含量;阔叶林和油松土壤硝态氮含量在坡下差异显著,在坡中和坡上无显著性差异。不同植被类型的土壤铵态氮含量在不同坡位的变异比较大。坡下,落叶松土壤铵态氮含量显著低于其他3种植被类型;坡中,阔叶林土壤铵态氮含量显著高于其他3种植被类型;坡上,农田土壤铵态氮含量显著高于其他3种植被类型,阔叶林土壤铵态氮含量与油松无显著性差异。对于有效磷而言,在坡上和坡中部,植被类型影响显著;在坡下,植被类型对其无显著影响。

表 2-19　不同植被类型、不同坡位和不同土层的土壤硝态氮、铵态氮和有效磷含量

		硝态氮/(mg/kg)	铵态氮/(mg/kg)	有效磷/(mg/kg)
植被类型	落叶松人工林	6.86(0.47)b	2.60(0.55)c	8.78(1.98)a
	油松人工林	3.98(0.48)c	4.51(0.57)ab	6.23(0.53)a
	天然阔叶次生林	4.84(0.43)c	5.11(0.51)a	5.61(0.54)a
	农田	11.86(0.48)a	3.24(0.57)bc	8.89(1.18)a
坡位	上坡	8.00(0.40)a	4.87(0.47)a	7.35(0.87)a
	中坡	6.82(0.42)ab	3.30(0.49)b	8.48(1.49)a
	下坡	5.82(0.40)b	3.42(0.46)b	6.13(0.56)a
土层	0~5 cm	11.34(0.46)a	5.67(0.55)a	10.59(1.70)a
	5~10 cm	7.02(0.47)b	3.85(0.54)b	5.23(0.84)b
	10~20 cm	4.90(0.46)c	3.90(0.55)b	5.62(0.89)b
	20~30 cm	4.29(0.47)c	2.03(0.56)c	2.93(0.29)c

注:表中数据为平均值,括号内为标准误差。不同字母表示处理间差异显著($p<0.05$),下同。

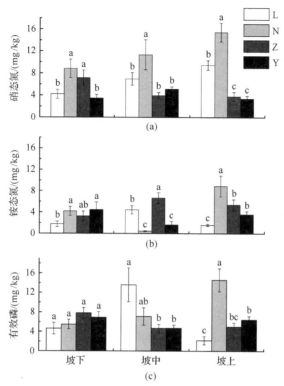

图 2-5　不同植被类型的土壤硝态氮(a)、铵态氮(b)和有效磷(c)含量
L:落叶松人工林;N:农田;Z:天然阔叶次生林;Y:油松人工林

　　植被类型和土层对土壤硝态氮有交互作用,对铵态氮和有效磷无交互作用。各个植被类型的土壤硝态氮和有效磷含量均随着土壤深度的增加而降低,而土壤铵态氮含量在不同土层间变异较大(图 2-6)。油松和落叶松的土壤铵态氮含量随着土壤深度的增加面降低,农田的土壤铵态氮含量随着着土壤深度的增加先升高后降低,阔叶林的土壤硝态氮含量无明显的变化规律。

　　2) 坡位对土壤硝态氮、铵态氮和有效磷的影响

　　本书的研究中,坡位显著影响土壤硝态氮($p<0.001$)和铵态氮($p<0.05$),对有效磷无显著影响($p>0.05$)。土壤硝态氮和铵态氮含量均随着海拔的升高而升高。其中,坡上土壤硝态氮含量显著大于坡下,坡中土硝态氮含量与坡上和坡下均无显著性差异;坡上土铵态氮含量显著大于坡中和坡下,坡中和坡下土壤铵态氮含量无显著性差异(表 2-19)。

　　3) 土壤硝态氮、铵态氮和有效磷在土壤层次上的差异

　　土壤硝态氮、铵态氮和有效磷含量随着土壤深度的增加而降低,且差异显著($p<0.001$)。其中,0～10 cm 土壤硝态氮、铵态氮和有效磷含量显著高于其他土壤亚层。10～20 cm 和 20～30 cm 土壤硝态氮和有效磷含量无显著性差异,5～10 cm 和 10～20 cm 土壤铵态氮含量无显著性差异(表 2-19)。

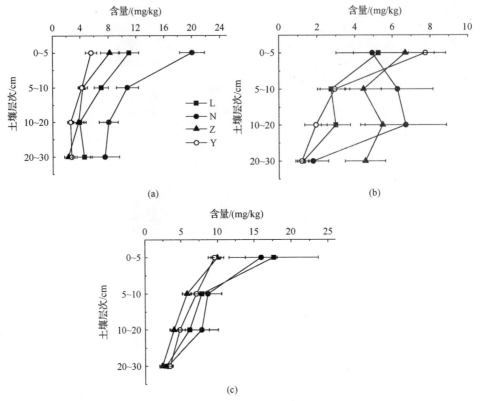

图 2-6　土壤硝态氮(a)、铵态氮(b)和有效磷(c)含量在土壤剖面上的变化特征

2.2　人工促进退化水源涵养型植被恢复技术

2.2.1　海河上游水源区人工促进退化水源涵养型植被恢复技术

1. 植被退化成因分析

潮关西沟天然林地区曾经烧石灰,大部分林木被破坏,1976 年泥石流发生后,森林在封育的情况下得到恢复。任何林业活动从本质上说都是对森林正常发展的一种干扰,当林业活动和森林演替的规律一致时,这种干扰是正向的、积极的和对森林有益的。植被退化原因归纳起来主要有以下 5 个方面:①植被资源的老化导致植被生理不断衰退,植被逆向演替(即退化)加剧;②气候变暖,地区降水量减少,致使植被生产力大幅度降低;③单位面积植被的载畜量远远超过载畜能力,使植被承受的压力越来越大,植物生物产量也逐年减少,劣质植被日益增加,最终导致植被退化;④野生动物活动和病虫害使植被群落减小;⑤人类过度利用植被资源,盲目垦殖,无节制地开发植被分布区的矿产资源,同时缺乏行之有效的保护措施,致使生态环境不断恶化,植被资源日益减少,植被分布区的小气候和土壤性质也随之发生了改变,进而导致自然灾害频繁发生。

2. 植被演替过程与特征

结合 2.1.1 节样地调查及数据分析,潮关西沟森林植被的演替系列为平榛灌丛—绣线菊灌丛—荆条灌丛—山杨林、榆树林—椴树林—黑桦林—栎树林。以典型样地为研究对象,对演替中主要群落进行了分析,演替中群落主要特征见表 2-20 和表 2-21。演替中群落乔灌木物种多样性变化见图 2-7。

表 2-20　演替中群落生态特征

层次		栎树林	黑桦椴树林	榆树椴树林	山杨榆树椴树林	山杨椴树林	荆条酸枣灌丛	三裂绣线菊小叶朴灌丛	平榛灌丛
乔木层	种数	4	4	5	8	3			
	密度/(株/hm²)	4 025	1 575	3 150	1 975	1 375			
	平均高度/m	6.1	5.6	4.5	7.7	9.4			
	最大高度/m	13.5	24	9	12.8	18			
	平均胸径/cm	7.2	9.3	7.2	9.3	9.4			
	最大胸径/cm	38	24	16	16.5	20.3			
灌木层	种数	5	6	6	7	5	5	3	5
	密度/(株/hm²)	5 200	6 800	10 800	10 400	10 000	6 800	23 200	342 800
	基径/cm	0.6	2.1	1.8	2.5	1.7	1.5	1.1	1

表 2-21　不同群落乔木树种胸径结构

胸径/cm	栎树林/%	黑桦椴树林/%	榆树椴树林/%	山杨榆树椴树林/%	山杨椴树林/%
0～2	4.3	0.0	0	2.5	0.0
2～4	28.6	12.7	15.9	2.5	0.0
4～6	16.1	17.5	27	8.8	27.3
6～8	18.6	17.5	24.6	15.0	20.0
8～10	8.7	17.5	9.5	32.5	14.5
10～12	13.7	4.8	13.5	21.3	12.7
12～14	5.0	9.5	6.3	10.0	7.3
14～16	1.2	14.3	3.2	5.0	10.9
16～18	1.2	3.2	0	2.5	1.8
18～20	0.0	1.6	0	0.0	3.6
20～22	0.6	0.0	0	0.0	1.8
22～24	0.0	1.6	0	0.0	0.0
＞24	1.9	0.0	0	0.0	0.0
合计	100	100	100	100	100

注:包括可以测得胸径的所有乔木。

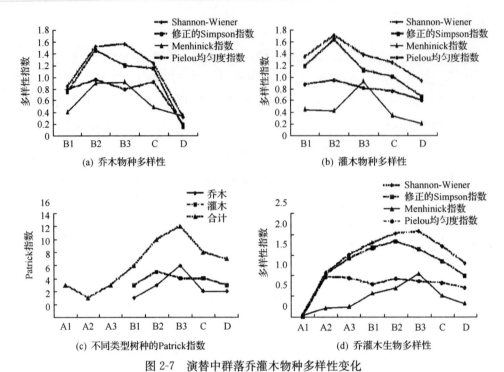

图 2-7　演替中群落乔灌木物种多样性变化

A1 平榛灌丛；A2 三裂绣线菊小叶朴灌丛；A3 荆条酸枣灌丛；B1 山杨椴树林；B2 山杨榆树椴树林；B3 榆树椴树林；
C 黑桦椴树林；D 栎树林

由潮关西沟森林植被乔灌木的生态位研究可知,白蜡、臭椿、蒙古栎、胡桃楸、荆条、胡枝子、薄皮木、孩儿拳头、酸枣、土庄绣线菊等,生态位宽度很大,为泛化种;而臭檀、黑桦、山荆子、六道木、接骨木等,为特化种。北京丁香、鹅耳枥为白蜡的伴生种,桑树、山桃、小叶朴为臭椿的伴生种,杜梨、鹅耳枥为臭檀的伴生种,薄皮木、孩儿拳头、胡枝子、花木蓝、酸枣等为荆条的伴生种,平榛多为土庄绣线菊的伴生种,杭子梢、南蛇藤、溲疏等常为雀儿舌头的伴生种。而与其他物种生态位重叠度都不高的油松、蒙古栎、蒙椴、土庄绣线菊,在自然演替中,其资源占用率比较高,竞争优势较大。

3. 人工诱导天然植被定向恢复技术

针对中度退化立地条件,结合流域植被群落演替规律,坚持"以封为主,补、抚结合"的原则,针对不同的立地条件和现有植被状况,采用封育封造等人工促进方式进行植被恢复。

封育封造区位于潮关西沟,土壤类型为褐土,土层厚度为 20~30 cm,平均海拔 600~800 m 间。坡度在 10°~35°之间。基岩母质坚硬,主要是天然林,其次是人工油松林、人工侧柏林、人工刺槐林,油松林林龄 60 年、侧柏林龄 30 年、刺槐林龄 20 年,通过实施封育封造,适当补植补造、修枝、定株、割灌等措施能够使该地区的林分培养成生态结构稳定、涵养效益较高的优质林分。其中,封育措施包括:①流域出口处设置封山育林牌示块,并将其用围栏封闭,防治人畜进入,对林场造成干扰;②造林整地:稀疏林地——根据微立地条件进行散点式造林,规格 60 cm×60 cm,以及穴状整地;灌木林地——等高穴状整地,块状混交;③栽植措施:采用植树袋保墒措施、割灌措施,尽量减少对原有植被的破坏;④树苗规格:2 年生容器苗。

4. 中等退化区植被结构配置技术

基于立地类型划分、区域植被演替规律、水分状况以及实验调查和林分生长情况,提出区域植被垂直结构配置技术(表 2-22)。

表 2-22　中等退化区垂直结构配置

立地类型	林分类型	乔木	灌木	草本
低山阴坡陡坡中层	混交林	椴树、蒙古栎、辽东栎	绣线菊、雀儿舌头、溲疏、葎叶蛇葡萄、迎红杜鹃	东亚唐松草、细叶苔草、三脉紫菀、野青茅、北京堇菜
低山阳坡斜坡薄层	混交林	臭檀、鹅耳枥、白蜡	雀儿舌头、绣线菊、荆条、鼠李、蚂蚱腿子、溲疏	大叶铁线莲、细叶苔草、沙参
低山阳坡平坡薄层	臭椿林	臭椿、桑树	荆条、百里香、山葡萄	白屈菜、茜草、铁杆蒿、紫花地丁、蝙蝠葛、铁线莲、马兜铃
低山阴坡陡坡厚层	蒙古栎林	蒙古栎、白蜡、山榆、核桃楸、臭椿	溲疏、鼠李、荆条、薄皮木、叶底珠	细叶苔草、紫苞鸢尾、烟管头草、牛迭肚

基于研究区立地类型、土壤水分养分、立地条件以及植被的耗水规律,并结合样地调查数据,提出中等退化区的植被水平结构配置(图 2-8)。

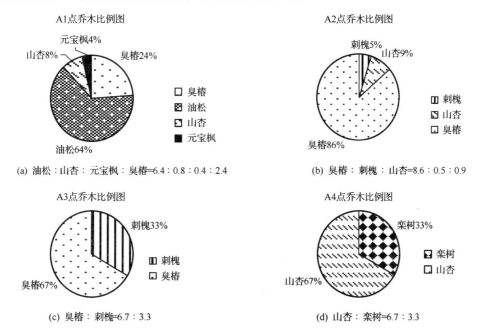

(a) 油松:山杏:元宝枫:臭椿=6.4:0.8:0.4:2.4　　(b) 臭椿:刺槐:山杏=8.6:0.5:0.9

(c) 臭椿:刺槐=6.7:3.3　　(d) 山杏:栾树=6.7:3.3

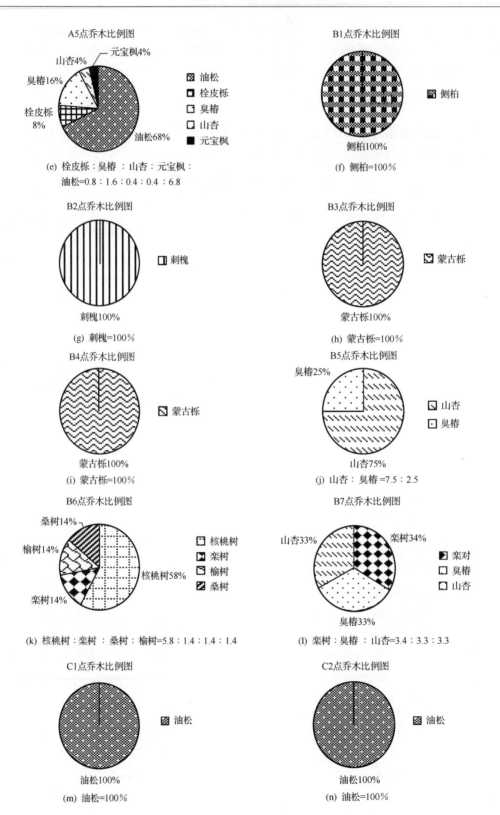

A5点乔木比例图

山杏4%　　　元宝枫4%
臭椿16%
栓皮栎8%
　　　　油松68%

油松
栓皮栎
臭椿
山杏
元宝枫

(e) 栓皮栎:臭椿 :山杏:元宝枫:
油松=0.8∶1.6∶0.4∶0.4∶6.8

B1点乔木比例图

侧柏

侧柏100%

(f) 侧柏=100%

B2点乔木比例图

刺槐

刺槐100%

(g) 刺槐=100%

B3点乔木比例图

蒙古栎

蒙古栎100%

(h) 蒙古栎=100%

B4点乔木比例图

蒙古栎

蒙古栎100%

(i) 蒙古栎=100%

B5点乔木比例图

臭椿25%

山杏
臭椿

山杏75%

(j) 山杏∶臭椿=7.5∶2.5

B6点乔木比例图

桑树14%
榆树14%
栾树14%
　　　　核桃树58%

核桃树
栾树
榆树
桑树

(k) 核桃树:栾树 :桑树:榆树=5.8∶1.4∶1.4∶1.4

B7点乔木比例图

山杏33%　　　栾树34%

栾对
臭椿
山杏

臭椿33%

(l) 栾树:臭椿 :山杏=3.4∶3.3∶3.3

C1点乔木比例图

油松

油松100%

(m) 油松=100%

C2点乔木比例图

油松

油松100%

(n) 油松=100%

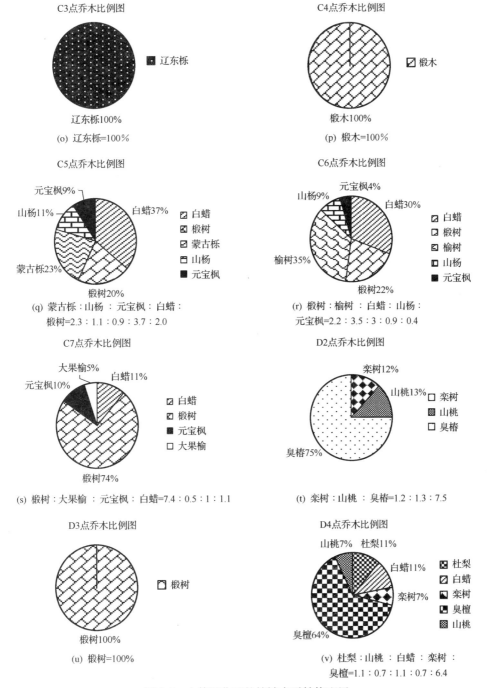

图 2-8　中等退化区的植被水平结构配置

2.2.2　黄河上游土石山区水源区人工促进退化水源涵养型植被恢复技术

1. 植被退化成因分析

2002 年,在青海大通县境内林业用地面积 147 万亩,其中有林地 20.1 万亩,灌木林地 110 万亩,四旁植树 4000 万株,森林覆盖率已达到 26.4%。人工林主要为位于北川河两岸的山杨"四旁"林和浅山地区的柠条灌木林,森林分布极不均匀,低效林分居多,防护功能较差,有些人工林面临退化的问题。造成植被退化的原因主要包括以下几种:

(1) 在大通县脑山区有些森林采伐迹地,原来森林内的小气候完全改变,地面受到直接光照,水热状况变化剧烈,原来林下的耐荫或阴性植物消失,而喜光植物则蔓延形成杂草群落;人工林初建期植被生长较慢,与原来采伐前林地相比,植被退化。也就是说,在人工林建设的初期,生态系统不稳定,植被较少,物种多样性较少。

(2) 大通县人工林面积较多,在一些地区人工林生长较好,经过十几、二十几年生长,物种多样性增加,生态系统向稳定系统迈进。但目前仍有一些人工林林区经过多年发展,乔木数量减少,究其原因是未适地适树。

(3) 在部分人工林营建时,未做好造林设计,造林密度过大,林木由于对水分、土壤养分等的竞争,生长状况差,林下植被较少,物种多样性少,林木出现退化现象。

(4) 在人工林生长过程中,人为不合理的樵采、滥伐等造成林分生长不稳定,植被减少,对人工林造成破坏。

(5) 在人工林生长过程中,不可避免的会出现病虫害的现象。有些病虫害的出现可能会造成人工林大面积的死亡,造成植被退化。必须加强对人工林管理,减少较大规模病虫害现象。

(6) 另外还有一些偶然或者不可抗的外界因素作用造成植被破坏的现象。例如,火灾的发生、严寒、干旱等,即人为吸烟、生火或者干旱季引发的火灾,冬季温度过低引发冻害,干旱引发植物缺水等,一旦发生,森林都会遭到破坏,引起植被退化。

2. 植被演替过程与特征

1) 乔木组成

大通物种丰富,乔木层、灌木层和草本层混合分布,构成多种群落类型。人工林地中的主要乔木树种为青海云杉、祁连圆柏、白桦、青杨、华北落叶松、山杨(表 2-23)。为了进一步了解物种在水平配置方式上的差异,将构成优势群落的主要乔木、灌木和草本物种进行单独分析,研究不同种群在群落中分布的特点,从而对群落生态结构更明确。

表 2-23　大通主要植被类型中乔木层物种组成

植物名称	拉丁名	重要值/%	出现频度/%	方差率 C_x	t	格局
青海云杉	*Picea crassifolia*	37.44	33.33	1.489	1.014	+−
白桦	*Betula platyphylla*	28.58	27.78	0.858	0.587	−
华北落叶松	*Larix principis-rupprechtii*	15.61	16.67	0.135	−4.093	−

植物名称	拉丁名	重要值/%	出现频度/%	方差率 C_x	t	格局
青杨	*Populus cathayana*	8.81	11.11			
祁连圆柏	*Sabina przewalskii*	5.1	5.56			
山杨	*Populus davidiana*	4.46	5.56			

注：$t_{0.95,14}=3.182$　$t_{0.99,14}=5.841$。

从表 2-23 中可以看出,青海云杉重要值最大,为 37.44%,出现频度占到 1/3,说明它是当地的优势树种,分布范围广,占地面积大。青海云杉生长缓慢,是大通优势树种,形成多种天然次生或人工群落,由其建群所形成的青海云杉群落是当地最接近顶极演替状态的群落。也是阴坡最主要的乔木树种,它几乎成片遍布阴坡,且其他乔木树种很难与其成林争夺优势地位,但阳坡生长的数量却与阴坡相差很远,由此来看,青海云杉集群分布特征较明显。

白桦也是当地的先锋树种,其重要值为 28.58%,在大通境内广泛分布,出现频度为 27.78%,仅次于青海云杉。白桦喜光,不耐荫,耐严寒,对土壤适应性强,喜酸性土,沼泽地、干燥阳坡及湿润阴坡都能生长。白桦具有深根性、耐瘠薄,常与红松、落叶松、山杨、蒙古栎混生或成纯林。白桦的自然更新能力好,生长较快,萌芽强,寿命较短。许多林龄超过 20 年的林地,在不同立地条件下,通过白桦+青海云杉群落阶段,逐步过渡到青海云杉顶极群落。

在引进的乔木树种重要值比较中,华北落叶松第一,青杨第二,祁连圆柏第三,山杨最小。华北落叶松是引入青海的乔木树种,重要值为 15.61%,出现频度为 16.67%。在青海大通,华北落叶松多以纯林形式出现和生存,近 10 年引入的华北落叶松林多为人工林,其规格特点明显,通常是 2 m×2 m 的栽种方式,树高 6~8 m,林内密度大,人工林郁闭度达 80%以上。华北落叶松在青海分布很广,适合与青海其他乔木混交。青杨重要值为 8.81%,出现频度为 11.11%。祁连圆柏重要值为 5.1%,出现频度为 5.56%,它是青海脑山地区阳坡生境的偏途顶极群落,对生境条件要求较高,分布范围狭窄,仅分布在宝库等少数水分条件优越的林区,但具有很高生物资源借鉴价值。山杨重要值为 4.46%,出现频度为 5.56%,它也是当地的先锋树种,但分布面积远小于白桦,多通过与青海云杉的少量混交阶段。

青海云杉的方差与均值比为 1.489,其他两个优势树种均小于 1,其中白桦比较接近 1,为 0.858,华北落叶松的方差与均值比值约为 0.1。这说明,青海大通云杉林趋向于集中分布;华北落叶松和白桦是均匀分布。

白桦在大通县境内多与云杉林混交生长,且林内占据的密度比与云杉相差不多。虽然白桦不是集群分布,但它的 C_x 值趋近于 1,说明分布格局属于均匀分布向集群分布的过渡阶段。

华北落叶松林多是由人工栽种和管理,因此生长状况和分布比较均一,在空间格局上属于均匀分布是符合规律的。

2) 灌木组成

大通主要灌木种类较多,灌木层高度一般为 50~200 cm,主要包括蔷薇科、小檗科、忍冬科及其他多种能以纯灌木群落或杂灌丛形式存在的灌木林,也包括许多林下的灌木种类。主要林下灌木有秦岭小檗、峨眉蔷薇、灰栒子、短叶锦鸡儿、红脉忍冬、扁刺蔷薇、蒙古绣线菊、金露梅、银露梅、山生柳、狭果茶藨子、五裂茶藨子、高山绣线菊、陕甘花楸、刚毛忍冬等;灌丛为山地落叶阔叶灌丛,在山地阳坡,匍匐栒子为建群种,金露梅、银露梅为高海拔生长优势建群种。中国沙棘为建群种的落叶阔叶灌丛,分布在海拔 2300~3000 m 的山地坡麓地带,其纯林密度很大,在山麓间郁闭度可达 100%。大通主要植被类型中灌木层物种组成情况及部分灌木格局情况见表 2-24。

表 2-24　大通主要植被类型中灌木层物种组成

植物名称	拉丁名	重要值/%	出现频度/%	C_x	t	格局
峨眉蔷薇	*Rosa omeiensis*	43.026	8.621	29.058	9.184	++
短叶锦鸡儿	*Caragana brevifolia*	26.269	8.621	46.526	12.323	++
灰栒子	*Cotoneaster acutifolius*	34.614	6.897	31.254	9.238	
中国沙棘	*Hippophae rhamnoides Sinensis*	32.992	5.172	0.079	−4.206	−
红脉忍冬	*Lonicera nervosa*	23.241	5.172	29.510	9.695	++
扁刺蔷薇	*Rosa Sweginzowii*	23.187	5.172	31.946	8.700	++
银露梅	*Potentilla glabrca*	17.853	5.172	29.133	11.082	++
蒙古绣线菊	*Spiraea mongolica*	15.073	5.172	12.186	5.999	++
匍匐栒子	*Cotoneaster adpressus*	14.700	1.724			
五裂茶藨子	*Ribes meyeri*	14.326	5.172			
山生柳	*Salix oritrepha*	13.582	1.724			
秦岭小檗	*Berberis circumserrata*	12.481	5.172	47.022	59.724	++
陕甘花楸	*Sorbus koehneana*	11.395	3.448			
蓝果忍冬	*Lonicera cearulea*	6.644	1.724			
高山绣线菊	*Spiraea alpina*	6.259	1.724			
鲜卑花	*Sibiraea laevigata*	5.919	1.724			
金露梅	*Potentilla fruticosa*	5.733	1.724	18.234	7.231	++
直穗小檗	*Berberis dasystachya*	4.589	1.724			
毛樱桃	*Cerasus tomentosa*	3.506	1.724	7.213	4.873	+
红花忍冬	*Lonicera syringantha*	3.413	1.724			
狭果茶藨子	*Ribes stenocarpum*	2.179	1.724			
刚毛忍冬	*Lonicera hispida*	2.021	1.724			

注:$t_{0.95,14}=2.228$　$t_{0.99,14}=3.170$。

峨眉蔷薇、金露梅、银露梅、蒙古绣线菊、扁刺蔷薇等蔷薇科植物是青海云杉群落及其与其他乔木混交林群落中最常见的灌木科植物,在造林时间较短、中低位脑山阳坡地带分布较多,且密度很大。小檗科植物包括直穗小檗、秦岭小檗等,主要分布在青海云杉林群落边缘地带,即光照较充足、水分适宜的地区。狭果茶藨子、五裂茶藨子等伴生种主要分布在海拔较低山沟下部。山杨、白桦幼株多分布在林窗处。

中国沙棘在青海大通高度可达 300 cm,被称为乔灌木树种,在当地具有十分重要的生态效应。中国沙棘的适应性强,能在极其干旱和恶劣的环境条件下生长,是半干旱地区种植的主要灌木树种。中国沙棘的重要值居第三位,在所有灌木中不是最大的。因为重要值是综合考虑单种在群落中的优势度和在样方中出现的频度。中国沙棘为喜光植物,在林下阴湿处往往没有大片沙棘灌木的存在,其多在土壤极其干旱贫瘠的地区生长,成集群分布,沙棘林内由于郁闭度极大,其他物种很难生长在其中,因此其纯林群落内物种丰富度不高,主要在中低位脑山陡、急坡生长,多数阳坡和刚恢复新造林的地区都有沙棘林和沙棘灌丛生长,范围较广,分布均匀。

从表 2-24 中可以看出,青海大通灌木种群中小檗科、蔷薇科和忍冬科的物种聚集性分布的特点很明显。灌木集群分布在优势群落中,灌木丛依其趋光性的生物学特性,都会密集生长于林窗处,这主要是为了更高效地利用资源、分摊风险系数、保证旺盛繁殖力。在空旷山地,由于灌木丛高度便于牲畜采食,采用集群生长的空间格局可以防止被牲畜轻易踏折或人类破坏,提高自我保护能力。

3. 稳定植被群落的结构特征

青海云杉林及其混交林在大通地区占总造林面积的 50%,是重要的林木资源,它具有极高的生态效益和经济效益。青海云杉作为优势种以其独特的抗寒耐旱生物学性状,在众多群落结构中占有优势地位。按照造林时间,本小节共选择 5 个造林年限,分别为:1年、14 年、27 年、45 年、55 年,并将青海云杉种群的密度划分为 5 个阶段。通过种群变异性公式计算,得到不同新造林年限青海云杉种群变异性,结果见表 2-25。

表 2-25　不同造林年限青海云杉林变异性

	1 年	14 年	27 年	45 年	55 年
1 年	—				
14 年	0.658	—			
27 年	0.354	0.376	—		
45 年	0.780	0.617	1.055	—	
55 年	0.780	0.819	1.330	0.911	—

从表 2-25 中可以看出,青海云杉种群在造林后,前 27 年变化幅度较小,变异系数均小于 1,造林 45 年后种群稳定。这与不同新造林年限种群多样性指数分析结果相一致。青海云杉生长缓慢,生长周期长,其顶极群落演替完成时间一般在 80～100 年之间。林龄在 20 年左右的青海云杉群落中,由于云杉林的郁闭度加大,林内光照不足,物种丰富度随之降低,但青海云杉属幼林,抗干扰和抗病虫害的能力较弱,整体群落属于不稳定状态,常出现树木枯死或虫害致死现象,因此,云杉种群组成结构及稳定性波动较大。随着造林年限增长,经过自然选择,健康且抵抗性强的青海云杉种群开始朝着稳定方向演替发展,种群变异性逐渐降低,在 45～55 年间达到第一次稳定。

4. 人工诱导植被定向恢复技术

1) 定向恢复方向

根据实地调查分析,按照基本立地类型实施如下植被定向恢复。

（1）缓坡（15°～25°）：多为坡耕地，是造林的重点实施区。在阴、缓坡可按照种植青海云杉纯林、华北落叶松纯林的配置方式，青海云杉纯林株行距以 2 m×3 m 为宜，华北落叶松纯林株行距以 3 m×3 m 为宜，配以沙棘、小檗等灌木；在阳、缓坡按照种植白桦纯林、青海云杉＋白桦混交林的配置方式，白桦纯林株行距以 3 m×3 m 为宜，青海云杉＋白桦混交林株行距以 2 m×2 m 为宜，配以甘蒙锦鸡儿、野枸杞、白刺等灌木类型。土壤水分条件略差的低位脑山阳坡坡耕地在造林后以营造适宜的乔灌经济林为主，中高位缓坡坡耕地以营造用经济林为主，同时发展林药复合、林果复合。

（2）陡坡（25°～35°）：多为荒草地和弃耕地，配置为坡面水源涵养林。在较完整的坡面上，采用乔灌异龄复层林带与草田相间的形式，穴状整地，整地规格为 50 cm×80 cm×30 cm。乔木树种造林密度应小于 1500 株（穴）/hm²。其中，低中位脑山陡阳坡主要按照种植青海云杉纯林的配置方式，株行距以 2 m×3 m 为宜，配以蒙古锦鸡儿、沙棘等灌木类型；条件更差的地段可适量发展以牧草为主的草灌复合；脑山陡阴坡水分条件略好，也可采用穴状整地的水源涵养乔木林，春季植苗造林，林药复合，林草复合。高位脑山陡阳坡宜采用同整地方式的沙棘薪炭林，林草复合，草本可以选择长芒草、狼毒、冰草等类型。

（3）急坡（>35°）：多为荒草地，配置为水源涵养林，采用人工促进封山育林以及乔灌草结合异龄复层结构等方法，形成斑块、廊道状镶嵌在坡面上的近自然植被景观。其中，低中位脑山急阳坡的条件最差，主要为鱼鳞坑整地的沙棘、甘蒙锦鸡儿水源涵养灌木带，林草复合，条件极差地段发展牧草带。低中位脑山急阴坡采用鱼鳞坑整地的柠条、沙棘林，林草、林药复合。

（4）侵蚀沟系：辅以工程措施，配置为封造结合而成的乔灌草防冲固沟拦沙滤水型侵蚀沟水源涵养林。水分条件较好的主沟沟底修建拦沙坝，营造速生丰产林。可以选择柳、锦鸡儿、小檗等灌木种类。支沟沟底修建谷坊群，采用人工促进封沟育林育草，形成近自然植被。沟头配合沟头防护工程，营造深根性固土性强的乔灌木树种。沟坡坡度多为大于 35°的急险坡面，必须全面封禁，并采用撒种深根性乔灌草种，人工促进植被恢复。

2）整地

为改善林地立地条件、提高立地质量、提高林木成活率、促进林木生长，在植被恢复前，需先进行整地。根据不同的立地条件适当采用穴状整地方式及鱼鳞坑整地，其中穴状整地规格为 50 cm×80 cm×30 cm，鱼鳞坑整地规格为 50 cm×80 cm×30 cm。

3）定苗

加强对植被群落的抚育管理，1～3 年内任其自由更新，第 4 年开始进行定苗。一般选择生长健壮的幼苗作为培育对象，每株的营养面积控制在 30 m² 左右，通过打草的方式清理多余的幼苗，并对留存的树木进行除草、松土等抚育，加快其生长。

4）采种补播

破坏严重的林分类型，母树严重不足，难以自然恢复，需要进行补播。选择优良的种质资源（当地乡土树木，生长健壮，树干通直的树种）进行采种，采取穴播的方式，播种穴数量为预留数的 2 倍，按每穴保证有苗 2～3 株确定播种量。

5）补播牧草

对于林木长势较差、植被稀疏的地段，需要人工补播优良牧草，快速恢复林草植被。

选择适于当地立地条件的多种优良牧草。根据封育区大小和植被覆盖状况决定播种方法，如面积较大采用飞机播种，面积较小的用机械喷播或人工撒播。播种季节一般选择在雨季到来之前，当冬季降雪较大时，可以在早春播种。

2.2.3　黄河中上游土石山区水源区人工促进退化水源涵养型植被恢复技术

1. 植被退化成因分析

（1）人为因素的干扰和破坏。最初人类是在河谷地带活动，特别是在南部的泾河、渭河、汾河以及宽阔的黄河平原地带。随着人口的增长和经济的发展，耕地逐渐由河谷、平原乡丘陵山地推移，并由南向北扩展，始而利用缓坡，进而利用陡坡，将黄土高原的原始植被彻底毁灭，可以看出，目前黄土高原上没有一块未被动用过的原始植被类型，而现有植被均处于逆向或顺向演替的各个阶段之中，而且均向偏途顶级发展。

（2）自然因素的影响。部分林分所处地区年降水量约在 600 mm 以下，且主要集中在 7～9 月份，达全年的 60%～70% 以上，且多暴雨。

（3）树种选择不当造成林分退化。初期，由于造林树种单一，盲目营造缺少实践经验，造成一些地块树种选择和配置不合理，形成退化林分。

（4）病、虫、鼠、兔害造成林分退化。重度退化草场的鼠类密度是中度退化草场的 1.6 倍，是轻度退化草场的 5 倍。

（5）经营措施不及时造成林分退化。过去营造的人工更新林，因缺乏对林分结构的科学认识，缺乏对林分的合理管理，致使这部分人工林未及时进行透光抚育，进而造成生长弱化。

2. 植被演替过程与特征

1）亚高山植被带

亚高山植被带是六盘山海拔 2600 m 以上的处于树木线左右的植被。目前，在六盘山亚高山地区主要有糙皮桦林、高山杂灌丛、紫苞凤毛菊草甸、紫穗鹅冠草草甸、杂类草草甸五种类型。亚高山植被带地带性植被是紫苞凤毛菊草甸、糙皮桦林和寒温性针叶林。其中紫苞凤毛菊草甸和糙皮桦林都是较为稳定的植被群落，在各种条件，如种源、环境等，适宜情况下，可能会向寒温性针叶林方向演替。

亚高山植被带正常的演替序列为：

裸地—杂草草甸—紫苞凤毛菊草甸或紫穗鹅冠草草甸—高山杂灌丛（峨眉蔷薇、秦岭小檗等）—糙皮桦林—云杉、冷杉寒温性针叶林。亚高山草甸多位于森林分布线以上，所处土壤土层深厚，人为破坏后，土层变薄，退化为杂草类草甸类型，人为后自然的进一步破坏，水土流失加剧，往往退化为裸岩。

其逆向演替过程如下：

紫苞凤毛菊草甸或紫穗鹅冠草草甸—（破坏）杂草草甸—（破坏）裸地—（水土流失）裸岩。

糙皮桦林往往位于森林分布线附近及以下区域，由于它处于森林分布线，尤其是森林分布上限的林分,其生态系统是十分脆弱的。一旦遭受破坏,亚高山草甸必将下侵,使森林分布线下移。破坏加剧,水土流失严重,往往会进一步退化为裸岩。

其逆向演替过程为:

糙皮桦林—(破坏)杂灌丛—(破坏)—亚高山草甸(紫苞凤毛菊草甸或紫穗鹅冠草草甸)—(破坏)杂草草甸—(破坏)裸地—(水土流失)裸岩。

紫苞凤毛菊草甸(或紫穗鹅冠草草甸)和糙皮桦林在没有自然和人为干扰的情况下,随着立地条件的逐渐改善,在有充足云杉、冷杉种源的情况下,有演替为云杉为主的寒温性针叶林的可能。

其演替过程为:

紫苞凤毛菊草甸或紫穗鹅冠草草甸—(无干扰)糙皮桦林—(种源充足)寒温性针叶林。

2)中山植被带

中山植被带是指六盘山海拔 2200～2600 m 左右的植被。目前的植被类型主要有红桦林、白桦林、山杨林、华山松林、华北落叶松人工林、青海云杉人工林、各种灌丛、次生草甸等。

中山植被带阳坡地带性植被为耐旱针叶树为主的乔灌混交林,阴坡为以云、冷杉为主的寒温性针叶林。目前的华山松林、辽东栎林植被类型是较稳定的群落类型。

中山植被带阳坡海拔 2200～2600 m 的正常演替过程为:

裸岩—裸地—次生草甸—杂灌丛—华北落叶松(或圆柏)灌木混交林。

其逆向演替过程为:

华北落叶松(或圆柏)灌木混交林—杂灌林—次生草甸—裸地—裸岩。

中山植被带阴坡海拔 2200～2600 m 的正常演替过程为:

裸岩—裸地—次生草甸—杂灌丛—山杨林或红白桦或白桦林—落叶阔叶林或温性针叶林(华山松林)—云杉为主的寒温性针叶林。

其逆向演替过程为:

云杉为主的寒温性针叶林—(破坏)温性针叶林(如华山松林)或落叶阔叶林—(破坏)杂灌丛—(破坏)次生草甸—(破坏)裸地—(水土流失)裸岩。

现有森林植被类型华山松林和辽东栎林的逆向演替过程为:

华山松林—(破坏)华山松阔叶混交林—(破坏)山杨林或白桦林—(破坏)杂灌丛—(破坏)箭竹灌丛或其他灌丛—(破坏)杂草荒坡—(破坏)裸地—(水土流失)裸岩。

辽东栎林—(破坏)辽东栎山杨或辽东栎白桦混交林—(破坏)白桦林或山杨林—(破坏)杂灌丛—(破坏)杂草荒坡—(破坏)裸地—(水土流失)裸岩。

3)低山植被带

低山植被带是指六盘山海拔 2200 m 以下的森林植被群落。目前主要有白桦林、辽东栎林、山杨林、油松林、落叶阔叶林、各种灌木、草甸、草原等植被类型。

低山植被带地带性植被阳坡为以油松阔叶树组成的针阔混交林,阴坡为辽东栎林。

低山植被带阳坡正向演替序列为:

裸地—草甸或草原—灌丛(沙棘、山桃、绣线菊、灰栒子、忍冬等)—落叶阔叶林(山杨、白桦、辽东栎等)—针阔混交林(油松、辽东栎、山杨、椴树、白桦等)。

逆向演替过程为:

灌丛—(破坏)杂灌丛—(破坏)草甸草原—(破坏)裸地—(破坏)沙地。

低山植被带阴坡正向演替序列为:

裸地—杂草荒坡—灌丛(榛灌丛、虎榛子灌丛、灰枸子灌丛、忍冬灌丛、箭竹灌丛等)—落叶阔叶林(山杨、白桦、辽东栎等)—辽东栎林。

逆向演替过程为:辽东栎—(破坏)落叶阔叶树混交林—(破坏)灌丛—(破坏)杂灌丛—(破坏)草甸草原—(破坏)裸地。

3. 稳定植被群落的结构特征

六盘山地带性植被类型较为复杂,其中辽东栎林和华山松林是该地区森林植被较稳定的顶极群落。六盘山森林植被在组成和结构上十分丰富和复杂,针叶树种除华山松以外,还有油松、华北落叶松、青海云杉以及少量的刺柏。富有阔叶树种,有众多大中型乔木:如辽东栎、白桦、红桦、糙皮桦、山杨、少脉椴、白蜡树、臭檀、水曲柳、华椴、小叶朴、漆树、鹅耳枥及青榨槭等。灌木树种有李、毛榛、陕甘花楸、沙棘、峨眉蔷薇、灰枸子、甘肃山楂、暴马丁香、秦岭小檗、三裂绣线菊、球花荚蒾、忍冬、箭竹等。六盘山地带性植被类型除在组成上极其复杂外,在植被结构上,通常可划分为 3~4 层。许多藤本植物,如多种悬钩子和多种五加、软枣猕猴桃及南蛇藤等,增加了六盘山森林植被的景观特色。

经过调查,确定了以下几种较为稳定的群落结构特征。

(1) 油松-箭竹-苔草群丛:该类型多为近 30 年来在人工抚育管理下建造起来的人工林,一般郁闭度为 0.7~0.8,平均株高 11 m,胸径 12~13.5 cm,伴生种有华山松、辽东栎、白桦等,而伴生种在林内的分布多为散生,集中连片分布较少。林下灌木主要以箭竹为主,分布密度虽然很大,但其生长由于受高大油松树冠的影响比较低矮,一般以箭竹为主的灌木层平均株高 80~100 cm,在开阔的空隙地上或落叶阔叶林下,箭竹灌木的生长较快,株高可达 1.2~1.8 m。另外,在油松林下除箭竹灌木外,还伴生有虎榛子、土庄绣线菊、灰枸子等,由于受油松树冠的影响,其生长不佳。林下草本植物的组成较少,常见的有唐松草、铁杆蒿、马先蒿和披针叶苔草,植物的分布仅 5~8 种/hm²,覆盖度大 30%,株高 15 cm 左右,在混交林下和林缘草本层的组成较多,一般植物的分布达 21~30 种/hm²,覆盖度为 55%~75%,株高 50 cm 以上。

(2) 山杨+辽东栎-虎榛子+灰枸子群落:该群落林相整齐,林内乔、灌、草结构合理,一般以高大乔木组成群落的第一层,灌木组成群落的第二层,草本组成群落的第三层。林下的灌木和草本植物较为丰富,共同组成了立体结构类型,并积累了大量的枯枝落叶层,进一步促进了林分的生长,有效控制了水土流失,起到了森林涵养水源的重要作用。林下灌木层的组成主要以虎榛子、川榛、箭竹、灰枸子为主,伴生有绣线菊、黄蔷薇、忍冬等。一般平均株高为 0.8~1.9 m,覆盖度为 40%~65%。草本层主要以唐松草、苔草、铁杆蒿为主,伴生有风毛菊、马先蒿、歪头菜、蕨类等,平均草层高 30~60 cm,覆盖度为 35%~55%。林下枯落物层厚 6.5 cm,有机质含量较高。

(3) 云杉-灌丛林:云杉林是喜湿润的耐荫树种,在土壤肥沃、排水良好的地段,生长发育极佳。40 年生的云杉平均树高 6 m 以上,胸径 7.5 cm,每 100 m² 内有幼树近 80 株。林下灌木主要由多花枸子、甘肃山楂、沙棘、野蔷薇等优势种组成了灌木群落,一般平均株高 1.0～2.1 m,最高者可达 2.5 m 以上,覆盖度 45%～50%。林下草本植物主要由蕨类、苔草和歪头菜为优势种组成了群落,同时还伴生一些中生植物,主要有铁杆蒿、小红菊和双子柏等。平均草层高 15～23 cm,叶层高 8～19 cm,覆盖度 45%～50%。林下形成的枯枝落叶层厚 5～6 cm。

(4)华山松+白桦群落:该群落分布在海拔 2000 m 以上的阴坡、半阴坡山地,土壤为山地灰褐土和山地棕壤,多以纯林成片状混交。一般 40 年生平均树高 10 m,胸径 15～24 cm,伴生种为山柳、辽东栎和白桦,郁闭度为 0.6～0.75。林下优势灌木为箭竹,伴生种有甘肃山楂、忍冬、灰栒子等,平均株高 0.6～2.6 m,覆盖度 65%～75%。草本植物以大披针苔草为主,同时还伴生有蒿类和蕨类,平均草层高 45 cm,覆盖度 80%。林下枯枝落叶层厚 5.0～7.5 cm,蓄积量为 34.36 t/hm²。具有较强的保持水土、涵养水源的功能。

(5)华北落叶松:华北落叶松林是流域内面积最大的人工林分,多是于 20 世纪 70～80 年代营造,主要分布在分水岭沟、马鞍桥沟的阳坡部分,大南沟及棉柳台峡有少量分布,是保护区内的主要用材林种。华北落叶松林乔木层结构单一,为纯林,高度 10～15 m,郁闭度 0.6～0.8。林下灌木不明显,草本层发育比较明显,盖度较高,为 80%～90%,形成以东方草莓、苔草为优势种的群落,并伴生有铁杆蒿、老鹳草、艾蒿、乳白香青、糙苏、唐松草等。

4. 人工诱导天然植被定向恢复技术

本研究在"全面规划,因林制宜,抚育为主,抚育改造利用相结合,充分利用林中空地补植造林,提高森林质量和水源涵养功能"的总方针指导下,对规划区和周边地区现有林的调查表明,对于树种组成、比例、混交方式以及与灌草的立体结构方面存在的缺陷,应当通过疏伐、补植或其他手段进行改造。林分结构应当往疏林方向发展。疏林结构是干瘠立地条件下增加林木生长量和水土保持效果的林分结构,有利于减少树木对水分的消耗,减少林冠截留量,同时,增加林内的透光度,促进下木及草本生长,从而大大改善土壤的养分条件和物理结构,提高水源保护的效益,促进中度退化区植被的正向恢复。

1)补植树种选择的原则

水源涵养林营造的主要目的是营造的林分能最大限度地发挥森林的水源涵养功能,因此树种的水源涵养功能是选择树种的首要指标。水源涵养林的涵养水源功能主要体现在如下几个方面:①减少降水损失;②缓和地表径流,延长汇流时间;③增加土壤入渗,增大壤中流的径流量;④延长流域径流持续时间;⑤净化水质。

2)补植树种的确定

根据六盘山不同立地条件特征和树种选择的原则,并结合六盘山植被考察结果认为适合水源涵养林营造的树种初选结果为:

乔木树种:青海云杉、华山松、华北落叶松、油松、辽东栎、白桦、红桦、少脉椴、茶条械、陕甘花楸、暴马丁香。

灌木树种:沙棘、灰栒子、紫丁香、稠李、毛梾、胡枝子、红瑞木、沙梾、文冠果。

3)试验林造林模式设计

石质山地的造林整地主要以保土蓄水、加厚土层为目标,采取相关工程措施。整地方式和树穴规格主要依据地形、地势(坡度)、土壤、造林树种及劳力(投资)等情况而定。根据山地坡度进行整地设计方案的制定,确定为鱼鳞坑整地:适用于坡度＞6°的坡地造林。鱼鳞坑为半圆形坑穴,外高内低。规格按短径和坑深,设计 3 号(a＞70 cm、h＞60 cm)、2 号(a＞60 cm、h＞50 cm)、1 号(a＞50 cm、h＞40 cm)三种。埂高≥10 cm,用碎石和黏土砌筑牢固。鱼鳞坑沿山坡等高线成行,坑与坑排列成三角形。若试验地的基岩裸露多、土层厚度过低,造成不论采用穴状整地方式还是鱼鳞坑整地方式,均很难达到山地造林规定的最小树坑要求。

4) 改造具体方法

选择相对比较耐荫的针叶树种青海云杉和较为喜光的华北落叶松作为在灌丛内栽植的主要乔木树种,以形成乔灌混交林的林分结构。在灌木生长网上、遮荫比较严重的地块,适量栽植青海云杉;在灌木遮荫较轻的地块,栽植华北落叶松。此外,也可以通过在栽植穴周围割除一些灌木而调节灌木与栽植幼树的光照竞争。或者通过栽植年龄相对较大的苗木而缩短苗木超出灌木层所需的生长时间。但无论如何,都不提倡大规模整地,以免因破坏灌木和植被而引起水土流失和涵养水源能力的降低。此外,因为在林分郁闭之前的很长时间内幼林都保持灌木和针叶林混交的林分结构,灌木的侧方庇荫将会有利于幼树的干形培育和自然整枝,不必进行常规密度的造林,而是可以把初植密度调整为 3 m×4 m 左右,或依据天然存在的乔木幼树情况而把密度调节的更稀一些。这样在省略或简化了造林的整地、苗木、栽植、抚育等技术环节的同时,也降低了造林成本。同时,还最大限度地保证了栽植针叶树与现有灌木和乔木以及后来出现的乔木树种的混交,有利于形成多树种混交的近自然林。

按上述指导思想和技术原则,灌丛内稀植针叶树的模式如表 2-26 所示。

表 2-26 灌木林改造试验设计

试验地点	海拔/m	坡向	土层厚度/cm	原有植被		造林树种	混交类型	造林密度/(m×m)	面积/亩
				灌木	草本				
西峡林场洪沟	2000~2500	阴坡	25~50	小叶柳、枸子	蕨类、苔草、铁杆蒿	华北落叶松、青海云杉	株间	3×4	630
		阳坡	25~50	秦岭小檗、枸子、沙棘	铁杆蒿、针茅				
		阳坡	＞50	虎榛子、小叶柳、枸子	铁杆蒿、针茅				

5. 人工促进退化技术恢复的水文生态功能分析与评价

2012 年 6～10 月,采用"空间代替时间"的方法,在六盘山香水河小流域选取了四种典型林分作为对象,在洪沟选取了华北落叶松纯林和华北落叶松＋灌木复层林两种林分分别代表单层和复层人工林,在草沟选取了天然灌丛林和稀植乔木的天然灌丛林两种林分分别代表单层灌丛林和乔冠复合林分;通过对四种典型林分的林下生物多样性、林冠层和枯落物层的持水特性以及林下蒸散量的测定,比较分析了人为改造前后林分对大气降水的截持生态水文的差异。具体内容如下:

在冠层截留率的比较中,天然灌丛林的最大(25.92%),其次为华北落叶松纯林

(23.38%),华北落叶松+灌木复层林(22.81%)和稀植乔木的天然灌丛林(22.07%)的截留率较小。对四种林分干流率进行方差分析表明:天然灌丛林和稀植乔木的天然灌丛林均与两种类型的华北落叶松林存在极显著性差异($p<0.01$),而两种华北落叶松林之间的差异性不显著($p<0.05$);其中天然灌丛林的干流率最大(图2-9~图2-10),为4.13%,是稀植乔木的天然灌丛林(1.49%)的2.8倍,而两种华北落叶松林的干流率均不足1%。

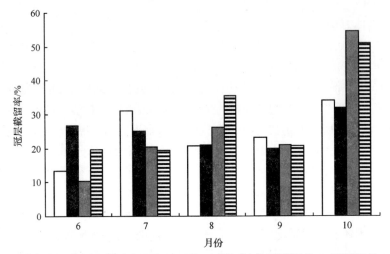

图2-9　四种典型林分6~10月份冠层截留率的月动态变化

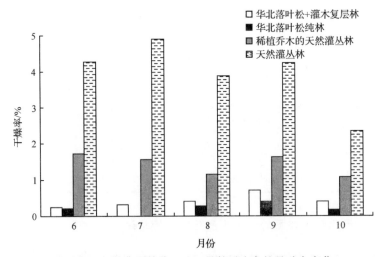

图2-10　四种典型林分6~10月份干流率的月动态变化

在四种林分枯落物持水性能的比较中发现,枯落物储存量有显著性差异($p<0.05$),依次为华北落叶松纯林>华北落叶松+灌木复层林>稀植乔木的天然灌丛林>天然灌丛林,对四种林分枯落物的最大持水量和有效拦蓄量进行测定表明,华北落叶松+灌木复层林最大,华北落叶松纯林和稀植乔木的天然灌丛林次之,天然灌丛林最小,说明人为经营改造后的华北落叶松+灌木复层林和稀植乔木的天然灌丛林枯落物的组成以及储存量发生了变化,其最大持水量和有效拦蓄量都有所增加,具有更好的涵蓄水源的能力。

从对林冠层以及枯落物层的持水性能的综合分析来看,经过人工改造后的林分不仅增加了林内的有效降水,同时由于人为改造后的林分拥有更丰富的草本组成和盖度,从而提高了林分的生态水文功能。

2.2.4　黄河中游黄土区水源区人工促进退化水源涵养型植被恢复技术

1. 植被退化成因分析

1) 自然因素

蔡家川流域地处黄河中游,位于山西西南边隅,吕梁山南端,属黄土高原残垣沟壑区。年均降雨量 543.94 mm,降雨量集中,年内变幅大,主要集中在 5～10 月,雨季降雨量占全年的 85.38%,且多陡坡,加上黄土受水浸湿后会产生较大的沉陷,每年雨季暴雨会造成严重的土壤冲蚀,造成大量的表土流失,基岩裸露。并且,由于历史上滥砍滥伐,常年水土流失,土地被破坏,严重破坏了地表土壤状况。加上年降雨量低,蒸发大,不利于植被生长,而植被覆盖率低又会加剧雨季对土壤的侵蚀,如此反复,造成黄土地区土壤裸露植被严重退化。

2) 人为因素

黄土高原植被退化的主要人为原因是黄土高原过去很长一段时间的滥伐滥垦,原自然植被已荡然无存,留下的是一个黄土裸露、沟壑纵横、开荒到顶、泥土漫流、生态环境遭到彻底破坏的残破自然景观,过度的砍伐造成原有自然生态被破坏,使本来就脆弱的生态环境失去平衡后得不到治理,其生态环境不断恶化。

2. 植被演替过程与特征

以裸地阶段作为演替的初始,干旱贫瘠的阳坡、半阳坡首先由羊胡子草、蒿类为主形成植物群落,形成以菊科和禾本科的草本植物为主的草地群落,进一步是形成灌丛混交的灌草地,而且越是在贫瘠、干旱地段,从草本到灌丛形成的时间越长,而这些地段亦较长时间地为保持灌丛群落,缓慢向乔木林演替;在阳坡半阳坡和顶坡,演替速度缓慢,多处于狼牙刺或者侧柏、沙棘和苔草、蒿类的灌草群落,物种丰富度和多样性较低。在土壤条件和水分条件相对优越的地段,包括在阴坡半阴坡的缓坡地形成的灌丛植被中,很快被乔木树种(主要是当地的先锋树种白桦和山杨)所侵入,根据不同类型灌木林所处土壤差异,特别是土壤水分状况不同,可发展为不同的先锋乔木林,在阴坡、半阴坡,水分条件较好,山杨、白桦等先锋树种能够很好地侵入,形成稳定的群落并迅速向辽东栎林演替,林下灌木丛主要有:黄栌＋虎榛子＋沙棘、沙棘＋荆条＋黄刺玫、虎榛子＋黄刺玫＋胡枝子等几种组成;随着演替进行,林下草本种类不断下降,多样性降低,在成熟的辽东栎林中,草本层主要以苔草为主,种类很少。先锋乔木林有山杨林、白桦、侧柏林以及由杜梨或山杏等构成的旱中生矮乔木疏林。随着时间的延续,最终将演替为以油松为代表的针叶林和以辽东栎为代表的阔叶林的顶极群落。通过以上分析,植物群落的演替状况见图 2-11。

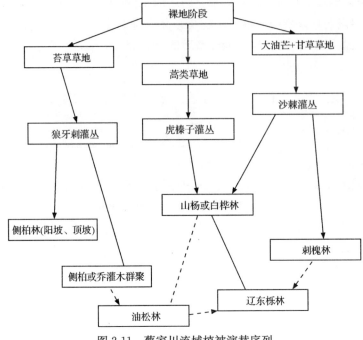

图 2-11　蔡家川流域植被演替序列

3. 稳定植被群落的结构特征

1) 群落的物种组成

采用样方调查取样法,在不同生境、不同结构、不同林龄的代表性林分(包括油松、刺槐、辽东栎林)群落设置面积为 20 m×20 m 的样地 16 个,每个样地内又选取 4 个 5 m×5 m 的样方组成,形成相邻格子样方。在各样地内对组成群落的乔木种类、数量、生活型进行调查,记载乔木的年龄、高度并绘制林木定位图;设样方调查样地内灌木和草本植物。

根据调查资料统计,蔡家川的油松群落有种子植物 31 种,分属 17 科 26 属,其中裸子植物 1 科 1 属 1 种,双子叶植物 14 科 18 属 21 种,单子叶植物 2 科 7 属 9 种;区系中含种数最多的是菊科(Compositae,4 属 7 种),其次为蔷薇科(Rosaceae,3 属 6 种)、豆科(Leguminosae,2 属 5 种)、毛茛科(Ranunculaceae,2 属 4 种)、禾本科(Gramineae,2 属 4 种)、莎草科(Cyperaceae,2 属 2 种)、唇形科(Labiatae,2 属 2 种)、杨柳科(Salicaceae,1 属 1 种);区系组成中仅含 1～2 种的有 11 科,占总科数的 64.71%,说明油松群落的科属组成较为分散。分布于乔木层中 2 种、灌木层 21 种、草本层 8 种,分别占总数的 6.45%、67.74%、41.79% 和 25.81%。刺槐群落有种子植物 33 种,分属 16 科 27 属,其中裸子植物 1 科 1 属 1 种,双子叶植物 13 科 19 属 23 种,单子叶植物 2 科 8 属 9 种。辽东栎群落有种子植物 41 种,分属 23 科 31 属,其中裸子植物 1 科 1 属 1 种,双子叶植物 13 科 17 属 24 种,单子叶植物 9 科 13 属 16 种。

2) 空间分布格局

主要树种种群的空间分布格局随种群发育阶段而变化,总的趋势为:集群分布—随机分布—集群分布。其中在 40 年以下和 50 年以上两个林龄阶段群落内各种群表现为集群分布格局类型;41～ 50 年基本趋于随机分布。种群分布格局的形成是物种与环境长期相互适应和相互作用的结果,一方面决定于物种的生态生物学特性和种间竞争等生态学过程,另一方面与群落环境密切相关,如养分和水分资源在空间分布的斑块性等。对于油松林群落来说,由于其固着生长的特性,繁殖和扩散的空间范围受到限制,种子往往散落在母体周围,种群的扩展总是以最初侵入并定居的母体为中心而展开,必然形成以母体为中心的聚集分布。油松林地植被恢复开始的群落演替的各个阶段,植被恢复和群落建立的过程就是植物种群陆续侵入、定居和繁殖增长的过程,而这一过程的空间局限性是引起种群聚集分布的重要原因。此后,由于油松林地表有较厚的松针覆盖以及油松林的郁闭度较高,不利于其他物种的入侵,因此种群的分布格局由集群分布很难过渡为随机分布。对于辽东栎种群来说,作为当地的顶极群落能够很好地入侵到其他树种的群落中,所以开始是以随机分布然后过渡至集群分布,并最终稳定。刺槐能够被其他树种入侵,因此最初为集群分布,逐渐过渡至随机分布。次结构亦发生相应变化。在环境容纳量的范围内,该聚集方式使不同龄级个体所组成的群落斑块在水平方向上呈镶嵌分布,在垂直方向上呈复层结构。这些斑块间的交替更新为油松群落在空间上的稳定性和保持种群的优势地位提供了保障。油松分布较为集中的位置实际上反映了群落的干扰历史,演替阶段不同,群落的分布也不同。另外一个值得注意的因素是地形对种群分布格局的影响,油松的分布明显受到坡度的影响,即在坡度较大的情况下,仍可生长,较高的树高和较大的坡度使得种子在下落的位置相对集中,进而影响到种群的分布格局。

3）群落动态

流域内各乔木群落处于较弱的生境异质性变化状态中,呈针阔叶混交林或呈纯林。刺槐林作为亚顶极群落,在形成一定规模之后,通过被油松、辽东栎幼苗的入侵,逐渐由集群分布向随机分布过渡,最终形成刺槐-辽东栎或者刺槐-油松混交林,并最终演化为辽东栎纯林。而油松幼苗不耐荫,因此,现存油松群落中幼树、幼苗储备不足,其更新机制主要是林隙、林窗循环更新。虽然种群的分布格局样式表明它在群落中的基本稳定性,但是其种群的发展程度却受制于光照条件。由于该树种偏阳性的生物学、生态学特性,幼年种群的发展受到抑制,幼树株数分布达不到优势木数量,加之种群的格局规模小,即使更新幼树能维持油松群落的基本结构,林分中油松优势度依然会下降,导致种群更替过程和速度的不均匀、不连续。只有这种制约随群落发展被破坏时,幼苗、幼树的发展才有可能。该群落就是在这种不断变化的环境条件下发展—衰退—发展,形成一种循环更新方式。因此,油松林将在相当长的时期内保持群落的组成和特征结构,稳定地存在下去,只有经过长期的演替过程,油松林才会逐渐发展成辽东栎-油松混交林,并最终被辽东栎林代替,形成更为稳定的顶极群落。

4. 人工诱导天然植被定向恢复技术

生态系统本身具有潜在的修复干扰的能力,在恢复与重建的过程中有向当地的原生顶极群落类型演替的再生动力。但是完全依靠自然恢复需要相当长的一段时间,因此识别当前群落所处的演替阶段,了解其演替序列,通过人为干预,加速其演替进程,充分利用森林系统的自我修复能力,加快顺生演替;扩大森林资源的数量、提高森林资源的质量;恢复重建各种天然的或者与当地气候条件相适宜的群落,优选乡土树种;保持森林的连续郁闭和掉落物回归自然;保持适宜的物种数量和物种多样性;恢复其稳定性。

1) 过熟老化林经营恢复技术

林木中的过熟林是指由于处于老龄阶段,其生态功能包括涵养水源的功能已经下降到影响其发挥本应该具备的生态功能,因此应该考虑其更新复壮。以油松林为例,当林龄超过 50 年之后,其郁闭度会下降,水源涵养功能也随之下降。这时应当进行合理的择伐和二次渐伐。第一次采伐林木蓄积量的 50%;10~20 年间进行第二次采伐,伐除保留的大树。对于蔡家川流域内的刺槐和油松,其林龄最高约为 50 年,已经开始进入过熟林阶段,可以进行砍伐,而且有利于创造林隙,为顶极群落树种辽东栎的入侵提供条件,加速其演替。而对于一些防护功能本身并不强,稳定性也相对较差的林分来说,应当采取低强度择伐的方式,进行更新采伐,并要引进乡土阔叶树种和灌木,逐渐恢复自然状态,形成复层、异龄、针阔混交或者乔灌混交的林分,更好地发挥其生态功能。

2) 低密度林经营恢复技术

针叶低密度天然林补植阔叶乔木或者灌木树种。树种依气候条件、土壤立地条件以及植物群落个体间互相关系来进行抉择。对于受人为砍伐影响的林地,其密度下降成为低密度林,可以引进人工培育的优良辽东栎、刺槐、沙棘等乔灌木苗木,株行距以 2 m×2 m 或者 2 m×3 m 为宜,不求整齐,然后进行后续的抚育管理,或者进行严格的封山育林,即可在几年内形成针阔混交林。中度退化立地条件下,林分结构不稳定或者为灌木群落。当地稳定群落主要为辽东栎,群落物种丰富、多样性高、林下灌木丰富,草本则种类相对单一,以禾本科为主。除辽东栎林外,还包括以辽东栎为主的山杨白桦等阔叶树种,都处于顶极群落或者向顶极群落演替的阶段,能够进行很好的更新演替,林下灌木群落主要以黄栌+虎榛子+沙棘、沙棘+荆条+黄刺玫和虎榛子+胡枝子为主。相比较而言,该种立地条件下的山杨白桦次生林、人工油松林等,群落结构不清晰、多样性不高。灌木层树种和数量较少,尤其油松人工林,其林下灌木层多样性极低,结构和层次非常不明显,成林后其他树种不能入侵,不能进行很好的更新和演替;林下灌木以及灌木林地内的灌木群落主要包括沙棘+黄刺玫、丁香+黄刺玫、黄栌+杠柳+胡枝子、黄刺玫+绣线菊、虎榛子+黄刺玫、黄栌+虎榛子+黄刺玫等。

2.2.5　西北内陆乌鲁木齐河流域水源区人工促进退化水源涵养型植被恢复技术

1. 植被退化成因分析

天山云杉森林主要受过牧、旅游、矿产开采、洪水、泥石流等因素的影响。其中,河谷底部的河谷林退化情况最为严重,草场超载是造成河谷中上游水土流失能力降低的主要因素。天山山地森林保育与恢复的根本出路在于科学适度地发展畜牧业,最有效的途径是尽早实现畜牧业生产方式转变,全面实施禁牧或以草定畜。

2. 植被演替过程与特征

天山云杉森林缺乏由阔叶树种向针叶树种演替的阶段,其在林窗的天然更新受多种因素影响,其中过度放牧导致更新能力显著下降。

3. 稳定植被群落的结构特征

天山云杉林群落垂直结构简单,无明显的成层现象,主林层由天山云杉构成,林下灌木层不发达。天山云杉群落物种丰富度和多样性指数较低,均匀度、优势度指数较大。一般情况下,海拔 2000 m 以上地区,如没有外因破坏,云杉不易被其他树种替代。在天山云杉森林带内,草本植物群落在海拔梯度上不存在结构上的显著变化。

4. 人工诱导天然植被定向恢复技术

在示范区开展春秋季造林,造林方法按照新疆维吾尔自治区质量技术监督局《水源涵养林营造技术规程》(DB65/T 3264—2011)执行。

1) 整地技术

(1) 穴状整地。在山地、丘陵、平原广泛采用,整地规格为 60 cm×50 cm×40 cm。

(2) 鱼鳞坑整地。在山区水土流失严重的地段采用,鱼鳞坑为半圆形,外高内低,坑面水平或向内倾斜,外缘有土埂,整地规格为 60 cm×50 cm×30 cm。

(3) 苗木。苗木使用《新疆主要造林树种苗木质量分级》(DB65/T 2201—2005)规定的Ⅰ、Ⅱ级苗。一般选用 5~7 年生苗,根据造林任务,就近育苗,避免长途运输造成损失。起苗、分级、包装、运输、假植、栽植过程中要严防风吹日晒而失水。

(4) 栽植密度。根据立地条件、树种特性、经营目的与集约度确定。本研究区类型宜取中等密度,即每亩不少于 150 株,坡陡地段 150~200 株/亩。据对本研究区云杉人工幼树冠幅的测定,其 5 年生冠幅的平均扩展速度约 18 cm,10 年生约 36 cm,15 年生约 83 cm,20 年生约 121 cm。调查表明,株行距在 2 m×2 m 时,到 20 年左右,可基本郁闭。调查表明,幼林的合理郁闭度取 0.6~0.7 为佳。

(5) 栽植。采用明穴栽植。用铁锹挖穴,穴的深度必须超过苗根的长度,将苗放入穴的正中,同时舒展苗根,先培表土,后培心土,然后踩实,精心栽植。

(6) 抚育。更新当年秋末检查 1 次,必要时可适当培土。抚育的关键期是第 2~4 年,每年主要抓 3 个抚育期,一是早春化雪后,清除穴内压盖苗木的草被,排除积水,扶苗培土;二是夏季草旺时,清除有害杂草并松土;三是秋末培土、踏实,防秋旱,利越冬。

2) 封育技术

示范区的封育方式依地形地势设置围栏,采用半封或全封型封山育林,同时通过补植补播促进植被更新。对封区内天然下种条件不好的地块进行人工补播,播种量按 0.1 kg/亩计算,经催芽处理的天山云杉种子,分春、秋两季播种进行人工点播。播种后设置围栏,防止人为及牲畜对幼苗的破坏,使幼苗成活稳定到幼树郁闭成林,封育采用铁丝网围栏,每 5 m 一个铁柱,根据地形选择三角支柱,转弯处选用立柱支撑,同时附以侧立柱,整个封育区全部采用配套铁丝网,以便于安装。封育区降水量相对较大,植被恢复主要依靠天然降水,封育年限为 8 年。设专职护林人员,在交通要道或人为活动频繁地段进行巡护,加强对封育区的管护和病、虫、鼠害的防治。设置标志牌和宣传牌,并在牌上标明工程名称、封育区四至界限、面积、年限、方式、主要技术措施、责任人等内容。

5. 人工促进退化技术恢复的水文生态功能分析与评价

天山云杉郁闭度不足 0.3 的天山云杉林,通过人工更新,改善森林健康状况和生态环境,提高涵养水源功能;郁闭度不足 0.4,建议通过封育,提高涵养水源功能。

(1) 示范区表层土壤容重高于对照,但随着深度的增加,差异不断降低。人工更新示范区和封育示范区 0~10 cm、10~20 cm 土层土壤容重低于对照样地,但 20~30 cm 土层相差不大,说明林地植被对土壤的改善还需要一定的恢复期。

(2) 示范区土壤持水能力均高于非示范区。人工更新示范区 0~40 cm 土层的毛管蓄水量为 54.28%,封育示范区为 55.59%,对照区为 37.26%,表明人工更新示范区和封育区的持水能力均高于对照区。

(3) 示范区水源涵养功能产流和产沙量低于非示范区。未进行结构调控的郁闭度为 0.2 的对照样地、封育后、造林后地表径流总量分别为:210.5 L、170.7 L、120.2 L;总产沙量为 2.16 kg,其中未进行结构调控的郁闭度为 0.2 的对照样地、封育后、造林后产沙总量分别占总产沙量的 49%、18%、33%。造林地径流、泥沙消减效应高于封育林地,减流率与减沙率基本呈对应关系。

(4) 基于水源涵养功能最大化的天山云杉林造林初始密度为 117~145 株/亩。据对试验区云杉人工幼树冠幅的测定,其 5 年生冠幅的平均扩展速度约 18 cm,10 年生约 31~36 cm,15 年生约 74~82 cm,20 年生约 121~135 cm,此时林内基本郁闭,由此计算,天山云杉林造林初始密度为 117~145 株/亩。

2.2.6　辽河上游水源区人工促进退化水源涵养型植被恢复技术

1. 水源涵养林植被退化成因分析

辽东山区系长白山脉延伸部分,是辽宁省浑河、太子河、柴河、清河等主要河流的发源地和集水区,是辽宁省重要饮用水源地。其森林植被在涵养水源、维系辽宁省中部城市群和水资源供给及减免旱涝灾害方面发挥着至关重要的作用。辽东山区海拔一般在 200~500 m,地形属于中低山地。土壤为暗棕色森林土和棕色森林土。主要森林类型包括栎林、阔叶杂木林、人工针叶林类型,即红松林、落叶松林等。辽东山区蒙古栎人工水源涵养林明显出现衰退趋势,退化面积占 23.4%,达 1.5×10^5 hm²,水土流失逐年增加,局部地表出现沟蚀现象。蒙古栎是全球分布最广的树种,栎林耐干旱瘠薄、耐严寒、萌芽力强、根系发达,对保持水土、涵养水源具有较强的作用。

2. 水源涵养林植被动态演替过程与特征

调查结果显示,该区域共计出现 91 个植物种,分别属于 36 科 60 属。从属的级别统计,含 6 个属的有豆科和蔷薇科,含 5 个属的有菊科,含 1 个属的科占总科数的 66%。从种分析,含 7 个种的有菊科、豆科、槭树科,含 6 个种的有蔷薇科和堇菜科,含 5 个种的有忍冬科,含一个种的科占总科数的 42%。

群落生物多样性分析如下。物种丰富度分析见表 2-27,Shannon-Wiener 多样性分析见表 2-28,Simpson 优势度分析见表 2-29,Pielou 均匀度分析见表 2-30。

表 2-27　丰富度

群落类型	丰富度指数
展枝沙参野大豆草地	20
平榛灌丛	12
山杨林	32
白桦山杨林	38
蒙古栎山杨林	25
槭树蒙古栎林	42
蒙古栎林	15

表 2-28　Shannon-Wiener 多样性

群落类型	多样性指数
展枝沙参野大豆草地	2.535
平榛灌丛	2.002
山杨林	3.119
白桦山杨林	2.970
蒙古栎山杨林	2.275
槭树蒙古栎林	3.347
蒙古栎林	2.325

表 2-29　Simpson 优势度

群落类型	优势度指数
展枝沙参野大豆草地	0.076
平榛灌丛	0.211
山杨林	0.054
白桦山杨林	0.098
蒙古栎山杨林	0.172
槭树蒙古栎林	0.050
蒙古栎林	0.128

表 2-30　Pielou 均匀度

群落类型	均匀度指数
展枝沙参野大豆草地	0.846
平榛灌丛	0.806
山杨林	0.900
白桦山杨林	0.816
蒙古栎山杨林	0.707
槭树蒙古栎林	0.895
蒙古栎林	0.859

物种 Shannon-Wiener 多样性指数(表 2-28)、Simpson 优势度指数(表 2-29)和 Pielou 均匀度(表 2-30)是反映物种组成结构特征的定量指标,一般来说物种丰富度与物种多样性和均匀度呈正相关,与优势度呈负相关(汪殿蓓等,2006;陈廷贵和张金屯,2000)。老秃顶子自然保护区水源涵养林中,天然次生林丰富度指数的顺序为:槭树蒙古栎林>白桦山杨林>山杨林>蒙古栎山杨林>展枝沙参野大豆草地>蒙古栎林>平榛灌丛;Shannon-Wiener 多样性指数的顺序为:槭树蒙古栎林>山杨林>白桦山杨林>展枝沙参野大豆草地>蒙古栎林>蒙古栎山杨林>平榛灌丛;Pielou 均匀度指数顺序为:山杨林>槭树蒙古栎林>蒙古栎林>展枝沙参野大豆草地>白桦山杨林>平榛灌丛>蒙古栎山杨林;Simpson 优势度指数顺序为:平榛灌丛>蒙古栎山杨林>蒙古栎林>白桦山杨林>展枝沙参野大豆草地>山杨林>槭树蒙古栎林,研究结果与上述理论大体一致。顶级群落蒙古栎的丰富度指数、Shannon-Wiener 多样性指数均较小,均匀度和优势度较大,是因为群落趋于稳定,物种种类相对较少,优势种为蒙古栎,其他物种个体数均匀。平榛灌丛丰富度指数、Shannon-Wiener 多样性指数最小,均匀度倒数也较小,而优势度最大,这是由于平榛灌丛是恢复的过渡阶段,草本群落的阳性物种逐渐减少,灌木生长,物种种类减少,优势种单一而造成的。

3. 水源涵养林稳定植被群落的结构特征

将各类型样地进行统计,可以看出杂木林多样性指数达到 3.567,这说明杂木林在该地区次生林植物多样性方面占有突出地位。乔木层中,蒙古栎林由于物种数相对偏低,且蒙古栎在乔木中占有绝对优势,使得其多样性指数较低;而硬阔叶林物种具有较高的均匀度,其多样性指数高于其他类型。灌木层中,杂木林林下有大量幼树及灌木,其丰富度和均匀度都较高,因此灌木层具有较高的多样性;草本层中,硬阔叶林虽然具有较多物种种类,但是个别种占有较大的优势度,如白花碎米荠、荨麻叶龙头草、山茄子等,使得其草本层多样性相对低;而蒙古栎林物种数少,但没有绝对的优势种,所以多样性指数较高。在各次生林类型中,物种数均为草本层>灌木层>乔木层,多样性和均匀度指数除硬阔叶林外都呈现了灌木层大于乔木层和草本层的趋势,而优势度则相反,即灌木层均小于乔木层和草本层。该地区乔木层分层现象较明显,以蒙古栎为优势树种的林分,上层木密度较大,其他各林分上层木密度均较小。在长期不同程度的干扰影响下,林下幼树大量生长,且多为槭类树种。这类树种多为小乔木,无法进入林冠上层,这就为水源涵养林林分改造提出了课题。该地区水源涵养林具有较高的多样性,有效保护水源涵养林多样性,使其长期发挥社会、经济和生态效益具有重要的意义,而各种效益的充分发挥也是水源涵养林恢复和保护过程中应该解决的问题。

由于改造方法不同,各区林冠截留量也不同。其中,抚育改造区的林内降雨量为 580 mm,是皆伐改造区的 85%、对照区的 112%;截留量为 70.0 mm,是对照区的 35%。抚育改造伐除了非目的树种以及弯曲、病腐、老龄、过熟木等,降低了林冠总表面积,造成树冠截留量减少。由林地地表径流量和水土流失量可知,皆伐改造区地表径流量最高,其次是抚育改造区,最低为对照区。可见,森林对林地土壤、水分有明显的保护作用。林分改造后,林地枯落物量有明显变化,对照区枯枝落叶量每年达 341 kg/hm², 为最高,其次是择伐林地,最低是皆伐林地,分别为对照区的 83.0% 和 40.3%。

通过低效次生林改造,皆伐改造区地表径流量、土壤流失量分别是对照区的 170.7%、424.6%, 抚育改造区地表径流量、土壤流失量分别是对照区的 165.2%、362.5%。抚育改造区枯枝落叶量比对照区仅减少 13%, 说明抚育改造后枯枝落叶层对降水截留影响较小。结合水源涵养林资源现状和特点,抚育改造是较好的天然次生林恢复途径,即不使森林环境发生重大变化,同时抚育改造后还可以在冠下引进针叶树,形成针阔混交林结构,加速演替进程,增加水源涵养林生态系统的稳定性。

4. 人工诱导天然植被定向恢复技术

根据人工诱导促进天然更新的条件,在实施过程中要掌握以下关键环节:保护好母树、掌握森林结实情况、准确掌握促进更新整地的时间和方式。

1)开拓"效应带"或"效应岛"

根据培育的要求和林内外天然更新特点,采用均匀间伐、带状间伐或小面积不规则带状渐伐方式开拓"效应带"或"效应岛",形成多代天然更新异龄林。效应带的带宽和效应岛的直径根据树种而定。效应岛或效应带内直射光量少,更新幼苗幼树生长不良,难以成林。在效应带或效应岛内以穴或条状方式人工破除枯枝落叶层,提高土壤裸露程度,可促进更新。破除面积视坡度大小而定,既要保证更新又不发生水土流失。破除时间以下种前或下种时为宜。效应带的方向考虑下种期的风向和直射光量。调查在穴面有效区间内,统计每平方米有发芽能力的种子数、落种距离,确定逆、顺风方向有效的飞落距离,依靠林墙落种的皆伐带,其宽度不应超过有效的飞落距离。

2)场地选择

场地选择应满足以下条件:林地应有 0.3~0.5 的遮阴度;阳坡地不超过 20°,阴坡地不超过 25°;低洼水湿地,整地后积水或岩石裸露地均不能作业。

3)地表处理方法

在灌木层盖度大的地段,进行割灌作业,清除活地被物和枯枝落叶层,然后进行林冠下穴状或条状、带状整地。在缓坡地,也可采用块状整地,在排水良好的迹地,清除地被物后,松土 5~10 cm 深,穴面上的枯枝落叶层应保留一部分,使土壤与半分解枯枝落叶充分混拌,造成凹凸不平的粗糙面。在斜坡地上应沿等高线开沟,防止种子被水冲走,并提高沟内的土壤湿度。在过湿的缓坡地应开设垄台,以防止积水。作业场地最好有盖度为 0.3~0.5 植被的遮阴(如散生灌木和草本植被)。

4)造林及幼林抚育

进行首次下种伐,除去病虫害株和衰弱木,均匀保留健壮优良母树,保留株数依树种而定。伐后清理枝叶,全面松土除草。待更新苗出土后,将母树全部伐去。对少数缺株严重的地方,按密度要求,进行移栽补植。随后幼林地全面砍灌、割草、间苗抚育。间苗时留优去劣、留大去小,均匀保留粗壮、直立、顶芽健全、无病虫害的幼树。

5)人工诱导促进天然更新的方式

(1) 择伐更新。在种子丰年的秋末进行团状或带状择伐。破除枯叶层,使种子和地表接触,达到人工促进天然更新的目的。在种子歉年或绝收年采用渐伐方式促进天然更新。第一次采伐后,郁闭度保持在 0.5 左右,保留那些结实丰富、干形圆满、冠形匀称、生长旺盛、无病虫害的林木,并且使其均匀分布。伐后 3～5 年林木大量开花结实,在结实后的 2～3 年进行第 2 次采伐后,郁闭度保持在 0.2～0.3,3～5 年后幼树基本郁闭成林,将林地保留的大树全部伐除,并对幼树定株。

(2) 补植、定株、除草。天然更新幼树多呈群团状,分布不均,在更新 3～5 年后,根据保留株数的要求,对幼树较密的地方留优去劣,进行定株。对于幼苗和幼树过稀处和更新较差的地段进行人工补植,并适时进行除草,使其形成密度适中、分布均匀的优良林分。

6) 水源保护林合理林分模式结构

水源保护林合理林分模式结构为:①第 1 层木为阳性树种(阔叶树,郁闭度 0.6～0.7);②第 2 层木为阴性树种(针阔混交,郁闭度 0.5～0.6);③第 3 层木为灌木(阔叶灌木,郁闭度 0.4);④第 4 层为草本(覆盖度 0.6 以上,阴湿性草类);⑤第 5 层为死地被物(枯枝落叶层)。依植被区系和类型规律决定水源保护林树种结构,形成稳定的水源保护林典型组成种类。

7) 水源涵养林植被恢复技术

(1) 整地技术:水源涵养林植被恢复整地带长 10～15 m,并保留＞2 m 的原有植被隔离带,每隔 10 带沿等高线保留 5～10 m 宽隔离带。山脊与栽植区之间保留 30～50 m 原有植被区。

(2) 带状混交技术:针阔叶树种比例达到 6∶4。在造林前一年或当年雨季前整地,在已整地穴内挖长、宽、深分别为 50 cm、40 cm、60 cm 栽植穴,根据土壤条件、土层厚度和坡向选择当地适生的油松、辽东栎、蒙古栎、色木槭、白桦、紫穗槐、胡枝子造林。混交的阔叶乔木采用 2 m×3 m 株行距,灌木采用 1 m×3 m 株行距。

辽东山区有蒙古栎水源涵养林 40 万 hm²,由于不合理开发致使蒙古栎植被遭到不同程度的破坏,植被状况也有很大差异。其中,植被为密闭型的占 15.33 万 hm²,中间型的有 15.33 万 hm²,稀疏型的有 9.33 万 hm²。蒙古栎的退化趋势不仅危及到柞蚕饲养业的发展,而且对辽东山区的生态环境产生了极大的影响。辽东山区蒙古栎林经营水平与其植被类型的变化关系极大,蒙古栎林经营过程中适期轮伐更新、补柞护草的林分树势比较旺盛,能够保证柞树生长旺盛,草灌植被茂密,植被群落保持良好结构,从而使植被类型趋于正向演替,即稀疏型向中间型过渡,中间型向密闭型发展;反之,轮伐更新年限较短或柞树轮伐更新频繁、乱砍滥伐现象严重的林分树势衰退,草灌植被退化,则逆向演替,植被逐步退化,甚至出现沙砾化现象。对小区试验观测数据进行统计分析,得到蒙古栎不同植被类型的生态效益评价指标。密闭型的蒙古栎植被土壤不产生流失,雨水径流量少,中间型和稀疏型的蚕场植被生态效益依次渐差。密闭型和中间型蒙古栎的水土流失量均小于辽东山区水土流失的平均值,说明管理水平较高的柞蚕场水土保持的功能也较高(表 2-31～表 2-32)。

表 2-31　蒙古栎植被类型结构与效益

植被类型	密度/(株/hm²)	郁闭度	草灌植物优势种	乔、灌、草盖度/%	草灌生物量/(kg/hm²)	枯落层厚度/cm	全 N/(g/kg)	年土壤侵蚀模数/(t/km²)	年径流量/(m³/km²)	N 素流失量/(kg/km²)	土壤侵蚀程度
密闭型	>2250	>0.7	榛柴、胡枝子、羊胡苔草、豆科植物较多	>90	>5250	>2.0	1.696	150	125 550	255	微度
中间型	1 500~2 250	0.6~0.7	羊胡苔草、榛柴、花木兰、豆科植物较少	75~90	3 000~5 250	1.0~2.0	1.315	1 050	209 250	1 380	轻度
稀疏型	750~1 500	0.5~0.6	羊胡苔草、结缕草、黄背草、旱生植物较多	60~75	1 500~3 000	0.5~1.0	0.812	2 550	502 200	2 070	中度

表 2-32　人工促进退化蒙古栎林的恢复技术

植被恢复技术	植被恢复目标	技术内涵
补植加密，扩大树冠体积	提高蒙古栎生产力的主要措施是补植加密柞树、扩大树冠体积	补植方法:穴距 1.0~3.0 m,穴深 0.2~0.4 m,每穴播种 5~10 粒种或栽植柞树苗 1~2 株 扩冠方法:应用砍伐修剪技术将无干树型改造成中干留拳树型或中干放拐树型。综合利用补植和扩冠方法可提高柞树郁闭度 0.2~0.3,提高柞树产叶量 50%以上
保护草灌植被，栽种灌状梯带	草灌植被状况是衡量其环境质量的主要指标。保护草灌植被,栽种灌状梯带是预防蒙古栎退化的重要措施	免割法:适用于二、三类蚕场,除保苗场外一律免割草灌植物 栽种灌状梯带法:对于草灌植被稀疏的蚕场,带状栽植柞树或胡枝子、紫穗槐,带宽 1 m,栽植 2~3 行,带距视蚕场坡度和植被状况以及种苗资源而定
柞树与胡枝子相间配置	沙化斑块是水土流失最为严重的地方	具体的治理方法是:采用柞树双行穿带,行距 0.5 m,每米播种橡种 30 粒左右,带距 2.0 m,在柞树间栽种 3 行胡枝子,行距 0.5 m,每米成苗 10~20 株。试验结果表明,柞树与胡枝子相间配置是治理柞蚕场沙砾化的最佳模式
工程措施与植物措施相结合	已有侵蚀沟发育,此类侵蚀沟正处于沟头上溯、沟底下切、沟岸扩展的发育时期	沿沟修筑石谷坊,在谷坊上下部位及时栽上刺槐、紫穗槐等植物。用刺槐大苗分段闸沟护坡,使其拦沙淤泥、固土抗蚀
草灌植被恢复	草灌植被具有保持水土、拦蓄蚕粪和枯落物、改善小区气候、促进有机物转化、提高土壤肥力的作用	少割法:即只把柞墩周围和作业道的高大草本、灌木割倒。 免割法:除保苗场外,免割草灌植物,提高结实率和根茎繁殖力。特别是在蚕场轮伐后的 1~2 年,因光照、水分、养分充足,草灌植被生长茂盛,盖度和茎叶量可增加 2~3 倍
适期轮伐	轮伐更新,控制柞树高度,促进柞树营养生长,提高柞叶产量和质量的效能	轮伐更新年限中干尖柞蚕场为 3~4 年,中干和无干蒙吉柞、辽东栎等柞蚕场分别为 4~5 年。选择最佳轮伐年限,实行柞树适期轮伐提高单位面积产叶量 10.6%~16.7%

5. 人工促进退化技术恢复的水文生态功能分析与评价

1）不同森林类型林分林冠截留能力比较

林冠截留受森林自身因素的影响很大，包括森林类型、森林结构和森林覆盖率等。组成森林生态系统的群落结构越复杂，湿润全部枝叶和树干所需的降雨量就越大。

在2009年6～8月间的降雨所观测的不同标准地林冠截留数据见表2-33。从表中可以看出，不同森林类型典型林分的林冠截留能力不同。从平均的林冠截留率（各次降雨后林冠截留率的平均值）来看，蒙古栎林（33.78％）＞山杨林（31.25％）＞白桦山杨林（27.43％）＞椴树蒙古栎林（27.36％）＞水曲柳核桃楸林（林下补植红豆杉）（27.34％）＞蒙古栎山杨林（林下补植红豆杉）（21.77％）。

表 2-33　不同森林类型植被林冠截留能力比较

植被类型	项目	穿透雨量/mm	透流率/%	林冠截留量/mm	截留率/%
蒙古栎山杨林（林下补植红豆杉）	最大	173.70	94.64	11.71	29.66
	最小	0.42	0.44	0.53	55.79
	平均	42.64	89.95	7.94	21.77
椴树蒙古栎林	最大	162.38	88.48	21.15	11.52
	最小	0.38	40.00	0.57	60.00
	平均	39.97	84.32	12.39	27.36
水曲柳核桃楸林（林下补植红豆杉）	最大	163.64	89.16	19.89	10.84
	最小	0.33	34.74	0.62	65.26
	平均	40.63	85.70	11.29	27.34
山杨林	最大	158.49	86.36	25.04	13.64
	最小	0.28	29.47	0.67	70.53
	平均	39.01	82.28	14.00	31.25
白桦山杨林	最大	164.20	89.47	19.33	10.53
	最小	0.27	28.42	0.68	71.58
	平均	41.28	87.09	10.20	27.43
蒙古栎林	最大	152.01	82.83	31.52	17.17
	最小	0.29	30.53	0.66	0.69
	平均	37.97	80.10	15.72	33.78

从收集所有降雨的总林冠截留率[各次降雨后林冠截留量的总和与降雨量的总和之比（图2-12）]来看，6种林分的大小顺序为：蒙古栎林（19.90％）＞山杨林（17.72％）＞椴树蒙古栎林（15.68％）＞水曲柳核桃楸林（林下补植红豆杉）（14.30％）＞白桦山杨林（12.91％）＞蒙古栎山杨林（林下补植红豆杉）（10.05％）；林冠截留能力与林分本身的结构特征、降雨特性、树冠最大容量有关。

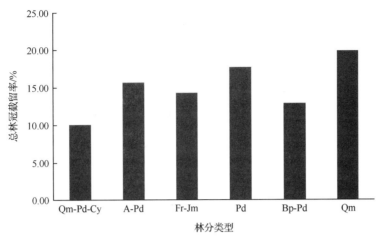

图 2-12　不同森林类型植被总林冠截留率比较

Qm-Pd-Cy：蒙古栎山杨林；A-Pd：槭树蒙古栎林；Fr-Jm：水曲柳核桃楸林；

Pd：山杨林；Bp-Pd：白桦山杨林；Qm：蒙古栎林

2）枯落物层水文功能

A. 不同样地枯落物蓄积量

枯落物的蓄积量主要取决于枯落物的输入量、分解速度和累积年限,而森林的树种组成不同、林分所处的水热条件不同对枯落物蓄积量都有较大影响。对大辽河流域水源涵养林主要森林植被类型枯落物蓄积量的调查结果见表 2-34,可以看出枯落物总蓄积量以蒙古栎林为最大,达到 37.30 t/hm²,其次是白桦山杨林,为 37.11 t/hm²,而割灌的水曲柳核桃楸林(林下补植红豆杉)、蒙古栎山杨林(林下补植红豆杉)以及草地的枯落物蓄积量最小,分别只有 13.98 t/hm²、12.44 t/hm² 和 10.66 t/hm²。而从不同分解层次来看,未分解层蓄积量仍以蒙古栎为最大,达到 26.29 t/hm²,而草地最小,仅为 0.88 t/hm²;白桦山杨林半分解层枯落物蓄积量最大,为 34.28 t/hm²,而水曲柳核桃楸林(林下补植红豆杉)下的半分解层蓄积量最小,仅为 6.94 t/hm²。

表 2-34　不同林分枯落物层的蓄积量

植被类型	枯落物厚度/cm			枯落物蓄积量/(t/hm²)			组成比例/%	
	未分解层	半分解层	总厚度	总量	未分解层	半分解层	未分解层	半分解层
蒙古栎山杨林(林下补植红豆杉)	0.23	2.37	2.60	12.44	0.92	11.52	7.39	92.61
槭树蒙古栎林	0.43	3.23	3.67	19.38	1.77	17.61	9.13	90.87
水曲柳核桃楸林(林下补植红豆杉)	2.60	0.80	3.40	13.98	7.04	6.94	50.34	49.66
蒙古栎山杨林	0.80	1.17	1.97	21.84	8.07	13.77	36.95	63.05
山杨林	0.73	1.83	2.57	15.19	3.40	11.79	22.38	77.62
白桦山杨林	0.37	3.53	3.90	37.11	2.83	34.28	7.63	92.37
蒙古栎林	4.03	0.80	4.83	37.30	26.29	11.01	70.47	29.53
草地	0.13	0.93	1.07	10.66	0.88	9.79	8.23	91.77

大辽河流域主要天然次生林枯落物厚度介于 1.07～4.83 cm 之间,与其他类似研究相比,

此次研究枯落物厚度较小,这主要是由于在调查月份现存枯落物已分解过半,且林下草本植物盖度太大,这不但加速了枯落物的分解,而且使凋落的枝叶无法存积地面而使数据偏小。

通过实地取样调查,不同类型林地林下枯落物储量存在一定的差异性,这种差异性不仅与各林地树种间的生物学特性有关,还与其立地条件等有关,蒙古栎蓄积量最大,其主要原因是蒙古栎林林下土壤表层比其他林地硬实板结,枯落物下垫面水分较少,微生物也较少,所以枯落物不易分解,且没有灌草层的阻隔,枯落物能够全部落至地面储存。

B. 枯落物持水能力

(1) 枯落物最大持水量和最大持水率。枯落物的持水能力一般用干物质的最大持水率、最大持水量表示,在此书中采用枯落物浸水 24 h 后的持水率为最大持水率。持水量表征枯落物实际吸持水分的大小,试验研究的几种林分类型中,最大持水量依次为蒙古栎林(36.02 t/hm²)>白桦山杨林(32.97 t/hm²)>蒙古栎山杨林(19.19 t/hm²)>槭树蒙古栎林(17.00 t/hm²)>山杨林(13.28 t/hm²)>蒙古栎山杨林(林下补植红豆杉)(12.00 t/hm²)>水曲柳核桃楸林(林下补植红豆杉)(11.39 t/hm²)>草地(7.40 t/hm²)(表 2-35)。不难分析出其最大持水量与它的蓄积量有很大联系,草地的枯落物厚度很小,蓄积量也小,因此最大持水量是最小的。同时,研究还得出这几种植被类型枯落物半分解层的持水量基本上均比未分解层的持水量要大很多。

表 2-35   不同林分枯落物最大持水量和最大持水率

植被类型	枯落物最大持水量/(t/hm²)			最大持水率/%		
	未分解层	半分解层	总和	未分解层	半分解层	加权平均
蒙古栎山杨林(林下补植红豆杉)	1.20	10.80	12.00	296.56	220.43	226.26
槭树蒙古栎林	2.18	14.82	17.00	348.44	265.37	273.73
水曲柳核桃楸林(林下补植红豆杉)	6.41	4.98	11.39	199.50	171.70	186.31
蒙古栎山杨林	8.07	11.12	19.19	282.58	238.02	254.93
山杨林	3.53	9.75	13.28	286.32	234.88	246.65
白桦山杨林	3.20	29.77	32.97	324.05	263.96	268.80
蒙古栎林	26.65	9.37	36.02	251.43	226.63	244.47
草地	0.78	6.62	7.40	181.13	153.01	155.56

比较按重量加权平均得出的不同林分枯落物最大持水率大小发现,其变化范围为155.56%～273.73%(表 2-35),未分解枯落物最大持水率表现为槭树蒙古栎林(348.44%)>白桦山杨林(324.05%)>蒙古栎山杨林(林下补植红豆杉)(296.56%)>山杨林(286.32%)>蒙古栎山杨林(282.58%)>蒙古栎林(251.43%)>水曲柳核桃楸林(林下补植红豆杉)(199.50%)>草地(181.13%);半分解层最大持水率为槭树蒙古栎林(265.37%)>白桦山杨林(263.96%)>蒙古栎山杨林(238.02%)>山杨林(234.88%)>蒙古栎林(226.63%)>蒙古栎山杨林(林下补植红豆杉)(220.43%)>水曲柳核桃楸林(林下补植红豆杉)(171.70%)>草地(153.01%)。由于枯落物分解程度很高,较易从纱袋中漏出,造成湿重减小,而枯枝、梗相对不易分解,吸水能力却不强,这就造成了此研究中最大持水率偏小。

(2) 枯落物拦蓄能力。为估算枯落物层的可能拦蓄量,本研究计算了枯落物层最大拦

蓄量和有效拦蓄量(表 2-36),研究结果表明,主要天然次生林植被枯落物最大拦蓄量介于
3.34~34.06 t/hm² 之间,这种巨大的差异是由于枯落物层的蓄积量及吸水特性不同所致。
从不同林分类型来看,枯落物最大拦蓄量表现为蒙古栎林最大,达到 34.06 t/hm²,其次为白
桦山杨林,达到了 24.57 t/hm²,与最大持水量变化趋势一致。但最大拦蓄量仍不能反映枯
落物层对实际降水的拦蓄情况,因此需要计算枯落物的有效拦蓄量,结果表明,蒙古栎林枯
落物层的有效拦蓄量仍为最大,达到 20.39 t/hm²,相比之下草地的有效拦蓄量仅为 0.85 t/
hm²,对雨水拦截作用较差。枯落物的有效拦蓄量不仅与其厚度有关,与自然持水率也是密
切相关的,可以看出,此次调查的枯落物的自然持水率普遍较高,都达到了 100% 以上,山杨
林更是达到了 202.58%,这主要是由于当地七八月降雨量十分充沛,而导致在自然情况下枯
落物已经吸持了相当多的水分,这也是林地有效拦蓄量较小的原因之一。

表 2-36　不同林分枯落物最大拦蓄量和有效拦蓄量

植被类型	自然持水率/%	最大持水率/%	最大拦蓄量/(t/hm²)	有效拦蓄量/(t/hm²)
蒙古栎山杨林(林下补植红豆杉)	134.59	226.26	11.41	7.18
槭树蒙古栎林	212.01	273.73	11.96	4.00
水曲柳核桃楸林(林下补植红豆杉)	128.65	186.31	8.06	4.15
蒙古栎山杨林	190.09	254.93	14.16	5.81
山杨林	182.00	247.00	9.80	4.18
白桦山杨林	202.58	268.80	24.57	9.61
蒙古栎林	153.14	244.47	34.06	20.39
草地	124.21	155.56	3.34	0.85

2.3　水源涵养型自然植被群落恢复技术

2.3.1　海河上游水源区水源涵养型自然植被群落恢复技术

1. 退化植被生境分析

森林林分退化问题已成为 21 世纪全球环境发展的难题之一,而占中国森林总面积
31% 的防护林出现部分严重衰退,形势严峻。分析我国天然林退化的主要原因有生长发
育过程中出现的生理机能下降、生产力下降、土壤肥力减弱、林分结构不合理等。通过进
一步的调查研究可知,我国生态环境较为脆弱的地区——临汾退化的主要原因为:立地条
件的限制过多、树种选择局限性强、人为干扰多等。必须要找出天然林退化的原因才能进
一步促进天然林的演替、加强天然林生态建设并更好地实施天然林保护工程。

2. 天然植被动态演替过程与特征

目前潮关西沟流域植被状况良好,几乎没有无植被覆盖区,所以根据调查数据和计算
结果,演替过程从强阳性灌木荆条开始。通过植被分类、群落演替和生态位分析,可得到
天然植被演替规律,如图 2-13 和图 2-14 所示。

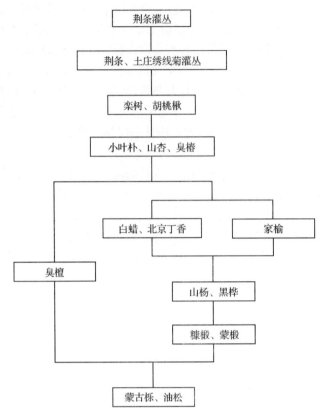

图 2-13　潮关西沟天然森林植被群落演替趋势示意图

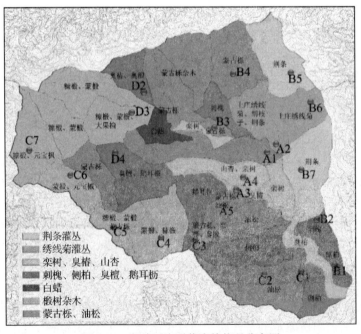

图 2-14　潮关西沟群落演替状况分布图

图 2-14 为潮关西沟流域森林植被各群落的演替阶段分布状况图。由图可见,除 B1、B2 的人工侧柏、油松,C1、C2 的人工油松外,越接近沟口区域,群落演替阶段越接近初期,如 A4 的栾树林、山杏林,B5～B7 的灌丛林地等。越接近流域上部,群落演替阶段越接近顶极。由于流域面积不大以及沟口受人为干扰的影响,演替分布没有明显的渐进过程,而往往呈现破碎的片段化状态。基于以上潮关西沟群落的演替过程分析,得到如下天然森林植被群落演替规律。

密云县古北口镇潮关西沟流域植被阳坡演替趋势为:栾树—山杏—臭椿—臭檀—蒙古栎;阴坡演替趋势为:胡桃楸—小叶朴、臭椿、山杏—白榆、桑树—白蜡、北京丁香—山杨、黑桦—蒙椴、糠椴—蒙古栎、油松;沟底的演替趋势为:栾树—臭椿—臭檀。

3. 自然植被群落恢复技术

为确定最小封禁面积,结合不同树种平均单株生长所需面积和不同样点不同树种封禁可利用面积率以及我国每年森林病虫害的发生面积率(8.2%),可计算出演替单株的最小封禁面积。其中对于单木均按照中龄树来计算,即 35 年生树木(表 2-37)。

表 2-37　演替单株树木最小封禁面积统计表

样地编号	演替单株臭椿的最小封禁面积/m²	演替单株山杨的最小封禁面积/m²	演替单株山杏的最小封禁面积/m²	演替单株油松的最小封禁面积/m²	演替单株侧柏的最小封禁面积/m²
B5	31.55	44.21	17.27	35.52	45.62
B6	16.13	22.24	11.67	17.48	20.03
B7	103.93	135.91	45.17	106.50	156.72
平均面积/m²	50.54	67.45	24.70	53.17	74.12

由于单株树木的最小封禁面积在实际应用中缺乏操作性,且通过此面积进行封禁无法达到封禁成林的目的,而一个坡面上,以此作为最小封禁面积的理论数值参考。

由表 2-38 可得,臭椿、山杨、山杏、油松、侧柏五个树种演替 1000 株树木的平均最小封禁面积为 5.05 hm²、6.75 hm²、2.47 hm²、5.32 hm² 和 7.14 hm²,可基本满足人工进行封禁的要求,此外,由表 2-38 分析可知,对于同一树种来说,B7 的最小封禁面积最大,其次是 B5,B6 最小。这可能是由于 B5、B6、B7 三块样地土壤含水量及土层厚度等诸多因子的差异,使得不同样地计算所得的演替 1000 株树木的最小封禁面积差别较大。而对于不同树种来说,山杨的最小封禁面积最大,其次是侧柏、臭椿、油松、山杏。

表 2-38　演替 1000 株树木最小封禁面积统计表

样地编号	演替 1000 株臭椿的最小封禁面积/hm²	演替 1000 株山杨的最小封禁面积/hm²	演替 1000 株山杏的最小封禁面积/hm²	演替 1000 株油松的最小封禁面积/hm²	演替 1000 株侧柏的最小封禁面积/hm²
B5	3.15	4.42	1.73	3.55	4.56
B6	1.612	2.22	1.17	1.75	2.00

续表

样地编号	演替 1000 株臭椿的最小封禁面积/hm²	演替 1000 株山杨的最小封禁面积/hm²	演替 1000 株山杏的最小封禁面积/hm²	演替 1000 株油松的最小封禁面积/hm²	演替 1000 株侧柏的最小封禁面积/hm²
B7	10.39	13.59	4.52	10.65	15.67
平均面积/hm²	5.05	6.75	2.47	5.32	7.41

从不同树种演替 1000 株树木的平均最小封禁面积(图 2-15)分析可知,四个树种在最小封禁面积上有一定的差异性但是差异不大,其最小封禁面积由大到小依次为侧柏、山杨、油松、臭椿、山杏。

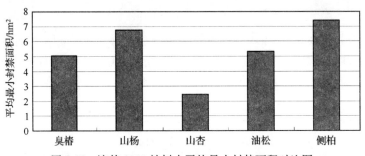

图 2-15　演替 1000 株树木平均最小封禁面积对比图

4. 自然植被群落恢复技术的水文生态功能分析与评价

通过对研究区不同郁闭度的油松、侧柏、栓皮栎林 2012 年生长季穿透降水量的观测,得各树种穿透降水随场次降水量变化的回归公式,具体如下:

油松林:$T=0.8789P-1.9949$　$R^2=0.988$,郁闭度为 0.8　　　　　(2-9)

侧柏林:$T=0.894P-2.1944$　$R^2=0.99$,郁闭度为 0.5　　　　　(2-10)

栓皮栎林:$T=0.7657P-0.4039$　$R^2=0.99$,郁闭度为 0.7　　　　　(2-11)

式中,T 为穿透降水量,mm;P 为场次降水量,mm。

根据调查,北甸子村人工林侧柏、油松、刺槐、栓皮栎壮苗树高在 1.9 m 左右,分密度为 70 株/亩,树冠冠幅约 0.8~1 m,再加上坡面原生的灌草,如荆条、孩儿拳头,该新造林的郁闭度勉强达到 0.2 的疏林地临界值,因此按照 $C=0.2$ 修正后的穿透降水公式为

油松林:$T=(1)-0.1539C-P-2.494C=0.9692P-0.4988$　　　　　(2-12)

侧柏林:$T=(1)-0.212C-P-4.389C=0.9576P-0.8778$　　　　　(2-13)

栓皮栎林:$T=(1)-0.3347C-P-0.577C=0.9331P-0.1154$　　　　　(2-14)

根据公式

$$\sum_{i,j=1}^{m+n} I_{ij}=\frac{A}{P'}\sum_{i=1}^{m}P_i+\frac{\beta}{P_m}\sum_{i=1}^{m}P_i^2+nA+\sum_{j=1}^{n}P_j \tag{2-15}$$

式中,P_m 是观测期间小于 P 的降水量累加值,$P_m=\sum_{i}^{m}P_i$;β 是林冠蓄水蒸发系数;n 为

林冠达到饱和的降雨次数;m 为林冠未达到饱和的降雨次数;A 为穿透降水量与林外降水量直线回归公式在 y 轴的截距(取正值)。

　　计算郁闭度为 0.2 时,密云各树种在 2012 年 5～10 月期间的累计林冠截留量。由公式可得各树种林冠截留模拟指标计算值,如表 2-39 所示。

表 2-39　不同树种林冠截留计算表

树种	A	P_i	m	n	β	预测截留量/mm	预测截留量累加值/mm	平均截留率/%
油松	0.4988	0.5147	11	44	0.0308	5 月:6.433 6 月:9.963 7 月:11.182 8 月:9.962 9 月:1.512 10 月:3.034	42.086	7.48
侧柏	0.8778	0.9167	16	39	0.0424	5 月:10.161 6 月:15.021 7 月:17.141 8 月:15.02 9 月:2.464 10 月:4.411	64.218	11.41
栓皮栎	0.1154	0.1237	4	51	0.0669	5 月:5.26 6 月:10.958 7 月:11.124 8 月:12.927 9 月:1.348 10 月:2.28	43.897	7.8

　　从以上模拟结果可知,当郁闭度相同时,侧柏的平均林冠截留率比油松、栓皮栎高,但随着林分的生长,油松、栓皮栎的郁闭速度均会超过侧柏,使得油松、栓皮栎林分的截留量也迅速增加。

　　以侧柏为例,该树种根据物理模型计算林冠截留量的过程如表 2-40 所示。

表 2-40　侧柏林冠截留计算表($C=0.2$)

2012 年月份	0.9167 mm 以上			0.9167 mm 以下			林冠截留量累计值/mm
	降水次数/次	单场降水量之和/mm	场次降水量平方和	降水次数/次	单场降水量之和/mm	降水量平方和	
5	7	61.7	897.81	2	1.4	1	10.132
6	9	142	6 563.96	3	1.1	0.45	14.992
7	11	138.8	3 150.86	4	1.6	0.78	17.094
8	7	176.3	9 301.43	2	1.4	1	14.991
9	2	16.7	139.45				2.464
10	3	20.7	160.61	5	0.9	0.29	4.387
总计	39	556.2	20 214.12	16	6.4	3.52	64.06

其中分月份累计计算,5～10月林冠截留量累加值为64.06 mm,与生长季截留量累计计算值的相对误差小于1.4‰。按照物理解析模型,忽略场次降水量平方和的影响,计算每场次降水量下的林冠截留量(即第二项改为$\beta \times P_i$),其5～10月林冠截留累加值为64.218 mm,相对误差小于3.8%,由此可见,分别按照场次降水量与月份累计降水量计算的林冠截留量,都具有较好的可信度。

由于刺槐林的概念截留模型(王彦辉模型)的模拟效果好于物理解析模型,因此采用秦永胜(2001)改进的拟合郁闭度的降水截留模型。根据调查,在70株/亩的林分密度下,刺槐新造林郁闭度为0.2,其公式为

$$I=0.443(1-e^{-0.4515P})+0.0709P \tag{2-16}$$

将场次降水量代入式(2-16),即得刺槐林林冠截留量模拟值。当郁闭度为0.2时,刺槐林新造林5月份林冠截留量为7.234 mm,6月份截留量为13.887 mm,7月份截留量为14.594 mm,8月份截留量为15.446 mm,9月份截留量为2.05 mm,10月份截留量为2.935 mm,生长季累计模拟截留量为56.146 mm,平均截留率为9.98%。

2.3.2 黄河上游土石山区水源区水源涵养型自然植被群落恢复技术

1. 退化植被生境分析

自然植被退化是由自然和人为干扰引起的。青海大通天然林受到的主要干扰是大规模的森林采伐利用,也包括过度放牧、樵采、狩猎、采药、火灾等。退化天然林的主要人为干扰包括砍伐、放牧、采挖药材、毁林以及物种入侵等,每一类干扰都有其特定的特征,如干扰强度、频度、分布、时间与周期等,造成对天然林的影响亦不同:以木材、薪柴为主要目的的长期、过度森林采伐形成了大面积的次生迹地,一部分通过人工更新形成人工林(多为针叶纯林),未及时人工更新或更新不成功的形成了次生林、杂灌或草坡;过度放牧则使灌草丛变成荒草坡或裸地,而且还阻碍了森林的天然更新;毁林开荒、搜集林地枯落物和腐殖质的干扰强度大,但干扰范围小、干扰频率小、周期长、历史长,对局部天然林的破坏力较大;采挖药材、野菜和竹笋等的干扰范围大、干扰频率高、历史也较长,但对该区天然林的破坏力属中等。自然干扰包括滑坡、暴风、暴雪、冰冻、病虫害及自然火灾等。

2. 天然植被动态演替过程与特征

该地区整个植被演替的过程为:青海云杉被破坏后,在条件较好的地方,一些喜阳的草本层植物迅速繁殖,占领采伐迹地。为了生存,灌木通过竞争也会夺得一些空间,随着演替的进行,在草被稀疏的地方,由于喜阳的落叶阔叶树种如桦树、山杨树的种子产量大、质量轻,易于传播和萌发,且这些物种的生存能力较强,它们会不断地向灌丛和草甸发展,并迅速占领裸地,形成桦树、山杨树等落叶阔叶林。这类落叶阔叶林具有郁闭的林冠,使得林内的光照条件减弱,随着枯枝落叶层积累、分解,原来的环境也发生改变。这些都为耐阴性青海云杉的幼苗、幼树创造了生长条件,林下的更新层逐渐为青海云杉所代替。由于青海云杉寿命长、植株高大,逐渐上升至落叶林林冠之上,实现其空间的演替。而桦树、山杨树的寿命相对较短,且为阳性树种,它们在与青海云杉的竞争中处于劣势地位,这些阳性树种将逐渐衰退最终被青海云杉所替代。在青海云杉逐渐替代落叶树种的过程中,

由于其强烈的建群作用,又形成了荫蔽、冷湿的小气候条件,一些耐阴、耐冷湿的林下和草本植物又不断地侵入,从而恢复到青海云杉所特有的群落组成、结构、功能和外貌,即恢复到原来的相对稳定的顶极群落——青海云杉林。综合分析其结果,青海省大通县植被演替主要包括 3 个阶段。

第一阶段:植物群落所处样地的海拔较低,坡度较缓,植被以草本、灌丛群落为主,分布的群落类型为中国沙棘、匍匐枸子。由于该地区离居民区较近,大部分林地紧邻坡耕地,人为干扰和破坏较为严重,再加上该地区土层较薄,以及光照、水分条件等因素的制约,因此群落发展的顶极群落为中国沙棘或匍匐枸子群落,可能有部分地区灌草群落向着乔木群落发展。

第二阶段:植物群落位于海拔相对比较高的区域,群落已经开始从草本、灌木向乔木发展,郁闭度 85% 以上。这是由于随着海拔的逐渐增高,水热因子的组合作用正在向有利于植被分布的方向转变,分布的群落类型主要为白桦林、山杨林、白桦＋青海云杉林,是次生植被向顶极群落演替的关键阶段。

第三阶段:该阶段的植物群落位于海拔较高的地方,分布的群落类型为青海云杉林。该群落的种类组成发生了变化,群落类型已经由山杨树、桦树群落向青海云杉群落发展。这种变化同样与海拔有着密不可分的关系。同时,这也正说明了随着时间的延长,植物群落的演替在不断地进行,并有从不稳定的群落类型向稳定的群落类型变化的趋势。

3. 自然植被群落恢复技术

1) 退化天然林恢复重建

其基本思路是:依据自然演替的规律,仿拟天然老龄林的物种组成和群落结构,充分利用和启动自然调节机制,并根据自然演替的关键环节采用功能群替代或目的物种导入等辅助的人工措施,促进土壤和群落功能的修复,跨越或缩短某些演替阶段,加快恢复演替进程,尽可能利用乡土树种定向恢复以高功能水源涵养为目标的森林群落。

(1) 封禁保护原始老龄林。天然林区残存的青海云杉、祁连圆柏和山杨等老龄林斑块,是重要的种质资源库,是恢复重建的参照体系,对于生物多样性保护具有重要意义。对其应采取严格的封禁保护措施,保存其物种和基因多样性,维持其结构和功能。对于轻度退化、结构完好的天然次生林,也需要实施严格的封山保护技术措施,凭借其良好的自我修复机制和天然更新能力,迅速恢复其结构和功能。

(2) 封育调整天然次生林群落结构与定向恢复。调控针对演替初期阶段的天然更新能力差、树种组成与密度不合理、健康状况不好的天然次生林,在封山的同时,通过采用补植或补播目的树种(目标树种为:云杉、白桦、沙棘等)、抚育、间伐、人工灭杀杂草等人工辅助措施跨越演替阶段或缩短演替进程,加快生态系统结构和功能的恢复。

(3) 封育重建严重退化生境。对于大通宝库河流域天然更新困难的生境,如采伐多年后开辟为高山牧场的区域,天然母树稀少或生长不良,需要采取必要的人工措施,利用工程措施(母树下修基盘)和生物措施相结合的方法,对退化生境进行人工重建。人工重建的关键是恢复退化生境的土壤结构与功能,建立和恢复自然修复机制。依据严重退化生境的土壤状况和环境胁迫条件,进行物种筛选和群落构建。在早期阶段引入沙棘、柠条、紫穗槐等先锋的固氮植物以增加土壤肥力、改善土壤物理性质,必要时可考虑施加复合肥促进植物定居。

(4)封育改造低效人工纯林。针对天然林采伐后营造的大面积人工针叶纯林,在封山保护的同时,通过疏伐、补植顶极乡土树种(白桦、山杨)和林下灌草更新等改造措施,改善人工纯林的物种组成、调整林分密度以增加林内的光照条件,促进目的树种和林下灌草植物的生长,增加生物多样性,并逐步诱导其向原生植被演替,以提高生态稳定性和生态服务功能。

2)封育措施

在坡度大于35°、土层浅薄、植物繁殖体丰富、属零星土体立地类型的急坡地上,自然植被容易恢复,可采用人工促进天然更新模式。即首先采用封山育林技术,利用自然力迅速恢复先锋植被,发挥保持水土和改善生态环境功能,3~5年后再对封山育林地的植被进行有目的的抚育管理,促进目的树种尽快成林;或者在封山育林的同时,补植一些目的树种,加速森林植被的恢复进程。

3)人为的经营及管护措施

大量的实验调查发现,只要具备一定数量的母树,青海云杉、华北落叶松、白桦等的幼苗就可以大量地繁殖起来,如果任其自由发展,只通过相互竞争自然稀疏,一是过程比较漫长,二是在竞争过程中必然消耗大量的水分和土壤养分,造成不必要的浪费。人工经营可以加快成型速度,同时也节约有限的资源,还可以使其按照我们的目的要求定向培育,最大限度地满足我们的需求。人工经营及管护方式主要有以下几种。

(1)定苗。加强对植被群落的抚育管理,1~3年内任其自由更新,第4年开始进行定苗。一般选择生长健壮的幼苗作为培育对象,每株的营养面积控制在30 m²左右,通过打草的方式清理多余的幼苗,并对留存的树木进行除草、松土等抚育,加快其生长。

(2)采种补播。破坏严重的林分类型,母树严重不足,难以自然恢复,需要进行补播。选择优良的种质资源(当地乡土树木,生长健壮、树干通直的树种)进行采种,采取穴播的方式,播种穴数量为预留数的2倍,按每穴保证有苗2~3株确定播种量。

(3)补播牧草。对于林木长势较差,植被稀疏的地段,需要人工补播优良牧草,快速恢复林草植被。选择适于当地立地条件的多种优良牧草。根据封育区大小和植被覆盖状况决定播种方法,面积较大的用飞机播种的方法,面积较小的用机械喷播或人工撒播。播种季节一般选择在雨季到来之前,当冬季降雪较大时,可以在早春播种。

4. 自然植被群落恢复技术的水文生态功能分析与评价

天然林的水文功能主要是指涵养水源、调控径流、净化环境等。森林通过根系的活动、凋落物的影响、林冠截留降水和其他生理生态作用,能显著改良土壤的性状和调节土壤的水文特征。森林土壤的全蓄水量和有效储水量是反映森林土壤的涵养水源能力的重要指标。全蓄水量包括土壤含有吸湿水、膜状水和毛管水等。有效储水量是暂时存在于土壤大空隙中的重力自由水。这种水在土壤大空隙中只是一种暂时的储存,又叫滞留储存。正是这种储存水才使森林土壤具有"吞吐"水量的能力。在大雨或暴雨时,地表径流就会越少,地表径流对森林土壤的冲刷能力就越低,就有效地减少水土流失,而地下水就会增加。如果遭遇灾难性暴雨时,森林土壤"吞吐"水量的能力使很大一部分降水形成地下水,这样就减少了地表径流,使洪水的形成时间推迟,并减少河川洪峰流量,而且洪峰降低。

在青海省大通县,对上述典型天然林的枯落物和土壤有效储水调查表明,在 20 个典型群落中,土壤一次最大有效储水量平均为 520.3 t/hm²,是一般人工林的 2.5 倍。大通县属于青藏高原高寒植物区域,地处青藏高原与黄土高原过渡地带,森林植被集中分布于北川河及其支流的河谷两岸,主要包括东峡林区和宝库林区的天然林、娘娘山的小片天然林等。主要乔木树种有白桦、云杉、山杨、圆柏等,主要灌木树种有沙棘、山生柳、杜鹃、金露梅、小檗等。根据当地近期森林资源清查资料,宝库林场经营地面积 13.1864 万 hm²,其中林业用地 8.855 14 万 hm²,天然乔木林主要分布在流域上游及海拔 2500～3200 m 地区,面积 0.1842 万 hm²,约占总林地面积的 2.1%;天然灌木林集中分布在海拔 2800～4000 m 的地带,面积 6.8118 万 hm²,约占总林地面积的 76.9%;未成林造林地 0.1724 万 hm²,灌丛地 1.6797 万 hm²,林区森林覆盖率为 79.0%。流域中上游地区的沟道上部均由天然林和天然灌木、高山草甸构成,所占比例在 85% 左右,此外,亚高山灌木林植被和山地草甸类草地占总面积的 24.8%(图 2-16)。这些天然乔、灌木林组成了北川河水系的天然水源涵养林,对大通县及下游西宁市等的工农业生产及人民生活用水起着重大的作用。

图 2-16　研究区植被分布示意图(海拔 2937～3721 m,面积 667 hm²)

2.3.3　黄河中上游土石山区水源区水源涵养型自然植被群落恢复技术

1. 退化植被生境分析

六盘山水源涵养功能严重退化地区主要分布在以叠叠沟小流域为主的半干旱地区以及由半干旱向半湿润过渡的地区,在此地区水分成为植被分布和生长的主要限制因子,因此在不同的坡位上植被的分布具有明显的区别。由于历史上人类活动的影响和对土地的不合理利用,植被受到严重的破坏,林分的水源涵养功能极度退化,水土流失严重。根据不同的立地条件,将水源涵养林的不同退化生境分为 6 种主要类型。

(1)母树小于 60 株/hm² 或幼树及萌蘖能力强的乔灌树种小于 600 株/hm²、土层厚度小于 25 cm、裸岩较多、人工造林整地困难地块。此类立地的森林覆盖率一般都在 0.3 以下,多经过人类严重干扰,使植被逆向演替,造成水土流失严重,依靠自然界本身的力量难以恢复,所以必须进行人工造林才能遏制生态环境恶化的趋势,造林树种70％应为乡土树种。

（2）土层厚度小于25 cm或土层厚度在26～50 cm之间的黏重土壤,人工造林整地容易地块。此类立地石砾较少,可以采用人工或机械整地造林。由于立地类型较差,不适合乔木树种生长,所以造林树种选择应以乡土灌木为主,从而控制水土流失,产生一定的生态、经济和社会效益。

（3）年降水量≥400 mm,郁闭度<0.5,林相残败,结构失调,水源功能低下的残次林分,并且天然更新良好,每公顷有幼树幼苗300株以上的地块,可以通过封禁,使其进行自然恢复。

（4）年降水量≥400 mm,覆盖度≤45％,土壤厚度较薄,且分布有一定数量的幼树、幼苗等灌木林,但分布不均匀,树种结构和层次结构单一的疏林地,经过补植、补播、改造,有望增加覆盖度的地块,此地段可采用封造结合的模式。

（5）土层厚度在26 cm以上的现有灌木或乔木低产、低质林。此种立地类型适合栽植发展的树种很多,但由于树种选择不当,形成了低质林分,因此必须进行重点改造。其改造方法可采用近自然的带状或块状皆伐后栽植适宜树种,逐渐调整为稳定性强的针阔混交林群落。

（6）海拔为1200～1900 m,年降水量为300～450 mm的典型草原植被带,由于本带植被人为破坏严重,造成了植被严重退化,但植被种类丰富,可通过封禁使其逐渐恢复生产力,促进植被的自然更新。

2. 天然植被动态演替过程与特征

2009年,基于遥感对泾河流域植被退化进行分析,结果发现由于人为的强烈干扰,不同类型的自然植被分布区有所退化。阔叶落叶林现仅保持了25.90％,受人类活动的干扰有13.32％变为针叶疏林,13.04％退化为中生灌丛,25.03％被开垦为农田,其余分别退化为旱生灌丛（14.22％）、草甸（5.94％）、温带草原（2.45％）和荒漠草原（0.10％）。针阔叶疏林分布带位于流域中部,受人类活动干扰最大,仅保持了12.30％的原有植被,8.42％退化为中生灌丛,26.11％被开垦为农田,17.78％退化为旱生灌丛,另外有17.12％变为草甸,17.16％退化为温带草原,1.11％退化为荒漠草原。中生灌丛主要受放牧的影响,退化为草甸（占30.29％）和温带草原（占43.21％）,仅有2.71％保存了原来的植被类型,另有2.93％产生荒漠化。旱生灌丛有31.91％产生了荒漠化,变为荒漠草原,有58.83％退化为温带草原,仅有2.51％保持了其潜在状态。分布于流域北部的草甸和温带草原主要退化荒漠草原,其中草甸有88.24％退化为荒漠草原,温带草原有73.37％退化为荒漠草原。具体表现为以下几个方面。

1) 森林植被的演替

阳坡植被的演替为:草地（本氏针茅群落、铁杆蒿群落、茭蒿群落、白羊草群落等,生长快,覆盖度高,一般3年覆盖度可达50％～80％）—灌丛（沙棘、山桃等,生长旺盛,生物产量高,易形成群落,很快郁闭）—落叶阔叶林（无明显的建群种,多以混交类型出现,由于受杂灌、草丛的影响幼苗生长不佳,主杆不明显,多处形成次生林与灌木处在同一层次中）—针阔混交林（油松、山杨、白桦等）。

阴坡及半阴坡植被的演替为:草地（白颖苔草群落、大油芒群落、白羊草群落等,生长快,生物产量高)—灌丛(水枸子、山桃、忍冬、卫矛等,混交丛生,1～2 年即可郁闭,形成群落)—落叶阔叶林(多以伐根萌生的山杨和少量的辽东栎幼林为主,以实生苗形成幼林的多为辽东栎林,由于受灌草丛的影响,生长不良,常与灌丛处于同一层次,形成天然次生林)—辽东栎林。

另外,草地保护 3～5 年时出现大量的灌丛而且生长快,分枝多,很快覆盖地面。生长到 3～8 年时乔木实生幼苗大量出现,为该群落的进展演替奠定了基础。

2) 灌丛植被的演替

黄土区灌丛植被十分发达,类型很多,既有原生性的,也有森林破坏后的次生类型,分布面积广,有山地、丘陵和平原型。一般灌丛植被演替速度较慢,依地形和气候条件形成的群落较稳定。

(1) 森林类型区。这一类型灌丛植被的演替一般为两种类型,一种是森林破坏后形成的次生类型,常见并且较稳定的群落有草地(黄菅草)—灌丛(白刺花)群落;草地(白羊草)—灌丛(二色胡枝子)群落等;另一种是人工建造的混交灌丛群落,通过演替后形成了稳定的纯灌丛群落,如沙棘、柠条、山桃通过混交造林后,在不同的立地条件下,经过一定的时间,最后形成纯林,而且较稳定。一般沙棘群落多分布在黄土高原丘陵沟壑区的阴坡半阴坡,阳坡也可生长,但适应性不强,生物产量低。

(2) 草原类型区。草地通过长期封育后形成了稳定的灌丛群落,一般在草甸草原封育 3～4 年后演替成较稳定的草地—灌丛(毛黄栌)群落,草地—灌丛(白刺花)群落,草地—灌丛(金露梅)群落等。典型草原封育 4～5 年后演替为草地—灌丛(柠条锦鸡儿)群落,草地—灌丛(鬼箭锦鸡儿)群落等。荒漠草原封育 4～5 年后演替为草地—灌丛(柠条锦鸡儿)群落等。

3) 草地的演替过程

本氏针茅群落在其演替的第 1 阶段除本氏针茅外,数量较多的是戈壁针茅。第 2 阶段大针茅和本氏针茅处于同一位置占据群落优势,同时还有大量的硬质早熟禾侵入,在杂类草中蒿类植物消退,而一些多年生低矮丛生的禾本科草和花苜蓿、直径点地梅、二裂委陵菜等侵入。第 3 阶段大针茅趋于下降,本氏针茅和硬质早熟禾的重要值增加到最高峰,同时又侵入了一些蒿类植物。第 4 阶段本氏针茅占据群落优势,较明显的形成了群落的第 1 层;第 2 层伴生种不甚明显,多以杂类草组成;第 3 层以花苜蓿、二裂委陵菜、直径点地梅组成,目前群落结构较稳定。

百里香群落在其演替的第 1 阶段除百里香外,组成群落数量较多的植物还有本氏针茅、厚穗冰草、大针茅等多年生杂类草。第 2 阶段本氏针茅和百里香占据群落优势,同时还有大量的猪毛蒿、冷蒿、委陵菜、硬质早熟禾等侵入。在杂类草中铁杆蒿、狼毒、凤毛菊等植物消退。第 3 阶段百里香趋于下降,本氏针茅、猪毛蒿、冷蒿的重要值不断上升,而且增加幅度较大,同时还侵入一些花苜蓿、扁穗冰草。第 4 阶段群落结构层次明显,主要以本氏针茅占据群落优势,形成了群落的第 2 层;百里香、冷蒿、花苜蓿处于群落的第 3 层,群落结构层次分明,生长和发育稳定。

铁杆蒿群落在其演替的第 1 阶段除铁杆蒿外,在群落中分布数量较多的植物还有本氏针茅、猪毛蒿、二裂委陵菜、星毛委陵菜等多年生杂类草。第 2 阶段铁杆蒿在群落结构中趋于下降。本氏针茅、猪毛蒿、二裂委陵菜趋于上升,同时还有少量的灌木柠条锦鸡儿、毛黄栌侵入。第 3 阶段本氏针茅占据群落优势,其次为猪毛蒿、二裂委陵菜、柠条锦鸡儿,铁杆蒿由于受其他植物的限制、生长发育较缓慢,在群落中的数量组成趋于下降。第 4 阶段本氏针茅和柠条锦鸡儿占据群落优势,形成了明显的第 1 层;猪毛蒿伴生于群落之中,组成了较明显的第 2 层;二裂委陵菜、冷蒿为第 3 层,构成了较稳定的群落。

3. 自然植被群落恢复技术

1) 优良造林树种的选择

土壤干旱贫瘠是影响六盘山严重退化生境造林成活率的主要限制因子,为了提高造林成活率及造林质量,必须选用适宜的造林树种,采取正确的造林营林技术,才能达到造林成林迅速恢复植被的目的。经过研究确定适宜六盘山造林的树种主要包括:沙棘、二色胡枝子和山桃。

2) 不同植被恢复模式

通过对不同立地类型进行特征分析,并结合不同树种自身的生长习性,对不同退化生境提出了优化模式,具体见表 2-41。

表 2-41　不同植被恢复优化模式

气候类型	坡向	恢复方法及指标	优化模式	应用范围及恢复目标
半干旱气候区(海拔2200 m 以下)	阳坡	①封禁为主,造林为辅;②尽量保护原有植被;③在立地条件好的地方局部造林,密度约 20~30 株/亩	模式一:虎榛子灌丛	上坡阳光充足、土层较薄的立地;灌草型植被,提高水土保持能力
			模式二:山桃+沙棘+草本群落	中坡土层较厚的立地;灌草型植被,提高水土保持能力
			模式三:沙棘+草本群落	下坡土层厚、水分较充足立地;提高土壤蓄水能力
	阴坡	①封禁+封造;②保留原有植被;③局部造林,密度约为 30~40 株/亩	模式一:虎榛子+草本群落	上坡光照充足、但土层较薄,恢复灌草型植被有利于提高水土保持能力
			模式二:沙棘+山桃+草本群落	中坡土层较厚、水分相对充足的立地;丰富森林系统垂直结构,增加覆盖度
			模式三:华北落叶松+沙棘+草本群落	中下坡土层厚立地;丰富森林系统垂直结构,促进植被正向演替
半湿润气候区(海拔2200 m 以下)	阳坡	①封禁为主,造林为辅;②留原有植被;③密度为 30~40 株/亩	油松+杂灌(山桃、虎榛子、沙棘)+草本群落	促进植被的恢复,增加现有植被中中生或旱生植物的比例
	阴坡	①封禁+封造;②保留原有植被;③局部造林,密度为 40~50 株/亩	油松+杂灌(野李子、虎榛子、沙棘、水枸子等)+草本群落(艾蒿等)	丰富森林系统垂直结构,增加覆盖度,提高涵养水源能力

3）退化乔木林的恢复技术

在具有天然下种能力且分布均匀的针叶树每公顷有 60 株以上或阔叶树 90 株以上的无林地，或者每公顷有均匀分布的针叶树幼苗、幼树 900 株以上或阔叶树幼苗、幼树 600 株以上的无林地，或者每公顷有均匀分布的萌蘖能力强的乔木根株 900 株以上或灌木丛 750 株以上的无林地，以及人工造林困难的高山、陡坡、岩石裸露、水土流失严重的地块，可以直接封禁，靠天然更新形成乔灌混交林。

4）灌木林的造林与经营

（1）灌木林的栽培技术。①直接封禁：此模式主要针对人畜破坏较重，但植被天然更细能力强，依靠自然封育，可有效保护和恢复天然植被，增加灌木林分结构的复杂性，提高其水源涵养功能。②乔灌混交造林：乔灌混交造林能促进乔木的迅速生长，特别是幼龄时期更为显著，例如，沙棘可以和柳、油松、刺槐等乔木混交造林，并能快速郁闭。

（2）灌木林的抚育管理。根据水源涵养林的目的，在土壤水分、养分、立地条件较好的地方可适当增加密度，补植适应性强的速生树种，补植还应当考虑树种的混交。对过密的林分应当采取疏伐，改善林木的营养状况，扩大灌木林的营养面积，培育速成丰产灌木林。

5）封禁措施

（1）机械围栏。根据工程区的实际情况和封山育林工程建设标准，设计工程区全部采用机械围栏围封。机械围栏由围栏和刺丝两部分组成，围栏柱为水泥长方体，高 2 m，宽、厚各 12 cm。柱中加 4 根 8 mm 钢筋，由柱上方向下每隔 30 cm 加一钢筋环，用以固定刺丝。在围栏时，每隔 6 m 埋一围栏柱，埋深 50 cm，柱上共加铁丝 6 道。

（2）标志牌。在封育区主要出入口设置铁制板标志牌，牌体规格为长 2.0 m、高 1.5 m、宽 1.2 m，牌文正面书写课题名称、建设内容、实施地点、面积、承担单位等内容。

4. 自然植被群落恢复技术的水文生态功能分析与评价

本研究在不同坡位和坡向上对封育后的示范林通过群落组成调查，其结果如下。

1）半干旱-半湿润过渡区严重退化生境封育后群落组成情况

阴坡：主要为灌木型群落类型，封育后进行了适当的补植油松树种。经调查，灌木主要有野李子、虎榛子、水枸子、沙棘、山桃、荚蒾等，株高 1.2～4.3 m，多呈团状分布；草本植物组成较为丰富，约为 20 多种，主要包括艾蒿、铁杆蒿、三脉叶紫菀、日本续断、猪秧秧、凤毛菊等，株高 42 cm 左右，盖度约为 85%。

阳坡：主要为杂草型群落，并有少量的灌木，主要为山桃、沙棘和极少量的虎榛子树种，株高 1～2.2 cm；草本物种约有 10 余种，主要为艾蒿、铁杆蒿、长芒草、拉拉藤等，株高约为 40 cm，盖度约为 80%；此外，在封育的同时对示范林进行了油松树种的补植，目的是丰富乔灌草型物种组成，促进群落的正向演替，丰富整个群落的垂直结构。

2）半干旱区严重退化生境草灌群落的封育后群落组成情况

半阳坡和半阴坡上坡：该立地土层较薄，光照较为充足，主要为虎榛子群落，由于其发达的根系，地上部分生长密集，其他灌木和草本很难进入，因此只有极少量的胡枝子、绣线菊等灌木，株高约为 90 cm，覆盖度为 95%。

半阳坡中坡:该坡位主要为灌草型群落,灌木以山桃为主,并分布有少量的虎榛子和沙棘,株高为 1.5～2.2 m;草本组成较为丰富,约为 20 余种,主要包括艾蒿、铁杆蒿等蒿类,糙叶败酱,滇黄芩,小红菊等植物,株高 37 cm,盖度约为 85%。

半阳坡下坡:该坡位由于土壤层较厚,水分也较为充足,因此除有灌草分布外,还有少量的华北落叶松幼树分布;灌木主要以沙棘为主,同时分布少量的山桃和虎榛子,株高约为 1.6～2.4 m;草本组成为艾蒿、铁杆蒿、委陵菜、华北风毛菊、糙叶败酱等植物,株高约为 45 cm,盖度为 90%。

半阴坡中坡:灌草型群落,灌木以沙棘为主,株高 1.2～2.4 m,其次为山桃,株高 1.4～2.3 m,山杏分布极少;草本层物种组成丰富,有 20 余种,与半阳坡中坡相比,出现了蕨类植物,同时也大量分布有铁杆蒿、艾蒿等蒿类,并分布有胡枝子、短柄草、泡沙参、地榆等植物,高度约为 48 cm,盖度 90%。

半阴坡下坡:乔灌草型群落,该坡位较厚的土层以及充足的水分为植物的生长发育提供了有利条件,并形成了明显的垂直结构,乔木主要以华北落叶松为主,平均树高为 6 m;灌木主要以沙棘为主,并分布有少量的山桃,平均株高 2 m;草本包括艾蒿、铁杆蒿、阿拉善马先蒿、地榆、蕨类、短柄草、糙叶败酱、祁州漏芦等,平均高度 52 cm,盖度约为 95%。

2.3.4　黄河中游黄土区水源区水源涵养型自然植被群落恢复技术

1. 退化植被生境分析

普遍认为黄土高原地区植被退化是由于自然因素和人为因素共同作用造成的。在黄土高原地区人工林退化的原因中环境因子不容忽视,其中水分是制约黄土高原地区植被建设的重要因素,土壤养分不足同样也是造成退化植被的因素之一。土壤水分或养分严重不足是黄河流域低效林形成的主要自然地理因素,如黄土高原地区的低效刺槐林,由于林木蒸腾耗水过量,造成林木根际区土壤水分持续严重亏缺,天然降水不能有效补偿,土壤表层板结,土壤紧实度增大,而使人工林的生长受到抑制,导致林分生长衰退。另外,低效刺槐林分布地区,土壤养分普遍不足。此外,灾害性天气或气候变迁也是形成低效林的一个重要自然地理因素。

由于地形的影响,在地形的一些特定部位易形成退化植被。梁峁坡的上部要比中下部易形成退化植被,王宗汉和汪自喜(1978)调查了山西雁北地区的低产林,发现在风口沙梁的杨树林基本都为低产林。阳坡比阴坡易发生退化,坡度大比坡度小易发生退化,侯庆春和韩蕊莲(1996)认为"小老树"多生长在峁顶、峁坡及沟坡中上部,随坡位升高,其比例增加。在坡向方面,阳坡多于阴坡,但这种差异愈向北愈不明显。一般坡越陡形成"小老树"概率越大。侯庆春等认为生物因子同样也是不可忽视的环境因子,生物因子往往不是导致退化发生的直接原因,但其经常与其他因子共同作用,从而加剧了植被退化的程度。

2. 天然植被动态演替过程与特征

通过对试验地群落植被的连续调查,参照先前已有的研究数据,分析蔡家川流域内植被的演替过程以及演替过程中的特征(表 2-42)。

表 2-42　4 号封禁流域内植被盖度变化

年份	盖度/%			
	阳坡	半阳坡	阴坡	半阴坡
1994	50.66	84.68	89.58	85.74
2012	92.51	91.75	95.77	93.40

植被盖度是衡量群落覆盖地表程度的一个综合性量化指标,也是反映植被保持水土功能的一个重要指标。4 号流域经过近 40 年的封禁治理,植物种类与盖度明显增加,且增幅较大(图 2-17)。不同坡向植被盖度增加,阳坡增幅最大,为 45.23%,阴坡增长量最小,为 6.46%。根据黄土丘陵沟壑区已有研究表明,当群落盖度超过 50% 时植被能有效防止土壤侵蚀。当群落盖度达到 80% 时植被保持水土的效益就能达到最大防护效益,并使土壤侵蚀降低到土壤允许的流失量范围之内。随着群落盖度的增加、植被保持水土能力的增强,流域土壤流失量随之减小。

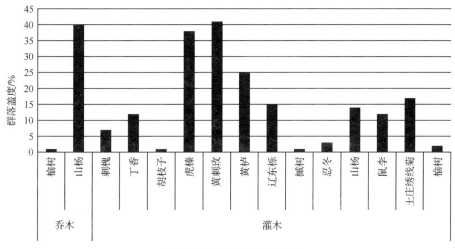

图 2-17　样地内植被丰富度

在封禁区域内植被种类也有了不同程度的增长,水分条件相对较差的阳坡上植物种数量由 1994 年的 19 种增长为 2012 年的 32 种,新生长出了枸子、黄栌、油松、土庄绣线菊和沙棘等植物种,水分条件相似的半阴坡和半阳坡上经过近 20 年的封禁治理,所增加的植物种类增幅为 68.4%。4 号小流域封禁 10 年后,小流域植被总的覆盖度由 30% 达到了 93.59%;植物种类迅速增加。就其来源来讲,是以周围残存的次生林为种源。植被恢复特点从起源上有两种:一是人工营造的刺槐、油松林,其余大部分是封禁措施(30 年左右)形成的自然恢复植被。自然恢复植被呈现出明显的按生境和按树种生物学特征的分布规律,根据重要值的大小分析,半阳坡以油松、山杏为主;阳坡以黄刺玫、丁香等灌木树种为主;半阴坡以黄刺玫、枸子为主;阴坡则以刺槐、连翘为主。

群落演替的同时伴随着物种多样性的增加和均匀度的提高,以及物种优势度的减弱,这是植物动态的一般规律。优势度的减弱意味着物种重要值的下降,对于处于演替过程中的群落来讲,利用物种的重要值可以数量化的分析它所处的演替阶段和距离顶极群落的时间距离。

封育后,乔木层油松、刺槐、辽东栎的重要值为最大,且占绝对优势,在封育期间灌木层以黄刺玫、虎榛子和黄栌的重要值最大,这三种树种皆是黄土高原森林草原地带的主要灌木树种,黄刺玫的生态幅度较宽,多分布于半阴坡及阴坡,在土壤水分条件好的立地上,生长势强,群落组成比较复杂,但在阴坡下部、集水沟道中灌丛群落发育良好的立地上,黄刺玫更新困难,常生长不良,而阳坡半阳坡水分条件相对较差,灌木群落多以沙棘为主。草本层以铁杆蒿和苔草的重要值最大,在各个坡度坡向广泛分布。同时,在封育后,主要树种的重要值逐渐由少数种重要值较大转变为多个物种的重要值差别不大,可见群落逐渐由少数物种占优发展为多个物种共同占优。

干旱贫瘠的阳坡、半阳坡首先由以羊胡子草、蒿类为主形成植物群落,或同时为草本和黄刺玫所侵入形成植物群落,或是形成灌丛混交林,而且越是在贫瘠、干旱地段,从草本到灌丛形成的时间越长,而这些地段亦较长时间地为灌丛所占据。在土壤条件优越地段形成的灌丛植被中,很快被乔木树种所侵入,根据不同类型灌木林所处土壤差异,特别是土壤水分状况不同,可发展为不同的先锋乔木林。先锋乔木林有山杨林、侧柏林以及由杜梨或山杏等构成的旱中生矮乔木疏林。

3. 自然植被群落恢复技术

封山育林是利用树木的自然繁殖能力和森林演替的动态变化规律,通过人们有计划、有步骤的封禁手段,使疏林、灌丛、残林迹地,以及荒山荒地等恢复和发展为森林、灌丛或草本植被的育林方法。封山育林以森林群落演替、森林植物的自然繁殖、森林生态平衡、生物多样性为理论依据。部分石质山地困难立地岩石裸露程度高,土面零碎,大部分土层浅薄,临时性干旱频繁。这种自然环境下人工造林往往事倍功半,成效不理想,尤其是大面积的人工造林难以奏效。同时,由于人工造林林分结构简单,在生物多样性和生态功能方面与天然林无法比拟。而遵循自然规律的封山育林,十多年就可形成结构比较复杂、生态相对稳定的植物群落,其蓄水保土和增加生物多样性的作用很显著,而且投入少。同时,由于封育区的林地得到保护,各类植物生长旺盛,为山区群众的生产和生活提供了更为广阔的发展空间和契机。

人工促进植被自然恢复是建设生态林业工程的好途径。长期以来,我们的营林思想从技术规程到验收标准完全是生产木材的理念,导致我们造林树种单一、密度大、林相差、病虫害多、林分不稳定、防护效能低。最典型的事例就是雁北大面积的“小老树”。在理论和技术上创新,指导业已开展的生态林业工程迫在眉睫。

天然植被经过多世代的环境驯化,最适应当地的立地条件,其苗木又经过多次种内的竞争,与环境形成了和谐统一。因此,天然植被群落具有光能转化率高,结构稳定,防护效能好的特性。生态林业应该具有这种特性。二次世界大战以后,德国为了尽快满足建设对木材的大量需求,曾经走过一段经营人工纯林的路子,经过近一个轮伐期的实践,他们认为纯林不仅效率低还造成林地地力下降,并从 20 世纪 80 年代开始调整人工纯林林分,提出了近自然林业的观念。

所谓近自然林业,就是利用植物的自然更新及自我调控能力,加以适当的人工辅助,使林木在较少的有益的人为促进下,以接近自然的方式发生发展,形成物种丰富、结构稳定、功能多样的林分。

封山禁牧,杜绝滥砍乱垦乱牧是植被恢复和保存的先决条件。封山禁牧,不是永久封禁,一般在 10 年后,植被已比较茂密,就能有节律的利用和轮牧,但一些生态位极度脆弱的地带除外。利用退耕还林的机会,进行封禁还林还草。这不仅有利于恢复植被,还能促进当地产业结构调整。

4. 自然植被群落恢复技术的水文生态功能分析与评价

严重退化生境条件下,由于其土壤的理化结构、水分和养分条件较差,应当采取封禁封育措施,通过自然恢复能力进行群落恢复。对于一些人为干扰严重或者水土流失严重的区域,封育同时可适当采取一些措施,如对一些陡坡裸地可以通过打桩、筑土坝等工程措施减少土壤和水的流失,由于土壤的氮磷钾和有机质含量主要与其上的植被有关,所以可对这些裸地或者植被覆盖率较低的地形撒一些当地草种,改良土壤养分条件。对于一些极陡的坡地或者容易出现塌岸的沟边,可适当进行造林。陡坡条件下通过灌草结合,在坡度相对较低处利用鱼鳞坑整地改良坡地土壤和水分条件,栽植沙棘、柠条等灌木,密度 $600\sim800$ 株$/hm^2$,其他区域以原有草本为主,通过增加覆被率减少侵蚀。沟边条件下,靠近坡位置种植沙棘,远离坡处种植旱柳,双行沙棘,单行旱柳,行间距 3 m,株间距 2 m,以降低侵蚀和水土流失。

研究区次生林的土壤有效持水量和最大持水量均显著高于人工林和农地,且产流量较高,产沙量较低,总之,其水文生态功能明显优于人工植被和农地,应作为研究区植被恢复的拟自然林。

2.3.5　西北内陆乌鲁木齐河流域水源区水源涵养型自然植被群落恢复技术

1. 退化植被生境分析

值得注意的是,在天山中部林区,草本盖度和灌木盖度与森林水源涵养的关系比较小,水源涵养功能较好的林下几乎无草本灌木覆盖,这与国内其他地区的水源涵养林林分结构具有一定的差异。

2. 天然植被动态演替过程与特征

天山云杉种群大小级结构呈正金字塔形,各级均有分布,幼苗占 1/4 左右,储备量较丰富,但自疏作用显著,幼苗死亡率较高。受种群繁殖特征和生境异质性的影响,天山云杉幼苗呈现出显著的聚集分布特征。在幼苗生长过程中,自疏作用不断增强,导致大量幼苗死亡,聚集强度逐渐减弱。至近熟林阶段,群落已发展至轻度聚集甚至随机分布的程度。

3. 自然植被群落恢复技术

依照立地类型划分,确定出不同的经营方式(封禁、封调、封改、封造等)。在研究区按照时间、面积(形状、立地条件) 序列,选择封育林区,各设置 5～8 个监测样地(面积不小于 400 m²),调查各样地内物种组成、株高、盖度等,计算生物多样性指数,同时在每个样地内挖土壤剖面 3 个,调查不同土层土壤水分动态变化规律和养分状况。

4. 自然植被群落恢复技术的水文生态功能分析与评价

天山云杉森林的林龄越大、郁闭度越高,对降雨的截留量就越大,地表径流率就越小。不同林龄的林冠截留率为:0.6 成熟林(33.40%)>0.6 近熟林(30.47%)>0.8 中龄林(29.73%)>0.8 幼龄林(21.62%)>0.4 中龄林(17.15%)>0.6 中龄林(14.48%)>中龄林 0.2(10.42%);地表径流率的大小排列为:裸地(17.09%)>草地(3.16%)>0.2 中龄林(2.77%)>0.4 中龄林(2.04%)>0.8 幼龄林(2.01%)>0.6 中龄林(1.06%)>0.8 中龄林(0.62%)>0.6 近熟林(0.59%)>0.6 成熟林(0.46%)。单位面积径流量分别为:裸地(114.49 t/hm²)>草地(21.16 t/hm²)>林地(9.13 t/hm²),说明林地土壤比草地和裸地具有明显的调水和固土作用。

2.3.6　辽河上游水源区水源涵养型自然植被群落恢复技术

1. 退化植被生境分析

辽东山地水源涵养林多属经人为多次破坏后,逐步恢复起来的天然次生林,其中中幼龄林及灌草丛等不同植被类型的立地条件差异明显。根据植被类型的差异性分为 4 大植被类型:①杂木林;②柞林;③灌木林;④灌草丛(疏林)。为了科学地评价植被类型的数量和质量变化,将群落的上层植物盖度和建群种的生活强度各分为 3 级。其中,上层植被盖度Ⅰ级>70%,Ⅱ级 50%~70%,Ⅲ级<50%;生活强度Ⅰ级植物生长旺盛,Ⅱ级能正常生长发育,Ⅲ级植物生长衰退。

根据辽东山区水源涵养林立地类型划分结果,以影响立地条件的主要指标——土壤、地貌作为主要因子,将辽东山区水源涵养林划分为 12 个立地类型(表 2-43):Ⅰ阴坡厚层土类型、Ⅱ阴坡中层土类型、Ⅲ阴坡薄层土类型、Ⅳ半阴坡厚层土类型、Ⅴ半阴坡中层土类型、Ⅵ半阴坡薄层土类型、Ⅶ半阳坡厚层土类型、Ⅷ半阳坡中层土类型、Ⅸ半阳坡薄层土类型、Ⅹ阳坡厚层土类型、Ⅺ阳坡中层土类型、Ⅻ阳坡薄层土类型。

表 2-43　退化植被生境分析

立地类型	土层厚度/cm	海拔高度/m	坡向	石砾含量/%	基岩母质	植被生活强度	植被盖度	植被恢复方式	适宜树种	植被群落	备注
Ⅰ阴坡厚层土类型	>50	<500	阴坡、半阴坡	—	—	强	0.7	抚育改造	红松、落叶松、沙松、水曲柳、裂叶榆	杂木林	
Ⅱ阴坡中层土类型	25~50	<500	阴坡、半阴坡	—	—	中	0.5~0.7	抚育改造	红松、落叶松、水曲柳、裂叶榆	杂木林	
Ⅲ阴坡薄层土类型	<25	<500	阴坡、半阴坡	30~50	疏松母质	弱	0.5	抚育改造	油松、刚松、刺槐、辽东栎、蒙古栎	稀疏灌丛	

立地类型	土层厚度/cm	海拔高度/m	坡向	石砾含量/%	基岩母质	植被生活强度	植被盖度	植被恢复方式	适宜树种	植被群落	备注
Ⅳ半阴坡厚层土类型	>50	<500	阳坡、半阳坡	30	—	强	0.7	抚育改造	油松、蒙古栎	蒙古栎林	
Ⅴ半阴坡中层土类型	25~50	<500	阳坡、半阳坡	30~50	—	中	0.5~0.7	抚育改造	油松、蒙古栎	蒙古栎林	
Ⅵ半阴坡薄层土类型	<25	<500	阳坡、半阳坡	50	疏松母质	弱	0.5	改造或围封管护	紫穗槐、胡枝子	稀疏蒙古栎林	
Ⅶ半阳坡厚层土类型	>50	≥500	阴坡、半阴坡、阳坡、半阳坡	—	—	强	0.7	抚育改造	樟子松、刺槐	杂木林、蒙古栎林	
Ⅷ半阳坡中层土类型	25~50	≥500	阴坡、半阴坡、阳坡、半阳坡	—	—	中	0.5~0.7	抚育改造	樟子松、刺槐	杂木林、蒙古栎林	
Ⅸ半阳坡薄层土类型	<25	≥500	阴坡、半阴坡、阳坡、半阳坡	—	坚硬基岩	中	0.5~0.7	围封管护		灌丛、草丛	
Ⅹ阳坡厚层土类型	>25	—	—	石碴子	坚硬基岩	弱	0.5~0.7	围封管护		杂木林、蒙古栎林	
Ⅺ阳坡中层土类型	>25	—	—	乱石窖	—	中	0.7	改造或围封管护	紫穗槐、胡枝子	杂木林、蒙古栎林	
Ⅻ阳坡薄层土类型	<25	—	—	乱石窖	—	弱	0.5	围封管护		稀疏灌丛	

自然植被恢复方式主要以围封为主。现存部分宜林地范围内都簇状生长着许多灌木,在这种立地类型区应通过严格的封山育林,促进灌木与目的树种同步生长,恢复水源涵养林植被,提高水源涵养功能。

2. 退化生境植被恢复技术

1) 围封育林技术

(1) 封山育林与人工经营相结合。老秃顶子水源涵养林在具备经济条件的原则下,应对封育的中、幼龄林,当郁闭度在0.6以上,符合水源涵养林的条件时,在封山育林技术措施基础上,进行人工经营技术,以加强水源涵养林的保护,提高森林病虫害防治水平,更大地提高老秃顶子水源涵养林各种生态功能。积极开展森林人工经营,综合培育水源涵养林,以森林生态系统经营理论为基础,对老秃顶子林区林分郁闭度0.6以上的中幼龄林、近熟林,采取育、造、改、封等人工综合措施,调整林分的各龄级、各径阶林木的营养面积,以达到森林可持续利用和可持续发展的目的。根据以往的做法,在各种抚育采伐的条件许可下(目前实行天然林保护工程,禁止各种采伐),对老秃顶子水源涵养林应坚持"轻抚育、勤抚育"的原则,理论上抚育间伐强度10%~15%,间隔期10~15年,不宜大面积采伐,在实际操作中,一般采用团、块状择伐,采伐面积50~60 m²。

老秃顶子林区对林缘和一些浅山区易遭人类活动干扰的疏林地（含未成林造林地），应加强封山育林措施，加大人工造林面积，以扩大水源涵养林面积，宜采用围栏、壕沟、土石墙、生物围栏、人工管护等封山育林措施相结合的方法，加强疏林地封山育林，开展因林、因地制宜，采用改造和补植、补播或促进天然更新的人工经营技术措施。

（2）乔灌草综合恢复相结合。在老秃顶子林区中，封乔与封灌相结合，从森林演替动态而言，灌木是过渡到乔木必经的一个阶段，有了灌丛更有利于森林从灌木阶段演替到乔木阶段。从利用而言，有些灌木是宝贵的经济植物资源，在短期内可取得经济收入，老秃顶子林区水源涵养林采用封乔与封灌相结合方式有着重要的实践意义。

封乔和养草相结合的这种封山育林的措施，是把水源涵养林作为牧场而言的，在实际封山育林工作中有着重要作用。老秃顶子林区是良好的草场地，水源涵养林与无林的草地镶嵌分布，在满足水源涵养林不被破坏的条件下，可允许当地群众适当进行放牧。但部分地段由于管护措施跟不上，造成过度放牧，将林下的牧草啃食干净，使杂草紧贴地表生长，林下灌木也极少，同时由于反复地啃食幼树，严重破坏了森林植被，从而使土壤物理状况恶化，严重地破坏了森林植被。因此，采用封乔与封草相结合的措施，既有益于林木和更新幼树的生长发育，又利于林下杂草较快地恢复，有利于林下的牧草场地永续地利用。

3. 退化生境植被恢复与植物多样性变化

本小节中选定的野大豆凤毛菊草地、山楂灌丛、蒙古栎核桃楸林属于生态环境遭受严重破坏之后围封恢复的植被类型。困难立地条件下，处于围封恢复阶段的野大豆凤毛菊草地土壤瘠薄、岩石裸露、水土流失严重、山高坡陡，位于属于重度破坏还未恢复的群落类型；山楂灌丛也是围封恢复阶段的群落，属于遭受破坏，围封之后次恢复的群落类型；蒙古栎核桃楸林属于困难立地中遭破坏，围封之后已恢复的群落类型。根据当地的具体植被情况，在海拔493～504 m之间的困难立地条件下围封的区域选择了3个反映不同恢复阶段的植物群落。未恢复群落中只包括草本群落，设样方3个。次恢复群落设灌木样方3个，草本样方3个。已恢复群落乔木样方1个，设灌木样方3个，草本样方3个。每个乔木样方面积为20 m×20 m，灌木样方面积为5 m×5 m，草本样方面积为1 m×1 m。记录乔木层树种名称、胸径、树高、枝下高、冠幅；灌木层植物名称、株丛数、高度、冠幅和地径；草本层植物种类、数量、盖度、高度。对每个样方的植物进行标本采集，运用《辽宁植物志》、《中国植物志》等参考资料对植物进行鉴定。

各样方内的植株覆盖度，采用目测法，以百分比估计。草本植株高度用卷尺测量，灌木和乔木植株高度用测高仪测量。对群落内每种植物进行标本采集并且编号，查阅《辽宁植物志》、《中国植物志》等参考资料进行植物鉴定。

1）群落特征分析

（1）野大豆凤毛菊草地。野大豆凤毛菊群落为遭重度破坏为恢复的地区，只有草本植物，还未形成灌木及高大乔木树种。草本植物物种也分布较少，总盖度只有13%。零星分布凤毛菊、野大豆、委陵菜。凤毛菊的密度为1400 株/hm²，占总株数的41%；野大豆的密度为1200 株/hm²，占总株数的35%；委陵菜（*Potentilla chinensis* Ser.）的密度为1250 株/hm²，占总株数的24%。

　　(2)山楂灌丛。山楂灌丛属于次恢复的群落,已开始恢复,所以有灌木层的物种。灌木物种的总盖度为 10%,主要有山楂(*Crataegus pinnatifida*)、平榛、忍冬(*Lonicera japonica*)。三种灌木的密度均为 133 株/hm²,占总株数的 14%。群落内有大量的核桃楸幼苗,花曲柳和大果榆幼苗也有出现。核桃楸的密度为 267 株/hm²,占总株数的 29%;花曲柳和大果榆的密度为 133 株/hm²,占总株数的 14%。草本层盖度为 60%~65%,主要物种有凤毛菊、龙牙草、委陵菜。凤毛菊密度为 4000 株/hm²,占总株数的 31%;龙牙草密度为 2400 株/hm²,占总株数的 19%;委陵菜密度为 1600 株/hm²,占总株数的 13%。草本层物种还包括常住金丝桃、大车前、老鹳草、水杨梅、苔草、兔毛蒿、紫苏等,还有胡枝子和悬钩子灌木物种的幼苗,这些物种的密度不大。

　　(3)蒙古栎核桃楸林。蒙古栎核桃楸林群落的郁闭度为 0.75。乔木层优势种主要成分为核桃楸和蒙古栎,密度分别约为 500 株/hm² 和 225 株/hm²,分别占总株数的 54% 和 24%。伴生种有假色槭、裂叶槭、花曲柳、水曲柳、榆树等,密度较低。灌木层的盖度为 58% 左右,主要灌木树种有平榛、忍冬,密度分别约为 933 株/hm² 和 667 株/hm²。此外林下有水曲柳、蒙古栎、大果榆、花曲柳、裂叶槭和榆树的幼树。水曲柳和蒙古栎幼树占的比例较大,为 20% 和 12%。草本层的盖度为 69% 左右,主要有龙牙草、苔草、野大豆,密度分别为 3066 株/hm²、2267 株/hm²、2000 株/hm²。群落内还包括穿龙薯蓣、凤毛菊、漏斗菜、山尖子、水杨梅、刺玫、紫苏、玉竹等,密度不大。

　　2)物种组成分析

　　调查结果显示植物种数为 30 种,隶属于 18 个科、27 个属。含 6 个种的科为蔷薇科、含 4 个种的为菊科、含 3 个种的为槭树科、含 2 个种的为豆科和木樨科,其他科均含 1 个植物种。含一个种的科占大多数,分别占总科、属、种数 72%、48%、43%,含一个种的属、种数量占本区植物种比例较高,表明本区中包含的植物科数较多,构成了植物种的主体。从属级别统计来看,只有槭属含 3 个种,白蜡树属含 2 个种。两个属只占总属数的 7% 左右,占总种数的 17% 左右。其余的属只含有一个种,占本区植物的绝大多数,占总属、种数的 93% 和 83%,构成了本区植物种组成的主体,也是本区植物种多样性的重要组成成分。群落中的重要值是研究某个种在群落中的地位和作用的综合数量指标。通过计算得出 3 个群落主要物种的重要值如表 2-44 所示。

表 2-44　群落主要物种

群落	物种名称	科名	属名	拉丁名	重要值	生活型
	东北凤毛菊	菊科	凤毛菊属	*Saussurea manshurica*	0.382	草本
Gs-S	野大豆	豆科	大豆属	*Glycine soja* Sieb.	0.371	草本
	委陵菜	蔷薇科	委陵菜属	*Potentilla chinensis*	0.247	草本
	龙牙草	蔷薇科	龙牙草属	*Agrimonia pilosa* Ledeb.	0.171	草本
	委陵菜	蔷薇科	委陵菜属	*Potentilla chinensis*	0.123	草本
Cp	草地凤毛菊	菊科	凤毛菊属	*Saussurea manshurica*	0.117	草本
	山楂	蔷薇科	山楂属	*Crataegus pinnatifida*	0.070	灌木
	苔草	莎草科	薹草属	*Carex tristachya*	0.057	草本

续表

群落	物种名称	科名	属名	拉丁名	重要值	生活型
Cp	紫苏	唇形科	紫苏属	*Perilla frutescens*	0.052	草本
	平榛	桦木科	榛属	*Corylus heterophylla*	0.046	灌木
	忍冬	忍冬科	忍冬属	*Lonicera japonica*	0.041	灌木
	兔毛蒿	菊科	线叶菊属	*Filifolium sibiricum*（Linn.）	0.036	草本
	老鹳草	牻牛儿苗科	老鹳草属	*Geranium wilfordii* Maxim	0.030	草本
Qm-Fr	苔草	莎草科	薹草属	*Carex tristachya*	0.090	草本
	龙牙草	蔷薇科	龙牙草属	*Agrimonia pilosa* Ledeb	0.080	草本
	核桃楸	胡桃科	胡桃属	*Juglans mandshurica*	0.080	乔木
	蒙古栎	壳斗科	栎属	*Quercus mongolica*	0.079	乔木
	平榛	桦木科	榛属	*Corylus heterophylla*	0.064	灌木
	水曲柳	木犀科	白蜡树属	*Fraxinus mandschurica*	0.049	乔木
	花曲柳	木犀科	白蜡树属	*Fraxinus rhynchophylla*	0.045	乔木
	假色槭	槭树科	槭属	*Acer pseudo sieboldianum*	0.031	乔木
	忍冬	忍冬科	忍冬属	*Lonicera japonica*	0.026	灌木

注：Gs-S代表野大豆凤毛菊草地，Cp代表山楂灌丛，Qm-Fr代表蒙古栎核桃楸林，以下各图表与此相同，本表包括重要值大于 0.02 以上的所有植物。

在野大豆凤毛菊群落中，凤毛菊的重要值最大，为 0.382，野大豆和委陵菜重要值分别为 0.371 和 0.247。山楂灌丛中，草本层的龙牙草、委陵菜和凤毛菊重要值都介于 0.1～0.2之间，分别是 0.171、0.123、0.117，均低于凤毛菊野大豆草地每个物种的重要值。其余物种的重要值都低于 0.1。灌木层的山楂重要值较高，指数为 0.070。老鹳草的重要值最小，仅为 0.030。蒙古栎核桃楸林的重要值都小于 0.1。重要值介于 0.05～0.10 的有苔草、龙牙草、核桃楸、蒙古栎、平榛，其中苔草的重要值最高，为 0.090。其余物种重要值低于 0.05，忍冬的重要值最低为 0.026。

3）群落生物多样性分析

（1）物种丰富度分析。物种丰富度是指一定面积内的物种数目。恢复阶段的物种丰富度并不是按着恢复阶段的顺序增大或是减少，而是取决于生境及群落的结构。从表 2-45 和图 2-18 看出物种丰富度随着植被恢复的程度逐渐变高，未恢复的野大豆凤毛菊草地 Patric 丰富度为 3，因为原有植被已遭到破坏并且立地条件相当恶劣，岩石裸露、降雨造成的地表径流加剧土壤贫瘠程度，导致物种丰富度极少。已恢复的蒙古栎核桃楸林丰富度达到 31，是因为蒙古栎核桃楸林处于恢复阶段，群落包括草本层、灌木层和乔木层植物物种，因此 Patric 丰富度较高。

表 2-45　Patric 丰富度指数

群落类型	丰富度指数
野大豆凤毛菊草地	3
山楂灌丛	18
蒙古栎核桃楸林	31

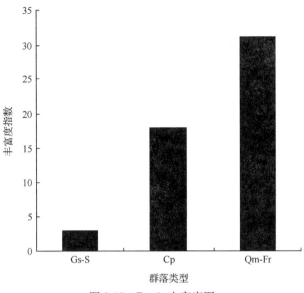

图 2-18　Patric 丰富度图

（2）Shannon-Wiener 多样性指数分析。Shannon-Wiener 多样性指数与丰富度指数正相关,从表 2-46 和图 2-19 得知,野大豆凤毛菊草地多样性指数最小,为 1.084。蒙古栎核桃楸林多样性指数最大,为 2.906。多样性指数变化趋势与丰富度指数变化趋势一致,都是随着群落的恢复程度逐渐增大。蒙古栎核桃楸林已完成植被恢复,群落达到稳定的水平,物种种类最多,群落包含草本层、灌木层、乔木层,因此蒙古栎核桃楸林多样性指数最大。

表 2-46　Shannon-Wiener 多样性指数

群落类型	Shannon-Wiener 多样性
野大豆凤毛菊草地	1.084
山楂灌丛	2.651
蒙古栎核桃楸林	2.906

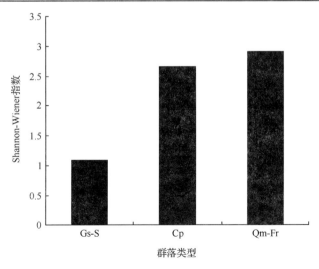

图 2-19　Shannon-Wiener 多样性图

・ 124 ・　　　　　　水源涵养林——技术、研究、示范

（3）Simpson 优势度指数分析。Simpson 优势度指数是对多样性的反面即集中性的反映（马克平和刘玉明，1994），与丰富度指数是相反的关系。从表 2-47 及图 2-20 看出，优势度随着群落恢复程度的逐渐减少，野大豆凤毛菊草地群落优势度最大，为 0.343。这是由于野大豆凤毛菊草地群落物种种类少，丰富度指数小，优势种明显，导致优势度最大。蒙古栎核桃楸林优势度最小，为 0.068，是由于群落趋于稳定，物种种类多，各层次都有相应的优势钟，导致整个群落优势小。

表 2-47　Simpson 优势度指数

植被恢复阶段	Simpson 优势度指数
野大豆凤毛菊草地	0.343
山楂灌丛	0.085
蒙古栎核桃楸林	0.068

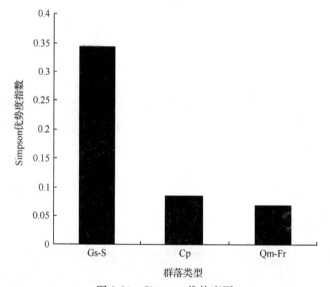

图 2-20　Simpson 优势度图

（4）Pielou 均匀度分析。从表 2-48 和图 2-21 中看出，Pielou 均匀度也随着群落的恢复程度减少，野大豆凤毛菊草地群落均匀度最大，为 0.984。这是因为物种种类少，物种个体数也少，分布均匀。已恢复蒙古栎核桃楸林均匀度最小，为 0.846，因为群落趋于稳定，物种种类多，物种之间喜好的生境不同，导致整个群落均匀度小。

表 2-48　Pielou 均匀度

植被恢复阶段	Pielou 均匀度
野大豆凤毛菊草地	0.984
山楂灌丛	0.917
蒙古栎核桃楸林	0.846

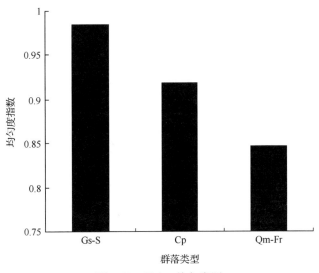

图 2-21　Pielou 均匀度图

　　研究发现物种 Shannon-Wiener 多样性指数、Simpson 优势度指数和 Pielou 均匀度是反映物种组成结构特征的定量指标,一般来说物种丰富度与物种多样性、均匀度呈正相关,与优势度呈负相关(汪殿蓓等,2007;陈廷贵和张金屯,2000)。

　　困难立地条件下围封恢复的群落中 Patric 丰富度指数与 Shannon-Wiener 多样性指数的变化趋势是一致的,都是随着恢复的程度逐渐变大,野大豆凤毛菊草地<山楂灌丛<蒙古栎核桃楸林。而 Simpson 优势度指数和 Pielou 均匀度指数的变化趋势也是一致的,随着恢复的程度逐渐减少,野大豆凤毛菊草地>山楂灌丛>蒙古栎核桃楸林。均匀度在稳定群落中与丰富度和多样性指数变化趋势一致,不过在困难立地条件下的围封的群落均匀度是随着恢复的程度减少,这是因为未恢复的群落无灌木层和乔木层,只有草本层,并且物种种类少,株数少,因此均匀度最大。

第 3 章　低功能人工水源涵养林结构定向调控技术

3.1　低功能人工水源涵养林密度调控技术

3.1.1　海河上游水源区低功能人工水源涵养林密度调控技术

1. 海河上游低功能人工水源涵养林成因分析

森林具有多种生态功能,对于流域来说森林植被主要发挥水源涵养功能的作用,然而不同森林植被水源涵养的功能有高低之分。由于森林本身结构不合理或系统组成成分缺失,造成森林植被类型的某种功能,如水源涵养功能、防风固沙功能等显著低于经营措施一致、生长正常的同龄同类林分的指标均值者,称为低功能林。而海河上游水源区的低功能林的主要成因是林分结构不合理、造林密度不合理等。

2. 海河上游低功能人工水源涵养林健康诊断与分类

1) 油松低水源涵养功能型森林植被评判
A. 油松水源涵养功能森林植被评判因子选择
水源涵养功能型森林植被林分因子为平均树高(X_1)、平均胸径(X_2)、郁闭度(X_3)、公顷蓄积(X_4)、蓄积生长量(X_5)、下木盖度(X_6)、地被物盖度(X_7)、土壤厚度(X_8)、腐殖厚度(X_9)、群落结构(X_{10})等 10 项因子。主要由平均树高、平均胸径、郁闭度、公顷蓄积、蓄积生长量反映林分的生长状况和林分的潜在生产力;郁闭度反映林木利用生长空间的程度,其本身也蕴含了对林分水源涵养功能的度量,在一定范围内树冠稠密、林冠郁闭度高的林分比郁闭度低的林分具有更好的水源涵养效能;下木盖度、地被物盖度反映乔木层林下植被发育状况,乔木层影响林地枯落物现存量的积累和林地养分循环,另一方面对降水起到缓冲的作用,是森林水源涵养功能的作用层之一;土壤厚度、腐殖厚度反映土壤层涵蓄水功能;群落结构反映森林生态系统结构的复杂程度,结构决定功能的发挥。对选出的因子,在 SAS 软件系统下对样地数据进行逐步回归分析,以便进一步确立该地区影响水源涵养功能发挥的主要表现林分因子。逐步回归分析表明,第一步引入变量 X_6(下木盖度),第二步引入变量 X_3(郁闭度),第三步引入变量 X_8(土壤厚度),故最终模型中仅包含变量 X_6、X_3、X_8,模型在 0.0001 水平下显著,即 $Y=3.0242+0.1324X_3-0.0286X_6+0.0375X_8$。因此,水源涵养功能评价因子主要为 X_6(下木盖度)、X_3(郁闭度)、X_8(土壤厚度),用于油松各样地水源涵养功能评价的指标因子。
B. 油松水源涵养功能森林植被表现因子的主成分分析
以上述选择的林分指标因子即郁闭度(X_3)、下木盖度(X_6)、土壤厚度(X_8) 为评价林分水源涵养功能的主要表现因子,采用公式 $C_{ij}=[(C_{ij}-C_{j\min})/(C_{j\max}-C_{j\min})]\times99+1$ 进行标准化处理,即将原始数据各因子压缩到[1,100]的区间,按照油松龄级(幼龄林、中龄林、近熟林)分别确定划分标准,分别计算各主成分的特征根、贡献率及因子负荷量,结果见表 3-1。

表 3-1　油松林水源涵养功能综合评价主成分分析

主成分		PRIN1	PRIN2	PRIN3
幼龄林	特征根	1.3824	0.9736	0.6012
	贡献率/%	50.34	35.21	23.14
	累积贡献率/%	50.25	60.32	100
	X_3	−0.5638	0.3547	0.6732
	X_6	0.359	0.9256	−0.2347
	X_8	0.6325	−0.1025	0.8241
中龄林	特征根	1.3569	0.1107	0.8159
	贡献率/%	40.58	33.8	26.47
	累积贡献率/%	45.21	78.56	100
	X_3	−0.5981	0.1035	0.8325
	X_6	0.6021	−0.5879	0.5432
	X_8	0.4879	0.8032	0.4301
近熟林	特征根	1.1254	1.110	0.1014
	贡献率/%	41.59	33.57	23.95
	累积贡献率/%	41.58	70.18	100
	X_3	0.6478	−0.2267	0.5749
	X_6	0.0475	1.0201	0.3365
	X_8	0.5214	0.3218	−0.5565

由表 3-1 可知,油松林林分因子的主成分分析,前三个主分量的累积贡献率已达100%,前两个主分量的累积贡献率按龄级分别为 60.32%、78.56%、70.18%,能反映指标的全部信息。因此,取前两个主分量已符合综合数值分析的要求,第一主分量的贡献率是最大主分量。在第一主分量中,不同龄级的郁闭度、土壤厚度因子的负荷量较大,下木盖度因子的负荷量较小,幼龄林和中龄林的郁闭度因子负荷量为负,第一主分量反映了林分土壤的水源涵养的特征;在第二主分量中,幼龄林和中龄林的下木盖度因子的负荷量最大,而中龄林土壤厚度因子的负荷量最大,说明第二主分量主要代表林分乔木层下层截留降水的能力,同时影响枯落物层蓄水能力。根据油松幼龄林、中龄林、近熟林主成分分析的结果,分别选取前两个主分量,以每个主分量的贡献率为权重,计算林分综合数量化分值;按照分值划定林分水源涵养功能等级范围并对各评价单元(小班)的水源涵养功能等

级进行统计分析。

对 2581 个油松幼龄林样本频率统计分析,林分综合数量化分值小于 10 的样本数占总样本的 39.17%;分值在 10～30 范围内的样本数占总样本的 51.22%;分值在 30～50 范围内的样本数占总样本的 6.97%;分值大于 50 的样本数占总样本的 2.63%,多数样地数量化分值集中在小于 30 的范围内。对 2711 个油松中龄林样本频率统计分析,林分综合数量化分值小于 0 的样本数占总样本的 23.31%;分值在 0～10 范围内的样本数占总样本的 22.1%;分值在 10～20 范围内的样本数占总样本的 25.53%;分值在 20～30 和 40～50 范围内的样本数占总样本的 6.9%,多数样地数量化分值集中在小于 20 的范围内,样本数占总样本数的 70.9%。对 371 个油松近熟林样本频率统计分析,林分综合数量化分值小于 10 的样本数占总样本的 9.16%;分值在 10～20 范围内的样本数占总样本的 67.4%;分值在 20～70 范围内的样本数占总样本的 23.5%;多数样地数量化分值集中在 10～20 范围内,样本数占总样本的 70.9%;区域油松人工林分综合数量化分值分布呈现单峰左偏型山状分布的特点。

C. 油松水源涵养功能等级划分的聚类分析

根据林分综合数量化得分结果,对区域油松人工幼龄林 2581 块样地、中龄林 2711 块样地和近熟林 371 块样地在 SAS 软件系统下分别进行系统聚类分析。先按照样地综合数量化分值和样地频率分布特点,再按龄级将样地分别聚类。其中,幼龄林聚为 4 类,即第一类包含样地 182 块,其样地林分综合数量化分值大于 37;第二类包含样地 1086 块,其样地林分综合数量化分值大于 20 并小于 37;第三类包含样地 601 块,其样地林分综合数量化分值大于 7 并小于 20;第四类包含样地 712 块,其样地林分综合数量化分值小于 7。中龄林聚为 3 类,即第一类包含样地 781 块,其样地林分综合数量化分值大于 22 小于 44;第二类包含样地 1274 块,其样地林分综合数量化分值大于 2 并小于 22;第三类包含样地 656 块,其样地林分综合数量化分值小于 2。近熟林聚为 3 类,即第一类包含样地 10 块,其样地林分综合数量化分值大于 39 小于 70;第二类包含样地 54 块,其样地林分综合数量化分值大于 23 并小于 39;第三类包含样地 307 块,其样地林分综合数量化分值大于 2 小于 23。因此,根据聚类分析结果,按照林分综合数量化分值大小分别把样地按照幼龄林、中龄林、近熟林各分为四个等级,即水源涵养功能 I 等级(林分综合数量化分值 43～70)、II 等级(林分综合数量化分值 20～43)、III 等级(林分综合数量化分值 7～20)、IV 等级(林分综合数量化分值<7)。

D. 油松林水源涵养功能林分表现因子的判别分析

对聚类分析所划分水源涵养功能等级的样地,用选择的林分主要因子作为判别因子,按油松龄级分别采用贝叶斯判别方法和典型判别方法,判别统计结果见表 3-2。由表 3-2 可知,组内协差阵的齐性检验在 0.1 水平上显著,贝叶斯判别方法使用二次判别函数进行判别。在 2581 个油松幼龄林样地中有 46 个理论上属于水源涵养功能 I 等级的样本和 6 个理论上属于水源涵养功能 III 等级的样本被错分为 II 等级,正判样本数 1034 个,正判率为 95.21%;有 32 个理论上属于水源涵养功能 II 等级的样本和 108 个理论上属于水源涵养功能 IV 等级的样本被错分为 III 等级,正判样本数 461 个,正判率为 76.71%;有 5 个理论上属于水源涵养功能 III 等级的样本被错分为 IV 等级,正判样本数 707 个,正判率为 99.30%。其他的样地都与原分类一致,总的判别准确率 92.8%。在 2711 块油松中龄林样地中,被判为Ⅱ等级、Ⅲ等级、Ⅳ等级,有 7 个理论上属于水源涵养功能Ⅲ等级的样本被错分为Ⅱ等级,正判样本数 774 个,正判率为 99.1%;有 3 个理论上属于水源涵养功能Ⅱ等级的样本被错分为Ⅲ等级,正判样本数 1271 个,正判率为 99.76%;有 36 个理论上属于水源涵养功能Ⅲ等级的样本被错分为Ⅳ等级,正判样本数 620 个,正判率为 94.51%。其他的样地都与原分类一致,总的判别准确率 97.79%。在 371 块油松中龄林样地中,被判为Ⅰ等级、Ⅱ等级、Ⅳ等级,有 12 个理论上属于水源涵养功能Ⅱ等级的样本被错分为Ⅳ等级,正判样本数 295 个,正判率为 90.09%,其他的样地都与原分类一致,总的判别准确率 98.7%。根据贝叶斯判别方法的判别结果,对错分水源涵养功能等级的样本重新调整归类,并进行典型判别分析,以便按龄组分别建立判别函数和判别规则。

表 3-2　油松各龄级水源涵养功能等级的贝叶斯判别分析

龄级	类别	Ⅰ		Ⅱ		Ⅲ		Ⅳ		总体		判别准确率/%
		样本数/个	概率/%	样本数/个	概率/%	样本数/个	概率/%	样本数/个	概率/%	样本数/个	概率/%	
幼龄林	Ⅰ	182	100	0	0	0	0	0	0	182	100	92.8
	Ⅱ	46	4.24	1034	95.21	6	0.55	0	0	1086	100	
	Ⅲ	0	0	32	5.32	461	76.71	108	17.97	601	100	
	Ⅳ	0	0	0	0	5	0.7	707	99.3	712	100	
中龄林	Ⅰ	—										97.79
	Ⅱ			774	99.1	7	0.9	0	0	781	100	
	Ⅲ			3	0.24	1271	99.76	0	0	1274	100	
	Ⅳ			0	0	36	5.49	620	94.51	656	100	
近熟林	Ⅰ	10	10	0	0			0	0	10	100	98.7
	Ⅱ	0	0	54	100			0	0	54	100	
	Ⅲ	—										
	Ⅳ	0	0	12	3.91	0	0	295	96.09	307	100	

注:组内协差阵的齐性检验在 0.1 水平上显著。

由表 3-3 可知,油松幼龄林典型判别分析,第一个特征值为 10.4227,相应的典型变量为 CAN_1;第二个特征值为 1.3066,相应的典型变量为 CAN_2;第三个特征值为 0.0337,相应的典型变量为 CAN_3。前两个典型变量 CAN_1、CAN_2 累积贡献率为 99.71%,并且两个典型变量均显著。同理,油松中龄林水源涵养功能等级典型判别分析,第一个特征值为 34.3912,CAN_1 贡献率为 99.94%,CAN_1 典型变量显著。第一典型变量 CAN_1 值大的样地属于水源涵养功能Ⅱ等级,CAN_1 值小的样地属于水源涵养功能Ⅳ等级,Ⅲ等级介于其之间,样地各功能等级明显分开。油松近熟林的典型判别分析,第一典型变量 CAN_1 显著,贡献率为 97.47%,第一典型变量 CAN_1 值大的样地属于水源涵养功能Ⅰ等级,CAN_1 值小的样地属于水源涵养功能Ⅳ等级,且Ⅰ功能等级样地和Ⅱ、Ⅳ功能等级明显分开,Ⅱ、Ⅳ功能等级样地紧密相连。

表 3-3　油松各龄级水源涵养功能等级典型判别分析

典型变量		幼龄林			中龄林		近熟林	
		CAN₁ *	CAN₂ *	CAN₃ *	CAN₁ *	CAN₂ *	CAN₁ *	CAN₂ *
特征值		10.4227	1.3066	0.0337	34.3912	0.0002	4.899	0.1273
贡献率/%		88.61	11.1	0.29	100	—	97.47	2.53
累积贡献率/%		88.61	99.71	100	99.94	—	97.47	100
典型相关系数		0.9552	0.7526	0.1806	0.9858	0.1331	0.9113	0.336
X_3		−0.5088	0.3477	0.7875	−0.2205	−0.007	0.0689	0.9973
X_5		0.5942	0.8037	−0.0314	0.0899	0.1464	0.9892	−0.0909
X_8		0.8523	−0.4314	0.2959	0.9982	−0.0001	0.141	0.0698
均值 功能等级	Ⅰ	7.0073	3.3219	−0.0122	—	—	11.1629	−1.1491
	Ⅱ	2.1465	−0.9474	0.091	7.7682	0.0112	2.5585	0.7557
	Ⅲ	−1.0978	−0.149	−0.3263	−0.463	−0.014	—	—
	Ⅳ	−4.1386	0.7216	0.1398	−8.3492	0.0139	−0.814	−0.0955

注：指标因子、均值向量在 0.0001。

＊表示在 0.0001 水平下典型变量显著。

(1) 建立判别函数。以 3 项林分主要因子作为判别因子,对贝叶斯判别方法判别的结果进行调整重新归类后,用典型判别方法进行判别,油松幼龄林判别函数为:$CAN_1 = -0.5088X_3 + 0.5942X_5 + 0.8523X_8$;$CAN_2 = 0.3477X_3 + 0.8037X_5 - 0.4314X_8$,$CAN_1$ 典型变量相关系数为 0.9552;同理,中龄林判别函数为:$CAN_1 = -0.2205X_3 + 0.0899X_5 + 0.9982X_8$,$CAN_1$ 典型变量相关系数为 0.9858;近熟林判别函数为:$CAN_1 = 0.0689X_3 + 0.9892X_5 + 0.141X_8$,$CAN_2 = 0.9973X_3 - 0.0909X_5 + 0.0698X_8$,典型相关系数为 0.9113。

(2) 建立判别规则。油松幼龄林四类水源涵养功能等级样本的类中心在判别坐标系中的坐标分别为,第 Ⅰ 类:7.0073,3.3219;第 Ⅱ 类:2.1465,−0.9474;第 Ⅲ 类:−1.0978,−0.149;第 Ⅳ 类:−4.1386,0.7216。阈值点 $U_1 = 4.1$、$U_2 = 0.5$、$U_3 = -2.5$。判别规则为:CAN_1 在区间 $(4.1, +\infty)$ 为第 Ⅰ 类;在区间 $(0.5, 4.1)$ 为第 Ⅱ 类;在区间 $(-2.5, 0.5)$ 为第 Ⅲ 类;在区间 $(-2.5, -\infty)$ 为第 Ⅳ 类。同理,中龄林三类水源涵养功能等级样本的类中心在判别坐标系中的坐标分别为,第 Ⅱ 类:7.7682,0.0112;第 Ⅲ 类:−0.463,−0.014;第 Ⅳ 类:−8.3492,0.0139。阈值点 $U_1 = 6.5$、$U_2 = -1.5$、$U_3 = -8$。判别规则为:CAN_1 在区间 $(6.5, +\infty)$ 为第 Ⅱ 类;在区间 $(-1.5, -8)$ 为第 Ⅲ 类;在区间 $(-8.0, -\infty)$ 为第 Ⅳ 类。近熟林三类水源涵养功能等级样本的类中心在判别坐标系中的坐标分别为,第 Ⅰ 类:11.1629,−1.1491;第 Ⅱ 类:2.5585,0.7557;第 Ⅳ 类:−0.814,−0.0955。阈值点 $U_1 = 7.5$、$U_2 = 1.5$、$U_3 = 0$。判别规则为:CAN1 在区间 $(7.5, +\infty)$ 为第 Ⅰ 类;在区间 $(1.5, 7.5)$ 为第 Ⅱ 类;在区间 $(0, 1.5)$ 无样本;在区间 $(0, -\infty)$ 为第 Ⅳ 类。

(3) 确定油松各龄级水源涵养功能等级的划分标准。结合样地数据库和各样地归类分析可知,油松幼龄林水源涵养功能Ⅰ等级样地林分平均树高 2.6 m,平均胸径 4.0 cm,郁闭度 0.35,公顷蓄积量 1.1 m³/hm²,地被物盖度 34.2%,年蓄积生长量 0.1 m³/(hm² · a),

林下木盖度 44%，土层厚度等级为厚层土（＞80 cm）、薄层腐殖质（＜2 cm），群落结构具
有乔木层、下木层、草本层和地被物层 4 个植被层的森林完整结构，有良好的生长状况，综
合数量化分值在 37～70 范围内，为生长较好、水源涵养功能强的林分；水源涵养功能 Ⅱ 等
级样地林分平均树高 2.5 m，平均胸径 3.6 cm，郁闭度 0.33，公顷蓄积量 1.7 m³/hm²，地
被物盖度 32.6%，年蓄积生长量 0.1 m³/(hm²·a)，林下木盖度 3%，土层厚度等级为厚
层土（＞80 cm）、薄层腐殖质（＜2 cm），群落结构具有乔木层和其他 1～2 个植被层的森林
复杂结构，有中等的生长状况，综合数量化分值在 22～37 范围内，处于中等偏上水平，水
源涵养功能中等的林分；水源涵养功能 Ⅲ 等级样地林分平均树高 2.2 m，平均胸径
3.4 cm，郁闭度 0.37，公顷蓄积量 1.15 m³/hm²，地被物盖度 43.31%，年蓄积生长量
0.07 m³/(hm²·a)，林下木盖度 1.2%，土层厚度等级为中层土（40～79 cm）、薄层腐殖质
（＜2 cm），群落结构具有乔木层和其他 1～2 个植被物层的森林复杂结构，中等偏下生长
状况，综合数量化分值在 7～19 范围内，水源涵养功能中等偏下；水源涵养功能 Ⅳ 等级样
地林分平均树高 2.2 m，平均胸径 3.7 cm，郁闭度 0.49，公顷蓄积量 2.53 m³/hm²，地被
物盖度 44.2%，年蓄积生长量 0.17 m³/(hm²·a)，林下木盖度 0.07%，土层厚度等级有
薄（＜40 cm）中层土、薄层腐殖质（＜2 cm），群落结构仅有乔木层一个植被物层的森林简
单结构，中等偏上生长状况，综合数量化分值＜7，水源涵养功能偏下。经过对四种类别、6
项因子的最小显著差数法（LSD）进行 t 配对检验，第 Ⅰ、Ⅱ、Ⅲ 功能等级类间差异不显著
（0.1 水平下），与第 Ⅳ 功能等级差异达到显著水平。

　　同理，由于油松中龄林综合数量化分值在 2～44 范围内，水源涵养功能仅有 Ⅱ、Ⅲ、Ⅳ
等级，水源涵养功能 Ⅱ 等级综合数量化分值在 22～44 范围内，群落结构为复杂结构、厚层
土壤、薄层腐殖质厚度等级，郁闭度 0.46；水源涵养功能 Ⅲ 等级综合数量化分值在 7～20
范围内，群落结构为复杂结构、中等土壤厚度、薄层腐殖质厚度等级，郁闭度 0.5；水源涵
养功能 Ⅳ 等级综合数量化分值－25.48～1.7，复杂结构、薄层土壤、薄层腐殖质厚度，郁闭
度 0.54。经过对 3 种类别 3 项因子的最小显著差数法（LSD）进行 t 配对检验，在 0.1 水
平下，第 Ⅱ、Ⅲ 功能等级类间差异不显著，与 Ⅳ 功能等级差异达到显著水平。

　　（4）油松水源涵养功能主要林分因子和立地类型。从油松人工林样地数据库中选择
干扰相对较小的 2531 块样地，对立地因子与林分因子进行典型相关分析。立地因子有地
貌 X_1、坡度级 X_2、坡向 X_3、坡位 X_4、海拔 X_5 和土壤类型 X_6、土壤厚度 X_7、腐殖质层厚
度 X_8，林分因子主要为平均树高 X_9、平均胸径 X_{10}、郁闭度 X_{11}、林地公顷蓄积 X_{12} 和地
被物盖度 X_{13}。立地因子形成一组合，林分因子形成另一组合，用典型相关分析方法研究
两类组合的相关关系，寻找该地区影响油松分布、质量、功能发挥的有关因子，典型相关分
析统计信息见表 3-4。

表 3-4　立地因子与油松林分因子典型相关分析有关信息表

典型变量	Ⅰ		Ⅱ		Ⅲ		Ⅳ		Ⅴ	
典型相关系数	0.4035*		0.3603*		0.02508*		0.0877*		0.0674*	
	S_1	R_1	S_2	R_2	S_3	R_3	S_4	R_4	S_5	R_5
地貌 X_1	−0.5136	−0.8575	0.3475	0.183	−0.5484	−0.1935	−0.6095	0.0179	0.464	0.3227

续表

典型变量	I		II		III		IV		V	
典型相关系数	0.4035*		0.3603*		0.02508*		0.0877*		0.0674*	
坡度级 X_2	0.3555	0.7152	0.1835	−0.2469	0.6625	0.1238	−0.2743	−0.2776	1.0896	0.5686
坡向 X_3	0.1238	0.1052	−0.108	−0.0929	0.2938	0.3037	0.474	0.4967	−0.1721	−0.1958
坡位 X_4	0.1474	−0.3165	0.5396	0.5895	0.2034	0.196	0.2352	0.3176	0.1834	−0.0789
海拔 X_5	0.2562	0.5208	0.0288	−0.199	−0.809	−0.6726	0.7053	0.326	0.2443	0.3481
土壤类型 X_6	−0.312	−0.7454	−0.871	−0.4242	0.3955	0.1549	0.4772	0.3256	0.2608	0.3044
土壤厚度 X_7	0.0468	−0.5764	0.5461	0.5283	0.3375	0.2295	0.5366	0.3544	0.4114	0.1052
腐殖质层厚度 X_8	−0.0047	0.019	−0.0347	−0.038	0.0063	−0.0148	−0.2229	−0.2205	−0.0503	−0.0753
平均树高 X_9	0.0825	0.6452	0.9202	0.5662	−0.6581	−0.4729	0.0351	−0.776	0.5986	0.2112
平均胸径 X_{10}	0.3997	0.7144	−0.0883	0.246	0.2024	0.0465	−0.7742	−0.5207	−0.8197	−0.3949
郁闭度 X_{11}	0.3155	0.7011	−0.5652	−0.3277	0.2047	0.1538	−0.4382	−0.1818	0.8218	0.5868
林地公顷蓄积 X_{12}	0.5038	0.8103	−0.371	−0.179	−0.1193	−0.2238	0.8869	0.4987	−0.5031	−0.1119
地被物盖度 X_{13}	0.1057	0.3006	0.5532	0.4668	0.7755	0.801	0.3979	0.1947	0.1027	0.1102

注：S 为典型变量系数；R 为原始变量与典型变量相关系数；

* 表示在 0.0001 水平下典型变量显著。

五对典型变量的典型相关系数在 0.001 下均显著，可认为油松林分因子与立地因子两组间关系显著。前四对典型相关信息占总相关信息的 94.26%，因此，用前四对典型变量进行分析。第 I 对典型变量立地因子的线性组合中，地貌与立地因子线性组合具有最高的负相关、坡度级具有最高的正相关，而在林分因子的线性组合中，公顷蓄积具有最高的正相关，因此，第 I 对典型变量反映出影响油松林地公顷蓄积量大小的立地因子是地貌、坡度级。第 II 对典型变量立地因子线性组合中，坡位因子和土壤类型、厚度相关性最大，而林分因子的线性组合中，树高因子负荷量最大，说明第 II 对典型变量主要描述树高与坡位因子、土壤厚度之间的关系。第 III 对典型变量立地因子线性组合中，坡度级因子、海拔因子的负荷量大，而林分因子的线性组合中，树高和地被物盖度的负荷量最大，说明第 III 对典型变量主要描述坡度级、海拔因子与树高、地被物盖度之间的关系。第 IV 对典型变量立地因子线性组合中，地貌、海拔因子相关性最大，而林分因子的线性组合中，平均直径、公顷蓄积负荷量最大，说明第 IV 对典型变量主要描述平均直径、公顷蓄积与地貌、海拔因子之间的关系。

综上分析可知，油松人工林林分因子与立地因子是显著相关的，林分和林地的性状主要受地貌、坡度级、坡位、海拔、土壤类型、土层厚度的影响，受腐殖质层厚度、坡向影响较小。因此，以坡位、地貌、土壤类型、土壤厚度、坡度级、海拔作为油松低水源涵养功能林分立地类型的分类因子,低水源涵养功能油松林分主要的立地类型,从低水源涵养功能林分立地类型看,油松低功能林主要分布在低山、薄或中等厚度的褐土区,占样本的 69.6%,坡度级为Ⅲ级、斜坡 16°~25°,具有乔木层和其他 1~2 个植被层的森林复杂结构,下木盖度低、地被物盖度相对较高(50%),林分郁闭度为 0.4~0.69,属于中等级郁闭度,林木生长不良。而水源涵养功能Ⅰ等级的油松林,郁闭度为 0.2~0.39,属于低等级郁闭度,下木盖度 47%、地被物盖度 39%,中厚土层,各种坡向均有分布,具有 2~3 个植被层的森林复杂结构和具有乔木层、下木层、草本层、地被物层 4 个植被层的森林完整结构,有良好的生长状况。在生产上应选择坡位的中下部位、土层深厚的造林地较适合油松的生长。

(5) 低水源涵养功能油松林主要林分因子利用油松数据库资料,将样地的树高、公顷蓄积量、胸径等因子与林分年龄分别建立生长模型。10 年的油松人工林林分的平均树高为 1.8 m 左右,20 年的油松人工林林分的平均树高为 2.7 m 左右,30 年的油松人工林林分的平均树高为 3.4 m 左右,40 年的油松人工林林分的平均树高为 5.0 m 左右。幼龄林树高平均生长量 0.16 m 左右,中龄林树高平均生长量 0.13 m 左右,近熟林树高平均生长量 0.14 m 左右,成熟林树高平均生长量 0.12 m 左右。这说明油松人工林中近熟林的平均立地条件较差,林分生长慢,生长潜力较小。由油松林林龄-胸径进行分析,现存的油松人工林的林龄分布范围小,近成熟林偏少,生长相对较慢,大部分林龄大于 40 年,生长相对较慢。从总体上看,平均蓄积及生长量偏低,特别是中幼林和成过熟林,幼龄林的林分平均蓄积为 14.9 m³/hm²,林分平均生长量为 1.3 m³/hm²;中龄林的林分平均蓄积为 20.9 m³/hm²,林分平均生长量为 0.8 m³/hm²;近熟林的林分平均蓄积为 34.4 m³/hm²,林分平均生长量为 0.99 m³/hm²;成熟林的林分平均蓄积为 26.8 m³/hm²,林分平均生长量仅为 0.6 m³/hm²。油松人工林林分因子生长模型参数见表 3-5。

表 3-5 油松人工林树高、胸径与林龄曲线拟合方程及参数表

| 林分因子 | 拟合方程 | 参数 | | | 相关系数 |
		A	B	K	R
树高	$H=A/[1+B\exp(-KT)]$	5.4665	8.6922	0.1165	0.9227
胸径	$D=A/[1+B\exp(-KT)]$	11.8445	17.1278	0.1232	0.9313
公顷蓄积	$V=A/[1+B\exp(-KT)]$	36.6378	4.006	0.075	0.8534

注:A 分别为成熟油松人工林树高、胸径、公顷蓄积;B 为常数;K 为瞬时相对生长率;T 为林龄。

林分的生产力和林分结构可以反映森林植被类型水源涵养功能的高低,也是划分低水源涵养功能林分类型的指标和依据。根据主成分分析结果,林分的蓄积量、林分平均树高、胸径可以反映林分的生产力,而林分郁闭度、灌木草本层的盖度、土壤厚度等,可体现林分结构和功能。利用林分因子生长过程曲线方程,计算不同林龄所对应的林分平均树高、林分的蓄积量、林分胸径,代表林分的平均水平,凡低于林龄所对应的平均树高、林分蓄积量、平均胸径值的林分,均称为低水源涵养功能林分。油松人工林低水源涵养功能林分划分技术参数见表 3-6。

表 3-6　油松低水源涵养功能林分划分技术参数

林龄/年	树高/m	胸径/cm	蓄积量/(m³/hm²)	林分主要特征
5	0.93	1.16	9.76	
10	1.47	1.98	12.67	主要分布在低山、丘陵区的阳坡、半阳坡,土壤以
15	2.17	3.2	15.93	褐土和栗钙土居多,土层厚度在 60 cm 以下,属
20	2.96	4.82	19.35	于中薄层土等级类型;乔木层郁闭度在 0.4 以
25	3.71	6.63	22.7	上,属于中高等级郁闭度,地被物盖度50%左右,
30	4.33	8.31	25.76	林分结构复杂或简单结构,林木生产力低,林地
40	5.05	10.54	30.55	枯落物层厚度属于中厚层等级,分解慢、养分回
50	5.33	11.43	33.48	归率低
60	5.42	11.72	35.08	

2) 华北落叶松低功能水源涵养型森林植被评判

华北落叶松水源涵养功能型森林植被林分表现因子依然为:平均树高(X_1)、胸径(X_2)、郁闭度(X_3)、公顷蓄积(X_4)、蓄积生长量(X_5)、下木盖度(X_6)、地被物盖度(X_7)、土壤厚度(X_8)、腐殖质层厚度(X_9)、群落结构(X_{10})10 项因子。对选择出的因子以 139 块华北落叶松样地数据进行逐步回归分析。结果表明,第一步引入变量 X_3,第二步引入变量 X_4,第三步引入变量 X_1,第四步引入变量 X_2,第五步引入变量 X_8,模型在 0.0001 水平下显著,即 $Y=0.5217+0.2108X_1-0.0728X_2+2.0225X_3-0.0175X_4+0.13X_8$。因此,用于华北落叶松各样地水源涵养功能评价指标因子主要为平均树高、胸径、郁闭度、公顷蓄积和土壤厚度。

A. 华北落叶松水源涵养功能森林植被表现因子的主成分分析

以选出的 5 项因子作为评价林分水源涵养功能的林分表现因子,对样地数据进行标准化处理,按照落叶松龄级分别确定划分标准,分别计算各主成分的特征根、贡献率及因子负荷量。根据华北落叶松幼龄林、中龄林主成分分析的结果,分别选取累积贡献率85%以上的主分量,以每个主分量的贡献率为权重,计算林分综合数量化分值,按照分值划定林分水源涵养功能等级范围并对各评价单元的水源涵养功能等级进行统计分析。

结果表明,华北落叶松幼龄林 98 块样地林分综合数量化分值在 2.7~133.4 范围内,其中小于 10 的样本数占总样本的 23.7%;分值在 10~30 范围内的样本数占总样本的22.68%;分值在 30~50 范围内的样本数占总样本的 24.72%;分值大于 50 的样本数占总样本的 28.9%,多数样地数量化分值集中在小于 30 范围内,占总样本数的 46.39%。对 34 块华北落叶松中龄林样本频率统计分析,样本分布在 2.8~87.2 分值范围,其中林分综合数量化分值小于 10 的样本数占总样本数的 2.9%;分值在 10~20 范围内的样本数占总样本数的 8.8%;分值在 30~40 范围内的样本数占总样本数的 5.9%;数量化分值在 40~60 范围内的样本数占总样本数的 29.4%;大于 60 的样本数占总样本数的52.9%。对 6 块华北落叶松近熟林样本频率统计分析,林分综合数量化分值小于 10 的样本数占总样本的 16.7%;分值在 10~20 范围内的样本数占总样本的 16.7%;分值在30~50范围内的样本数占总样本的 33.3%;大于 70 的样本数占总样本的 33.3%。

B. 华北落叶树水源涵养功能等级划分的聚类分析

根据林分综合数量化得分结果,对落叶松各龄级人工林样地分别进行系统聚类分析。先按照样地综合数量化分值和样地频率分布特点,再按龄级将样地以最短距离聚类。其中,幼龄林聚为4类,即第一类包含样地25块,其样地林分综合数量化分值大于55;第二类包含样地32块,其样地林分综合数量化分值大于29并小于54;第三类包含样地18块,其样地林分综合数量化分值大于17并小于28;第四类包含样地23块,其样地林分综合数量化分值小于8。中龄林聚为4类,即第一类包含样地18块,其样地林分综合数量化分值大于60;第二类包含样地11块,其样地林分综合数量化分值大于38并小于54;第三类包含样地1块,其样地林分综合数量化分值18;第四类包含样地3块,其样地林分综合数量化分值小于11。因此,根据聚类分析结果,按照林分综合数量化分值大小分别把样地按照幼龄林、中龄林各分为四个等级,即水源涵养功能Ⅰ等级(林分综合数量化分值大于55)、Ⅱ等级(林分综合数量化分值28～54)、Ⅲ等级(林分综合数量化分值7～28)、Ⅳ等级(林分综合数量化分值<7)。

C. 华北落叶树水源涵养功能林分表现因子的判别分析

对聚类分析所划分水源涵养功能等级的样地,用选择的林分主要因子作为判别因子,按油松龄级分别采用贝叶斯判别方法。判别统计结果为,华北落叶松幼龄林属于Ⅰ等级的正判样本23个,正判率92%;属于Ⅱ等级的正判样本22个,正判率70%;属于Ⅲ等级的正判样本18个,正判率100%;属于Ⅳ等级的正判样本23个,正判率100%,总的判别正确率90.2%。同理,中龄林正判率100%。根据贝叶斯判别结果,结合样地数据库和各样地归类散点图,对华北落叶树各龄级水源涵养功能等级的划分标准进行确定。华北落叶树幼龄林水源涵养功能Ⅰ等级样地林分平均树高5.1 m、平均胸径6.6 cm、郁闭度0.42、公顷蓄积量14.32 m^3/hm^2、土层厚度等级为中厚土层、复杂结构、生长较好,属于水源涵养功能强的林分;水源涵养功能Ⅱ等级样地林分平均树高2.7 m、平均胸径3.2 cm、郁闭度0.31、公顷蓄积量0.3 m^3/hm^2、土层厚度等级为中厚层土、复杂结构、有中等的生长状况,处于中等偏上水平,水源涵养功能中等的林分;水源涵养功能Ⅲ等级样地林分平均树高1.4 m、平均胸径0.7 cm、郁闭度0.2、公顷蓄积量0、土层厚度等级为薄层土、复杂结构、中等偏下生长状况,水源涵养功能中等偏下。水源涵养功能Ⅳ等级样地林分平均树高0.5 m、平均胸径和公顷蓄积量为0、郁闭度0.1、土层厚度等级为薄层土、简单结构、水源涵养功能低下。华北落叶松中龄林Ⅰ等级样地林分平均树高6.6 m、平均胸径9.7 cm、郁闭度0.63、公顷蓄积量42.4 m^3/hm^2、土层厚度等级为中厚土层、完整和复杂结构、生长较好,属于水源涵养功能强的林分;水源涵养功能Ⅱ等级样地林分平均树高5.3 m、平均胸径7.6 cm、郁闭度0.58、公顷蓄积量29.3 m^3/hm^2、土层厚度等级为厚层土、复杂结构、中等的生长状况,处于中等偏上水平,水源涵养功能中等的林分;水源涵养功能Ⅲ等级样地林分平均树高4 m、平均胸径8 cm、郁闭度0.41、公顷蓄积量10 m^3/hm^2、土层厚度等级为薄层土、复杂结构,中等偏下生长状况,水源涵养功能中等偏下;水源涵养功能Ⅳ等级样地林分平均树高3.7 m、平均胸径6 cm、公顷蓄积量为7 m^3/hm^2、郁闭度0.42、土层厚度等级为薄层土、简单结构、水源涵养功能低下。

经过对4种类别、5项因子的最小显著差数法(LSD)进行 t 配对检验,在0.1水平下,Ⅰ、Ⅱ、Ⅲ功能等级间差异不显著,与Ⅳ功能等级差异达到显著水平。

(1)华北落叶松水源涵养功能主要立地类型。从华北落叶松人工林样地数据库中选择干扰相对较小的样地,对立地因子与林分因子进行典型相关分析,用典型相关分析方法研究两类组合的相关关系,寻找该地区影响落叶松分布、质量、功能发挥的有关因子。典型相关分析统计表明,两对典型变量的典型相关系数在 0.001 下均显著,可认为华北落叶松林分因子与立地因子两组间关系显著。前两对典型相关信息占总相关信息的85.02%,因此,用前两对典型变量进行分析。第 Ⅰ 对典型变量立地因子的线性组合中,地貌与立地因子线性组合具有最高的正相关,而在林分因子的线性组合中,地被物盖度具有最高的正相关,因此,第 Ⅰ 对典型变量反映出影响落叶树地被物盖度的立地因子是地貌类型。第 Ⅱ 对典型变量立地因子线性组合中,海拔因子相关性最大,而林分因子的线性组合中,树高、公顷蓄积、郁闭度因子负荷量最大,说明第 Ⅱ 对典型变量主要描述树高、公顷蓄积、郁闭度与海拔因子之间的关系。可以看到,影响华北落叶松人工林林分因子(树高、公顷蓄积、郁闭度)的立地因子主要为地貌、海拔因子。因此,以地貌、海拔作为华北落叶松低水源涵养功能林分立地类型分类的主要因子。

从低水源涵养功能林分立地类型看,华北落叶松低功能林主要分布在低山、薄或中等厚度的褐土区,坡度级为Ⅲ级、斜坡 16°~25°,具有乔木层和其他 1~2 个植被层的森林复杂结构,下木盖度低、地被物盖度相对较高、林分郁闭度在 0.2 以下,属于低等级郁闭度,分布在 720~950 m 海拔范围内,林木生长不良。而水源涵养功能 Ⅰ 等级的华北落叶松林,郁闭度在 0.3~0.6 范围内,属于低等级郁闭度,但下木盖度 57%、地被物盖度 69%,中厚土层,各种坡向均有分布,具有 2~3 个植被层的森林复杂结构和具有乔木层、下木层、草本层、地被物层 4 个植被层的森林完整结构,有良好的生长状况。

(2)低水源涵养功能华北落叶松主要林分因子。林分的生产力和林分结构可以反映森林植被类型水源涵养功能的高低,也是划分低水源涵养功能林分类型的指标和依据。根据主成分分析结果,林分的蓄积量、林分平均树高、平均胸径可以反映林分的生产力、林分郁闭度、灌木草本层的盖度、土壤厚度等,体现林分结构和功能。利用林分因子生长过程曲线方程,计算不同林龄所对应的林分的蓄积量、林分平均树高、林分胸径,代表林分的平均水平,凡低于林龄所对应林分蓄积量、平均树高、平均胸径值的林分,均称为低水源涵养功能林分。落叶树人工林低水源涵养功能林分划分技术参数见表 3-7。

表 3-7 华北落叶松低水源涵养功能林分划分技术参数

林龄/年	树高/m	胸径/cm	蓄积量/(m³/hm²)	林分主要特征
5	0.93	1.16	9.76	
10	1.47	1.98	12.67	
15	2.17	3.2	15.93	主要分布在低山、薄或中等厚度的褐土区,坡度级为Ⅲ级、斜坡 16°~25°,具有乔木层和其他 1~2 个植被层的森林复杂结构,下木盖度低、地被物盖度相对较高、林分郁闭度在 0.2 以下,属于低等级郁闭度,分布在 720~950 m 海拔范围内,林木生长不良
20	2.96	4.82	19.35	
25	3.71	6.63	22.7	
30	4.33	8.31	25.76	
40	5.05	10.54	30.55	
50	5.33	11.43	33.48	
60	5.42	11.72	35.08	

3. 海河上游水源涵养林最佳密度与有效密度结构

1）华北落叶松生长过程

华北落叶松(*Larix principis-rapprechtii*)是华北高山的主要树种,也是重要的速生用树种。喜光、喜较湿润凉爽气候,喜深厚湿润的酸性土壤,也稍耐干旱瘠薄。生长迅速,通常 20 年左右树高生长最快,30 年左右直径生长最快。根系可塑性大,在较干旱的土壤中分布浅,在湿润肥沃的土壤中分布深。在较低海拔处(1000 m 左右)造林,也已取得较好的效果。华北落叶松高达 30 m,胸径 1 m,营造纯林或混交林。

(1)树高生长。华北落叶松树高随林龄的增加而增加,18 年树高为 4.4 m。从树高平均生长量看,10 年前树高平均生长量逐年增加,9 年生树高平均生长量最大为 0.31 m/a,此后树高平均生长量有所降低,维持在 0.23 m/a 的水平。从树高连年生长量看,10 年前连年生长量大于平均生长量,12 年生时两者相交,此后低于平均生长量一直持续到 17 年生左右,18 年时连年生长量又有超过平均生长量的趋势,连年生长量在 6 年生时达到最大值为 0.8 m/a。林分树高生长受多种因素影响,其中树高对立地条件的反应较为敏感,立地条件越好生长量越大。在较好立地条件下,正常生长的华北落叶松林分,初期高生长缓慢,5 年后生长速度加快,5~10 年间平均生长量 0.4~0.7 m/a。本书研究的华北落叶松树高平均生长量仅为 0.25~0.28 m/a,低于正常林分生长的水平,表明华北落叶松在该种立地环境条件下适宜性差。

(2)胸径生长。华北落叶松生长前 4 年,胸径平均生长量逐年增加,4 生平均生长量达到最大为 1.24 cm/a,此后平均生长量稳定在 1.13 cm/a 左右,持续到 12 年生。连年生长量从总体上看大于平均生长量,平均连年生长量为 1.39 cm/a。华北落叶松正常生长时,林木胸径初期生长较慢,在 10~15 年进入速生阶段,生长量逐年增加。本书研究的华北落叶松胸径生长量提前下降进入缓慢生长阶段,这主要是由于林分密度的影响抑制了胸径的生长,在 10 年前应逐步进行抚育间伐调整林分密度。

(3)材积生长。17 年生时连年材积生长量与平均材积生长量相交,此前连年生长量均大于平均生长量,表明华北落叶松数量成熟龄为 17 年。6 年前平均材积生长量增加速率较小,6 年生后迅速增加持续到 13 年生,此后增加速率较为稳定。

2）油松生长过程

油松(*Pinus tabuliformis*)喜干冷气候,能耐−25℃低温,不耐严寒,耐干旱瘠薄,不耐水湿及盐碱。在砂地、微酸性土、中性土及钙质黄土上均能生长。通常幼苗生长慢,4~5 年生后较快,10~20 年间高生长最快,30~50 年直径生长最快。深根性、抗风力强。宜营造纯林或与侧柏、栎类、紫穗槐、沙棘和胡枝子等混交。

(1)树高生长。油松林分树高生长随林龄的增加而增加,但速度有所不同。3 年前生长速度较快平均生长量为 0.45 m/a,4~9 年平均生长量有所下降,平均生长量为 0.34 m/a,9 年后平均生长量为 0.25 m/a。从连年生长量看,3 年生和 7 年生连年生长量出现两个小高峰,为 0.6 m/a 和 0.75 m/a。曹云等(2005)的研究结果表明,在一般立地条件下油松林木高生长从 4~5 年开始加速生长,速生期持续时间近 25 年左右,连年生长量可达 0.4~0.7 m/a。本研究地区的油松林分初期高生长量与一般立地条件下油松生长基本接近,但在 8 年后连年生长量明显下降,低于平均生长量,速生期提前结束,表明油松的高生长受到一定程度环境因素的限制,虽然仍有增加的趋势但树高年生长量较小,仅为 0.25 m/a,16 年生油松树高为 4m 左右,连年生长量最高达0.75 m/a,平均生长量最高为 0.47 m/a。

(2)胸径生长。胸径随林龄的增加而增加,7 年前,胸径平均生长速度逐年加快,最高达 1 cm/a,此后平均生长量开始降低,降低速率为 0.04 cm/a。从连年生长量看,6 年前连年生长量大于平均生长量,最大连年生长量是 5 年生时的 1.9 cm/a,此后连年生长量低于平均生长量,7~10 年连年生长量为 0.74 cm/a,11~16 年连年生长量为 0.15 cm/a。曹云等(2005)的研究结果表明,一般胸径生长高峰出现在 15~20 年生以后,速生期可维持25~30 年,本研究在所测林龄 16 年范围内,胸径连年生长量在 6 年后就小于平均生长量并且急剧下降,表明胸径的生长受到了抑制。这主要由于林分的胸径生长除受立地条件的影响外,还受林分密度的影响,密度偏大造成林木个体受到严重的制约导致群体生长不良,这一点在邻体干扰和林分直径分布的研究中也明显的表现出来。同时,表明油松林分应在 6 年前实施疏伐调整,保持合理的林分密度,提高林地生产力。

(3)材积生长。油松材积随着林龄的增加单株材积生长进程遵循"S"形曲线。从材积平均生长量看,12 年前平均生长速度逐年加快,年生长量逐年增大,生长速率 0.115×10^{-3} m³/a,此后平均生长量有所下降,最大平均生长量为 0.168×10^{-2} m³/a;从材积连年生长量看,11 年前连年生长量逐年增加,此后连年生长量开始下降,最大连年生长量为0.2928×10^{-2} m³/a。13 年前连年生长量大于平均生长量,两者相交于 13 年,表明在该立地条件下油松林木 13 年时已达到数量成熟龄。

3)生长过程曲线拟合

通过树干解析资料,选用逻辑斯蒂生长方程、理查兹方程、单分子方程、多项式方程等对 4 种树种的树高、胸径、材积生长过程进行拟合,根据相关系数最大、剩余均方差和标准差小的原则,结果显示多项式方程拟合效果最好,见表 3-8。

表 3-8　各树种林木生长过程回归模型

树种	生长指标	总生长量	年生长量	相关系数
杨树	H	$H=0.0005x^3-0.0193x^2+0.3585+0.2824$	$H'=0.0015x^2-0.0386x+0.3585$	0.9824
	D	$D=0.0007x^3-0.0554x^2+1.8373x-1.0915$	$D'=0.0021x^2-0.1108x+1.8373$	0.9996
	V	$V=9.5198x^2-0.2774x^3+82.124x-101.69$	$V'=19.0396x^2-0.8322x^2-82.124$	0.9899
油松	H	$H=0.001x^3-0.0355x^2+0.56x-0.0969$	$H'=0.003x^2-0.071x+0.56$	0.9878
	D	$D=1.3103x-0.0023x^2-0.0022x^3-1.8554$	$D'=1.3103-0.0046x-0.0066x^2$	0.9928
	V	$V=0.0003x^2-10^{-5}x^3-0.0005x+0.0011$	$V'=0.0006x-3\times10^{-5}x^2-0.0005$	0.9984
华北落叶松	H	$H=0.0013x^3-0.0598x^2+1.0817x-3.0663$	$H'=0.0039x^2-0.1196x+1.0817$	0.9944
	D	$D=0.0093x^3-0.1729x^2+2.0777x-1.5429$	$D'=0.0279x^2-0.3458x+2.0777$	0.9988
	V	$V=0.0002x^2-10^{-6}x^3-0.0019+0.0023$	$V'=0.0004x-3\times10^{-6}x^2-0.0019$	0.9982

4. 海河上游水源涵养林密度调控配套技术

1) 华北落叶松林分改造技术

对海河上游华北落叶松而言,主伐方式有以下几种:

(1) 小面积皆伐。小面积皆伐是以小班为单位的一种皆伐方式,根据地形、地势、立地条件、林分面积来确定,一般以小班皆伐面积控制在 5 hm² 以下。小班立地条件好,坡度平缓,土层深厚,容易更新,采伐后不会造成水土流失的林分,可以整小班作业。

(2) 片状皆伐。小班面积较大,一般在 20～30 hm² 以上。为避免整小班皆伐后造成水土流失或局部生态环境受到影响,根据林分面积大小分两次或多次进行片状皆伐。对交通不便,远离居民点,人畜活动少的一次性皆伐面积可适当加大。做到皆伐后及时更新,原则上第一次皆伐通过人工更新基本稳定后再进行第二次皆伐,以此类推。

(3) 带状皆伐。带状皆伐多选择在集中连片、面积大的林分内进行,在带状伐区内进行伐木,而林分的其余部分则暂时保留。伐区的设置原则是根据坡向、坡度、立地条件等因子确定,对坡度大,立地条件次,易发生水土流失的林分应按等高线设置伐区,由上而下,采伐带适当窄些,一般不超过林分平均高的 1～2 倍。在地势平坦,土层深厚,采伐后不会引起水土流失或生态环境变化的伐区,为便于施工、集材作业,可推行顺山带状皆伐,伐区宽度控制在林分平均高的 2～3 倍之内。

2) 油松林分改造技术

(1) 实行油松单株培育管理,根据树龄、胸径、在林分中所处地位、生活力等因子,综合判断,保留林内自然生长的阔叶树种,调节树种组成,优化群落结构,提高林分生态功能,维护林分的天然更新,保持天然更新能力在较高的水平上。

(2) 抚育间伐的油松人工幼龄林郁闭度在 0.9 以上,中龄林郁闭度在 0.8 以上,且林木分化明显,中龄林中林下立木或植被受光困难。或郁闭度 0.8 以上、林木分化明显、自然整枝过度、直径生长明显下降,或遭受轻度自然灾害的林分。在立地条件较好的人工林经营中,首次间伐时间是造林后 15 年,间伐强度 25%,保留株数 3750 株/hm²;第 2 次间伐在第 1 次间伐后 7 年,强度 30%,保留株数 2625 株/hm²。在间伐前,按林木直径和树高生长状况划出Ⅰ、Ⅱ、Ⅲ三个生长级,在每个生长级中根据林木生长发育状况划分 a、b 两个亚级。Ⅲb 林木实际上是林下被压木或者濒死木,林木生长过程中被逐步淘汰,在抚育过程中被清理。选木挂号,把伐除木在根茎处标记。目前该营林区林分生长良好,林相整齐。

(3) 采伐方式。①透光抚育:在幼龄林阶段进行,除草割灌,全面清除影响油松生长的干扰树、杂草灌木和藤蔓,时间是在造林后的前 3 年内每年全面清除 2 次(6 月初和 8 月中旬各 1 次),第 4 年、第 5 年每年全面清除 1 次。清理死亡幼树并补植补栽是本林区严格执行的措施。②疏伐:在中龄林中,由于密度过大,林内透光性差,林木竞争激烈,严重影响林木幼苗更新与森林健康,多采用下层疏伐方式,改善林分卫生状况,增强林分对冰雪、风害的抵抗能力;在立地条件较好、林木分化不明显的地段采用以调整密度为主的综合疏伐方法。初次疏伐在造林后 15 年左右,强度 25%,保留株数 3750 株/hm²;立地条件好的林分 13 年间伐,强度稍大;立地条件差的林分 17 年或更长,因林木树体形态建成能力差,所以强度稍小。疏伐分多次进行,在立地条件好的林分,疏伐间隔期 7~10 年,采伐的株数强度约为原保留株数的 30%;立地条件差的林分,疏伐间隔期 10 年或更长,强度也略小。采伐时注重保留奇、特、珍、古植物。③卫生伐:对遭受病虫害、风折、风倒、雪压、森林火灾的林分,采伐已受到危害、无培育前途的林木采用卫生伐。

(4) 抚育的开始期和间隔期。根据林区油松的生长状况、交通运输条件、劳力组织和生产成本等因素分析,当幼龄林郁闭后,油松幼树下部出现大量枝条自然枯死的现象后开始间伐。整理间伐现场时清理保留木的枯死枝。抚育间伐间隔期视坡度、土层厚度、林分平均直径等确定。一般情况下,抚育间伐间隔期在 6~10 年间。抚育间伐后,保留林分郁闭度不低于 0.6。

3.1.2 黄河上游土石山区水源区低功能人工水源涵养林密度调控技术

1. 黄河上游低功能人工水源涵养林成因分析

大通县宝库河流域现有的低功能人工水源涵养林主要有 3 种类型,按其成因有:

(1)缺乏正常抚育的密林型。为密度极大(5000~10 000 株/hm²)的青海云杉或青海云杉+华北落叶松混交林,林龄在 15~25 年左右,初始造林密度达 1 m×1 m 或 1 m×2 m,由于多年来生态公益林抚育间伐政策性原因,多年未采取人工抚育,使得林内自然竞争激烈,个体林木生长柔弱,土壤性状趋于退化。此类林地的地表基本没有草灌,枯落物层、半分解层一般较厚,林分耗水略大于一般林地。

(2)粗放管理的混交型。在采伐迹地上自然更新的白桦林中,又经人工造林补植青海云杉,造林株行距 1.5 m×5 m,每穴栽植 2 年生幼苗 3 株,20 世纪 80 年代造林后从未采取定植定株。分布面积较大。

(3)粗放管理的疏林型。由于各种造林成活率问题,立地条件又较差,又没有及时补栽补种的林地,多见于远离道路、村庄的偏远山地阳坡,主要为祁连圆柏(生长缓慢)或白桦人工林,与此相伴有类似状况的天然山杨林,林地郁闭度为 0.7~0.5,伴生自然灌草,但分布面积与比重很小。

2. 黄河上游低功能人工水源涵养林健康诊断与分类

依据研究区不同类型的样地,利用层次分析法,将样地分为林木层、土壤层和枯落物层 3 部分,并选取林冠截留、叶面积指数、枯落物层持水量、饱和导水率、容重和饱和含水量等指标(表 3-9)对研究区的水文生态功能进行评价。

表 3-9　研究区不同密度纯林标准地概况及主要水源涵养功能指标

编号	树种	胸径 /cm	树高 /m	冠幅长 /m	冠幅宽 /m	密度/ (株/hm²)	枯落物储量/ (t/hm²)	最大持水率	最大持水量 /mm	饱和导水率 /(cm/min)	LAI	土壤容重 /(g/cm³)
130501	白桦 1	10	6.9	2.7	2.5	750	7.35	4.26	3.14	0.0048	3.27	1.07
130502	白桦 2	14	9.6	3.1	2.6	1770	18.17	4.30	6.04	0.0086	4.55	0.80
130503	白桦 3	12	9.7	2.6	2.3	1400	16.87	4.65	6.34	0.0057	5.29	0.68

编号	树种	胸径 /cm	树高 /m	冠幅长 /m	冠幅宽 /m	密度/ (株/hm²)	枯落物储量/ (t/hm²)	最大持水率	最大持水量 /mm	饱和导水率 /(cm/min)	LAI	土壤容重 /(g/cm³)
130504	白桦 4	12	9.1	2.9	2.4	2100	18.02	4.27	7.69	0.0050	3.55	0.86
130510	华北落叶松 1	16	11.8	2.5	2.5	1050	23.30	3.75	8.73	0.0032	3.88	0.78
130511	华北落叶松 2	16	13.6	2.8	2.8	1428	28.15	4.17	8.97	0.0053	3.94	0.80
130520	山杨	10	9.8	1.9	1.7	3377	4.97	2.92	0.96	0.0033	2.01	0.965
130541	云杉 1	8	5.7	2.1	1.8	4800	31.48	3.55	7.98	0.0070	5.63	0.65
130542	云杉 2	6	3.5	1.4	1.5	2040	18.81	3.56	4.80	0.0171	5.25	0.69
130543	云杉 3	8	7.8	2.0	1.7	3061	31.49	3.79	8.82	0.0106	4.74	0.79
130544	云杉 4	6	7.0	1.9	1.8	5510	19.00	3.77	5.36	0.0158	5.89	0.75
130601	沙棘	11	3.2	2.2	2.1	1224	2.12	3.84	0.75	0.0124	1.52	0.94

将综合评价结果进行排序并分类,并按照排序结果分为极差(0.3)、差(0.4)、良好(0.6)、好(0.7)、极好(1.0)5 个级别。

根据评价结果和评价等级的划分,对研究区水文生态功能评价如下:

(1)极差。主要为山杨林。山杨林主要分布在阳坡陡坡上,土壤瘠薄,立地条件差,林分单一,林分过密导致中间竞争激烈,林内宿存枯枝,濒、枯死木较多。且山杨自身耗水量大,林地水分情况不能满足最低水分供应。

(2)较差。主要为高密度的云杉纯林和高密度的云杉白桦混交林。由于云杉的种植密度过大(约 5500 株/hm²),超出了水分承载力,导致林地内竞争激烈,而且 2 株 1 穴的种植方式更加剧了种内的竞争,导致云杉个体差异极大。云杉白桦混交林中,若不考虑云杉的情况下,白桦的密度为 710 株/hm²,在当地土壤承载力范围内,但大量云杉的种植使得林地对水分的需求超过了当地的土壤承载力。且云杉种植过密的情况也使得云杉长势较差,难以发挥混交林的水文生态功能。

(3)一般。该类型有华北落叶松林(1430 株/hm²),云杉林(4800 株/hm²,2040 株/hm²),云杉白桦混交林(1633 株/hm²),白桦林(1770 株/hm²),沙棘林(10 000 株/hm²)。可以看出,除云杉纯林和沙棘纯林外,其他林分的平均营养面积都在 6 m² 左右,当地的土壤水分承载力可以满足其水分需求。两个云杉纯林虽然种植密度较大,但其所在位置立地条件较好,土壤肥沃,水分充足,也能满足其水分供应,但其水文生态功能一般。研究区内的沙棘林龄较小,种植密度大,虽然对土壤改良效益明显,但还不能充分发挥水文生态功能。

(4)良好。该类型有云杉华北落叶松混交林(所有密度),白桦林(2100 株/hm²),华北落叶松林(1429 株/hm²)。白桦林的营养面积约为 5 m²,华北落叶松林营养面积约为 7 m²,当地的水分条件可以满足其需求,且立地条件好,土壤肥沃,因此,这两种密度的林分具有较好的水文生态效应。而云杉华北落叶松混交林的密度大,单株营养面积为 1～2 m²,但因为种植方式不合理(2～3 株/穴),在混交林中长势不好的迅速被淘汰,成为"小老头树"或者死亡。留下长势良好的苗壮成长,并发挥出较好的水文生态效益。

(5)极好。该类型有白桦林(750 株/hm²,1400 株/hm²),云杉白桦混交林(3556 株/

hm²)。其中,白桦纯林的营养面积分别约为 13 m²/株和 7 m²/株,郁闭度 0.6,水分条件好,枯落物较多,对土壤改良能力明显,能发挥极好的生态水文功能。云杉白桦混交林中,云杉和白桦的比例为 7∶33,白桦的实际营养面积较大,而云杉由于采用了 3～5 株/穴与条带状栽种的方式,种内竞争激烈,大部分成为"小老头树",耗水量很小,只有 1/3 左右能长大。因此,此种密度的云杉白桦混交林能发挥极好的生态水文效益。

3. 黄河上游水源涵养林最佳密度与有效密度结构

对白桦而言,当密度小于 1770 株/hm² 时,即当单株营养面积约在 6 m² 以上时,白桦林内的种内竞争不激烈,受到抑制的林木数量小于 8%,最终的有效密度和初始密度总体相当。但当密度过大时,激烈的种内竞争会抑制很大一部分白桦的生长,以初始密度为 2100 株/hm² 的白桦林为例,该林地初始密度较大,有约 25% 的林木生长受到抑制,最终的有效密度为 1600 株/hm²,即实际的单株营养面积在 6 m² 左右。层次分析结果也表明,有效密度为 1300 株/hm² 林地拥有最好的森林水文效应,说明在该研究中,白桦采取 1300 株/hm² 的密度是最合适的。但同时也要注意到,最适宜密度仅是成林之后的最佳密度,林地的初始密度应该大于该值,否则可能会因为郁闭度较低而导致裸地蒸发大,森林的水源涵养功能并不能充分发挥。

同理,华北落叶松和青海云杉也同样展现出了初始密度越大,有效密度占初始密度越大的趋势,并且,一般来讲,初始密度要大于有效密度,才能使林地的水源涵养功能充分发挥,否则,会因为初始郁闭度较低等问题而导致林地的水源涵养功能不能充分发挥。但同时,初始密度也不可过大,否则过于激烈的种内竞争也会导致林地水源涵养功能的下降。比如,当青海云杉的初始密度在 3000 株/hm² 左右时,其水源涵养功能最好,初始密度在 4800 株/hm² 以上的两块林地,密度越大水源涵养功能越差。

4. 黄河上游水源涵养林密度调控配套技术

20 世纪 80 年代,为涵养水源,研究区进行了大面积的人工造林活动。但由于栽植方式的不合理以及抚育措施的不到位等因素,导致大面积水源涵养林的生态效益并不能得到充分发挥。通过对不同密度、不同混交模式下水源涵养林森林水文生态功能的分析,主要提出定株和补植两种对现有林地的密度调控模式。

1) 定株

该方法主要是对种植密度以及栽种方式不合理的林地进行调控,通过对林地中的倒伏木、枯死木、病虫害木等进行清理,并将林地中因为种间竞争和种类竞争激烈而生长受到明显抑制的林木移栽到别处,以增加其他林木营养面积,提高水源涵养林的生态水文效益。

(1) 青海云杉白桦混交林。青海云杉是青海地区的顶级物种,白桦则是青海地区的先锋物种。研究区的天然白桦次生林多数是在青海云杉的采伐迹地上生长起来的,因此,通过在白桦林中种植云杉可以人工促进森林植被演替过程,更好地发挥水源涵养林的生态水文效益。研究中发现,成年青海云杉和白桦的营养面积一般都控制在 6 m² 左右,而且当青海云杉白桦混交林的密度在 6 m² 左右,时林地具有极好的水文生态效益(由于云杉往往采用带状混交,3~4 株/穴的种植方式,每 1 穴中往往只有 1 株能长大,因此混交林中青海云杉的营养面积按 1 穴 1 株计算)。因此,青海云杉白桦混交林中将生长不良的青海云杉移栽到别处,在每个栽植穴中青海云杉的数量不能超过 1 株,并将混交林的单株营养面积控制在 6 m² 左右即可产生较好的生态水文效应。考虑到白桦属于速生树种,成长速度快,成年也较早,而相比较而言,青海云杉的生长速度缓慢,要达到成年阶段需要的时间较长,代表该树种在很长时间内单株营养面积低于 6 m²。因此,在实际工作中,云杉的密度可以稍大,单株营养面积在 5 m² 以上都可以取得较好的效果。

(2) 青海云杉华北落叶松混交林。青海云杉落叶松混交林的种植密度极大(5000株/hm² 以上),由于多采用 2 株/穴或 3 株/穴的栽种方式,激烈的种间竞争使得大量的云杉和落叶松枯死或者生长受到严重的抑制,因此,该林分的有效密度为 2000~3000 株/hm²。由于林龄不大,在本研究中该林分仍然具有较好的生态水文效益。但由于成年青海云杉和华北落叶松的单株营养面积都在 6 m² 左右,随着林龄的增长,该混交林必然也将面临水分补给不足的问题,并且,由于是人工林,密度较均匀,已经成长起来的树木短期内都将无法在种间竞争和种内竞争中占据优势地位,必然都会因为水分补给不足而无法健康生长,从而必然导致地力衰竭,林地退化,水文生态功能降低等问题。对此类混交林也主要采取移除枯死木,病腐木,将生长不良的林木移栽到别处,并将林地的总体密度控制在 1667 株/hm² 左右。对于密度过大的林分,如果一次性移栽走过多的林木可能会因为林地覆盖度的急剧下降导致枯落物层和土壤表层被大雨冲刷而破坏,因此,可以采取逐步控制密度的方式,即先移栽部分林木,等覆盖度上升后再进行移栽,直到达到理想密度为止。总体原则是每次移栽后林地的覆盖度不应低于 0.6。

2) 补植

该方法主要是通过在纯林中补植其他苗木营造群落结构更稳定的混交林的方式来提升森林的水源涵养功能。该方式主要针对的是白桦纯林、山杨纯林。

(1) 白桦纯林。在密度较为均匀的白桦纯林中沿着等高线带状种植青海云杉或祁连圆柏的大苗,采用穴状整地,穴间距 2~3 m,带间距 5~8 m,控制单株的营养面积在 6 m² 左右即可。对于密度不均匀和低密度的白桦纯林,宜采用块状混交的方式种植青海云杉或者祁连圆柏的大苗,在阳坡可以采用鱼鳞坑整地,其他立地类型采用穴状整地,单株营养面积控制在 6 m² 左右。在阳坡海拔较高处可以种植沙棘,单株营养面积不小于 1 m²。

(2) 山杨纯林。山杨多处于阳坡高海拔处,坡度大,土壤瘠薄,立地条件差。而且由于杨树叶片分解速率快,林内很少有枯落物残留,对土壤改良的效果不明显,土壤导水率低,因此,虽然山杨林具有较高的密度和郁闭度,但森林水文生态效益在所有林分中是最差的。对此林分首先应进行密度控制,移除枯倒病死木,并将长势不好的移栽到别处。然后在林间空地采取块状混交的方式种植祁连圆柏的大苗,控制单株营养面积 6 m² 左右。

总之,要对低效低功能的残次林进行改造更新和补植;对密度过大的林分要进行抚育管理,坚持留大去小、留优去劣的原则,实行单株抚育间伐,扩大单株营养空间,促进林下乔灌草的生长,加强水土保持功能。新造林时,要注重针阔混交,合理种植密度,造林后加强抚育管理,及时调整林分密度。

3.1.3　黄河中上游土石山区水源区低功能人工水源涵养林密度调控技术

1. 黄河中上游低功能人工水源涵养林成因分析

1) 幼林抚育管理差,密度不合理

虽然在以前的造林工作中,人工造林的保存率得到了极大的提高,但是由于对幼林的抚育管理不善,有的地方由于抚育措施没有跟上,重造林轻抚育,片面强调造林面积的增长而忽略造林质量的提高,数目生长不良、干形弯曲、枝下高较高、树冠小、枝叶过密,导致对环境因子的过度竞争,林分整体质量较差,致使许多地方出现“小老头树”;由于在以前的造林过程中通常采用大密度的造林方式,致使现存的林分大多密度过大。据调查,10~20 年生的油松林,株行距仅为 1.5 m×2 m;树木的生长势的强弱,主要取决于造林后环境的水分状况,长期的水分亏缺,致使树体纤细,分化严重。

2) 造林树种单一

六盘山及外缘区海拔较高,降水季节分布不均,春季干旱,秋季雨水较多,且冻害比较严重,适应栽植的树种较少,阔叶乔木树种在造林中占 15.4%,六盘山自然保护区为 13.2%。造林树种单一,易造成林木病虫鼠害大面积发生并形成危害,同时也不利于森林防火工作。人工纯林稳定性和抗外界干扰能力差,同时由于连载土壤肥力也不易保持,更不利于林地土壤的改良,造成林地退化、生产力低。另外,单层结构的林分一方面林下枯落物厚度薄、现存量小、涵蓄水分能力差,另一方面地上部分截留降水能力差,阻挡雨滴降落势能和击溅动能的能力低下。

3) 局部小地形因地选树不到位

主要是一些沟道、河谷等立地条件比较好的地方,安排灌木(山毛桃、沙棘)造林,而一些生长快、蓄积量大的树种没有很好地利用,林地生产潜力没有充分发挥出来。

4) 林分结构不合理

1992 年以前营造的大部分为落叶松纯林,1993~1998 年针阔混交比例没有按原规划实施,阔叶树比例低,大部分仍是落叶松纯林,林分结构不合理,为病虫害的发生埋下了隐患。

2. 黄河中上游低功能人工水源涵养林健康诊断与分类

森林具有水源涵养的功能,主要表现在林冠层、枯落物层、土壤层。从林分本身出发,林分结构影响水源涵养功能的发挥,也对枯落物的形成、分解有一定的作用。因此,低水源涵养功能型森林植被评判因子的选择应从林分结构的方面进行,一方面便于通过林分的调查获得评判因子,另一方面也便于在生产实践中把握应用、指导经营活动。

评判的因子选择为:林分平均树高、胸径、郁闭度、公顷蓄积量、地被物盖度、年蓄积生长量、下木盖度、群落结构等 8 项因子作为评价的主要因子,这些因子是现实林分结构的外在表现形式,再加上土壤厚度、腐殖质层厚度 2 项辅助因子,共 10 项因子;然后采用多元统计的方法对选择的因子进一步筛选,分析主要因子的生长过程,据此划分林分生长等级,确定低水源涵养功能型林分因子的标准,并对环境因子与林分结构因子进行典型相关分析,以确定造成低水源涵养功能型林分的真正原因,最后构建低水源涵养功能型林分分类的指标体系。

本研究通过对六盘山香水河小流域主要植被类型(华北落叶松林、油松林、灌木林等)进行相关分析,确定为以下几种类型的林分属于低功能水源涵养林。

油松林:主要分布在低山、丘陵区的阳坡、半阳坡,土壤以褐土和栗钙土居多,林分平均树高 5.31 m,平均胸径 10.96 cm,郁闭度 0.4 以上,公顷蓄积量 26.62,地被物盖度 50%,土层厚度等级有薄(<40 cm) 中层土、薄层腐殖质(<2 cm),群落结构仅有乔木层或林下有稀少灌木组成的简单森林结构,水源涵养功能低下。

华北落叶松林:主要分布在低山、薄或中等厚度的褐土区,斜坡 16°~25°,具有乔木层和其他 1~2 个植被层的森林复杂结构,下木盖度低,地被物盖度相对较高,林分郁闭度在 0.2 以下或林分高径比在 0.9 左右、密度大于 1800 株/hm²,林下生物量为 4.4 t/hm² 左右,林分蒸散量大于当地降雨量。

灌木林:分布于缓坡或陡坡地带,盖度小于 35%,平均树高 70 cm,腐殖质层厚度属于薄层等级,枯落物层缺失,覆盖度 0.9 左右,林分垂直结构单一,土壤厚度小于 30 cm,草本层植被稀少,有明显的水土流失现象。

3. 黄河中上游水源涵养林最佳密度与有效密度结构

通过对林分密度这个最重要的结构指标与物种保护(林下植被多样性)、固碳释氧(植被生物量及植被固碳量)、水文调节(水文过程与产水能力)等森林功能以及与林分自身稳定性(抵抗雪害能力)关系的研究,得出结论如下。

1) 林分密度对林木生长的影响和适宜密度范围

华北落叶松人工林的生长主要受到林龄及林分密度的影响。林分胸径主要受到密度的影响,林分树高主要受林龄影响,而受林分密度影响较小。在林龄较小时(16 年和以下),林分密度对平均林木胸径影响较小;林龄大于 16 年时,林木胸径随着密度增大而减小,林分的高径比(树高与胸径的比值)随着林分密度增大而增大。在研究的林龄范围(11~35 年) 内,给定林龄的华北落叶松林分的木材蓄积量随着密度增加一直增大,密度效应还不明显。但从提高森林生产价值和木材收益的角度来看,为了培育更多优质大径材,同时也为了降低林木生长需水,将林分密度控制在 1000~1500 株/hm² 范围内较好。

2) 林分密度对林下植被生长的影响和适宜密度范围

调查比较了 7 种不同密度的华北落叶松人工林的林下植物生长差异,主要是林下的灌木层和草本层的种类数量、覆盖度大小和生长情况。结果表明林下灌木和草本的生长状况与林分密度有密切关系。一般表现为在密度较小时,林下植物发育较好,其盖度及生物量较大;在密度较大时,由于林下缺乏水分与光照,灌木和草本的生长发育受到影响,其盖度及生物量均降低。

林下灌木层、草本层的物种多样性指数(Shannon-Wiener 指数)、优势度指数(Simpson指数)、均匀度指数的最大值都出现在林分密度 1300 株/hm² 时。在 500~1300 株/hm² 的林分密度范围内,林下植物种类数量随着林分密度增加而增大,但在密度大于 1300 株/hm² 后开始随密度增加而减少,直到密度为 2000 株/hm² 以上时物种数量骤减到几乎为零。因此认为,从利于提高林下植被的生物多样性以及促进林下自然更新的角度而言,小于 1300 株/hm² 的林分密度可作为本书研究林龄范围内的华北落叶松人工林近自然改造的参照密度。

3) 林分密度对植被生物量和固碳功能的影响以及适宜密度范围

利用 70 个不同密度的华北落叶松人工林样地,计算了乔木层、灌草层的生物量及碳密度,表明林分植被总生物量平均为 59.11 t/hm²,其中乔木层、灌木层、草本层的生物量分别为 52.59 t/hm²、5.29 t/hm²、1.23 t/hm²,分别占总生物量的 88.97%、8.96%、2.08%,说明乔木层是构成林分生物量的主体。调查林分的植被总碳密度平均为 31.99 t/hm²,其中乔木层、灌木层、草本层分别为 27.90 t/hm²、2.54 t/hm²、0.55 t/hm²,分布占总碳密度的 90.03%、8.21%、1.76%,同样说明乔木层在植物生长固碳功能中的绝对主体作用。

华北落叶松人工林的植被生物量总体上遵从逻辑斯蒂生长模型,其随林龄增长的过程也分为 3 个阶段。在特定密度下,当林龄≤12 年时,单株生物量随林龄增加而增长缓慢,主要因低龄林分处在生长初期,本身生长速度较慢;在林龄处在 13~40 年期间,为进入快速生长期,林木单株生物量随林龄增大而迅速增加,单株生物量从 0.005 t/hm² 上升到 0.115 t/hm²;在林龄>40 年以后,单株生物量的增长速度渐缓,进入缓慢生长期。林分生物量随着林分密度增大而呈不均匀性地逐渐增大,在林分密度<500 株/hm² 的范围内,华北落叶松林乔木层生物量随林分密度增加而缓慢增大;在密度为 500~1500 株/hm² 的范围内增加较快;在 1500 株/hm² 以上的密度范围内增加渐缓。这说明,林木密度过高并不能成比例地提高林木生物量,即使增加了生物量也不利于生产优质大径材以及林分稳定性,所以认为将林分密度控制在不超过 1500 株/hm² 的范围比较合理。

虽然华北落叶松人工林的林下植被结构简单,物种数量较少,但林下灌草层生物量也是林分发挥覆盖地表、减少侵蚀、固碳释氧等功能的重要组成部分。调查表明,灌木层、草本层的生物量与固碳量均随着林分密度增加而减小,灌、草层的总生物量及总固碳量在林分密度为 1200~1500 株/hm² 时到达稳定的最低水平;灌木层的生物量及固碳量在 650~1500 株/hm² 的林分密度范围内随密度增加而急剧降低,在密度超过 1500 株/hm² 后维持在很低水平并逐渐降低到零;草本层的生物量及固碳量在林分密度低于 1125 株/hm² 的范围内缓慢降低,在密度大于 1125 株/hm² 的范围内快速降低并在密度为 2500 株/hm² 时趋于零,这说明如要在林下维持一定的草本,需把林分密度控制在 1125 株/hm² 附近。

综合乔灌草各层的生物量和固碳量及其总量对林木密度升高的响应规律研究结果,从维持较高植被生物量和植被固碳量并且维持乔灌草合理比例的角度,认为把林分密度控制在 1500 株/hm² 的范围内比较合理。

4) 林分密度对抵抗雪害能力的影响及合理密度范围

利用在研究期间六盘山地区突降的一场造成华北落叶松人工林严重受害的 60 年来最早的暴雪事件,建立临时样地,调查了林分结构对抵抗雪灾能力的影响。分析结果表明,雪害程度除受气候条件影响以外,还与立地特征(土壤厚度、海拔、坡位、坡向、坡度等)及林分结构(林分的高径比、密度等)有很大关系。在高海拔冲风地段和土层瘠薄立地的林分,其受害率尤其是掘根率显著偏大。高密度林分的受害率显著大于低密度林分,说明密度是影响林分抵抗雪灾能力的重要结构指标。

林分密度增高会导致林分的高径比增大,而林分高径比与林分受害率有非常好的关系:在高径比大于 0.7 后,样地开始出现受害,但受害率随高径比增大的增幅不大;当高径比大于 0.9 后,林分受害率随高径比增大快速升高;当高径比大于 1.0 后,林分受害率随高径比增大急剧升高。因此,通过及时间伐降低林木密度来把林分高径比降到 0.7 左右并维持在不超过 0.9 的范围内,是提高森林抵抗雪灾能力的可行营林措施。

根据林分密度与林分高径比的关系研究结果,当密度在 100~1200 株/hm² 的范围内时,高径比在 0.7~0.9 之间变化;当密度在 1200~4500 株/hm² 时,高径比在 0.9~1.0 之间变化;当密度大于 4500 株/hm² 时,高径比则大于 1.0。由此来看,从提高森林抵抗雪灾能力和维持本身结构稳定性的角度,需要将林分密度控制在 1200 株/hm² 以下的范围内。

5) 林分密度对样地水量平衡和产水能力的影响及合理密度范围

基于对水量平衡样地的水文过程及土壤湿度的生长季内定位监测及不同密度林分的水量平衡计算,分析了林分密度对样地水量平衡和产水能力的影响。

林冠截留降雨是一项重要的水分损失。在 6 个不同密度林分之间,除了密度最大的林分(1811 株/hm²)的林冠截持量(165.3 mm)外,林冠截持量基本上是随着林分密度增大而增加,从 844 株/hm² 样地的 147.1 mm 增大到 1556 株/hm² 样地的 187.3 mm,其占同期降雨总量的比例在 19.04%~24.25% 变化。

林木蒸腾是林分蒸散耗水的最主要组成部分。在整个生长季内,不同密度样地的林木蒸腾量随林分密度增大而增加,从 844 株/hm² 样地的 154.0 mm 增大到 1811 株/hm² 样地的 255.5 mm。林下蒸散(林下植被蒸散及林地蒸发)量则随着林分密度增大而减小,从 844 株/hm² 样地的 190.1 mm 减小到 1811 株/hm² 样地的 158.1 mm。

对不同密度样地的 2011 年生长季(降水量 772.2 mm)的水量平衡计算表明,林地产水量随着林分密度减小而非线性增加,在密度为 1500 株/hm² 以上时,林地产水量较低且变化很小(109.7~106.9 mm),在密度为 1556~1811 株/hm² 之间时平均密度每降低 100 株/hm² 仅增加产流 0.9 mm;在密度为 1300~1500 株/hm² 时产流量随密度减小而缓慢增加,平均密度每降低 100 株/hm² 增加产流 6.6 mm;在密度低于 1300 株/hm² 时产流量才随密度降低而快速增大,平均密度每降低 100 株/hm² 增加产流 11.7 mm,密度为 844 株/hm² 的样地的产水量达到 165.7mm。如果要通过降低林分密度增加产水量,对研究林分的年龄阶段而言,一定要在低于 1300 株/hm² 的范围内实施,才可能起到明显增加林地产水的作用。

4. 黄河中上游水源涵养林密度调控配套技术

1) 密度调控的依据

人工林随年龄增加,单株和林分耗水量(林木蒸腾量和林地蒸腾量)均增加。在西北半干旱区,水分是限制林木生长和分布的主要因子,林水矛盾一直是西北地区社会发展中的突出问题。而合理的林分密度才能缓解当地的生态用水和生活用水等问题,因此需要考虑以土壤水分植被承载力为依据的密度调控,通过调整林分密度来达到改善森林林冠层的营养空间以及地下水肥供应条件,保证林木个体和群体正常生长,水源涵养功能有效发挥的目的;同时,密度的调控还应当采取科学的改造方法,达到林下更新和林分垂直结构更加稳定的目的,进一步促进森林对降水的再分配,最大限度的发挥水源涵养功能等。

2) 抚育间伐的原则

(1) 抚育间伐要坚持正确的指导思想和原则。对郁闭度为0.9以上,受上方庇荫影响生长的人工幼龄林和天然中幼龄林应进行透光抚育,防止出现以抚育为名,哪里出材多就在哪里抚育间伐的错误做法。抚育间伐主要有3种:一是透光抚育,一般在幼龄林内进行,对混交林,主要是调整林分组成,同时伐去目的树种中生长不良的林木;对纯林,主要是间密留疏、留优去劣。二是生长抚育,一般在中龄林内进行,目的是加速林木生长,伐除生长过密和发育不良的林木。三是综合性抚育,主要在以中幼龄林为主的林分内进行。

(2) 抚育间伐开始期的确定。间伐开始期直接影响着林木的生长,过早或过晚都会对林木产生不利影响。因为,过早的开始期,所得的间伐木不仅利用价值不高,还会影响林木的正常生长;而过晚的开始期,会使得林分密度过大,根系相互挤压,造成树高和胸径连年生长量下降,影响到林木的生长。

(3) 确定合理的抚育间伐强度。合理的间伐强度,应达到以下要求:一要保持林分的稳定性,不能因林木稀疏而招致自然灾害;二要提高林木的干形质量,改善林分的生长条件;三要形成林分的优良结构,提高林分的防护功能和其他效益。

(4) 抚育间伐要注意的主要问题。一是要有调查设计和林木采伐审批手续;二是要按技术规程组织生产,确保作业质量;三是要保护好幼苗幼树,不损坏留存木;四是要充分利用资源,把有利用价值的木材及剩余物都运出加以利用;五是要认真保护地表植被,防止水土流失。

3) 抚育间伐方法

对密度较大的林分,从开始分化到自然稀疏,林木种间和种内存在着激烈的生存竞争,消耗大量营养物质,影响林木健康生长。通过抚育不断调整林分的密度,改善林下光照和土壤水分条件,促进林下植被恢复,加快天然更新进程,改善林分结构。因此需要通过间伐改变林分结构,间伐应坚持去残留优、去小留大的原则,以近自然林业为理论依据,对呈团状分布的和通风透光性差的以及易发生病虫害的林地,应该间株定株,以促进林木生长。间伐时要尽量保护林下灌草,维护林分的垂直结构稳定。间株后的郁闭度应不低于0.7;间株定株时间以冬、春为主。

4) 补植

补植时所选苗木应该是树形饱满,无病虫害和机械损伤并且根系完整,春季要土坨;阔叶树要有完整的主根和侧根,侧芽饱满。补植后的林分密度应符合六盘山不同地区林分合理经营密度。补植一般在春季、雨季、秋季,一定要提高成活率和保存率。对林地的部分灌木需要进行割除,保证林地覆盖度(包括灌草和枯落物)维持在0.7左右,促进林木的生长发育,进而增强林木的水土保持和林地涵养水源的能力。割灌方式是以株间割灌为主,行间割灌为辅。割灌时应不影响乔木的生长,时间以春季为宜。

3.1.4　黄河中游黄土区水源区低功能人工水源涵养林密度调控技术

1. 黄河中游低功能人工水源涵养林成因分析

20 世纪末期,我国对天然林实施了保护工程,天然林达到了休养生息的目的。同时,不断加大人工植被建设的规模和内容,使得人工林的比重在逐年增大。

由于人工林多为单一树种组成的同龄纯林,结构和功能单一,是个较为脆弱和不稳定的生态系统,抗灾害能力弱,生态防护效果不够显著。在我国林业史上,人工纯林进入中龄阶段后可能出现大面积病虫灾害,造成巨大的损失。甚至一些树种纯林连植会导致林地生产力下降和地力衰退、生物多样性水平低的现象,对外界的干扰防范能力很差,如人工针叶纯林酸化土壤,林下灌木草本生长困难,这就难以形成乔灌草垂直空间配置的水源涵养型植被条件;同时森林地表覆盖物少,且多为酸性针叶及其分解物,土壤的透性差,无法形成具有较强储水能力的森林土壤,难以达到良好的生态防护效果,遇暴雨产生大量的地表径流,容易产生水土流失。

研究区处于蔡家川流域,位于山西省吉县,吕梁山南端,属于晋西黄土丘陵沟壑区。由于人为的过度开发,黄土高原生态破坏严重,水土流失形势险峻。研究区内的植树造林,其主要目的是防风固沙、水源涵养、改善生态环境。由于造林树种选择不合理,立地条件差,再加上缺乏必要的抚育措施,造成这些早期栽植的树木虽然成活,但大多数生长不良、主干不明显、枝叶横生,被形象地称为"小老树",形成"有树不成林、有林不成材"的现象。森林水源涵养功能和其作用的发挥取决于树种生物学和生态学特性、林分结构、林地土壤结构等内在的因素以及人为活动、火灾、病虫害、气候等外因条件。从水源涵养机理可知,树种的生物学特性、林分结构和林地土壤决定了对降水的再分配,在一定范围内随着林龄增加、林分密度增大、枯枝落叶层增厚,土壤非毛管空隙会增大,贮水量会增多,其调蓄径流的能力也相应地增强。研究区内现有人工林分中由于树种选择不当、林分结构单一、水平分布不均、空间配置不合理、林地连作造成森林退化等致使森林水源涵养功能差,水源涵养林固土持水能力不足,无法产生应有的生态效益。

2. 黄河中游低功能人工水源涵养林健康诊断与分类

森林健康是指森林具有较好的自我调节并保持其生态系统稳定性的能力,能够最充分地持续发挥其生态、社会和经济效益。健康的森林并不是一定没有病虫害、枯立木、濒死木,而是它们一般均在一个较低的水平上存在,对于维护健康的森林中的食物链和生物多样性、保持森林结构的稳定是有益的。人类对森林的影响往往是不可避免的,然而健康的森林在一定限度下对于人类活动的影响是能够承受或可自然恢复的。健康的森林能够尽量发挥其多种效益,而不健康的森林,其经济效益和综合生态效益都是低下的。

水源涵养林是以发挥涵养水源、保持水土和改善水质等防护作用为主要目的的一种重要防护林。国内外水源涵养林研究多侧重其水文过程、林分结构分析、效益评价、生态补偿、信息系统等,缺乏水源涵养林森林健康方面的研究。当前国内有些地区已经启动水源涵养林生态效益经济补偿试点与实践。但是,其生态效益经济补偿不考虑其功能大小、健康状况，而是按面积进行补偿。这样就带来了一系列的问题，目前已有的水源涵养林防护效益的评价指标体系繁琐，测定困难，可操作性不强，不利于推广实践。李金良和郑小贤（2004）提出了一套比较科学实用的水源涵养林森林健康评价指标体系（表 3-10），为客观评价水源涵养林的健康状况及其生态效益补偿提供了一种新方法。

表 3-10　水源涵养林建康评价指标体系

指标	标准级别		
	Ⅰ	Ⅱ	Ⅲ
物种多样性（a_1）	阔叶混交林、阔叶为主的针阔混交林，动植物物种丰富	针阔混交林，阔叶树比重≥30％，物种较丰富	建群种为针叶树或为单一的灌草植被
群落层次结构（a_2）	具有乔灌草层的复层林结构	具有乔灌草层的单层林结构	缺少灌木或草本层
林分郁闭度（a_3）	0.5～0.85 之间	0.85 以上，或 0.5～0.3	0.3 以下
灌木层盖度（a_4）	＞0.8	0.5～0.7	＜0.4
草本层盖度（a_5）	＞0.8	0.5～0.7	＜0.4
枯落物层厚度（a_6）/cm	≥5.0	1.0～4.9	＜1.0
年龄结构（a_7）	异龄林，或近、成熟林	中龄林	幼龄林
林分蓄积量（a_8）/（m^3/hm^2）	≥114	84～113	＜84
病虫危害程度（a_9）	较轻，在森林生态系统调节能力范围内	中等，超出森林生态系统的调节能力，对森林结构造成明显的危害	严重，超出森林生态系统的调节能力，对森林结构造成严重的破坏

调查区蔡家川流域的水源涵养林主要林分为刺槐人工林、油松人工林、刺槐油松混交林和天然次生林等，根据表 3-10 通过物种多样性、群论层次结构、林分郁闭度、灌木层盖度、草本层厚度、林龄结构、林分蓄积量等指标综合评价，研究区内的水源涵养林应属于第Ⅲ级别的水源涵养林类型。

3. 黄河中游水源涵养林最佳密度与有效密度结构

林分密度是人工林培育与经营的核心问题之一，适宜密度是林分形成合理结构及发挥高效功能的基础，它不是一个常数，而是随树木种类、林分年龄和立地环境的不同而变化的数量范围。在水土流失严重的黄土丘陵区，人工造林是退化生态系统恢复重建的主要措施之一，这种措施在保持水土、改善生态环境等方面发挥着重要作用（刘建军等，2002）。然而，由于该区环境对植被生长的支撑力能力较低、特别水资源的相对不足，以及多年来在人工植被恢复重建中存在的重乔轻灌草思想，造林多采用单一树种，这些林分在成林后会形成一些新的问题，如群落结构单一、林下幼苗难以更新、土壤出现干旱化等情况（张昌顺和李昆，2005；曹云等，2005）。再加上各种复杂的历史原因造成的林分密度偏高以及传统的习惯造林方式与营造森林的各种生产营林技术一直支配着现实当中的生产和管理，从而导致很多林业问题。

　　如何有效控制和调整森林的林分密度,已然成为许多森林工作者目前最为关心的问题。森林林分的最适密度首先应该表现在要求林分中每株林木都必须具有以下两个条件:最适宜的生长空间;较好的林分整体结构。在实际营林和整个森林林木生长过程中,经常通过一些人为的、主动干预的措施,使得整个森林林木处于最佳密度条件下生长,以便提供我们期望中的最高木材产量或者是发挥其最大的森林防护效益和作用。诸多环境条件如立地环境、乔木树种以及林龄不同时,其森林林分的最佳密度也各不相同。林分密度对于林木的干形、林木的生长均会产生很大的影响。就整个森林林分而言,林分密度过稀过疏时,不仅仅是会影响到森林木材的数量,同时也会影响到森林木材的质量。林分密度过大造成的后果可能由于林木之间的竞争,会产生抑制林木生长的现象。只有使林分处于一种合理的密度且最大限度地利用了其生长所占有的空间等资源时,才能够使得林分提供量多、质高的木材及充分地发挥森林的作用和防护效益。水源涵养林处于其最佳密度结构时能够发挥最佳的水源涵养能力,通过研究确定水源涵养林的最佳密度能够为改善水源涵养林的水源涵养能力,提高其防护林效益有重要意义。水源涵养林在其无法发挥最佳水源涵养能力但森林各项指标均正常,有较好的整体结构时,其林分密度可以确定为有效密度。通过人工间伐抚育等一系列技术措施,确保人工水源涵养林处于最佳密度与有效密度之间时,其防护林效益会得到有效的发挥。

4. 黄河中游水源涵养林密度调控配套技术

　　许多学者对油松纯林和油松混交林的保水保土指标、土壤理化性质指标及林木生长情况变化进行了研究,如董旭等(2009)的研究表明,油松沙棘混交林的枯枝落叶厚度、总量、容水量、土壤有机质、全氮、通透速度均比纯林有所提高;陈肖(2008)对油松纯林、油松沙棘混交、油松刺槐混交、油松柠条混交做了生态效益对比研究,表明油松混交林蓄水保土能力及经济效益十分显著;郭浩等(2008)也得出类似的结论。可见,油松混交林比纯林更能够有效地改良土壤理化性质、提高土壤肥力,从而促进了林木的生长量,进而提高了林分水土保持能力,增强了林分自身保健功能。

　　人工纯林随着林分郁闭度增加,大面积针叶纯林的弊端日益显现,纯林不仅改善地力和水土保持效能差,而且易引起病虫害的发生,火险性强,已有相当部分的林分出现早期衰退现象,单位面积的林木生长量、成材率较低。主要原因为:①初植密度大。经过对分布在各种立地类型油松林密度的调查,分布在丘陵塬面的油松密度为 1372～1500 株/hm²;分布在固定半固定沙地的油松密度为 1100～1400 株/hm²;分布在山地各缓厚的油松密度为 1000～1300 株/hm²。造林整地采用水平沟、鱼鳞坑,多为双苗栽植,林分受邻体干扰种间竞争强烈,出现林木分化现象严重,"小老树"是必然的结果。②受其生物学特征的影响。油松针叶气孔下陷、角质层厚、根系比较发达,是较耐旱的树种之一,作为该地区的乡土树种,适生性比较强,造林成活率及保存率高。但由于其根系须根量少、根水势较高,吸水力较差,再加上叶量多、水分蒸腾耗水量大,而且随着林龄的增长,耗水量不断加大,水分供求矛盾加剧,容易出现早衰现象,尤其是降水量在 300 mm 以下时,往往出现严重的枯梢和死亡现象。因此,在瘠薄干旱的阳坡不宜营造油松纯林。③抚育措施不及时。由于重造林轻抚育、片面强调造林面积的增长而忽视营造林分的健康性和稳定性,在幼龄、中龄林阶段没有及时进行修枝、抚育伐或透光伐,造成林木生长不良、干形弯曲、树冠小、枝叶过密,导致对环境因子的过度竞争,林分整体质量差,同时林下植被也难于发展。④树种单一、结构简单。在低功能水源涵养林中,绝大部分林分为油松纯林和刺槐纯林,占低功能林分面积的80%以上,混交林所占比例较小。油松纯林和刺槐纯林易造成土壤酸化,林下灌草难以生长,也不利于林地土壤的改良,造成林地退化、生产力低下,稳定性和抗外界干扰能力差。

1) 低功能水源涵养林改造原则

坚持改造和保护有机结合的原则,尽可能保护好现有的森林植被类型;坚持小生境差异和树种生物学、生态学特点相结合的原则,合理布局树种和初植密度;坚持更新改造营造异龄—复层—混交林的原则,特别是混交并合理安排混交比例、混交树种、造林密度等,以便形成完整的林分结构;坚持近自然森林经营的原则,做到适地适树、多树种混交、复层异龄混交、单株抚育和择伐利用;坚持因地制宜、分类施策、稳步推进的原则。

2) 低功能水源涵养林改造技术措施

在充分调查现有森林植被类型与立地条件相适应情况的基础上,选择现有立地条件下自然适宜生长的乡土树种为主要改造树种,设计近自然森林经营混交配置模式,培养与目标林分相接近的林分结构,以便提高森林植被水源涵养的能力。针对低水源涵养功能油松纯林和刺槐纯林分布的特点,其改造技术模式主要为:①刺槐与油松混交模式。对于分布在立地条件相对好的地带,移植去一定量的刺槐植株,采用株间、行间、带状等混交方法,配置比例1:1或2:1,栽植伴生树种油松。保留的刺槐层为第一林层,油松形成第二林层,成为阴阳树种混交模式。②油松与灌木混交模式。对于分布于山地分水岭和陡坡地带的油松,由于立地条件差,造林成活难度大,采用带状、不规则块状混交,需要择伐一定油松栽植沙棘、胡枝子、柠条,混交比例1:1、1:2或1:3,立地条件下相对增加灌木比例,构成油松灌木复层林,油松属第一层、灌木属第二层。全面保留林地乔灌木,林间空地种植乔木,灌木采用播种或营养袋苗造林。③降低造林密度、改变配置结构。通过廊道、斑块、带状等皆伐方式降低同一树种、同一层次竞争的密度,形成油松和其他树种带状混交、块状混交的树种配置结构。对于密度过大的人工刺槐纯林,选择伐去样区内的濒死木,选择部分刺槐伐去其过长或濒死的枝干,将伐除的树干枝条留在林内,以起到增加枯落物持水的目的。

3.1.5　西北内陆乌鲁木齐河流域水源区低功能人工水源涵养林密度调控技术

1. 乌鲁木齐河低功能人工水源涵养林成因分析

水源涵养功能受多个因子的影响,这是由森林系统本身所具有的复杂性所决定的。要最大限度的发挥天山云杉森林在本研究区的水源涵养功能,首先就是要保证有一个合理的林分结构。从林分结构分级比较来看,天山云杉天然林的水源涵养功能优于人工林,这与华北土石山区、宁夏六盘山区的情况相一致。对与天山云杉天然林来讲,林木密度为1100～1400株/hm^2、树高为16～18 m、胸径为20～23 cm的中龄林和近熟林的水源涵养效果达到最佳状态。

由于人工林林龄较低,因此其水源涵养功能较为低下。进行人工抚育的林分结构要明显优于初植后未进行任何经营措施的人工林。总的来讲,人工混交林的水源涵养效益要优于人工纯林。

2. 乌鲁木齐河低功能人工水源涵养林健康诊断与分类

根据实验方案,为更全面反映天山云杉的水源涵养效益,选择天然林中林分密度420 株/hm²、525 株/hm²、1110 株/hm²、1215 株/hm²、1695 株/hm²,人工林中云杉落叶松混交林密度2250 株/hm²、云杉纯林密度5745 株/hm²、2100 株/hm²、1800 株/hm²等9 种不同林分条件的样地,设置 20 m×20 m 的样方,对样方内进行每木检尺,在样地内沿对角线上随机取三个大小为 1 m×1 m 的样方,分 0~10 cm、10~20 cm、20~ 30 cm 分层采集土壤样品,测定土壤容重、总孔隙度、毛管孔隙度、自然含水量。布设实验观测场地和实验设施,主要包括气象因子观测设施、大气降水观测设施、林内截留和地表径流观测场地等,通过分析得出:人工混交林水源涵养效果高于人工纯林,林地应在不同的生长期进行林木的抚育间伐工作,使合理密度应维持在 1800~2000 株/hm² 之间,天然林维持在1100~1500 株/hm² 之间。这样可保持良好的林分结构和林木生长状况并产生林草结合的水源涵养效应。

3. 乌鲁木齐河水源涵养林最佳密度与有效密度结构

本研究通过主成分分析法对样地的林分结构因子和水源涵养功能之间的关系进行研究,得出水源涵养功能的最优林分结构,并通过拟合模型,构建出一个水源涵养功能的评价指标,为水源涵养林的构建和经营提供依据。

按照林龄、郁闭度、林分密度等,选取 11 个不同林分条件,并设置水平投影为 20 m×20 m 的固定样地,对样地内进行每木检尺。通过已有的研究发现,森林生态系统水文过程明显与郁闭度、林龄、冠层特征、净生产力、森林种类等相关性较大。本研究选择森林类型、林分密度、林分起源、林龄、郁闭度、草本盖度、灌木盖度、树高、冠幅、胸径 10 个因子作为研究因子,用来表达水源涵养与林分结构的关系。

通过主成分分析法统计,将检测数据分为三个主成分因子,第一主成分因子反映了乔木的胸径、冠幅、林种起源,载荷分别为:0.94、0.84、0.80;第二主成分因子为平均树高和森林类型,载荷值分别为 0.84、0.90;第三主成分因子为郁闭度和林分密度,载荷值分别为 0.94、0.74。三个因子变量的总特征值分别为:$A_1 = 3.54$、$A_2 = 3.30$、$A_3 = 2.85$;累积贡献率分别为 32.15%、29.95%、25.88%,合计达到了 87.98%,具有一定的整体代表性,因此这三个因子能够代表样地林分结构特征。

通过聚类分析法,对各林分样地的水源涵养功能进行分析,将结果分为好、中、差三个等级标准。通过对各样地评价指数的计算得出,天然林中,中龄林 3、近熟林样地的水源涵养功能最佳,中龄林 4 次之,中龄林 1、中龄林 2、成熟林较差,林层结构都为单层;人工林中,云杉落叶松的混交林最佳,优于纯林人工林 2、人工林 3,因此,复合层的人工林林层结构要好于单层,人工林 3 水源涵养功能最差。总体来讲,天然林最优林分结构的水源涵养功能要明显高于人工林最优林分结构。

　　根据实验结果对各林分结构进行归纳,择选出天然林、人工林的合理林分结构,见表 3-11。

表 3-11　各林分类型合理林分结构

林分结构因子	天然林		
	优	中	差
乔木平均高/m	16.9	15.5	12
胸径/cm	21.4	18.2	11.8
郁闭度	0.6~0.7	0.8	0.2~0.4
林分密度/(株/hm²)	1100~1400	1400~1800	400~600
冠幅/m²	14	10	5.75
草本盖度	20	10	60
灌木盖度	0	0	0.3

林分结构因子	人工林		
	优	中	差
乔木平均高/m	13.5	12.5	9.5
胸径/cm	10	8.5	6.5
郁闭度	0.75	0.6	1
林分密度/(株/hm²)	2000~2200	1800~2100	5700
冠幅/m²	7.5	6	0.9
草本盖度	0.3	0.2	0
灌木盖度	0	0	0

　　最终结果表明:林分生长因子在研究区水源涵养评价中起主导作用;龄林为中龄林、近熟林,天然林在林木密度为 1100~1400 株/hm²,郁闭度为 0.6~0.7,乔木树高为 16~18 m,胸径在 20~23 cm 之间时,水源涵养功能最佳;人工林混交复合层水源涵养效果要优于单层,人工林郁闭度为 0.6~0.8,密度为 2000~2200 株/hm² 时,水源涵养功能较好。

　　4. 乌鲁木齐河水源涵养林密度调控配套技术

　　根据上述实验结果,对天山云杉天然的中龄林、近熟林进行间伐,使其密度控制在 1100~1400 株/hm²;同时进行疏枝透光等抚育,使其郁闭度控制在 0.6~0.7。

3.1.6　辽河上游水源区低功能人工水源涵养林密度调控技术

　　1. 辽河上游低功能人工水源涵养林成因分析

　　本研究试验地设置在辽宁省抚顺市老秃顶子国家自然保护区,在自然保护区内选了具有代表性的以落叶松和红松为优势种的人工林作为研究对象,采用固定样地调查法进行调查。选择 3 块标准地,采用相邻网格法,将样地划分为 10 m×10 m 的小样方,调查时将每个小样方的西南角设定为坐标原点,用皮尺分别测量调查单元中每株树木的位置坐标(x, y)，x、y分别表示东西和南北方向坐标。用GPS对样地边界上每个网格结点进行定位，测定样地坡度、坡向、经纬度、海拔、地形地貌等立地因子，并记录树木的名称、坐标、树高、胸径、冠幅、枝下高、优势度、损伤状况、干形质量、病虫害和起源等。通过分析可得：该地区的低功能人工水源涵养林成因主要是造林树种单一，抵御病虫害的能力下降；树种组成不合理，物种丰富度较低；高强度的人工疏伐等。

2. 辽河上游水源涵养林密度结构调控配套技术

不同密度的林分生产量不同，根据培育目标、立地质量、经营水平，选择合适密度。根据密度效应理论和生态位原理系统研究造林的初植密度、经营密度，编制切实可行的密度表，为集约培养提供了理论依据。由于不同密度林分发育期间个体竞争程度和林分与环境因子关系的发展变化过程的不同，初植密度对大多数生长指标产生效应，造成密度间生长指标的差异，同时随着林龄的增加，这种差异会愈来愈明显。从林分的密度和垂直结构角度分析，通过有效的管理方式，建立合理的林分结构。

1）水源涵养林密度调控的依据

现有的造林技术和造林技术规程大都提供参考密度，因造林密度在某种程度上决定着林木生长，不仅影响林木生长速度，而且影响水土保持和生态系统的协调性，所以，确定合理的造林密度是造林技术极为重要的问题。目前在营造的人工水源涵养林所采用造林密度总体偏大，由于片面强调林木的郁闭速度，造林初植密度一般确定$3300 \sim 4400$株/hm²，认为密植既可增加单位面积的生物量，又可提前郁闭，忽略了造林密度与树种特性、立地条件、培育目标、水源涵养功能等因素之间的关系。生产实践中一般是通过加大造林密度来提高造林成活率，较少考虑密度与成林后林下经济植物配置的合理空间及抚育管理问题。

（1）水源涵养林密度。在造林时考虑到经营目的、林地生产力以及森林合理的经营密度，合理确定其造林初植密度，能减少造林的资金投入。造林初植密度确定，应考虑抚育次数、造林人工和苗木的成本。如落叶松造林初植密度可确定在3300株/hm²，红松2500株/hm²。造林规格分别为落叶松$1.5 \text{ m} \times 2.5 \text{ m}$，红松$2.0 \text{ m} \times 2.0 \text{ m}$。进行一次抚育后，保留株行距为$3 \text{ m} \times 4 \text{ m}$和$4 \text{ m} \times 4 \text{ m}$。

（2）水源涵养林密度及其功能。破坏面积增加，减少了地被植物尤其是草本植物固着土壤的能力，造林当年水土流失比未造林前提高，径流量和流失土量增加，林地受土壤侵蚀影响，会降低幼林造林成活率和保存率。

（3）水源涵养林密度与系统健康状况。因地形和地力设计初始密度，一般在水分条件和土壤有机质含量较高的半阴坡、半阳坡、阴坡，落叶松的初始密度可小一些，单位面积的株数应少一些，可设计成$1.5 \text{ m} \times 2 \text{ m}$红松设计成$2 \text{ m} \times 2 \text{ m}$，一次间伐后保留株行距分别为$3 \text{ m} \times 4 \text{ m}$和$4 \text{ m} \times 4 \text{ m}$。阳坡始造林密度落叶松造林设计成$1.5 \text{ m} \times 1.5 \text{ m}$；红松设计成$1.5 \text{ m} \times 2 \text{ m}$，一次间伐后保留株行距分别为$3 \text{ m} \times 3 \text{ m}$和$3 \text{ m} \times 4 \text{ m}$。对25°以下的山坡地，造林初植密度确定为$3300 \sim 2000$株/hm²；对25°以上的陡坡地，造林初植密度确定为$4400 \sim 3300$株/hm²；对于立地条件较差的可采用$3300 \sim 2500$株/hm²。总之，水源涵养林密度调控要考虑以下因素：①树种特性；②立地条件；③培育目标；④结构与功能；⑤营林成本。

2) 抚育间伐与密度调控技术指标的确定

(1) 密度调控初始时间。抚育间伐开始时间与立地条件、混交类型、针阔比例等有关。具体确定时应根据林分郁闭情况、林木分化程度和胸径、树高连年生长量是否下降等指标来判断,通过对不同混交类型主要混交树种直径、树高、材积生长过程结合考虑林分外貌特征的变化,如冠形变化动态(侧枝生长量变小,树冠发育受阻等)、郁闭度(当林分郁闭度达 0.9 以上,林内树冠交叉重叠,透光量减少,林下植被减少)、林木分化状况(林木直径相差大,小径木数量多,径级分布呈偏态分布——偏向小径级,则说明林木分化越强)等其他方法补充验证,贯彻"以抚为主、抚育与利用小径木相结合"的原则。

(2) 密度调控间隔期。抚育间伐间隔受间伐强度、树种组成等因素的影响。间隔期长短取决于间伐后生长明显下降时间的长短,如生长明显下降,就应再次进行间伐。

(3) 密度调控间伐强度。混交林抚育间伐强度的大小,直接影响保留木的生长速度、干形和材质,进而影响林分产量和质量及稳定性。适宜的间伐强度,应综合考虑立地条件、不同混交类型、不同发育阶段单位面积适宜的林分密度。抚育间伐后保留木适宜株数的设计按针阔比例 6∶4,在适宜密度基础上±15%,分为强度间伐区和弱度间伐区。通过抚育间伐及针阔比例确定适宜密度。抚育间伐按林木分级法逐级选择间伐木,至间伐达到设计株数为止。

3) 人工水源涵养林密度结构调控方法

人工水源涵养林密度结构是水源涵养林经营的重点,林分结构通常分为非空间结构和空间结构。非空间结构包括直径、树高、形数、材积、蓄积、材种、冠幅、物种多样性等,空间结构则主要包括林木的水平分布状况、垂直结构、树种的隔离状况、树种竞争状况等,决定着森林的功能。林分空间结构可从 3 个方面加以表征,即林木个体水平分布形式的空间格局,体现树种空间隔离程度的树种混交度以及反映林木个体大小的大小分化度。对林分结构进行优化调整,是恢复水源涵养林结构和功能、实现其可持续经营的重要手段。

针对落叶松林,分析现实林分树种结构、直径结构和空间结构特征,以林分结构特征为基础结合林分的经营目标,构建适合落叶松林的林分密度调控技术,包括径级结构和空间结构的调整目标,筛选确定伐除木及培育木,通过择伐手段优化调整现有林分的径级结构和空间结构,逐步实现林分密度结构的优化,使之从不合理结构逐渐过渡到设定的理想结构状态,以保持水源涵养林生态系统结构的完整性,从而达到结构稳定、功能高效、可持续经营的状态。

林分直径分布是林分结构的最基本特征,林分空间结构是林分结构优化的依据,并决定了人工水源涵养林林分树木间的竞争势、空间生态位、林分稳定性。

(1) 林分结构调整原则。依据经营目标及林分结构特征,人工水源涵养林在结构调整中应遵循近自然原则和多效益协调原则。为改善落叶松林的林分结构,充分发挥其多种功能,在林分密度调整时,保留乡土树种及一些适合在林分中生长的阔叶树种,同时在采伐时尽可能使林分受到的干扰较低。在优化林分结构的基础上,也要考虑经济需求。

(2) 林分密度调整内容。①调整林分树种结构:在人工落叶树水源涵养林分中,阳性树种有杨树、枫桦等,耐荫树种有色木、水曲柳、黄菠萝、椴树等,落叶松在数量上占据主体地位,是林分的优势树种,在调整树种结构时,未到起伐径阶时一般不采伐,在间伐中优先考虑林分优势树种和先锋树种。②调整林分的直径结构：在人工落叶树水源涵养林分中，林分的小径级木和大径级木较少，中径级木比重最大，径级结构不合理，人工落叶松水源涵养林属于同龄林，是中径级木的主体，因此在径阶调整中，把落叶松作为调整的主要对象。③调整林木的空间结构：通过对人工落叶树水源涵养林分空间结构的分析，对林木空间结构的调整主要依靠空间结构参数，通过间伐引导空间结构向随机分布方向移动，并且逐步提高林分混交度，降低目的树种在结构单元中的竞争压力。

（3）林分结构调整步骤。人工落叶松水源涵养林结构与确定的林分目标结构有着较大的差距，主要体现在林分空间结构、株数径阶分布不合理，现实林小、中、大径木比例与目标结构存在较大差距。因此，依据现实林结构的实际状况及其与目标结构间的差距，结合经营目的，分 3 个阶段对林分结构进行调整，每个阶段设定为 20 年。

第一阶段结构调整目标：调整林分的空间结构，使林分水平格局从聚集分布过渡到随机分布，提高树种混交度，调整树种组成结构，使落叶松比例由 60%左右降低到 50%左右，通过采伐和补植逐步提高目的树种阔叶树种的优势度，降低落叶松的优势度。采取低强度（<10%）的采伐，经过阶段定向结构调整，使林分密度结构趋于合理。

第二阶段结构调整目标：以空间结构调整为先导，通过采伐和补植降低落叶松比例至40%，提高阔叶树种的蓄积比例，适当提高采伐强度（10%~15%），林分中、大径木蓄积比例逐渐增大，使林分结构趋于更加稳定、合理。

第三阶段结构调整目标：以空间结构调整为先导，采育兼顾，继续降低落叶松比例至30%或以下，人工促进天然更新，适当提高采伐强度（15%~20%），林分采伐量与生长量基本保持平衡，径阶株数按理想结构分布，基本实现目标结构。

（4）林分密度调控措施。采伐方式采用单株择伐。由于落叶松为阳性树种，趋光性强，不利于阳性阔叶树种幼苗幼树的生长，因此对落叶松适当的择伐可以改善林下的光照条件，促进阔叶树种子萌发及幼苗、幼树生长，促进更新的顺利进行。在择伐中形成的林窗，有利于阳性阔叶树种的更新和生长，提高林分内阔叶树种的比例，改善林分的树种组成结构。为了降低干扰强度，择伐强度不超过 10%，由于林分树种的单木断面积生长率随间伐强度的增加而增加，择伐周期随之改变。

（5）调整对象的筛选及采伐木确定。进行林分结构调整时，选取参照树的空间结构参数角尺度指标作为约束。根据落叶松林目标林分结构，使林分由聚集分布向随机分布移动，林木的平均角尺度在[0.4,0.5]区间内，参照树的角尺度取值为 0.5、0.75 和 1 的林木结构单元可以作为调整对象。为了提高表征林分树种隔离程度的混交度，将参照树混交度取值为 0、0.25 和 0.5 的林木结构单元作为调整对象。据此可筛选出需要进行结构调整的林木结构单元范围。在结构调整时，结合林分目标结构综合分析其选定的调整对象，进一步对每个林木结构单元的参照树进行分析，以确定其是作为采伐木或是作为培育树。

通过人工落叶松水源涵养林密度调控，降低了树种之间的竞争压力，维持了林分的树种多样性和结构的稳定性，促进林分的天然更新，使林分向预定的目标发展，最终维持在稳定的可持续经营状态。

3.2　低功能人工水源涵养林与树种混交调控技术

3.2.1　海河上游水源区低功能人工水源涵养林与树种混交调控技术

1. 海河上游水源涵养林与树种有效混交结构

生物量是生态系统中积累的植物有机物的总量,是生态系统运行的能量基础和营养物质来源。生物量高低反映了林木利用环境资源潜力的能力,在一定程度上反映了该树种生产力的大小。它既受林分因子的影响,也受立地因子的制约,生物量高表明林木在该种立地条件下生长良好,生态适应能力强,反映林分结构和功能较好,是林木生物学特性和生态学特征结合的集中体现。

1) 华北落叶松白榆混交林分地上生物量

由表 3-12 可知,从单株生物量看,13 年生的华北落叶松单株生物量为 6.2 kg,23 年生白榆单株生物量为 27.985 kg,白榆单株平均生产力是华北落叶松的 2.6 倍。从林分生物量组成看,华北落叶松白榆混交林分由乔木层、草本层和枯落物层组成,缺少灌木层;乔木层生物量为 12.937 t/hm²,平均生产量 0.71 t/(hm²·a),所占比例为 63.06%,主要来自于阔叶树种白榆的生物量,其占总生物量的 42.15%,超过华北落叶松生物量的 2 倍;该种林分草本层发育良好,所占比例为 19.46%,也有利于枯落物的积累,枯落物层生物量占 17.48%。华北落叶松白榆混交林分地上生物量为 20.513 t/hm²,是杨树柠条混交林分生物量的 2 倍。

表 3-12　华北落叶松白榆混交林分地上生物量

林层		单株/样方生物量/kg	林分生物量/(t/hm²)	组成比例/%
乔木层	华北落叶松	6.2	4.29	20.91
	白榆	27.985	8.647	42.15
灌木层		—	—	—
草本层		0.399	3.991	19.46
枯落物层		0.154	3.585	17.48
总计		34.735	20.513	100

注:华北落叶松龄林 13 年;白榆林龄 23 年。

2) 油松沙棘混交林分地上生物量

油松沙棘混交林分地上生物量为 23.815 t/hm²,其中乔木层生物量为 13.253 t/hm²,平均生产量 0.83 t/(hm²·a);灌木层生物量 6.793 t/hm²,平均生产量 0.42 t/(hm²·a);乔灌层生物量占总生物量的 84.17%,平均生产量 1.25 t/(hm²·a),并且乔木层生物量约是灌木层生物量 2 倍;该林分具有发育良好的草本层和枯落物层,占总生物量的 15.82%,见表3-13和表3-14。

表 3-13　油松沙棘混交林分地上生物量

林层	单株/样方生物量/kg	林分生物量/(t/hm²)	组成比例/%
乔木层	10.25	13.253	55.65
灌木层	5.043	6.793	28.52
草本层	0.257	2.57	10.79
枯落物层	0.12	1.199	5.03
总计	15.67	23.815	100

注:油松、沙棘林龄均为 16 年。

表 3-14　主要乔木树种人工林不同地上生物量

树种 器官	杨树		华北落叶松 * 白榆			油松	
	林分单株 生物量/kg	林分生物量/ (t/hm²)	落叶松单株 生物量/kg	白榆单株 生物量/kg	林分生物量/ (t/hm²)	林分单株 生物量/kg	林分生物量/ (t/hm²)
干	14	3.64	3.24	13.46	6.401	4.94	6.387
枝	7.159	1.86	1.432	11.411	4.517	2.653	3.43
叶	1.579	0.41	0.793	3.114	1.511	1.783	2.305
果			0.735		0.509	0.874	1.13
合计	22.738	5.91	6.2	27.985	12.938	10.25	13.252

2. 海河上游水源涵养林与树种混交调控的配套技术

1) 华北落叶松林分改造技术

华北落叶松属阳性树种,是东北地区主要造林树种之一,具有重要的水土保持和水源涵养作用,由于华北落叶松林下天然更新困难,一般营造华北落叶松纯林或混交林。研究区纯林面积占华北落叶松面积的 90.8%,混交林所占比例较小,混交类型主要有华北落叶松云杉混交、华北落叶松榆树混交、华北落叶松油松混交等。林分由于不合理的造林技术和粗放的管理技术,使林分出现了生长衰退、生态功能下降的现象,而初植密度远超出林地的承载力,导致林木生长缓慢、林地力下降,同时也严重影响了林下物种多样性以及灌草层的发育。

(1)改造前基本情况。低功能的林分多集中在幼龄林和中龄林。按照郁闭度划分,郁闭度小于 0.2 和郁闭度在 0.4~0.5 之间。华北落叶松林下无其他树种,草本层主要有羊草、禾本科、莎草科、蒿属,盖度 35%~80%,腐殖质层厚度属薄层等级。

(2)改造原则。坚持改造和保护有机结合的原则;坚持更新改造营造异龄—复层—混交林的原则;坚持小生境差异和树种生物学、生态学特点相结合的原则;坚持近自然森林经营的原则,做到适地适树、复层异龄混交、多树种混交、单株抚育和间伐利用;坚持实用性强、便于操作的原则;坚持因地制宜、分类施策、稳步推进的原则。

(3)改造技术措施。针对低功能华北落叶松林分的形成原因,结合立地条件,采取适宜的经营措施,调整林分的密度和郁闭度、树种组成和结构,改善林分生产环境和土壤肥力状况,形成树种组成丰富、结构合理、自身保健和保水保土功能强的华北落叶松人工复层林。根据林分情况和立地类型具体改造措施为:①补植改造。对郁闭度小于 0.2,分布于丘陵各缓厚立地类型的华北落叶松林分,首先进行抚育间伐枯死木、被压木,在林间空地通过穴状整地,采取块状、团状不规则补植阔叶乔木树种(杨、榆、栎类、文冠果)、灌木树种(沙棘、胡枝子、柠条)或针叶树种(油松、云杉),林分密度控制在 1200~1500 株/hm²。②带状皆伐改造。对郁闭度小于 0.2,分布在低山阴斜中立地类型,采取行带状透光伐,即按照伐留 2∶2 或 3∶3 形成伐留交替的小区,伐留小区的宽度在 10~15 m 以上,中间有落叶松纯林间隔带,宽度在 15~20 m。在采伐带内保留生长正常的落叶松并栽植云杉(株行距 3 m×3 m)或沙棘(株行距 2 m×3 m)。③抚育改造。对于郁闭度 0.4~0.5 的林分,采取抚育间伐措施,扩大单株营养空间,同时适量补植落叶松、油松或云杉和灌木树种,如沙棘、柠条等,乔木苗规格为 4~5 年生移植苗,苗高大于 20 cm,地径大于 0.55 cm,灌木采取 2~3 年生营养袋苗。更新后连续 3 年进行扩穴、松土、除草等抚育措施,在有条件的地方,适当施氮肥。更新 7~8 年后再抚育调整,使上层乔木郁闭度控制在 0.6~0.7,下层灌木盖度达 35%,形成乔灌混交林。

2)油松林分改造技术

(1)改造前基本情况。油松作为干旱、半干旱地区荒山荒地造林的树种之一,在研究区广泛存在,按照树种结构的调整方案仍需要增加油松针叶林,在区域树种结构中达到 21%。混交林类型为针阔混交、针叶树混交,即油×杨、油×榆、油×落、油×白桦×柞、油×柞、油×榆×柞等混交方式,因此,油松低功能改造主要针对油松纯林;郁闭度在 0.1~0.9 之间,林下偶见更新幼苗,灌木层稀少,偶见虎榛子、沙棘、山杏、锦鸡儿、绣线菊、山竹子、胡枝子、黄榆等;草本层以禾本科、针茅、羊草、莎草科、菊科为主,盖度 20%~80%,腐殖质层厚度属于薄层等级范围。

(2)低功能林形成原因。油松林随着林分郁闭度增加,大面积针叶纯林的弊端日益显现,纯林不仅改善地力和水土保持效能差,而且易引起病虫害的发生,火险性强,已有相当部分的林分出现早期衰退现象,单位面积的林木生长量、成材率较低。主要原因为:①初植密度大。经过对分布在各种立地类型油松林密度的调查,分布在丘陵塬面的油松密度为 1372~1500 株/hm²;分布在固定半固定沙地的油松密度为 1100~1400 株/hm²;分布在山地各缓厚的油松密度为 1000~1300 株/hm²。造林整地采用水平沟、鱼鳞坑,多为双苗栽植,林分受邻体干扰种间竞争强烈,出现林木分化现象严重。根据郭浩(2003)研究,在辽西地区年均降雨量 548.41 mm,林地年蒸发量 474.50 mm 的情况下,油松纯林密度应为 902 株/hm²。可见,在研究区域中油松林分密度较大,林木水分供求矛盾突出是林木生长慢、长势不好的主要原因,"小老树"是必然的结果。②受其生物学特征的影响。油松针叶气孔下陷、角质层厚、根系比较发达,是较耐旱的树种之一,作为该地区的乡土树种,适生性比较强,造林成活率及保存率高。但由于其根系须根量少、根水势较高,吸水力较差,再加上叶量多,水分蒸腾耗水量大,而且随着林龄的增长,耗水量不断加大,水分供求矛盾加剧,容易出现早衰现象,尤其是降水量在 300 mm 以下时,往往出现严重的枯梢和死亡现象。因此,在瘠薄干旱的阳坡不宜营造油松纯林。③抚育措施不及时。由于重造林轻抚育、片面强调造林面积的增长而忽视营造林分的健康性和稳定性,在幼龄、中龄林阶段没有及时进行修枝、抚育伐或透光伐,造成林木生长不良、干形弯曲、树冠小、枝叶过密,导致对环境因子的过度竞争,林分整体质量差,同时林下植被也难于发展。④树种单一、结构简单。在低功能油松林分中,绝大部分林分为油松纯林,占低功能林分面积的96%,混交林所占比例较小。针叶纯林易造成土壤酸化,林下灌草难以生长,也不利于林地土壤的改良,造成林地退化、生产力低下,稳定性和抗外界干扰能力差。

(3) 改造原则。坚持改造和保护有机结合的原则,尽可能保护好现有的森林植被类型;坚持小生境差异和树种生物学、生态学特点相结合的原则,合理布局树种和初植密度;坚持更新改造营造异龄—复层—混交林的原则,特别是针阔混交并合理安排混交比例、混交树种、造林密度等,以便形成完整的林分结构;坚持近自然森林经营的原则,做到适地适树、多树种混交、复层异龄混交、单株抚育和择伐利用;坚持因地制宜、分类施策、稳步推进的原则。

(4) 改造技术措施。在充分调查现有森林植被类型与立地条件相适应情况的基础上,选择现有立地条件下自然适宜生长的乡土树种为主要改造树种,设计近自然森林经营混交配置模式,培养与目标林分相接近的林分结构,以便提高森林植被水源涵养的能力。针对低水源涵养功能油松纯林分布的特点,其改造技术模式主要为:①油松和阔叶灌木、乔木树种混交模式。对于分布在立地条件比较好、集中连片的缓坡地带油松纯林,采用带状、块状、团状混交的方式,沿等高线方向保留一定宽度的油松带,然后按照一定的间隔把一定宽度范围内的油松进行移植,人工栽植杨树、榆树、刺槐、山杏、大扁杏等阔叶树,形成带状、块状、团状的斑块混交状。特别是在小片地块上,根据小地形特殊环境组成斑块状混交配置,阔叶树在阳坡或半阳坡的下部,油松在阴坡或半阴坡的中上部。②油松与伴生树种混交模式。对于分布在立地条件相对好的地带,移植去一定量的油松植株,采用株间、行间、带状等混交方法,配置比例 1∶1 或 2∶1,栽植伴生树种侧柏。保留的油松层为第一林层,侧柏形成第二林层,成为阴阳树种混交模式。③油松与灌木混交模式。对于分布于山地分水岭和陡坡地带的油松林,由于立地条件差,造林成活难度大,采用带状、不规则块状混交,需要择伐一定油松栽植沙棘、胡枝子、柠条、紫穗槐,混交比例 1∶1、1∶2 或 1∶3,立地条件差相对增加灌木比例,构成油松灌木复层林,油松属第一层、灌木属第二层。全面保留林地乔灌木,林间空地种植乔木,灌木采用播种或营养袋苗造林。④降低造林密度、改变配置结构。通过廊道、斑块、带状等皆伐方式降低同一树种、同一层次竞争的密度,形成油松和其他树种带状混交、块状混交的树种配置结构。

降低造林密度的措施具体有以下几种。

A. 疏林地改造

根据立地类型划分为两种改造模式,具体为:①油松和灌木混交。对于分布于低山各缓厚立地类型的油松林,土壤为薄层褐土、郁闭度 0.1、地被物盖度 55%、林分处于幼龄阶段。采取补植改造的方法,补植树种选择 3 年生以上的油松营养袋苗和 2 年生沙棘或柠条营养袋苗或裸根苗。首先在林中空地提前进行鱼鳞坑整地,整地规格为 1.2 m×0.8 m×0.5 m,石块(片)筑埂、碎石填实、回填土深度在 40 cm 以上,在翌年的春季或雨季进行栽植,密度控制在 800～900 株/hm²,补植油松和灌木比例为 1∶2,补植后形成油松、沙棘或柠条纵横交错、不规则的混交格局,待人工更新层稳定后,调控垂直林冠层郁闭度为 0.6～0.7。同时,对幼苗加强抚育和管护工作。②油松和阔叶灌木混交。对于分布在丘陵平缓中厚钙立地类型的油松近熟林,郁闭度 0.18,地被物盖度 33%。采取先抚后补植改造的方法,补植树种选择 2 年以上的山杏营养袋苗。首先伐除生长不良的油松枯死木、病腐木、虫害木,实行点状采伐,点状补植更新,或块状采伐更新,然后在林中的空地内提前进行鱼鳞坑整地,整地规格同上,株行距 4 m×4 m,翌年的春季或雨季进行栽植,密度控制在 800～900 株/hm²,补植后形成油松、山杏块状不规则的混交格局,待人工更新层稳定后,调控上层林冠层的郁闭度,保证山杏所需的光照条件,实现最终郁闭度为 0.6～0.7。同时对幼苗加强抚育和管护工作,特别是要施肥、灌水、抚育和中耕除草。

B. 抚育改造

对于油松幼龄林(郁闭度 0.2～0.5),坚持留大去小、留优去劣的原则,实行单株抚育间伐,扩大单株营养空间,促进林下乔灌草的生长。具体根据林下灌木情况划分有林下灌木和无林下灌木两种情况:①有林下木,主要为虎榛子、沙棘、山杏等灌木,盖度 2%～60%,乔木层郁闭度 0.3～0.5,立地等级Ⅳ、Ⅴ。通过抚育间伐和林地抚育措施,促进油松和林下灌木的生长,培养油松、天然灌木混交目标林相。②无林下木,郁闭度 0.2～0.3,立地等级为Ⅲ、Ⅳ、Ⅴ,分布于低山阳斜中、阴斜中陡坡和各缓厚立地类型的油松林分中。首先,对分布于立地等级Ⅲ、Ⅳ的林分中,在抚育间伐后林中的空隙地采取穴状整地的方式,引入具有良好天然下种能力的阔叶树种如杨树、榆树、山杏等;对分布于立地等级Ⅴ的林分中,抚育后实行封禁保护,在有条件的地方实行林地抚育措施,如施肥、栽种改良土壤的树种(紫穗槐)、保护林内凋落物、带状或块状深翻土壤,以便促进林木生长。在郁闭度 0.3～0.5,立地等级为Ⅲ、Ⅳ、Ⅴ分布于低山阳陡薄、阳斜中、阴斜中斜坡和各缓厚、平缓中厚钙立地类型的油松林分中,抚育后实行封禁保护。通过对油松幼龄林的抚育间伐改造,最终使林分的郁闭度调控在 0.6～0.7,密度控制在 800～900 株/hm²。

对于油松中龄林(郁闭度 0.2～0.5),按照林下木生长情况,划分为有林下木和无林下木两种情况:①有林下木,主要为沙棘、山杏、锦鸡儿、绣线菊,盖度 7%～45%,乔木层郁闭度 0.3～0.5,立地等级Ⅳ、Ⅴ。通过抚育间伐和林地抚育措施,促进油松和林下灌木的生长,培养油松、天然灌木混交目标林相。②无林下木,在郁闭度 0.2～0.3,立地等级Ⅴ的油松林分中。首先,对林分进行抚育间伐,其次在林下空地穴状整地,块状、团状混交补植或补播灌木树种,成林灌木层盖度控制 20%～35%,油松乔木层郁闭度 0.6～0.7,形成油松、灌木混交林分。在郁闭度 0.3～0.5,立地等级为Ⅱ的油松林分中,先进行抚育间伐,然后在林下的空地中穴状整地,补植阔叶乔木树种(杨树、桦树等),形成油松、阔叶乔木不规则混交林。

对于油松近熟林(郁闭度 0.2～0.5),按照林下木生长情况,划分为有林下木和无林下木两种情况:①有林下木,主要为虎榛子、沙棘、山杏等灌木,盖度 5%～55%,乔木层郁闭度 0.4～0.5,立地等级Ⅴ。通过择伐和林地抚育措施,促进油松和林下灌木的生长,同时在林下人工促进天然更新,培养油松、天然灌木混交目标林相。②无林下木,在郁闭度 0.2～0.3,立地等级Ⅴ的油松林分中。首先,对林分进行择伐,其次在林下空地穴状整地,块状、团状混交补植灌木树种,成林灌木层盖度控制 20%～30%,油松乔木层郁闭度 0.6～0.7,形成油松、灌木混交林分。在郁闭度 0.3～0.5,立地等级为Ⅴ的油松林分中,林中空地补植造林,对枯死木、病腐木、虫害木、年老木点状采伐,点状补植更新,或孔状采伐更新和人工促进天然更新形成油松异龄复层混交林。

C. 调整改造

对于郁闭度>0.7 的油松林分,草本层盖度 30％～80％。低功能油松中龄林分布于低山阳斜中、阴斜中和各缓厚立地类型,土壤有褐土、栗钙土和风沙土,立地等级属于Ⅳ和Ⅴ。采取带状混交改造。按 25％～30％砍伐强度开带带宽 15～20 m,保留带不小于 45 m～55 m,形成带状通道,采用穴状整地或鱼鳞坑整地方式,对于立地等级Ⅳ的地带,人工栽植大扁杏、山杏、杨树、榆树等树种,对于立地等级为Ⅴ的地带,人工栽植沙棘、胡枝子、紫穗槐等树种,针阔叶树种比例在 6:4 或 5:5。大扁杏、山杏树种采用 3 m×4 m 或 4 m×4 m 株行距;阔叶乔木杨树、榆树可采用 2 m×3 m 株行距,灌木采用 1 m×3 m 株行距。低功能油松近熟林分布于低山平缓中厚钙、阳斜中、阴斜中和各缓厚立地类型,土壤有棕壤、褐土,立地等级属于Ⅲ、Ⅳ和Ⅴ。对于立地等级Ⅲ、Ⅳ的地带,选择阔叶树山杏、大扁杏、刺槐,对于立地等级为Ⅴ的地带,选择沙棘、柠条,采取带状、块状混交。

3.2.2　黄河上游土石山区水源区低功能人工水源涵养林与树种混交调控技术

1. 黄河上游水源涵养林与树种有效混交结构

选取位于宝库林场的 4 个青海云杉白桦混交林(混交比分别为 1:2,2:1,4:1,3:1)以及 4 个青海云杉华北落叶松混交林(混交比分别为 1:3,1:4,4:3,3:2)为研究对象(表 3-15),利用层次分析法,以分析水源涵养功能为目标,即结构层次的目标;由于森林的水源涵养功能可以林冠层、枯落物层和土壤层来体现,故以此作为决策层;8 种不同混交模式是我们分析的对象,故作为实现总体目标的措施,并以此建立不同混交模式下的层次分析模型。

表 3-15　宝库林场混交林不同的混交模式及混交比例

名称	混交树种 1	混交树种 2	混交比例
杉桦混交 1	青海云杉	白桦	1:2
杉桦混交 2	青海云杉	白桦	2:1
杉桦混交 3	青海云杉	白桦	4:1
杉桦混交 4	青海云杉	白桦	3:1
杉松混交 1	青海云杉	华北落叶松	1:3
杉松混交 2	青海云杉	华北落叶松	1:4
杉松混交 3	青海云杉	华北落叶松	4:3
杉松混交 4	青海云杉	华北落叶松	3:2

成分分析的结果显示,当青海云杉和白桦的混交比为 1:2 时,其在 8 种混交模式中的水文生态效益最好,在成分分析中具有最高的权重。而青海云杉和白桦的其他 3 种混交比都是青海云杉的比例大于白桦的比例,在 8 种模式中的权重值都最低。青海云杉和华北落叶松则在所有的混交比例下都表现出了相近的权重值,说明对青海云杉和华北落叶松的混交林而言,不论采取何种混交比例,对森林水文的涵养功能都不会有显著的差异。

从以上的分析可以看出,当混交林为青海云杉和白桦的混交林时,青海云杉的数量不应该超过白桦的数量,否则有可能会导致林分水源涵养能力的下降。而对青海云杉和华北落叶松的混交林而言,因为都是针叶树种,不论采取何种混交模式,其涵养水源的能力都是相近的,因此,青海云杉和华北落叶松的混交林的混交比例可以任意搭配。

2. 黄河上游水源涵养林与树种混交调控的配套技术

模式区位于青海省大通县宝库林场,全境山峦重叠,沟壑纵横,地形复杂,海拔2280~4622 m。气候温凉湿润,年降水量480~600 mm,6~9月份降水占全年的71%。立地类型分为:低位浅山缓阳坡、中高位浅山缓坡、低中位浅山陡阳坡、浅山陡阴坡、高位浅山陡阳坡、低中位浅山急阳坡、低中位浅山急阴坡、高位浅山急阳坡、高位浅山急阴坡。

该区域土壤垂直地带性比较明显,土壤类型较多,从谷地到山顶依次为栗钙土、棕褐土、棕壤土、草甸草原土、草甸土等。植被类型有高山灌丛、高山草甸、森林草原等。高山灌丛的主要植物有金露梅、杜鹃、锦鸡儿、沙棘等;高山草甸主要为蓼草、蒿草、苔草、蕨类等;森林以云杉、冷杉、山杨、白桦等为主。

本区的主要生态问题是:天然林地主要分布西北部山地阴坡,呈团状分布,不连续,森林涵养水源能力不足;人工林则分布在北川河两岸不足 2 km 的地带,造林模式单一,长期以来受降水分布不均加之地势高寒,林草植被退化加剧,生物多样性受到破坏等,难以防御水力、风力侵蚀。

改造技术思路:根据不同的自然环境、原生植被等条件采取不同的治理措施,以保护和扩大植被为中心,以封育为主要手段,全面恢复林草植被,提高森林覆盖率;改造现有人工林配置模式,发挥森林涵养水源、保持水土、改善生态环境的综合效益。

1) 原则与指导思想

根据在立地类型划分基础上适地适树、因害设防的防护林规划原则,以"总结经验、分期实施、先易后难、先急后缓、突出重点、稳步推进和自主研究开发技术与引进技术相结合,以自主研究开发为主,以实现生态效益为主,兼顾社会经济效益"的技术支撑原则为指导思想。

2) 技术流程

黄土高原西部高寒地区水源涵养近自然造林技术路线图如图 3-1 所示。

3) 技术要点及配套措施

(1) 模式区小班划分。根据模式区的自然条件、植被状况等,以坡向、坡位、坡度、海拔为主导因子,对立地类型进行分析、划分。本节小班划分如图 3-2 所示:

(2) 造林树种选择与配置。阴坡选择耐寒冷、耐阴湿的树种;阳坡选择喜光、耐贫瘠的树种。主要适生树种有青海云杉、紫果云杉、青扦、白桦、山杨、小叶杨、油松、华北落叶松、祁连圆柏、沙棘、柠条等。本项目采用云杉×桦树、沙棘×柠条、华北落叶松×沙棘混交造林,具体试验设计见表 3-16。

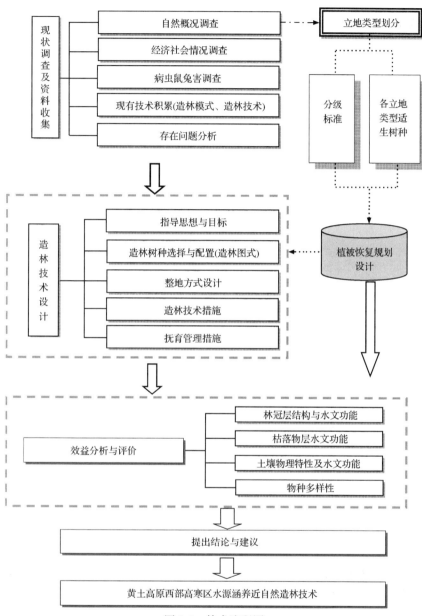

图 3-1　技术流程图

表 3-16　黄土高原高寒区人工针叶造林技术试验设计表

小班号	面积/亩	林种	配置	整地方式	设计密度	应用技术
X-1	100	混交林	云杉×桦树	穴 状	2 m×3 m,2 株/坑	集水造林、ABT 生根粉应用
X-2	80	混交林	云杉×桦树 沙棘×柠条	穴 状 水平阶整地	3 m×4 m,2 株/坑	集水造林、ABT 生根粉应用
X-3	200	混交林	云杉×桦树 华北落叶松×沙棘 沙棘×柠条	鱼鳞坑整地 穴状整地	3 m×4 m, 2 株/坑	采用不同的整地方式 进行造林实验

小班号	面积/亩	林种	配置	整地方式	设计密度	应用技术
X-4	200	混交林	云杉×桦树 华北落叶松×沙棘 沙棘×柠条	鱼鳞坑	3 m×4 m, 2 株/坑	采用不同浓度 ABT 生根粉 处理后,进行造林实验
X-5	70	混交林	云杉×桦树 华北落叶松×沙棘	鱼鳞坑	3 m×4 m, 2 株/坑	各实验对照
合计	650					

图 3-2　小班划分图

（3）整地。整地时间确定在 3～4 月进行。项目试验中采用以下三种整地方式:①水平阶整地。规格为阶宽不小于 2 m,外缘 0.3 m 高、0.2 m 宽的地埂,内侧纵向挖 0.2 m深的集水沟,沿长度方向每隔 5 m 筑一横土埂,阶内深翻 0.3 m,见图 3-3。②穴状整地。规格为破土面呈圆形,断面与被面平行,直径 0.3～0.5 m,深度 0.3～0.5 m,外缘光滑,见图 3-4。③鱼鳞坑整地。规格为破土面月牙形,长 1.2～2 m,宽深均为 0.6～0.8 m,外缘光滑。坑在坡面上呈"品"字形排列,见图 3-5。

（4）造林技术。春季在整好的造林地上按 1.5 m×1.5 m 或 1.5 m×2.0 m 的株行距植苗造林。针叶树(青海云杉、落叶松)一般用 5～7 年生大苗;白桦、沙棘、柠条多用 2 年生苗;杨树类,用 2～3 年生苗,穴植。本项目中营造示范林密度为 222 株/亩,试验林为 111 株/亩。

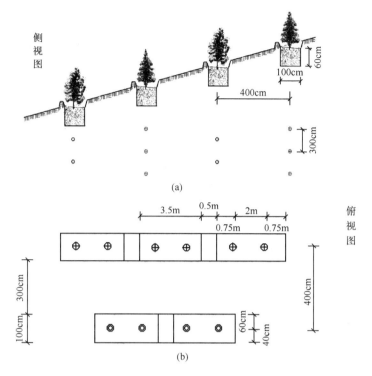

图 3-3　水平阶整地造林图式(落叶松×沙棘混交)

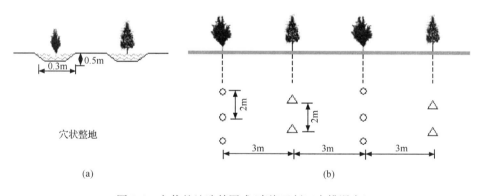

图 3-4　穴状整地造林图式(青海云杉×白桦混交)

（5）管护。①全面封育：按山系、流域进行封山育林，尽快恢复植被。在人畜危害严重的地区，应修筑围栏、防护墙、防护沟进行全面封禁，适时进行人工促进更新，尽快封育成林。封育期严禁人为活动、樵采和放牧。②抚育管理：封造结合，由于该地区林牧矛盾突出，除采取建网围栏、垒防护墙、挖防护沟等防护设施外，还要制定严格的管护制度，设专人管护。抚育时注意培修地埂，蓄水保墒，同时还要注意防止病虫害，特别是鼠害。

4）改造效果

（1）主要造林树种生长状况。模式区内人工造林平均成活率达到 90% 以上，长势良好（表 3-17），实现了一次造林成功，对加快森林植被的恢复，增强植被涵养水源和保持水土的能力发挥了重要作用。

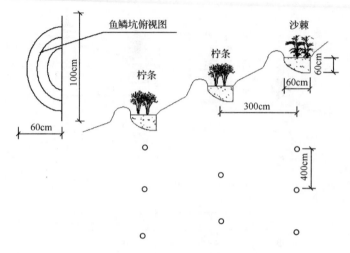

图 3-5　鱼鳞坑整地造林图式(沙棘×柠条混交)

表 3-17　主要造林树种生长状况调查

试验地名称	主要造林树种	平均高度/cm	平均冠幅/m²	成活率/%
试验地 2-1	桦树	62.25	0.18	99.5
	华北落叶松	50.15	0.09	95.5
	云杉	20.15	0.01	85.3
	沙棘	98.65	0.35	92.8
试验地 2-2	沙棘	54.29	0.04	95.6
	云杉	28.41	0.04	89.2
	山杨	110.00	0.80	100
	华北落叶松	83.11	0.36	96.7

　　沙棘作为本土抗旱造林树种,表现出很强的耐旱性和生长态势,其成活率也很高,适宜大面积种植推广。云杉虽不耐干旱,但由于模式区的土壤水分条件较好,所以成活率也较高。综合分析,选择抗旱造林树种时,既要考虑树种本身的抗旱特性,又要考虑到当地的自然环境条件,做到适地适树的原则。

　　(2)水文效益。与灌丛、稀疏草地相比,森林植被改善了林地的土壤物理特性,减少了地表径流,加快了水分的入渗(表 3-18)。单一植被群落如小山杨、落叶松、紫果云杉纯林中有少量的径流,虽然与荒草地相比径流量减少了 5 倍,但混交造林后,随着郁闭度的增加,混交造林水源涵养功能提高。在当地环境气温低,群落多由针叶树种占优势,虽然凋落物的年产量较小,但枯落物分解缓慢,因而积累较多,这在很大程度上可以消减雨滴动能减少侵蚀,蓄存水分。另外,据测算每 1 hm² 森林可增加蓄水 375 m³,增加森林就是把更多的水滞留在山上,减少地表径流,减免洪旱灾害。而试验区内现有森林 217 hm²,其蓄水相当于 81 375 m³ 的水库。

表 3-18　不同样地对降雨的再分配情况

	植物种类	坡位	降雨/mm	入渗/mm	截流/mm	枯落物截流/mm
纯林	落叶松	中上部	586.1	434.18	143.02	3.50
	紫果云杉	中上部	586.1	462.88	107.75	9.47
	山杨	中部	586.1	500.95	82.05	——
	白桦	中上部	586.1	445.44	137.92	2.74
对比	灌丛	中部	586.1	410.27	175.83	——
	草坡(草密生)	中上部	586.1	550.93	29.31	——
	荒坡(草稀疏)	中上部凸地形	586.1	527.49	29.31	——
	草稀疏	中下部凹地形	586.1	533.35	29.31	——
混交林	山杨×沙棘	中上部	586.1	445.44	139.70	0.96
	白桦×青海云杉	中上部	586.1	451.30	134.80	——
	落叶松×青海云杉	中部	586.1	468.88	115.35	1.87
	沙棘×山杨(×高山柳)	中部	586.1	439.58	146.53	——
	山杨×青海云杉	上部	586.1	439.58	146.02	0.50
	山杨×沙棘	中上部	586.1	410.27	175.77	0.06
	白桦×青海云杉(×沙棘)	中上部	586.1	433.71	150.81	1.58

（3）改良土壤效益。林地的总孔隙度明显高于草地和农地,表现出林地具有较强改善土壤孔隙状况的能力,如表 3-19 所示。林地、灌丛、草地、农田各试验地的土壤容重大小依次为 1.12<1.21<1.27<1.31;总孔隙度大小依次为 55.31>50.06>44.3>39.78;水稳性团粒结构大小为:29.3>21.1>17.89>15.87,可见,林地的土壤物理性质最好,分别是农田的 85%、139%、185%。与农田相比,混交林地土壤容重明显减小,幅度为 6%～38%,接近天然林纯林;林地的土壤孔隙度显著增加,范围为 19%～66%,其中山杨×青海云杉土壤总孔隙度比农地增加了 49%,比山杨纯林增加 9%,比云杉纯林增加 14%;白桦×青海云杉、云杉×白桦×沙棘、山杨×沙棘、落叶松×云杉土壤总空隙度比农田增加了 19%～45%,比纯林略有增加或接近纯林土壤孔隙度。

表 3-19　不同样地土壤物理性质

	样地类型	容重/(g/cm³)	样地与农田比值	非毛管孔隙度/%	毛管孔隙度/%	总孔隙度/%	样地与农田比值
纯林	华北落叶松	0.82	0.62	15.72	50.38	66.10	1.66
	山杨	1.17	0.89	10.34	44.15	54.49	1.37
	白桦	1.18	0.90	10.33	43.28	53.61	1.35
	青海云杉	1.19	0.91	9.73	42.46	52.19	1.31
对比	沙棘	1.23	0.94	8.63	41.04	49.67	1.25
	杂灌丛	1.20	0.92	8.19	42.27	50.45	1.27
	草坡	1.27	0.97	5.96	38.34	44.30	1.11
	农田	1.31	1.00	5.05	34.73	39.78	1.00

	样地类型	容重/(g/cm³)	样地与农田比值	非毛管孔隙度/%	毛管孔隙度/%	总孔隙度/%	样地与农田比值
混交林	山杨×青海云杉	1.09	0.83	13.00	46.30	59.30	1.49
	白桦×青海云杉	1.10	0.84	12.08	45.49	57.57	1.45
	云杉×白桦×沙棘	1.15	0.88	10.96	44.76	55.72	1.40
	山杨×沙棘	1.20	0.91	9.03	42.41	51.45	1.29
	落叶松×青海云杉	1.24	0.94	7.21	40.22	47.43	1.19

（4）物种多样性效益。通过实地调查,青海云杉、华北落叶松纯林的林下植被的物种数量分别为 11 种、8 种、8 种,其林下植被盖度分别为 74.20%、74.79%、70.57%;白桦、山杨纯林的林下植被的物种数量均为 16 种,林下植被盖度分别为 41.82%、52.48%;山杨×沙棘、山杨×青海云杉、白桦×青海云杉混交林的林下植被的物种数量分别为 17 种、15 种、14 种,林下植被盖度分别为 44.49%、37.48%、37.42%;青海云杉×华北落叶松、青海云杉×白桦×沙棘混交林的林下植被的物种数量分别为 10 种、6 种,其林下植被盖度分别为 70.05%、68.58%。针叶纯林和针叶混交林的林下植被的物种相对较少,林下植被盖度较大;而阔叶纯林、阔叶混交林以及针阔叶混交林的林下植被的物种相对较多,林下植被盖度较小。生物量最大的为 26 年生的山杨纯林,年生物量达到 3500 kg/hm²,其中沙棘、高山柳灌木的生物量占总生物量的 55%,草本植物的生物量只占 45%;其次为青海云杉×白桦×沙棘混交林;生物量最小的是 17 年生的华北落叶松纯林,其年生物量只有 1200 kg/hm²。

3.2.3　黄河中上游土石山区水源区低功能人工水源涵养林与树种混交调控技术

1. 黄河中上游水源涵养林与树种有效混交结构

为了解不同树种尤其是乡土树种的抗旱性,筛选适宜六盘山林区栽植的抗旱树种,于 2006～2007 年在宁夏六盘山开展了近自然多树种混交造林试验。2006 年在六盘山林业局丰台林场水沟 8 林班的 1、2、3 小班,建立了 6 个多树种混交造林模式试验林,各 1.3 hm²,共 8 hm²。每个模式营造 4～6 个树种,应用的混交树种共计 12 种,包括华山松、青海云杉、华北落叶松、油松、球花荚蒾、野李子、山桃、暴马丁香、沙棘、辽东栎、白桦、毛梾。在这 12 个树种当中,除了青海云杉、油松、华北落叶松是从国内其他地方引进的外,其他树种都是六盘山的乡土树种,其中球花荚蒾、野李子、暴马丁香、毛梾都属于不常用的非造林树种。

应用的多树种混交模式有 6 个,其树种混交比例分别为

模式一:3 华北落叶松+3 白桦+2 辽东栎+2 暴马丁香;

模式二:3 华北落叶松+2 油松+1 球花荚蒾+2 暴马丁香+2 沙棘;

模式三:3 华山松+2 华北落叶松+2 白桦+3 毛梾;

模式四:3 华北落叶松+2 青海云杉+2 山桃+2 暴马丁香+1 野李子;

模式五:3 油松+1 辽东栎+3 华山松+1 沙棘+2 山桃;

模式六:3 青海云杉＋1 野李子＋3 白桦＋2 华山松＋1 山桃。

于 2006 年 4 月上旬进行植苗造林。造林前一年的雨季即 2005 年 7～8 月整地,整地方式为沿等高线成行整成鱼鳞坑,坑与坑之间排列成三角形,整地规格 80 cm×80 cm。各树种造林苗木的选择均严格参照《主要造林树种苗木质量分级》(GB 6000—1999)标准执行,选用Ⅰ、Ⅱ级苗。多树种混交造林主要采用带状混交方式,混交带沿等高线布置,株行距为 2 m×2 m。

经过 2006 年和 2007 年两年的干旱期后,于 2007 年秋季对不同树种的平均保存率及生长情况进行了调查,见表 3-20。

表 3-20　各树种的平均保存率及生长量

| 树种类型 | 树种 | 2006 年 4 月上旬造林时苗木特征 | | | 2006 年秋末 | 2007 年秋末 | 2007 年秋末 | 2007 年秋末 |
		苗龄/年	苗高/cm	地径/cm	高生长/cm	高生长/cm	保存率/%	幼树生长势
针叶	油松	3	22.3	0.50	0	4	83.8	一般
	青海云杉	6	22.3	0.65	1.1	2.6	83.1	一般
	华山松	3	21.1	0.73	1.1	1.2	78.6	一般
	华北落叶松	3	43.4	0.40	1.2	2.4	46.4	差
阔叶	野李子	2	34.6	0.75	2.6	4.5	79.6	良好
	球花荚蒾	2	16.0	0.30	3.2	7.0	78.5	良好
	山桃	2	26.9	0.55	1.2	4.3	76.9	一般
	暴马丁香	2	26.3	0.77	5.2	6.4	63.0	良好
	沙棘	2	22.3	0.40	1.0	2.8	52.4	一般
	辽东栎	2	20.0	0.50	0	0	0	
	桦树	2	22.1	0.55	0	0	0	
	毛梾	2	22.2	0.55	0	0	0	

1) 各树种的造林成活率和生长量比较

首先,从 2007 年秋季调查得到的造林保存率这个最主要的抗旱指标来看,在造林应用的 12 个树种中,针叶树种的抗旱性显著高于阔叶树种。在针叶树种中,表现最好的是油松(83.8%),其次是青海云杉(83.1%)和华山松(78.6%,乡土树种),最差的是华北落叶松(46.4%)。2007 年的高生长量调查显示,油松高生长量最大,为 4.0 cm;华山松生长量最小,为 1.2 cm。这说明在 4 种针叶树种中,油松较为抗旱。

在阔叶树种中,保存率最高的是非主要造林树种的乡土树种野李子(79.6%),然后依次是球花荚蒾(78.5%)、山桃(76.9%)、暴马丁香(630%)。沙棘是造林常用的灌木树种,虽然也属于乡土树种,但其保存率仅为 52.4%;保存率最差的是辽东栎、白桦、毛梾 3 个树种,2007 年秋末调查时基本全部死亡。从保存率来看,除了毛梾以外,本试验中作为灌木和小乔木的乡土非主要造林树种的抗旱性明显好于常用造林树种,尤其是好于乔木的常用造林树种。

从 2007 年的新梢生长量来看,从大到小依次为球花荚蒾(7 cm)、暴马丁香(6.4 cm)、野李子(4.5 cm)、山桃(4.3 cm)、油松(4.0 cm)、沙棘(2.8 cm)、青海云杉(2.6 cm)、华北落叶松(2.4 cm)、华山松(1.2 cm);最差的是辽东栎、白桦、毛梾 3 个树种,由于所栽苗木基本全部死亡,所以没有高生长量,说明辽东栎、白桦、毛梾 3 个树种抵御干旱胁迫的能力相对较差。以上树种中除毛梾以外的乡土非常用造林树种的抗旱性好于常用造林树种。

2) 不同造林模式同一树种的成活率和生长量

在造林模式试验中,不同树种在相同立地条件下的苗木生长状况和成活率调查数据见表 3-21。由于造林年限较短,造林模式对各树种的抗旱性影响不明显。各模式中,表现最好的暂时为模式二和模式四,即球花荚蒾、油松、暴马丁香、沙棘、华北落叶松混交;青海云杉、华北落叶松、野李子、山桃、暴马丁香混交。

表 3-21　不同造林模式的苗木生长状况

混交比例	树种	造林模式	2006 年新稍长/cm	2007 年新稍长/cm	2007 年保存率/%
2		二	5.6	8.2	70.1
2	暴马丁香	四	4.7	5.4	63.2
2		一	5.2	5.6	55.8
2		三	1.2	2.1	48.6
3	华北落叶松	二	1.3	2.8	46.5
3		一	1.3	2.5	45.6
3		四	1.0	2.1	44.8
3		五	1.3	1.4	79.9
3	华山松	三	0.8	1.1	78.0
2		六	1.2	1.1	77.9
3		六	0	0	0
2	白桦	三	0	0	0
3		一	0	0	0
1	辽东栎	五	0	0	0
2		一	0	0	0
3	毛梾	三	0	0	0
2	青海云杉	四	1.1	2.8	84.1
3		六	1.1	2.4	82.1
1	球花荚蒾	二	3.2	7	78.5
2	沙棘	二	1.1	2.6	54.2
1		五	0.9	3	50.6
1		六	1.2	4.4	86.2
2	山桃	四	1.2	4.2	77.0
2		五	1.1	3.8	67.4
1	野李子	六	2.8	5.6	80
1		四	2.4	3.4	79.2
3	油松	五	0	4	85.2
2		二	0	4	82.3

2. 黄河中上游水源涵养林与树种混交调控的配套技术

1) 混交造林的技术原则

从生态学分析,混交树种应选择在生态位上尽可能互补,使种间关系总体表现为互利或偏利的形式为主,在多方面的种间相互作用中有较为明显的有利作用而没有较为强烈的竞争或抑制作用,而且混交树种还要能比较稳定地长期伴生,在产生矛盾时要易于调节。从生物学特性分析,应着重考虑不同树种在生长发育、养分、凋落物分解等方面要协调互补,如利用针叶树与阔叶树、阳性树种与耐荫树种、深根性树种与浅根性树种、生长快的树种与生长慢的树种、凋落物分解快的与凋落物分解慢的树种以及根据不同树种利用 N、P、K 等主要营养元素时在时间、数量上的差异等选择彼此间能协调互补的树种组合;从混交树种的生物化学关系分析,应特别注意是否抑制或促进临近树种生长和代谢。

2) 混交方法

(1) 星状混交。是一个树种点状散生于其他树种林内的混交方式,主要有杨树散生在刺槐林中,柏木散生在马桑林中等。

(2) 株间混交,又称行内隔株混交。此法造林施工麻烦,可用于乔灌木混交类型。

(3) 行间混交,又称隔行混交。此种混交方法施工较简便,是常用的一种混交方法。适用于乔灌木混交或主伴树种混交类型。

(4) 带状混交。是一个树种连续种植 3 行以上形成的"带",与另一树种的"带"依次配置的混交方法。

(5) 块状混交。将一个树种裁成小片,与另一树种裁成的小片轮番配置的混交方法。块状混交施工比较方便,但块的面积宜大些。

3) 实施科学造林技术措施

(1) 造林前先灭鼠。据调查,在没有防鼠措施的情况下,油松、落叶松造林后一周内因鼠害损失可高达 27%,造林 3 年后可使林地的造林苗木全部损失。为了提高保存率,在造林前必须采取一系列灭鼠措施。造林后也要坚持灭鼠。

(2) 精细整地,适时造林。整地是人工林培育措施的主要组成部分,正确、细致、适时地整地,对提高造林成活率,促进幼树生长具有重大作用。整地时间选在造林前一年的雨季或下雨前进行。必须使用国标规定的植株健壮、根系发达的一、二级壮苗造林;造林前必须进行浸根、蘸泥浆等处理。上山的针叶树苗必须装在盛有水的桶内,以保持根系湿润,严禁捏把携带栽植;栽植后苗顶要低于栽植坑,并用杂草覆盖坑面。

(3) 植被配置模式。在沟道建立针阔点状混交模式;坡中部建立乔灌带状混交模式;坡上部建立乔灌草块状混交模式。借助该模式系统分析植物—环境系统中各因子间的相互作用大小及其相对重要性,确立在不同立地条件下林草植被恢复过程中的重要限制因子——水分的时空变化规律,并依据地下水埋藏较深,地上蒸发蒸腾量大,空气湿度不足的特点,在干旱半干旱区不同植被地带,林草植被的布局与建造的配置比例可促进植被的快速恢复,从而为林业生态工程的实施提供了新的科学依据(表 3-22)。

表 3-22　不同立地类型植被配置模式

类型	造林树种	整地			造林					苗木规格/cm	抚育管理
		方式	时间	规格/cm	时间	方法	密度/ m×m	混交方式	混交比例		
1	云杉、白桦	穴状 (鱼鳞坑)	年季	50×20×35 (80~100×35)	春季	植苗	1.5×2	带状	1:1	云杉 5 年生,白桦 2 年生;Ⅰ级	连抚 3 年,各年 2:2:1 次
2	云杉、华山松	穴状 (鱼鳞坑)	秋季	50×20×35 (80~100×35)	春季	植苗	1.5×2	带状	1:1	云杉 5 年生,华山松 5 年生;Ⅰ级	连抚 3 年,各年 2:2:1 次
3	华山松、白桦	穴状 (鱼鳞坑)	秋季	50×20×35 (80~100×35)	春季	植苗	1.5×2	带状	1:1	华山松 5 年生,白桦 2 年生;Ⅰ级	连抚 3 年,各年 2:2:1 次
4	华山松、沙棘	穴状 (鱼鳞坑)	秋季	50×20×35 (80~100×35)	春季	植苗	1.5×2	带状	1:1	华山松 4 年生,沙棘 2 年生;Ⅰ级	连抚 3 年,各年 2:2:1 次
5	云杉、油松	穴状 (鱼鳞坑)	秋季	50×20×35 (80~100×35)	春季	植苗	1.5×2	带状	1:1	云杉 5 年生,油松 3 年生;Ⅰ级	连抚 3 年,各年 2:2:1 次
6	油松、椴树	穴状 (鱼鳞坑)	秋季	50×20×35 (80~100×35)	春季	植苗	1.5×2	带状	1:1	油松 3 年生,椴树 2 年生;Ⅰ级	连抚 3 年,各年 2:2:1 次
7	落叶松、椴树	穴状 (鱼鳞坑)	秋季	50×20×35 (80~100×35)	春季	植苗	1.5×2	带状	1:1	落叶松 3 年生,椴树 2 年生;Ⅰ级	连抚 3 年,各年 2:2:1 次
8	油松、红桦	穴状 (鱼鳞坑)	秋季	50×20×35 (80~100×35)	春季	植苗	1.5×2	带状	1:1	油松 3 年生,红桦 2 年生;Ⅰ级	连抚 3 年,各年 2:2:1 次
9	油松、白桦	穴状 (鱼鳞坑)	秋季	50×20×35 (80~100×35)	春季	植苗	1.5×2	带状	1:1	油松 3 年生,白桦 2 年生;Ⅰ级	连抚 3 年,各年 2:2:1 次
10	落叶松、油松	穴状 (鱼鳞坑)	秋季	50×20×35 (80~100×35)	春季	植苗	1.5×2	带状	1:1	落叶松 3 年生,油松 3 年生;Ⅰ级	连抚 3 年,各年 2:2:1 次
11	华山松、元宝枫	穴状 (鱼鳞坑)	秋季	50×20×35 (80~100×35)	春季	植苗	1.5×2	带状	1:1	华山松 4 年生,元宝枫 2 年生;Ⅰ级	连抚 3 年,各年 2:2:1 次
12	樟子松、沙棘	穴状 (鱼鳞坑)	秋季	50×20×35 (80~100×35)	春季	植苗	1.5×2	带状	1:1	樟子松 4 年生,沙棘 2 年生;Ⅰ级	连抚 3 年,各年 2:2:1 次
13	落叶松、白桦	穴状 (鱼鳞坑)	秋季	50×20×35 (80~100×35)	春季	植苗	1.5×2	带状	1:1	落叶松 3 年生,白桦 2 年生;Ⅰ级	连抚 3 年,各年 2:2:1 次
14	油松、山桃	穴状 (鱼鳞坑)	秋季	50×20×35 (80~100×35)	春季	植苗	1.5×2	带状	1:1	油松 2 年生,山桃 2 年生;Ⅰ级	连抚 3 年,各年 2:2:1 次
15	云杉、椴树	穴状 (鱼鳞坑)	秋季	50×20×35 (80~100×35)	春季	植苗	1.5×2	带状	1:1	云杉 5 年生,椴树 2 年生;Ⅰ级	连抚 3 年,各年 2:2:1 次
16	油松、元宝枫	穴状 (鱼鳞坑)	秋季	50×20×35 (80~100×35)	春季	植苗	1.5×2	带状	1:1	油松 2 年生,元宝枫 2 年生;Ⅰ级	连抚 3 年,各年 2:2:1 次
17	油松、辽东栎	穴状 (鱼鳞坑)	秋季	50×20×35 (80~100×35)	春季	植苗	1.5×2	带状	1:1	油松 2 年生,辽东栎 2 年生;Ⅰ级	连抚 3 年,各年 2:2:1 次
18	红桦、椴树	穴状 (鱼鳞坑)	秋季	50×20×35 (80~100×35)	春季	植苗	1.5×2	带状	1:1	红桦 2 年生,椴树 2 年生;Ⅰ级	连抚 3 年,各年 2:2:1 次
19	云杉、红桦	穴状 (鱼鳞坑)	秋季	50×20×35 (80~100×35)	春季	植苗	1.5×2	带状	1:1	云杉 5 年生,红桦 2 年生;Ⅰ级	连抚 3 年,各年 2:2:1 次

　　4）造林整地

通过整地，人为控制和改善立地条件，使其适合于林木生长。整地直接影响造林成活率。一般在造林前一年或半年进行，至少也要提前一季整地，才有足够的时间使生土熟化，肥力增加。项目试验中采用鱼鳞坑整地模式。坑长 100～150 cm，宽度 50～100 cm，深 25～50 cm，坑内呈反坡，外埂拍光踩实，坑距 1.5～2.5 m，按三角形排列，坑上直下圆，呈半圆形。

　　5）选运苗木

　　(1) 选苗。为保证造林质量，苗木最好在当地培育，以减少在运输过程中的水分损失，出园苗木要达到相关标准。如沙棘选一年生，高 25 cm，根系完整，顶芽饱满；杨树选一年或两年生，苗高 1.7 m，地径 2 cm 以上。勿选有病虫害的苗木。

　　(2) 苗木运输。苗木在造林前是否失水，是造林能否成活的关键，加强苗木的管护是十分重要的。因此起运苗木应当采取"三不离水、三保湿"措施，即起苗前 2～3 天灌足水，苗木假植浇足水，造林时植苗桶不离水；起苗时湿土培根保湿，运输过程中用湿土分层压根或苗根蘸浆，运往造林地的苗木用不完及时用湿土深埋根部保湿。

　　6）造林设计

　　(1) 混交方式。采用株间随机混交的方式，保证相邻树种不重复。

　　(2) 造林密度。设计的造林密度要以有利于林分迅速郁闭、利于乔灌草复层结构的形成、利于水源涵养林功能的发挥为目的。六盘山林业局根据多年生产实践表明，造林密度以 30～40 株/亩为宜。

　　(3) 造林季节。根据项目区气候条件和确定的造林树种，设计的造林季节为春、雨季。春季造林是指在土壤解冻后，苗木新芽萌动前进行，即在本区域的 3 月下旬到 5 月上旬；雨季采用容器苗进行造林。设计春季造林面积占 80%，雨季造林面积占 20%。

　　7）抚育管理

　　(1) 松土除草。一般在造林后的雨季进行，应做到里浅外深，不伤害幼树根系，深度 5～10 cm，穴外影响幼树生长的杂草也应及时割除，连续进行 3 年。

　　(2) 补植。造林后的第 2 年、第 3 年，对成活率达不到标准的地块及时进行补植，补植苗木用同龄大苗。

　　(3) 修枝。造林后第 5 年开始对乔木林进行修枝，以后每隔 5 年修枝 1 次，每次修去 1～2 轮。修枝一般在早春进行，修枝时留茬要贴近树干，切口要平滑。15 年以上的针叶树，树冠应占树高的二分之一。

　　(4) 防火护林。在规划区建护林点，设置专职护林员，死看死守，严禁牲畜践踏及人为破坏，杜绝火灾等各种毁林案件发生。

3.2.4　黄河中游黄土区水源区低功能人工水源涵养林与树种混交调控技术

　　1. 黄河中游水源涵养林与树种有效混交结构

　　1）样地设置

　　于研究区分别在人工刺槐纯林、人工油松纯林、刺槐油松混交林、刺槐侧柏混交林中，选取具有代表性的地段设置标准地。四种林分分别在坡上、坡中和坡下 3 个位置各设样地 1 块,样地面积为 20 m×20 m。共计样地 60 个。

2)林冠及林下植被层截留量的测定

采用收获法分别测定各群落类型乔木层及灌木层的生物量。然后,对乔木及灌木的枝条进行分层抽样,采用"浸水法"测定林冠截留量及林下植被层截留量。

3)凋落物持水量的测定

在设置的样地中,再分别设置 1.0 m×1.0 m 的样方 3 个,收集样方内全部凋落物。将取回的凋落物于 80℃条件下烘干至恒重,得其含水率,计算凋落物的积累量。另取适量烘干凋落物装入自制网袋(网眼大小适中,保证凋落物不掉出)中,在水中浸泡 24 h,称其湿重,计算凋落物的最大吸水率,由最大吸水率及凋落物的积累量计算凋落物持水量。

4)土壤持水量及渗透速率的测定

在所选样地中,随机确定 3 个样点挖土壤剖面,用环刀分层(0～10 cm,10～20 cm,20～30 cm,30～40 cm)取样,每层重复 3 次,带回室内进行土壤容重和孔隙度的测定。土壤容重和孔隙度测定均采用环刀法,土壤渗透性测定采用双环渗透法。同时,利用孔隙度计算土壤最大持水量、非毛管持水量及毛管持水量。

2. 不同群落类型研究结果分析

1)不同群落类型地上植被层的截留量

本研究群落地上植被层的截留量由林冠截留量、灌木截留量及凋落物的截留量构成。由表 3-23 可以看出,无论人工纯林还是混交林,凋落物层的截留量在总截留量中都占有主导地位。两种人工纯林中,凋落物层截留量都超过了总截留量的 60%,刺槐油松混交林和刺槐侧柏混交林都达到了 80%以上。该结果说明凋落物层在森林植被水源涵养功能的发挥中具有突出作用。

表 3-23　不同群落类型地上植被层的截留量

群落类型	林冠截留量		灌木截留量			凋落物截留量			合计	
	截留量/mm	百分比/%	生物量/(t/hm²)	截留量/mm	百分比/%	凋落物量/(t/hm²)	截留量/mm	百分比/%	截留量/mm	百分比/%
人工刺槐纯林	0.37	15.04	1.99	0.31	12.6	12.45	1.78	72.36	2.46	100
人工油松纯林	0.29	12.45	2.02	0.5	21.46	13.01	1.54	66.09	2.33	100
刺槐油松混交林	0.31	6.31	2.36	0.56	11.41	13.78	4.04	82.28	4.91	100
刺槐侧柏混交林	0.34	6.75	2.64	0.17	3.37	14.21	4.53	89.88	5.04	100

不同群落地上植被的总截留量以刺槐侧柏混交林为最高,其次为刺槐油松混交林,然后依次为人工刺槐纯林、人工油松纯林,分别为 5.04 mm、4.91 mm、2.46 mm 和 2.33 mm。说明混交林地上植被层的截留量明显高于人工纯林。其主要原因在于混交林凋落物的积累量远高于两种人工纯林,刺槐侧柏混交林和刺槐油松混交林的蓄积量为人

工刺槐纯林的 2.05 倍和 1.99 倍,为人工油松纯林的 2.16 倍和 2.11 倍。

两种混交林的灌木截留量差异较大。刺槐侧柏混交林的灌木截留量也小于人工刺槐纯林和人工油松纯林。刺槐侧柏混交林由于其立地条件及人为活动导致灌木层破坏严重,灌木截留量小于其他三种林分。因此,对于该地区的刺槐侧柏混交林应进行保护,以改善群落的生长状况,提高灌木层的生存状态,提高群落对降水的调节能力,以发挥较好的水土保持及水源涵养功能。

2) 不同群落类型的土壤容重及孔隙特征

对于各种群落类型来说,土壤容重都随土层深度的增加而增大(表 3-24)。就几种类型的比较来看,土壤容重变化较小,人工刺槐纯林的变动范围为 1.14~1.25 g/cm³;人工油松纯林的变动范围为 1.13~1.24 g/cm³;刺槐油松混交林为 1.22~1.36 g/cm³;刺槐侧柏混交林为 1.19~1.34 g/cm³。

表 3-24　不同群落类型土壤的空隙特征及持水量

群落类型	土壤厚度/cm	土壤容重/(g/cm³)	总孔隙度/%	毛管孔隙度/%	非毛管孔隙度/%	毛管持水量/mm	非毛管持水量/mm	最大持水量/mm
人工刺槐纯林	0~10	1.14	67.45	47.98	19.47	46.73	8.94	55.67
	10~20	1.16	56.34	46.13	10.21	42.21	10.45	52.66
	20~30	1.21	53.67	43.25	10.42	40.56	7.78	48.34
	30~40	1.25	49.88	41.69	8.19	35.08	7.21	42.29
	合计					164.58	34.38	198.96
人工油松纯林	0~10	1.13	70.98	52.23	18.75	46.27	11.06	57.33
	10~20	1.17	67.84	51.89	15.95	43.31	9.84	53.15
	20~30	1.21	56.78	48.54	8.24	39.08	8.34	47.42
	30~40	1.24	52.01	46.32	5.69	37.05	7.65	44.7
	合计					165.71	36.89	202.6
刺槐油松混交林	0~10	1.22	64.93	50.04	14.89	51.23	12.45	63.68
	10~20	1.25	56.98	47.92	9.06	47.04	11.21	58.25
	20~30	1.29	53.53	42.69	10.84	44.21	9.97	54.18
	30~40	1.36	51.09	41.04	10.05	40.74	8.74	49.48
	合计					183.22	42.37	225.59
刺槐侧柏混交林	0~10	1.19	61.32	49.87	11.45	53.05	10.32	63.37
	10~20	1.23	57.43	47.14	10.29	51.15	8.74	59.89
	20~30	1.27	54.34	46.95	7.39	48.09	8.01	56.1
	30~40	1.34	55.71	42.36	13.35	46.34	7.59	53.93
	合计					198.63	34.66	233.29

与土壤容重的变化规律相似,各群落类型土壤毛管孔隙度、非毛管孔隙度及总孔隙度都随土壤深度的增加而降低。就不同类型的比较来看,土壤总孔隙度以人工油松纯林为最高,其变动范围为 52.01%~70.98%,然后依次为人工刺槐纯林、刺槐油松混交林和刺

槐侧柏混交林,其变动范围分别为 49.88％～67.45％、51.09％～64.93％ 和 55.71％～
61.32％。不同群落类型土壤孔隙度的变化与土壤容重的变化相对应,土壤容重较大意味
着土壤具有较小的孔隙度。

　　3) 不同群落类型的土壤持水量

　　从表 3-24 可以看出,不同群落间土壤最大持水量差别较大,由高到低的顺序为:刺槐
侧柏混交林>刺槐油松混交林>人工油松纯林>人工刺槐纯林,它们的最大持水量分别
为 233.29 mm、225.59 mm、202.6 mm 和 198.96 mm,刺槐侧柏混交林约为人工刺槐纯
林的 1.17 倍。非毛管持水量以刺槐油松混交林为最高,达到了 42.37 mm,其次为人工油
松纯林,为 36.89 mm,人工刺槐纯林与刺槐侧柏混交林较低,分别为 34.38 mm 和 34.66
mm。土壤最大持水量为毛管孔隙与非毛管孔隙水分储蓄量之和,能够反映土壤储蓄和
调节水分的潜在能力,而非毛管持水量为土壤中透水孔隙所能够容蓄的水量,这两个指标
都是评价林地土壤水源涵养能力的重要指标。因此,从总持水量及非毛管持水量来看,刺
槐侧柏混交林和刺槐油松混交林具有较好的水源涵养功能。

　　4) 不同群落类型的水源涵养能力

　　从土壤持水量、林冠截留量、灌木截留量及凋落物的持水量 4 个方面评价不同群落的水
源涵养能力。由表 3-25 可以看出,总的水源涵养量由高到低的顺序为:刺槐侧柏混交林>
刺槐油松混交林>人工油松纯林>人工刺槐纯林,其值分别为 250.48 mm、242.04 mm、
217.92 mm 和 213.77 mm。在总的水源涵养量的构成中,土壤持水量占有主导地位,在 4 种
群落中,其所占比例分别达到了 93.13％(刺槐侧柏混交林)、93.19％(刺槐油松混交林)、
92.96％(人工油松纯林) 和 93.08％(人工刺槐纯林)。因此,水源涵养总量的排序与土壤最
大持水量的排序相一致。同时也可以看出,混交林的水源涵养总量总是高于人工纯林,对这
些混交林应加以保护。林冠截留量、灌木截留量及凋落物截留量在水源涵养总量中所占比
例较小,但其在群落水源涵养功能的形成和维持中具有重要作用。林冠层、灌木层和凋落物
层在降低雨滴的动能,保护土壤结构,尤其是土壤的孔隙结构方面具有重要作用,在以上 3
个层次的保护之下,土壤的孔隙结构得到保护,更多的降水能够以较高的入渗速率进入到土
壤,从而维持较高的水源涵养功能。在两种不同的混交林中,刺槐侧柏混交林的涵养水量高
于刺槐油松混交林的涵养水量,同时又高于两种人工纯林的涵养水量,表明研究区内混交林
的涵养水源能力高于人工纯林,应得到适当的栽培抚育。

表 3-25　不同群落类型总的水源涵养量

群落类型	土壤持水量		林冠截留量		灌木截留量		凋落物截留量		涵养水量	
	持水量/mm	比例/％	截留量/mm	比例/％	截留量/mm	比例/％	截留量/mm	比例/％	截留量/mm	比例/％
人工刺槐纯林	198.96	93.08	0.37	0.17	1.99	0.93	12.45	5.82	213.77	100
人工油松纯林	202.60	92.96	0.29	0.12	2.02	0.92	13.01	6.00	217.92	100

续表

群落类型	土壤持水量		林冠截留量		灌木截留量		凋落物截留量		涵养水量	
	持水量/mm	比例/%	截留量/mm	比例/%	截留量/mm	比例/%	截留量/mm	比例/%	截留量/mm	比例/%
刺槐油松混交林	225.59	93.19	0.31	0.12	2.36	1.00	13.78	5.69	242.04	100
刺槐侧柏混交林	233.29	93.13	0.34	0.14	2.64	1.05	14.21	5.68	250.48	100

3. 黄河中游低功能水源涵养混交林改造技术

混交林包括刺槐油松混交、刺槐侧柏混交,林分郁闭度范围为 0.2～0.46,林分处于中龄林阶段,面积为 204.5 hm²;无灌木层;地被物主要有针茅、禾本科、莎草科、蒿属类等植物,盖度为 0～45%;低功能形成的原因一是缺乏抚育管理、林分质量差,二是土壤贫瘠、林分密度过大,导致林分质量差、生物量和生产力低,三是树种混交种类、比例不合理。根据立地类型和林分状况,分别采取抚育、补植、调整改造等系列措施。

1) 刺槐、侧柏混交林改造

对于刺槐、侧柏混交林分,地被物盖度 20%,郁闭度范围为 0.3～0.46。通过去劣留优的间伐和修枝措施,一次间伐强度控制在 5%～10%。同时,林下补植 2 年生灌木树种如沙棘、胡枝子、紫穗槐等的优质裸根苗,林分密度控制在 1250～1650 株/hm²;树种配置比例为 5 刺槐:3 油松:2 灌木。整地采取提前穴状整地,整地规格为 40 cm×40 cm×30 cm,株行距 2 m×3 m。前 3 年加强幼树的抚育工作,待更新苗木稳定后,伐除影响更新苗生长的树种。在有条件的地方,对林地施肥,追施 P、K 肥。

2) 刺槐、油松混交林改造

对于刺槐油松混交林,地被物盖度 35%,混交比 9:1,重点是调整两者的混交比例,增加灌木树种的比例。首先间伐生长不良的刺槐和抚育伐油松,尤其是油松对苗中的受压木、竞争木,无需除去伐根,其次采取穴状整地的方式,在林下块状、团状补植 3 年生油松营养袋苗和 2 年生柠条苗或沙棘苗,补植苗配置比例为 4:1,林分密度控制在 1000～1100 株/hm²;对于混交林分,通过间伐刺槐,抚育伐油松,适当补植灌木树种的方式进行改造,降低刺槐的比例,增加油松比例和灌木比例,林分密度控制在 1600 株/hm² 左右,郁闭度控制在 0.6 左右。

3.2.5　辽河上游水源区低功能人工水源涵养林与树种混交调控技术

1. 水源涵养林树种混交与结构定向调控技术

本研究区的水源涵养林树种混交调控技术包括:水源涵养针阔混交林树木分级标准划分;调控时间和间隔期的确定;调控强度的确定;调控方法的筛选;适宜针阔比例的确定。

1) 水源涵养针阔混交林树木分级标准

按照针阔混交树种在水源涵养林林分中的地位,确定针阔混交林结构调控技术中砍伐树木的种类和级别并计算间伐强度。针阔混交林树木分级标准分为以下几方面。

(1) 针叶树林木的分级。①优势木：直径粗、树干高，树冠上层明显超出一般林木；②亚优势木：直径、树高仅次于优势木，但树冠发育好，是林冠层的主要组成部分；③中等木：直径、树高、冠幅在林分中处于中等地位的平均木；④砍伐木：树干纤细，树冠窄小，偏冠等，顶部严重受压或处于林冠下，生长不良的濒死木、病虫危害木及枯死木等。

(2) 阔叶树林木的分级。①优良木：树干圆满，自然整枝良好，树冠发育正常，生长旺盛，质量较好，有培育前途的目的树种；②辅助木：有利于促进保留大天然整枝和形成良好干形的，对上层林木生长无影响的以及对土壤起庇护和改良作用的亚乔木及灌木、幼树等；③砍伐木：枯立木、病虫害木、被压木、弯曲木、多头木、枝粗大、树干尖削、树冠庞大并妨碍周围优良木生长的林木。

2) 调控时间和间隔期的确定

(1) 调控起始时间。人工针阔混交水源涵养林结构调控时间与立地条件、混交类型、针阔比例等有关，具体确定时应根据林分郁闭度、林木分化程度和胸径等指标而定。通过不同混交类型主要混交树种直径、树高、生物量生长过程分析结果表明，在不同混交类型中阔叶树大多在造林后 3～5 年萌生出来的，在造林后 10 年左右阔叶树树高超过针叶树，并迅速占据林冠上层空间，据此确定调控起始时间为 10 年，具体确定时以树高、直径生长量分析为主，结合林分外貌特征的变化，如冠形变化动态、郁闭度、林木分化状况等。

(2) 调控间隔期。人工针阔混交水源涵养林抚育间伐间隔受间伐强度、树种组成等因素的影响。间隔期长短取决于间伐后，生长明显下降时间的长短，如生长明显下降，就应再进行间伐。通过林分间伐后调整为不同针阔比例样地的林木胸高断面积生长结果表明，不同针阔比例样地林木胸高断面积生长量从第 5 年开始下降，因此人工针阔混交水源涵养林抚育间伐的间隔期定为 5 年。

3) 调控强度、调控方式与适宜针阔比例

人工红松阔叶混交林抚育间伐强度的大小，直接影响保留木的生长速度、干形和材质，进而影响林分产量和质量及稳定性。适宜的间伐强度，应综合考虑立地条件，不同混交类型，不同发育阶段单位面积适宜的林分密度，由于人工阔叶红松林林分类型复杂，间伐标准可按如下方法确定：

当林分郁闭度达 1.0 以上时，以其降低程度来确定保留木和间伐株数，计算间伐强度。由于人工红松阔叶混交林中红松与阔叶树存在一定的高差，形成分层结构。一般间伐后，林分郁闭度不低于 0.9，上层郁闭度在 0.3 左右，中层在 0.6 左右为宜。间伐设计时，先确定间伐后的针阔比例，再用红松的平均直径查对相应的适宜密度乘以红松伐后保留木所占比重，确定红松的保留株数；用阔叶树的平均直径查对相应的适宜密度株数再乘以阔叶树保留木所占比重，即为间伐后阔叶的适宜保留株数，由此就可预测间伐时间及间伐强度等。对需要间伐的人工阔叶红松林分，调查得知红松平均直径为 9 cm，密度为 2280 株/hm²，阔叶树平均直径为 12 cm，密度为 1700 株/hm²。该林分为以红松为主的杂木类型混交林，间伐后要求针阔比例为 6：4，则红松适宜保留株数为每公顷应保留 1600～2000 株，红松占 60%，由间伐后红松应保留株数为 960～1200 株/hm²；阔叶树每公顷适宜保留株数 1500～1800 株/hm²，占 40%，则阔叶树间伐后保留株数为 600～720 株/hm²。红松应间伐 280～1282

株/hm²,间伐强度为 50％～55％,具体的植被类型的结构如表 3-26。

表 3-26　辽东山区水源涵养林可持续经营措施

植被类型	植被结构
柞林	以柞属树种为优势树的植物群落,以蒙古柞为多,还有辽东柞、槲柞等种
阔叶混交林	以椴属、榆属、槭属、柞属等阔叶树类为主要标志的植物群落,林分中无明显的优势树种
硬阔叶林	以水曲柳、胡桃楸、黄波罗等树种组成的群落,伴生种有榆、紫椴、怀槐、花曲柳等
杨桦林	以山杨、桦树等树种为主要标志的群落,林分中优势树种明显
榛子灌丛	以榛子为优势种的植物群落
胡枝子灌丛	以胡枝子为优势种的植物群落

辽东山区天然次生林由于受人为干扰历史长、频度大,退化十分严重。现存的林分大多已偏离阔叶红松林的组成和结构特征,原生群落的主要优势树种的种源缺乏,如果不进行人工诱导,那么在相当长时期内不可能恢复成原生群落。现有天然次生林无论生物成分还是环境成分均仍保持着原始林的某些特征,从群落进展演替规律可知其仍具有恢复针阔混交林的内在潜力,经营目标应以原有植被为主体,人工栽植原有而现在失去的针阔叶珍贵树种,向恢复原有阔叶红松林的方向发展。天然次生林是相对于原始林而言,是原始阔叶红松林在人为强烈干扰后于次生裸地上自然演替形成的森林类型,按组成林分的优势树种划分类型。根据辽东山区现有天然次生林树种组成类型、林分密度、立地条件、龄级结构等特征,制定了辽东山区水源涵养林可持续经营措施(表 3-27)。

表 3-27　辽东山区水源涵养林结构调控技术

结构调控	技术指标
天然杂木林结构调控技术	对于天然杂木林,在平均林龄 40 年的林分内进行抚育改造,诱导成异龄复层阔叶红松林。首先伐除病腐木、干形不良的弯曲木、非目的树种及个别大径木,保留有培育前途的中小径目的树种林木,保留木的胸径宜在 10～15 cm 之间,郁闭度为 0.4～0.5。疏伐作业后,春季冠下栽植红松,苗木质量标准为:苗龄 4～5 年,苗高 20～30 cm,地径 0.5～1.0 cm,栽植密度为 3000～4000 株/hm²。冠下更新 7～10 年后,再次进行抚育,伐除阔叶幼树,更新 15 年后,进行上层抚育,伐除胸径 20 cm 以上的林木,以总郁闭度 0.5～0.6 为宜,使红松、阔叶树之间的营养面积和营养空间搭配合理,保持其稳定的结构
落叶松人工林的调控技术	诱导的主要技术措施是进行林冠下更新。选择阴坡、半阴坡坡面较平缓中厚的层土,林龄 30 年左右的落叶松,对其进行强度疏伐,调整密度,使郁闭度降至 0.5 左右
落叶松冠下更新云、冷杉	春季林冠下更新云、冷杉,密度为 4000 株/hm² 左右,苗木规格为苗龄 5 年,苗高大于 20 cm,地径大于 0.55 cm。从更新当年起连续抚育 3 年,全面割除灌木、杂草,更新 7～8 年时再全面割除灌木一次
落叶松冠下更新红松	对落叶松疏伐后,全面清场。在秋季 10 月末至 11 月中旬结冻前进行整地,坑盘 40 cm,坑深 30 cm,密度为 3333 株/hm²。由于林内解冻较晚,秋季整地可提前一周造林。第 2 年 4 月初进行造林。苗木规格:4～5 年生移植苗,苗高 20 cm 以上,地径 0.5 cm 以上。连续抚育 5 年,更新后视林内灌木、杂草生长情况在 10 年左右进行全面割除一次
天然次生林改造技术	水源涵养林结构定向调控过程中,抚育改造区保留胸径 8～18 cm 林木 300～400 株/hm²。栽植 5 年生红松苗,株行距为 1.5 m×3.0 m

第4章 小流域净水调水功能导向型水源涵养林配置技术研究

4.1 小流域水源涵养林体系适宜覆盖率及植被优化配置模式

4.1.1 海河上游水源区小流域水源涵养林体系适宜覆盖率及植被优化配置模式

1. 海河上游水源涵养林适宜覆盖率的确定

森林是陆地生态系统的主体,人类社会持续发展的基础。森林资源具两重性:它既是物质生产资料,又具有非物质财富的表现形式,即森林的生态和社会效益。在一些比较发达的国家,例如日本,森林的水土保持、涵养水源、环境保护等公益效能作为支撑社会资本及社会保健的重要财富和服务,被视作国民最低生活水平的重要组成部分。为了在人类社会与自然界之间建立和谐的作用关系,以达到森林的保护、林业的发展与社会经济发展相互协调,维持生态平衡,实现可持续发展战略之目的,森林资源应具备相应的水平,以满足人们对森林的总体和结构需求。那么需要多高的森林资源水平才算相应水平呢? 这正是最佳森林覆盖率研究所要回答之问题。

森林覆盖率可以进一步分为最佳森林覆盖率、合理森林覆盖率和最大可能森林覆盖率。最佳森林覆盖率是指某一区域所拥有的森林,既能满足人们对木材和林副产品的需要,又能达到人们对生态效益和社会效益的要求,使之形成一个较稳定的生态环境所具有的森林覆盖率,最佳森林覆盖率是理想化的森林覆盖率,在实际过程中,最佳森林覆盖率的标准常常很难达到。合理森林覆盖率是指在一定的历史时期内,某一区域,从人们对森林所需求的直接效益(经济效益)和间接效益(生态、社会效益)出发,在满足一定要求的前提下,所达到的森林覆盖率。最大可能森林覆盖率是指在某一区域,在自然条件(降水、气温、立地条件等)允许的前提下,所能达到的最大森林覆盖率。

一个地区的森林覆盖率究竟多少才算最佳,其确定方法和数值也各不相同。但一般认为森林覆盖率达 30% 以上,分布均匀,结构合理,发挥着巨大的经济、社会和生态效益,是合理覆盖率的标志。目前最佳森林覆盖率的研究取得了一定的进展,表现为在我国森林覆盖率的计算有了统一的方法和标准。确定最佳森林覆盖率的基本单元为林种,即分林种确定森林在满足人们对森林的结构需求所需林地面积。这是因为:从满足社会及人类对森林资源的需求来看,林种是物质承受者,它是联结需求与林地面积的桥梁。

1) 最佳森林覆盖率研究状况

最佳森林覆盖率的研究在国际上起步较早。前苏联国家科技委员会曾组织协调全国广泛开展了研究和确定当地最佳森林覆盖率的问题。他们给最佳森林覆盖率下的定义为:立木和森林其他成分得以最充分地和多方面地满足国民经济对木材及森林其他效益的需要,起到水源涵养、土壤保护和气候调节作用,促进农业增产,并能为林区有益动物、水域鱼类的生息创造良好的条件。同时还指出,最佳森林覆盖率的确定需要有专门的实验数据,应以国家水文气象局多年观测的径流资料为依据。

国内的研究虽然起步较晚,但近年来鉴于森林覆盖率的理论研究对于宏观环境治理和农业发展决策具有重要的指导意义,许多学者对此进行了大胆而有益的探索。韩珍喜和马志颜(1982)应用运筹学中线性规划的理论,根据影响内蒙古赤峰市黄土丘陵区农林业发展的主要限制因素,建立约束方程,使各业都能够发挥最大的经济效益。计算结果表明,该区最佳森林覆盖率为 45%。王大毫(1986)根据云南丽江地区土地利用现状、海拔高度、坡度、地理位置和森林资源消耗及防护效益综合指标等,分别计算 5 种森林覆盖率,通过加权平均得出该区最佳森林覆盖率为 63%。林斯超(1987)从分析森林覆盖率与降雨、蒸发量、气温、风的关系着手,根据影响黑龙江三江平原农业生产最明显的自然灾害,特别是风灾与森林覆盖率的关系,为促进作物增产稳产,认为该地区最合理的森林覆盖率为 36%~40%,其中 38% 即为最佳森林覆盖率。

近些年来,有关适宜森林覆盖率的研究取得了一些新的进展。一些学者从水分平衡角度积极探索适宜森林覆盖率问题。高琼等(2005)从土壤水分平衡出发,用动态仿真模型方法研究我国北方干旱半干旱沙地草地土壤水分平衡与立地条件,如坡度、坡向、土壤物理性状及植被覆盖率之间的关系。研究结果表明土壤水分的平衡随植被的覆盖率变化的情况(上升或下降)取决于立地条件的差异,笼统地讲"植被覆盖率越高越好"或"植被覆盖率一概不宜太高"均失之偏颇。魏天兴等(1998)从林地和流域的水分平衡出发,就山西西南部黄土残塬沟壑与丘陵沟壑区小流域水土保持林体系配置问题进行了探讨。认为试验流域在当流域森林分布合理,森林覆盖率达到 34% 时,就可以达到流域侵蚀产沙量小于允许侵蚀量的目的。疏林地、林草间作林地、带状绿篱、未破坏的天然灌木和天然草地,稀疏林地就能够使产沙量小于允许值,并且林地具有较好的水分状况。此外不少学者从小流域或区域森林防护目的出发,根据其防护效果,确定相应的适宜森林覆盖率。余坤勇等(2009)以福建省北部富屯溪流域为研究对象,探讨以防止水土流失为目标的最佳森林覆盖率。从富屯溪流域土壤侵蚀现状图中分不同侵蚀强度依次提取侵蚀模数,并利用富屯溪流域森林资源分布图,提取出相应区域的有林地和灌木林地面积,计算各对应区域的森林覆盖率,建立富屯溪流域及所属 7 个县市的现有森林覆盖状况与水土侵蚀状况的关系模型,确定出基于防止土壤侵蚀为目标富屯溪流域的最佳森林覆盖率为 65.5%。魏天兴(1998)从防止水土流失和土壤水分容量两个方面出发探讨适宜小流域的森林覆盖率,提出根据最大土壤侵蚀量、年允许土壤流失量和小流域的水分供应关系来确定区域宜林地林分面积与适宜森林覆盖率。该研究将黄土丘陵沟壑区的山西吉县小流域森林覆盖率定为 33.92%。但是他认为森林覆盖率大小并不完全决定流域输沙量,输沙量与森林分布有密切关系,同时为保持良好的水文生态环境,森林覆盖率应该限制在一定范围内。高成德和田晓瑞(2005)利用综合目标法来确定密云水库北京集水区水源保护林的最佳森林覆盖率。研究以目前水源保护林林地土壤饱和蓄水量现状,能够蓄留历年一日出现频率较大(10 年一遇)暴雨量 150 mm 时降雨量确定的最佳森林覆盖率为 61.5% 左右;以防止土壤侵蚀为目标,即土壤侵蚀模数为极小值确定的森林覆盖率约为 62.18%;而参考土壤侵蚀模数减少累积量为极大值时,确定的森林覆盖率约为 62.52%。该研究认为该区水源保护林应以水源涵养和防止土壤侵蚀两个方面为共同目标,结合该区的实际情况进行综合考虑,确定该区目前最佳森林覆盖率以 62%为宜。

2) 研究地区森林覆盖率的现状及分析

一个国家或地区需要多少森林,才能从各方面保护好它的生态环境,目前尚没有包括各种因素在内的全面的综合性的论证文献,不仅国内如此,国外也少见。据国外有关研究,各国为发挥森林的生态保护作用所作的安排很不一致。美国的森林覆盖率为 30%,且仍在造林;欧洲各国十分重视森林的生态保护作用,它们的森林覆盖率多在 22%~30%之间,其中芬兰、瑞典、挪威三国在 50%~60%以上,也在植树造林;即使是森林覆盖率已达 68%的日本,亦同样在更新造林。国内一些学者从发展林业的战略观点出发,通过对全国和部分地区的自然、经济和技术条件进行全面分析、评价,运用现已掌握的定量指标,经过测算得出,森林覆盖率达到 30%以上,且分布均匀,可基本保证其自然生态环境的稳定。看来,不论从哪方面说,研究地区现有的 55.48%的森林覆盖率应属较高,足以满足保护生态环境,特别是防止严重水土流失和改善干旱气候条件需要。更何况这里还有近 19%的森林为灌木林,而国外许多国家不将其列入森林覆盖率。

3) 确定最佳森林覆盖率的依据

根据上述最佳森林覆盖率的概念可以看出,它所要求达到的林地面积应是在其上生长的林木和其他森林成分,既能有效发挥保持水土、涵养水源、调节气候的作用,促进农业生产力的提高,又能满足国民经济和人民生活、生产对木材及林副产品的需要,为整个社会经济的持续发展创造良好的环境和条件。这样的面积无疑将随着地区自然条件、林木生长状况、森林的分布、地形地貌、侵蚀程度、坡度大小以及人口数量等不同而变化。对于黄土高原水土流失区来说,必须从自然条件、环境生态、经济发展和提高人民生活等方面综合考虑,特别是与减少土壤侵蚀,消除干旱、风沙等有害因子影响,提高耕地和其他农业用地的生产力联系,利用各种实用的农业技术、林地改良技术和水利工程措施,尽可能提供较多的木材和果品。为此,我们认为确定该地区最佳森林覆盖率的主要依据有以下几方面。

(1) 水热条件和植被的地带性分布。林木的生长要求一定的积温和降水,气温过低($\geqslant 10℃$,积温小于 $400℃$)或降水不足(降水量$\leqslant 400$ mm)都会影响乔木林的分布,使这些地区成为非宜林范围。对黄土高原的气候条件来说,降水量具有更为现实的意义,被认为是扩大森林面积的主要限制因素。据现有资料,在水土流失区内低于 400 mm 降水的面积约占总面积的 45%。由于这种地域上水热条件差异及其不同的组合,形成了该地区天然植被的地带性分布,反映了所在地带将来可能发展的植被类型,因而是确定森林可能恢复程度的依据,制定林业发展规模的基础。违背了这一自然规律,在不适于发展林业的地区营造大片森林,必将带来严重后果,造成巨大经济损失。由于该区地域辽阔,受北半球长期性干旱气候不同程度的影响,自西北向东南其植被类型具有明显的过渡性特征。除南部为森林区,西北部为荒漠草原区外,森林草原和典型草原占据相当的比重。加之支离破碎的黄土高原上,川、梁、塬、峁等中小型地形发育,对各地水热状况产生明显影响,使生态型非常不同的植物获得生长的可能。灌木不仅进入草原区,而且占据一定的位置,形成灌丛植被,而后者已被纳入现代林业的经营范畴,并成为森林覆盖率的组成部分。但这一切都不会影响植被的地带性分布成为确定最佳森林覆盖率的重要依据。

(2) 地貌类型和土地利用方向。在宜林地区的范围内,地貌地形以及对土地的不同经营目的是决定森林覆盖率的又一重要依据。不同的地貌类型往往决定了土地的不同利用方向,平地常被用作发展农业的基地,坡地则被用于培育蓄水保土的森林和草地。对于人口众多,地形起伏,干旱、风沙、水土流失等自然灾害严重的黄土高原,已有多种联系其地形地貌的合理土地利用和植被建造的模式和治理样板。朱显谟提出的"全部降水就地入渗拦蓄,米粮下川上塬,林果下沟上岔,草灌上坡下坬",扼要地概括了整治黄土高原、布局该区农林牧业的方略。长期的实践经验表明,必须保持相应的农地面积,以满足不断增加的人口对农牧产品日益增长的需要,同时也必须保证有合理的林地比例,以改善生态环境,控制水土流失,促进农牧业生产发展,并提供必要数量的木材和其他林副产品。可见,在确定林业用地面积时,地貌被认为是最重要的标志。但是,即使在同一土地类型下,还可以根据国民经济需要,选择具体用地方向,即选择不同的林种以及各林种为达到其经营目的而要求的不同土地面积比例。

(3) 国民经济发展和人民生活需要。林业生产的目的,除了发挥其生态、社会效益外,提供木材、果品等是其直接和主要的内容,特别是在当前建立社会主义市场经济体制的条件下,经济效益常常起着主导的作用。因此,满足国民经济发展和人民生活对林产品的需要,成为规划地区林业发展的重要根据。长期以来,由于历史原因,黄土高原地区植被稀少,森林资源无论在数量或质量上均不能满足要求,农村生活用材多依靠"四旁"植树,工业和建筑等部门则每年进口部分木材,以供急需。这种状况因后续资源短缺,近期内仍不可能得到改善。另一方面,果品业近年来异军突起,由于气候条件适宜和经济利益较高而发展迅猛,已不仅供应本区,而且运销区外。凡此种种表明,保证对林产品的供应,将是确定地区森林覆盖率的又一重要依据。

综上所述,最佳森林覆盖率作为指导林业发展和经营的一个重要指标,对国民经济各个部门均有意义。但是,确定它却比较困难,因为不同部门对此具有不同的、有时甚至是互相矛盾的要求。

4) 适宜覆盖率计算

以水源涵养为目标确定最佳防护效益森林覆盖率时,应根据该区历年日频率较大暴雨量与森林土壤饱和蓄水能力值,来求算能全部蓄留该级别降雨量的森林覆盖率,从而可计算出最佳防护效益的森林覆盖率。

设 S_t 为流域或区域总面积,P 为历年日频率较大的暴雨量,S_f 为防护面积,$S_f = S_t - S$ (道路、居民点面积、工矿、农田、水体等),W 为森林土壤饱和蓄水量,W 值因林分不同而不同,则该流域或区域林分最大降雨量 P 所需的森林面积 A_f 为

$$A_f = \frac{P \times S_f}{W} \tag{4-1}$$

相应的森林覆盖率:

$$F = \frac{A_f}{S_t} \times 100\% = \frac{P \times S_f}{W \times S_t} \times 100\% \tag{4-2}$$

根据密云县 1989～2006 年的降雨观测资料可知,密云县 24 h 最大暴雨量为 153.0 mm,不同频率的 24 h 平均暴雨量见图 4-1。

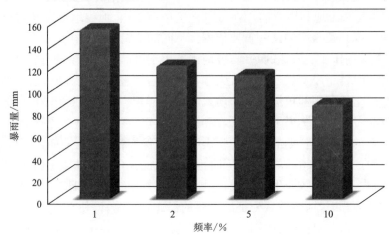

图 4-1　密云县不同频率 24h 暴雨量表

由典型流域实测资料知,密云县不同植被类型土壤饱和蓄水量分别为:针叶林 195.6 mm,阔叶林 235.4 mm,混交林 335.2 mm,灌木林 92.47 mm。将其按面积进行加权处理求得林地土壤饱和蓄水量(表 4-1)。

表 4-1　典型流域适宜水源涵养森林覆盖率

流域	林分类型	针叶林	阔叶林	混交林	灌木林
	所占面积比/%	36.12	24.02	21.94	13.61
半城子水库流域	加权林地土壤饱和蓄水量/mm	213.33			
	适宜森林覆盖率/%	68.63			

2. 小流域水源涵养林优化配置技术

流域植被类型的确定及配置是一个涉及面广、综合性强的工作。其中 BP 神经网络模型是一个非线性动力学系统,对研究水源涵养林优化配置具有高度的集约性、容错性和自学习的特点。

1) 模型构建

选取半城子水库流域所在的不老屯和高岭两个海拔 200～900 m 的乡镇的天然植被类型(357 个)为训练样本(表 4-2),以未参加建模的半城子水库流域天然植被类型(73 个)为测试样本,并采用 premnmx 函数进行归一化处理(表 4-3)。

表 4-2　半城子流域原始训练样本

序号	海拔/m	坡向	坡度/(°)	坡位	裸岩率/%	土壤类型	土壤厚度/cm	土壤质地	植被类型
1	200	2	30	4	0	1	10	2	1
2	200	5	0	5	0	1	10	2	1
3	200	5	0	5	0	1	10	2	1
4	200	4	55	5	0	1	10	2	1
...	...	...	...	...	...	...	...	...	...

表 4-3　归一化处理的流域训练样本

序号	海拔/m	坡向	坡度/(°)	坡位	裸岩率/%	土壤类型	土壤厚度/cm	土壤质地	植被类型
1	−1	−1	−0.2	0.5	−1	−1	−0.375	−1	−1
2	−1	1	−1	1	−1	−1	−0.375	−1	−1
3	−1	1	−1	1	−1	−1	−0.375	−1	−1
4	−1	1	0.39	1	−1	−1	−0.375	−1	−1
…	…	…	…	…	…	…	…	…	…

经多次训练,网络结构为 8—8—1 时训练效果较好,模型参数设置如下:

net. trainParam. show＝5;

net. trainParam. ir＝0.05;

net. trainParam. mc＝0.8;

net. trainParam. epochs＝1000;

net. trainParam. goal＝0.01。

2）模型预测

以未进入建模的半城子流域 73 个天然植被类型为检测样本,模型预测结果如表 4-4 所示,最大相对误差为 26%,平均相对误差为 7.88%,网络训练结果合理。

表 4-4　半城子流域天然植被类型预测结果

编号	植被类型	预测值	相对误差
1	4	3.86	0.04
2	4	3.94	0.01
3	4	3.85	0.04
4	1	1.14	0.14
5	1	1.20	0.17
…	…	…	…

以半城子水库流域人工植被类型为预测样本,代入训练好的人工神经网络,模型预测结果如表 4-5 所示。

表 4-5　半城子流域人工植被类型预测结果

序号	海拔/m	坡向	坡度/(°)	坡位	裸岩率/%	土壤类型	土壤厚度/cm	土壤质地	现状类型	预测类型
1	330	无	0	平地	0	褐土	13	砂壤土	针叶林	混交林
2	280	东南	35	全坡	0	褐土	14	砂壤土	针叶林	灌木林
3	340	东北	35	全坡	0	褐土	14	砂壤土	针叶林	混交林
4	340	东北	55	全坡	0	褐土	13	砂壤土	针叶林	针叶林
5	500	北	28	全坡	0	褐土	17	砂土	针叶林	混交林
6	470	西	26	全坡	0	褐土	18	砂土	针叶林	混交林

序号	海拔/m	坡向	坡度/(°)	坡位	裸岩率/%	土壤类型	土壤厚度/cm	土壤质地	现状类型	预测类型
7	330	西	30	全坡	0	褐土	10	砂壤土	混交林	针叶林
8	280	无	0	平地	0	褐土	14	砂壤土	阔叶林	混交林
9	450	北	45	全坡	0	褐土	13	砂壤土	阔叶林	混交林
10	370	西南	35	全坡	0	褐土	11	砂壤土	阔叶林	针叶林
11	260	西南	45	全坡	0	褐土	14	砂壤土	未成林地	灌木林
12	220	西南	40	全坡	0	褐土	14	砂壤土	未成林地	灌木林
13	285	无	0	平地	0	褐土	15	砂壤土	阔叶林	混交林
14	310	北	20	全坡	0	褐土	14	砂壤土	针叶林	混交林
15	330	无	0	平地	0	褐土	13	砂壤土	未成林地	混交林
16	260	北	40	全坡	0	褐土	10	砂壤土	混交林	灌木林
17	300	无	0	平地	0	褐土	14	砂壤土	阔叶林	混交林
18	330	无	0	平地	0	褐土	14	砂壤土	未成林地	混交林
19	290	西北	40	全坡	0	褐土	10	砂壤土	混交林	针叶林
20	290	西	40	全坡	0	褐土	10	砂壤土	针叶林	针叶林
21	320	无	0	平地	0	褐土	13	砂壤土	阔叶林	混交林
22	330	无	0	平地	0	褐土	14	砂壤土	阔叶林	混交林
23	570	北	35	全坡	0	褐土	10	砂土	混交林	针叶林
24	390	北	40	全坡	0	褐土	10	砂壤土	针叶林	针叶林
25	350	东	20	山谷	0	褐土	10	砂壤土	阔叶林	混交林
26	400	南	45	上坡位	0	褐土	13	砂壤土	混交林	灌木林
27	470	北	40	全坡	0	褐土	10	砂壤土	针叶林	混交林
28	400	东	40	全坡	0	褐土	10	砂壤土	混交林	针叶林
29	380	北	40	全坡	0	褐土	10	砂壤土	针叶林	针叶林
30	410	西	30	全坡	0	褐土	10	砂壤土	混交林	针叶林
31	300	无	0	平地	0	褐土	13	砂壤土	混交林	混交林
32	390	西	40	全坡	0	褐土	10	砂壤土	混交林	针叶林
33	470	东北	40	全坡	0	褐土	10	砂壤土	混交林	针叶林
34	450	东南	40	全坡	0	褐土	14	砂壤土	针叶林	灌木林
35	400	北	40	全坡	0	褐土	13	砂壤土	混交林	混交林
36	380	南	40	全坡	0	褐土	14	砂壤土	针叶林	灌木林
37	360	南	35	全坡	0	褐土	14	砂壤土	针叶林	混交林
38	400	南	40	全坡	0	褐土	14	砂壤土	混交林	混交林
39	370	北	40	全坡	0	褐土	10	砂壤土	针叶林	针叶林
40	490	东	50	全坡	0	褐土	10	砂壤土	阔叶林	针叶林

续表

序号	海拔/m	坡向	坡度/(°)	坡位	裸岩率/%	土壤类型	土壤厚度/cm	土壤质地	现状类型	预测类型
41	550	西南	40	全坡	0	褐土	14	砂壤土	混交林	混交林
42	600	东北	45	全坡	0	褐土	13	砂壤土	针叶林	混交林
43	550	无	0	平地	0	褐土	13	砂壤土	阔叶林	混交林
44	500	西	0	全坡	0	褐土	14	砂壤土	阔叶林	针叶林
45	500	北	40	平地	0	褐土	10	砂壤土	针叶林	混交林
46	540	西	0	全坡	0	褐土	13	砂壤土	针叶林	针叶林
47	270	南	40	全坡	0	褐土	14	砂壤土	未成林地	灌木林
48	280	无	0	平地	0	褐土	14	砂壤土	阔叶林	混交林
49	310	西	20	全坡	0	褐土	14	砂壤土	混交林	混交林
50	290	无	0	平地	0	褐土	14	砂壤土	阔叶林	混交林
51	320	东南	20	上坡位	0	褐土	13	砂壤土	混交林	阔叶林
52	400	西	30	全坡	0	褐土	10	砂壤土	混交林	针叶林
53	450	东南	0	上坡位	0	褐土	13	砂壤土	混交林	阔叶林
54	410	南	30	全坡	0	褐土	10	砂壤土	阔叶林	混交林
55	450	西北	0	全坡	0	褐土	14	砂壤土	针叶林	针叶林
56	310	南	30	全坡	0	褐土	10	砂壤土	针叶林	灌木林
57	450	南	45	全坡	0	褐土	14	砂壤土	混交林	混交林
58	370	东	40	全坡	0	褐土	14	砂壤土	阔叶林	混交林
59	500	西南	45	全坡	10	褐土	11	砂壤土	混交林	针叶林
60	430	南	0	上坡位	0	褐土	14	砂壤土	混交林	针叶林
61	550	无	0	山谷	0	褐土	11	砂壤土	阔叶林	混交林
62	550	无	0	平地	0	褐土	13	砂壤土	阔叶林	混交林
63	400	西南	40	上坡位	0	褐土	14	砂壤土	针叶林	灌木林
64	500	东南	40	全坡	0	褐土	14	砂壤土	针叶林	灌木林
65	540	北	40	全坡	0	褐土	10	砂壤土	针叶林	混交林
66	530	东南	35	全坡	0	褐土	14	砂壤土	针叶林	针叶林
67	520	无	0	平地	0	褐土	14	砂壤土	阔叶林	混交林
68	530	无	0	平地	0	褐土	14	砂壤土	阔叶林	混交林
69	549	东北	45	全坡	0	褐土	14	砂壤土	针叶林	混交林
70	330	南	35	全坡	0	褐土	11	砂壤土	混交林	混交林
71	320	北	35	全坡	0	褐土	14	砂壤土	针叶林	混交林
72	250	无	0	山谷	0	褐土	10	砂壤土	阔叶林	混交林
73	280	东北	35	全坡	0	褐土	14	砂壤土	阔叶林	混交林
74	310	无	0	平地	0	褐土	13	砂壤土	阔叶林	混交林

序号	海拔/m	坡向	坡度/(°)	坡位	裸岩率/%	土壤类型	土壤厚度/cm	土壤质地	现状类型	预测类型
75	400	南	40	下坡位	0	褐土	14	砂壤土	阔叶林	灌木林
76	400	西北	0	全坡	0	褐土	14	砂壤土	混交林	阔叶林
77	300	东	40	全坡	0	褐土	10	砂壤土	混交林	针叶林
78	580	东南	45	平地	0	褐土	14	砂壤土	针叶林	灌木林
79	380	南	45	平地	0	褐土	14	砂壤土	阔叶林	混交林
80	340	北	60	全坡	0	褐土	14	砂壤土	针叶林	针叶林
81	280	无	0	平地	0	褐土	13	砂壤土	针叶林	混交林
82	340	无	0	平地	0	褐土	14	砂壤土	阔叶林	混交林
83	320	西南	30	平地	0	褐土	13	砂壤土	针叶林	混交林
84	270	无	0	平地	0	褐土	14	砂壤土	阔叶林	混交林
85	260	西南	40	全坡	0	褐土	14	砂壤土	针叶林	灌木林
86	300	南	25	下坡位	0	褐土	15	砂壤土	阔叶林	灌木林
87	290	东南	15	下坡位	0	褐土	15	砂壤土	阔叶林	混交林
88	350	南	30	全坡	0	褐土	10	砂壤土	阔叶林	混交林
89	290	西南	30	全坡	0	褐土	10	砂壤土	混交林	针叶林
90	350	无	0	平地	0	褐土	14	砂壤土	阔叶林	混交林
91	360	无	0	山谷	0	褐土	10	砂壤土	阔叶林	混交林
92	350	西南	40	上坡位	0	褐土	14	砂壤土	混交林	灌木林
93	380	北	40	全坡	0	褐土	10	砂壤土	针叶林	针叶林
94	380	东北	40	下坡位	0	褐土	14	砂壤土	阔叶林	混交林
95	400	西南	40	下坡位	0	褐土	14	砂壤土	阔叶林	混交林
96	260	西	10	山谷	0	褐土	10	砂壤土	阔叶林	灌木林
97	270	西	10	山谷	0	褐土	10	砂壤土	阔叶林	灌木林
98	330	东	5	全坡	0	褐土	14	砂壤土	阔叶林	混交林
99	450	南	45	中坡位	0	褐土	14	砂壤土	针叶林	灌木林
100	540	无	0	平地	0	褐土	11	砂壤土	阔叶林	混交林
101	450	南	30	全坡	0	褐土	10	砂壤土	阔叶林	混交林
102	220	无	7	山谷	0	褐土	20	砂壤土	阔叶林	混交林
103	450	西北	28	全坡	0	褐土	12	砂土	混交林	阔叶林
104	480	西北	30	全坡	0	褐土	14	砂土	混交林	灌木林
105	580	东南	30	全坡	0	褐土	12	砂土	阔叶林	阔叶林
106	510	西北	37	全坡	0	褐土	16	砂土	混交林	混交林
107	450	北	50	全坡	0	褐土	10	砂壤土	针叶林	针叶林
108	400	西南	40	全坡	0	褐土	14	砂壤土	混交林	灌木林

续表

序号	海拔/m	坡向	坡度/(°)	坡位	裸岩率/%	土壤类型	土壤厚度/cm	土壤质地	现状类型	预测类型
109	520	东南	30	全坡	0	褐土	10	砂壤土	混交林	混交林
110	280	西北	30	全坡	0	褐土	10	砂壤土	针叶林	针叶林
111	300	无	0	平地	0	褐土	14	砂壤土	针叶林	混交林
112	260	东南	45	全坡	0	褐土	14	砂壤土	未成林地	灌木林
113	220	西北	35	全坡	0	褐土	14	砂壤土	未成林地	混交林
114	280	南	40	全坡	0	褐土	14	砂壤土	针叶林	灌木林
115	330	西北	50	全坡	0	褐土	15	砂壤土	阔叶林	混交林
116	340	西北	50	全坡	0	褐土	14	砂壤土	针叶林	混交林
117	330	无	0	平地	0	褐土	14	砂壤土	未成林地	混交林
118	290	东北	45	全坡	0	褐土	14	砂壤土	针叶林	混交林
119	290	北	40	全坡	0	褐土	10	砂壤土	混交林	灌木林
120	350	西北	45	全坡	0	褐土	13	砂壤土	阔叶林	阔叶林
121	360	东南	35	全坡	0	褐土	14	砂壤土	混交林	灌木林
122	280	西北	45	全坡	0	褐土	14	砂壤土	针叶林	混交林
123	400	东	45	全坡	0	褐土	14	砂壤土	阔叶林	混交林
124	380	东南	45	全坡	0	褐土	14	砂壤土	阔叶林	灌木林
125	360	东	45	全坡	0	褐土	14	砂壤土	阔叶林	混交林
126	280	东南	40	全坡	0	褐土	14	砂壤土	阔叶林	灌木林
127	350	西北	45	全坡	0	褐土	14	砂壤土	阔叶林	混交林
128	340	西北	40	全坡	0	褐土	14	砂壤土	阔叶林	混交林
129	300	西	40	全坡	0	褐土	10	砂壤土	针叶林	针叶林
130	300	西	30	全坡	0	褐土	10	砂壤土	阔叶林	针叶林
131	290	西南	45	全坡	0	褐土	10	砂壤土	混交林	针叶林
132	290	东	40	全坡	0	褐土	10	砂壤土	针叶林	针叶林
133	310	东	30	全坡	0	褐土	10	砂壤土	阔叶林	针叶林
134	330	西南	35	全坡	0	褐土	13	砂壤土	针叶林	混交林
135	290	北	40	全坡	0	褐土	10	砂壤土	针叶林	灌木林
136	350	东南	40	下坡位	0	褐土	13	砂壤土	阔叶林	混交林
137	400	西	40	全坡	0	褐土	14	砂壤土	针叶林	灌木林
138	390	无	0	山谷	0	褐土	10	砂壤土	阔叶林	混交林
139	390	北	40	全坡	0	褐土	10	砂壤土	针叶林	针叶林
140	470	南	30	全坡	0	褐土	10	砂壤土	混交林	混交林
141	420	东南	30	平地	0	褐土	10	砂壤土	混交林	混交林
142	450	北	40	全坡	0	褐土	10	砂壤土	针叶林	针叶林

序号	海拔/m	坡向	坡度/(°)	坡位	裸岩率/%	土壤类型	土壤厚度/cm	土壤质地	现状类型	预测类型
143	380	东南	45	全坡	0	褐土	14	砂壤土	针叶林	灌木林
144	450	东	45	全坡	0	褐土	15	砂壤土	针叶林	混交林
145	350	东北	40	全坡	0	褐土	14	砂壤土	针叶林	混交林
146	349	南	45	全坡	0	褐土	14	砂壤土	针叶林	灌木林
147	340	东南	40	上坡位	0	褐土	14	砂壤土	混交林	灌木林
148	380	南	30	全坡	0	褐土	10	砂壤土	针叶林	混交林
149	450	北	45	全坡	0	褐土	14	砂壤土	混交林	混交林
150	470	西北	50	全坡	10	褐土	10	砂壤土	针叶林	针叶林
151	600	无	0	平地	0	褐土	13	砂壤土	阔叶林	混交林
152	470	北	45	全坡	0	褐土	10	砂壤土	针叶林	混交林
153	450	东北	50	全坡	0	褐土	10	砂壤土	针叶林	针叶林
154	600	西	45	全坡	0	褐土	14	砂壤土	针叶林	混交林
155	550	无	0	平地	0	褐土	14	砂壤土	阔叶林	混交林
156	650	南	40	全坡	0	褐土	14	砂壤土	针叶林	混交林
157	550	西南	40	全坡	0	褐土	14	砂壤土	阔叶林	混交林
158	450	西	40	下坡位	0	褐土	1	砂壤土	混交林	灌木林
159	600	南	0	全坡	0	褐土	14	砂壤土	混交林	阔叶林
160	550	西南	0	全坡	0	褐土	13	砂壤土	针叶林	针叶林
161	510	南	40	全坡	10	褐土	10	砂壤土	针叶林	阔叶林
162	540	北	50	全坡	10	褐土	10	砂壤土	针叶林	灌木林
163	300	东北	40	全坡	0	褐土	13	砂壤土	针叶林	混交林
164	270	北	35	全坡	0	褐土	14	砂壤土	阔叶林	混交林
165	300	东南	35	全坡	0	褐土	14	砂壤土	针叶林	灌木林
166	285	无	15	全坡	0	褐土	13	砂壤土	混交林	混交林
167	310	东	20	上坡位	0	褐土	13	砂壤土	混交林	阔叶林
168	330	东	30	上坡位	0	褐土	13	砂壤土	针叶林	阔叶林
169	520	西	20	下坡位	0	褐土	12	砂壤土	阔叶林	混交林
170	450	北	40	全坡	0	褐土	14	砂壤土	混交林	混交林
171	510	东南	45	全坡	0	褐土	14	砂壤土	针叶林	灌木林
172	550	西南	0	全坡	14	褐土	14	砂壤土	混交林	针叶林
173	500	西	50	全坡	10	褐土	12	砂壤土	混交林	针叶林
174	400	南	45	全坡	0	褐土	14	砂壤土	阔叶林	灌木林
175	500	西南	45	全坡	0	褐土	14	砂壤土	针叶林	灌木林
176	550	北	40	全坡	10	褐土	10	砂壤土	针叶林	混交林

续表

序号	海拔/m	坡向	坡度/(°)	坡位	裸岩率/%	土壤类型	土壤厚度/cm	土壤质地	现状类型	预测类型
177	560	东北	45	全坡	0	褐土	14	砂壤土	针叶林	混交林
178	410	南	30	全坡	0	褐土	10	砂壤土	针叶林	混交林
179	540	东北	40	全坡	0	褐土	10	砂壤土	针叶林	针叶林
180	540	东北	40	全坡	0	褐土	10	砂壤土	针叶林	针叶林
181	450	北	35	全坡	0	褐土	14	砂壤土	针叶林	混交林
182	550	北	30	全坡	0	褐土	10	砂壤土	针叶林	灌木林
183	500	无	0	平地	0	褐土	14	砂壤土	阔叶林	混交林
184	550	东南	35	全坡	0	褐土	14	砂壤土	针叶林	针叶林
185	550	东	0	下坡位	0	褐土	14	砂壤土	阔叶林	混交林
186	530	东北	35	全坡	0	褐土	13	砂壤土	针叶林	混交林
187	270	无	0	平地	0	褐土	14	砂壤土	阔叶林	混交林
188	330	南	35	全坡	0	褐土	11	砂壤土	针叶林	混交林
189	370	东北	35	全坡	0	褐土	11	砂壤土	阔叶林	阔叶林
190	550	东南	0	下坡位	0	褐土	14	砂壤土	阔叶林	混交林
191	460	北	40	全坡	0	褐土	10	砂壤土	针叶林	阔叶林
192	420	南	40	下坡位	0	褐土	14	砂壤土	阔叶林	灌木林
193	450	东南	35	全坡	0	褐土	14	砂壤土	混交林	灌木林
194	430	北	30	全坡	0	褐土	10	砂壤土	混交林	混交林
195	560	北	40	全坡	0	褐土	10	砂壤土	针叶林	混交林
196	520	东南	0	下坡位	0	褐土	13	砂壤土	阔叶林	针叶林
197	550	北	30	全坡	0	褐土	10	砂壤土	针叶林	灌木林
198	540	北	30	全坡	0	褐土	10	砂壤土	针叶林	灌木林
199	460	南	30	全坡	0	褐土	10	砂壤土	阔叶林	混交林
200	430	南	40	全坡	0	褐土	15	砂壤土	混交林	混交林
201	560	南	30	全坡	0	褐土	10	砂壤土	混交林	混交林
202	400	西南	35	下坡位	0	褐土	14	砂壤土	阔叶林	混交林
203	450	东南	45	全坡	0	褐土	14	砂壤土	阔叶林	灌木林
204	430	无	10	山谷	0	褐土	10	砂壤土	阔叶林	混交林
205	460	东南	35	全坡	0	褐土	10	砂壤土	混交林	针叶林
206	530	南	20	下坡位	0	褐土	10	砂壤土	阔叶林	针叶林
207	330	东北	35	平地	0	褐土	14	砂壤土	针叶林	针叶林
208	280	无	0	平地	0	褐土	15	砂壤土	阔叶林	混交林
209	360	东南	40	全坡	0	褐土	10	砂壤土	针叶林	针叶林
210	400	东北	40	全坡	0	褐土	14	砂壤土	阔叶林	混交林

序号	海拔/m	坡向	坡度/(°)	坡位	裸岩率/%	土壤类型	土壤厚度/cm	土壤质地	现状类型	预测类型
211	250	东北	30	下坡位	0	褐土	10	砂壤土	阔叶林	针叶林
212	380	东	30	全坡	0	褐土	10	砂壤土	针叶林	针叶林
213	340	西南	40	下坡位	0	褐土	14	砂壤土	阔叶林	混交林
214	360	东	40	全坡	0	褐土	10	砂壤土	针叶林	针叶林
215	250	西	30	下坡位	0	褐土	10	砂壤土	阔叶林	针叶林
216	280	无	0	山谷	0	褐土	10	砂壤土	阔叶林	混交林
217	280	西	30	下坡位	0	褐土	10	砂壤土	阔叶林	针叶林
218	300	西南	40	下坡位	0	褐土	14	砂壤土	阔叶林	灌木林
219	400	东南	35	下坡位	0	褐土	14	砂壤土	阔叶林	混交林
220	400	南	35	下坡位	0	褐土	14	砂壤土	阔叶林	灌木林
221	400	西南	35	全坡	0	褐土	14	砂壤土	针叶林	灌木林
222	500	东南	30	上坡位	0	褐土	14	砂壤土	针叶林	灌木林
223	500	东南	40	下坡位	0	褐土	14	砂壤土	阔叶林	混交林
224	550	南	0	全坡	0	褐土	14	砂壤土	阔叶林	阔叶林
225	560	东	0	平地	0	褐土	14	砂壤土	针叶林	混交林
226	550	北	30	全坡	0	褐土	10	砂壤土	针叶林	灌木林
227	460	南	30	全坡	0	褐土	10	砂壤土	阔叶林	混交林
228	550	东南	45	上坡位	0	褐土	14	砂壤土	针叶林	灌木林
229	600	西	45	全坡	0	褐土	14	砂壤土	阔叶林	混交林
230	530	西	20	山谷	0	褐土	10	砂壤土	阔叶林	混交林
231	570	北	28	全坡	0	褐土	14	砂土	针叶林	混交林
232	540	东北	29	全坡	0	褐土	11	砂土	混交林	阔叶林
233	530	南	28	全坡	0	褐土	12	砂土	阔叶林	阔叶林
234	500	东南	28	全坡	0	褐土	13	砂土	混交林	阔叶林

3) 植被类型配置结果

经模拟后,半城子水库流域防护林体系植被类型结果如表 4-6,图 4-2 和图 4-3 所示。其中,灌木林面积增长最显著。

表 4-6 半城子流域植被类型配置结果

植被类型	针叶林	阔叶林	混交林	灌木林
现状/hm²	2937.4	1953.2	1784.1	1106.8
预测/hm²	1848.4	710.6	3075.4	2380.0
比例/%	22.71	8.72	37.78	29.24
变化率/%	−37.07	−63.65	72.38	115.03

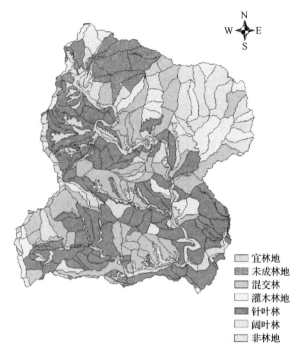

图 4-2　半城子流域配置前

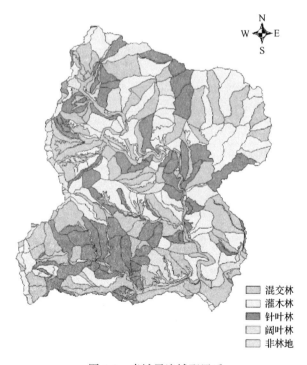

图 4-3　半城子流域配置后

3. 流域水源涵养林优化配置技术水文生态功能分析与评价

1）流域不同降水条件下不同森林植被类型的水文响应分析

WetSpa Extension 模型模拟的半城子流域不同降水条件下不同森林植被类型的径流对比分析结果分别列于图 4-4 中。

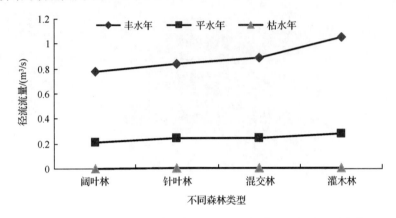

图 4-4　半城子流域不同降水条件下不同植被类型的径流流量变化

从图 4-4 可以看出，在枯水年条件下，各林地之间的产流量差距不大，几乎与 x 轴平行。这就说明在丰水年阔叶林地调蓄径流的功能更好，而枯水年各林地的调蓄能力差别不大，总体来看，不同森林植被类型产生径流的高低次序依次为灌木林＞混交林＞针叶林＞阔叶林。

2）半城子流域不同森林植被类型的水文响应分析

我们在分析几个典型降水年月均径流量的基础上，根据半城子流域森林植被类型的设置情境，添加 1990～2006 年的逐日降水数据进行模拟，分析相同降水条件下不同森林植被类型对年均径流及组分的影响，年均值的模拟结果见图 4-5 和表 4-7。

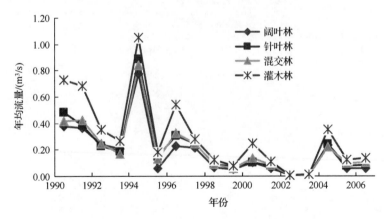

图 4-5　半城子流域不同森林植被类型的年均径流流量模拟

表 4-7　半城子流域不同森林植被类型径流组分比较

森林植被类型	年均径流量/万 m³	壤中流量/万 m³	地下径流量/万 m³	壤中流百分比/%	地下径流百分比/%
阔叶林	577.960	153.612	199.528	26.6	34.5
针叶林	676.157	158.910	199.512	23.5	29.5
混交林	671.263	188.456	219.732	28.1	32.7
灌木林	977.468	193.722	227.747	19.8	23.3

从表 4-7 可以看出，WetSpa Extension 模型模拟的不同森林植被类型间的径流量及其组分差异比较明显，灌木林产流量明显大于阔叶林，也大于针叶林和混交林。通过比较发现，阔叶林和混交林的径流模拟值中，壤中流和地下径流所占比例明显高于灌木林和针叶林，具有很好的涵养水源作用，这与唐丽霞(2009)在黄土高原清水河流域得出的阔叶林的水源涵养能力优于其他地类的结论一致。

3）半城子流域不同森林覆被率的水文响应分析

将半城子流域 2005 年的森林植被进行重新分类后加载到模型中，模型 11 个全球参数保持不变，添加 1990～2006 年的逐日降水数据模拟不同森林覆被率下的径流及其组分变化情况，将其与 2005 年的模拟值进行比较，具体的结果见表 4-8。

表 4-8　不同森林覆被率下的径流及其组分变化

森林覆被率情景	年均径流量/万 m³	变化率/%	壤中流量/万 m³	地下径流量/万 m³	壤中流百分比/%	地下径流百分比/%
2005 年地类	732.0	0	189.8	217.6	25.9	29.7
情景 F1	983.5	34.4	180.4	227.7	18.3	23.1
情景 F2	827.2	13	158.9	199.5	19.2	24.1
情景 F3	753.9	2.9	188.5	219.7	24.9	29.1
情景 F4	720.2	−1.6	196.3	218.1	27.3	30.3

各种情景模拟结果与 1995 年土地利用模拟径流对比发现，半城子流域随着森林覆被率的增加径流量呈减少趋势。

4.1.2　黄河上游土石山区水源区小流域水源涵养林体系适宜覆盖率及植被优化配置模式

1. 黄河上游水源涵养林适宜覆盖率确定

黄河上游土石山区水源区小流域水源涵养林体系适宜覆盖率的确定方法参考海河流域。根据搜集试验区域的各种森林植被类型土壤饱和蓄水量数据，按照面积加权处理后得出的林地和非林地的土壤饱和蓄水量，计算得出实验区的最佳森林覆盖率，其中林地土壤饱和蓄水量为 219.35 mm。

由于该区暴雨平均强度绝大多数小于 140 mm，极个别地点暴雨中心可达 205 mm。这些地点要采取特殊措施，尽可能增加森林覆盖率，且使森林内生长状况达到最优才能达到涵养水源的作用。具有普遍意义的最佳森林覆盖率是暴雨强度在 140 mm 以下的森林覆盖率,确定该区的最佳森林覆盖率为 63.82%。

2. 小流域水源涵养林优化配置技术

1)水源涵养林优化配置的原则与指导思想

在适地适树的前提下,以发挥林地最大的水源涵养作用为目标,在发挥林地生态水文效益的同时,兼顾社会经济效益。

2)水源涵养林优化配置的技术路线

水源涵养林优化配置的技术路线图如图 4-6 所示。

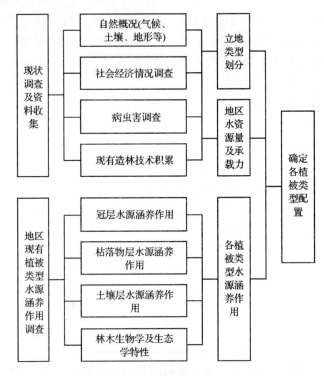

图 4-6 技术路线图

3)水源涵养林优化配置的确定

选择位于宝库林场的张家寺集水区作为研究对象,该集水区长 1.24 km,总面积 78.57 hm²。流域植被组成上,青海云杉林以青海云杉占绝对优势,混生少量的白桦、灰栒子等,面积为 14.35 hm²,占流域总面积的 18.26%;天然白桦林以白桦占绝对优势,混生少量的忍冬等,面积为 2.82 hm²,占流域总面积的 3.59%;山杨林以白桦占绝对优势,混生少量的小檗等,面积为 6.78 hm²,占流域总面积的 8.63%;灌木林以沙棘、小檗、匍匐栒子占绝对优势,混生少量的禾本科杂草等,面积为 48.14 hm²,占流域总面积的 61.27%;农田面积为 6.48 hm²,占流域总面积的 8.25%,主要以种植小麦和油菜为主,无灌溉。

根据层次分析方法的原则,通过对小流域内现有主要植被类型与其水源涵养功能的系统分析,以获取小流域最佳水源涵养功能作为各植被类型空间配置的最终目标,即层次结构的目标层(A 层)。水源涵养功能的优劣主要取决于林冠层的截留、枯落物层的蓄水、土壤层的储水以及有效补充径流的能力 4 个方面最优组合,总目标才能得到优化,故作为实现总目标的策略层(B 层)植被类型的空间优化配置是实现小流域整体水源涵养功能优化的根本措施,故作为实现总目标的措施层(C 层)。为此,建立起水源涵养林植被类型空间配置的 AHP 模型(陈祥伟等,2007)(图 4-7)。

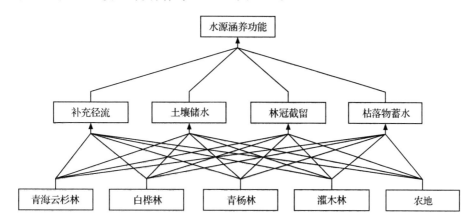

图 4-7　最佳水源涵养功能层次分析结构模型

层次分析采用 yaahp 层次分析软件进行,分析结果见表 4-9。

表 4-9　水源涵养林植被类型配置现状与层次分析的结果

植被类型	现状		层次分析结果	
	面积/hm²	比例/%	面积/hm²	比例/%
青海云杉林	14.35	18.26	24.31	30.94
山杨林	6.78	8.63	11.27	14.34
农地	6.48	8.25	5.66	7.2
白桦林	2.82	3.59	14.65	18.64
灌木林	48.14	61.27	22.69	28.88

需要说明的是,以上林地配置是理想的、针对较大范围内的森林配置而言的,对于具体的某一小集水区如选定的张家寺集水区,由于立地条件的限制,各植被类型所占的合理比例会与计算得到的最佳比例有区别。另外,考虑到地区的人力、物力、财力,为了减少造林改造的工程量,有可能需要将计算得出的最佳比例进行调整。

3. 流域水源涵养林优化配置技术水文生态功能分析与评价

以宝库林场的张家寺集水区作为研究对象,应用层次分析的优化结果,假定其他相关因子不变的条件下,仅以林分类型的面积变化为准进行水源涵养能力变化的分析,对优化后各林分的林冠截留、枯落物蓄水、土壤储水和补充径流能力等指标进行分析,比较优化前后集水区水文生态功能的变化(表 4-10)。

表 4-10　优化配置前后积水区内水源涵养能力的变化　　　（单位：mm）

植被类型	林冠截留量		枯落物蓄水量		土壤蓄水量		补充径流量	
	现状	优化后	现状	优化后	现状	优化后	现状	优化后
青海云杉林	340.10	576.14	967.19	1 638.46	29 977.07	50 782.52	2 871.60	4 864.61
山杨林	89.50	148.72	58.31	96.90	12 591.44	20 924.33	1 312.16	2 180.53
白桦林	37.79	196.25	170.61	886.05	5 237.15	27 198.71	545.76	2 834.38
灌木林	900.22	424.32	1 718.60	810.07	64 802.35	30 544.89	8 100.29	3 818.11
农地	0.00	0.00	0.00	0.00	12 238.22	10 683.96	1 350.99	1 179.41
合计	1 367.60	1 345.43	2 914.71	3 431.48	124 846.22	140 134.43	14 180.80	14 877.05

4.1.3　黄河中上游土石山区水源区小流域水源涵养林体系适宜覆盖率及植被优化配置模式

1. 黄河中上游水源涵养林适宜覆盖率确定

黄河中上游土石山区水源区小流域水源涵养林体系适宜覆盖率的确定方法参考海河流域。以 10 年一遇为标准，即在计算时，以 145 mm 的降雨量作为 P 值，小流域总面积为 43.73 km^2，其中林业用地面积为 42.89 km^2，以小流域总面积为 S_t，以林业用地面积为防护面积 S_f。根据式（4-1）和式（4-2）进行计算，得出不同植被类型适宜森林覆盖率结果见表 4-11。

表 4-11　不同林分类型土壤饱和蓄水量和适宜森林覆盖率

植被类型	辽东栎	油松	华山松	山杨	天然灌丛	桦树林	华北落叶松	高山草甸
所占面积/%	1.35	0.07	15.13	14.36	12.24	28.03	24.08	4.73
土壤饱和蓄水量/mm	200.25	172.04	169.72	196.52	163.55	196.25	170.65	188.01
加权的林地土壤饱和蓄水量/mm					181.75			
流域最佳森林覆盖率/%					78.75			
不同类型林分最佳森林覆盖率/%	71.02	82.66	83.79	72.37	86.95	72.47	83.34	75.64

由表 4-11 可知，如果流域内全部改造为以上林地，能够达到适宜的防护效益；但从流域整体林分的最佳水源涵养功能和近自然林经营的方向出发，需要营造多树种、多层次的林分，因此考虑流域的最佳森林覆盖率，需要调整不同类型林分在整个流域中的比例。

2. 小流域水源涵养林优化配置技术

1）调控有效水量为目标的坡面植被配置技术——坡面植被承载力

首先，基于样地水量平衡数据，建立了生长季华北落叶松林总蒸散（Y_1，mm）和草地群落总蒸散（Y_2，mm）与叶面积指数（LAI）的回归关系：

$$Y_1 = 146.46\ln(\text{LAI}) + 273.09 \tag{4-3}$$

$$Y_2 = 222.45\ln(\text{LAI}) + 427.23 \tag{4-4}$$

然后,基于叠叠沟数据,利用 BROOK90 模型,模拟计算得到了华北落叶松林和草地的年总蒸散量与年降水量(P,mm)的关系:

$$Y_1 = 0.7731 \times P + 86.971 \tag{4-5}$$

$$Y_2 = 0.5112 \times P + 115.46 \tag{4-6}$$

最后联立方程,求解特定降雨量下能承载的植被 LAI。对华北落叶松,$\text{LAI}_{\text{tree}} = \exp[(0.7731 \times P - 186.12)/146.46]$;对草地,$\text{LAI}_{\text{grass}} = \exp[(0.5112 \times P - 345.93)/227.89]$。

2) 坡面植被承载力的计算结果——以叠叠沟华北落叶松为例

在叠叠沟华北落叶松典型坡面上,从上(样地 3-9)到下(样地 3-1)计算了考虑坡面水分再分配的土壤水分承载力的坡面分布(表 4-12),从坡顶的 1.45 升高到坡中的 4.83,然后稳定在 3.0~3.3。对于阳坡草地,土壤水分可承载的 LAI 从坡顶的 0.37 上升到坡中的 0.46,然后在 0.41~0.47 间变动(表 4-13)。LAI 计算值与实测值较接近,结果较合理。由具体树种的林龄-LAI-密度关系可较方便地由植被承载的 LAI 指标转换为对应密度,便于生产应用。

表 4-12　六盘山叠叠沟阴坡华北落叶松坡面不同坡位样地的植被承载力(LAI)

样地编号	生长季降水量/mm	实测落叶松蒸腾/mm	实测林下蒸散/mm	实测林冠截留/mm	实测群落蒸散/mm	平衡项/mm	可供蒸散水分/mm	计算的可承载LAI	实测LAI
(1)	(2)	(3)	(4)	(5)	(6)	(7)	(8)	(9)	(10)
3-1	465	279.41	102.70	48.09	430.20	16.26	464.46	3.26	3.09
3-2	465	295.11	85.67	49.96	430.74	15.72	459.92	3.18	3.21
3-3	465	289.77	93.11	52.94	435.82	10.64	452.47	3.06	3.40
3-4	465	307.67	84.03	56.65	448.35	−1.89	468.57	3.33	3.64
3-5	465	266.85	118.63	59.30	444.78	1.68	538.98	4.83	3.81
3-6	465	213.48	122.13	35.19	370.80	75.66	436.58	2.81	2.26
3-7	465	175.81	197.55	23.34	396.70	49.76	340.23	1.69	1.50
3-8	465	169.53	205.05	22.57	397.15	49.32	337.66	1.67	1.45
3-9	465	69.07	204.62	19.14	292.83	153.64	311.36	1.45	1.23

注:(6)=(3)+(4)+(5);(7)=(2)−(6);某样地的(8)=本样地(2)+上坡样地(7)−本样地(7);由于上坡样地 3-7、3-8 和 3-9 植被覆盖度低,所以采用阳坡草地的计算方法,考虑深层渗漏。

表 4-13　六盘山叠叠沟阳坡草地坡面不同坡位样地的植被承载力分析(LAI)

样地编号	生长季降水量/mm	实测群落蒸散量/mm	平衡项/mm	可供蒸散土壤水分/mm	计算 LAI	实测 LAI
1-1	465	291.70	173.30	338.98	0.47	0.56
1-2	465	292.35	172.65	339.63	0.47	0.57
1-3	465	253.33	211.67	300.61	0.43	0.49

续表

样地编号	生长季降水量/mm	实测群落蒸散量/mm	平衡项/mm	可供蒸散土壤水分/mm	计算 LAI	实测 LAI
1-4	465	229.45	235.55	276.73	0.41	0.44
1-5	465	285.19	179.81	332.47	0.46	0.55
1-6	465	258.09	206.91	305.34	0.44	0.50
1-7	465	235.16	229.84	282.04	0.41	0.45
1-8	465	246.11	218.89	289.03	0.42	0.30
1-9	465	230.93	234.07	230.93	0.37	0.32

注：平衡项＝生长季降雨量－实测群落蒸散量；可供蒸散水分＝生长季降雨量－平衡项＋上方样地壤中流补水。

上述计算与结果，形成了研究地区水源涵养型森林植被优化空间配置的模式，见表 4-14。

表 4-14　六盘山小流域植被配置模式

宜林地区	海拔	植被带	适宜配置树种		备注
			阳坡	阴坡	
六盘山核心区、缓冲区	2700～2800 m	亚高山草甸带	—	—	此地带气候寒冷，乔木树种难以生存，不宜造林，主要是保护好现有植被
	2700 m 以上	山地阔叶矮林带	糙皮桦	糙皮桦、红桦、白桦、华山松等纯林或混交	气候寒冷不利于其他树木的生长，不宜开展其他树种的造林
	2300～2700 m	针阔叶混交林带	以白桦等阔叶树为主，杂有华山松等针叶树	白桦、红桦、糙皮桦等阔叶树种以及华山松、油松等针叶树种	在海拔较高处华山松与红桦、糙皮桦混交，在海拔较低处常与辽东栎、白桦、山杨等混交
	1700～2300 m	森林草原带	山桃、长芒草、白羊草等多年生草本	山杨、白桦、辽东栎等阔叶树种	阳坡为草甸草原，阴坡为落叶阔叶纯林或混交林；山杨不宜作为造林树种，但可作为天然更新树种，促进植被恢复
六盘山外围区	＞2000 m		云杉、油松、沙棘、山桃混交造林	华北落叶松、虎榛子等	在原生植被严重破坏的退耕还林地，要增加灌木造林的比例
	＜2000 m		沙棘、山桃等灌木	落叶松、油桃、山桃、沙棘等造林	此地区适合稀植，控制密度，防止土壤水分环境退化

3. 流域水源涵养林优化配置技术水文生态功能分析与评价

基于植被对水分平衡的影响及区域生产生活用水对植被建设的要求，制定了六套不同的植被建设情景方案,来模拟预测植被变化对流域径流的影响,包括华北落叶松林覆盖率增加的三种情景和减少的三种情景,具体如表 4-15 所示。

表 4-15　模拟情景列表

情景		华北落叶松占流域面积的百分比/%	情景描述
	现状情景	43.19	现状
华北落叶松林面积增加	情景 1	69.41	红桦林变为华北落叶松人工林
	情景 2	47.28	山杨林变为华北落叶松人工林
	情景 3	55.55	灌丛变为华北落叶松人工林
华北落叶松林面积减少	情景 4	38.40	海拔 2200~2300 m 的华北落叶松人工林变为红桦林
	情景 5	17.68	海拔 2400~2500 m 的华北落叶松人工林变为山杨林
	情景 6	9.8	海拔 2300~2500 m 的华北落叶松人工林变为灌丛

　　由表 4-15 和图 4-8 可知,随着华北落叶松林的减少,流域蒸腾量减少,当海拔 2200~2300 m 的华北落叶松人工林变为红桦林,相当于华北落叶松林覆盖率从 43.19% 减小到 38.40%,5~9 月流域蒸腾量减少了 15.36 mm;海拔 2400~2500 m 的华北落叶松人工林变为山杨林,华北落叶松林的覆盖率减小到 17.68% 时,流域 5~9 月的蒸腾量减少了 12.76 mm。相反,当华北落叶松林覆盖率增加时,蒸腾量增加,山杨林全部变为华北落叶松林,华北落叶松林的覆盖率达到 47.28%,流域 5~9 月的蒸腾量为 36.74 mm,增加 23.61 mm,如果将海拔灌丛全部变为华北落叶松林,华北落叶松林的覆盖率达到 55.55%,流域 5~9 月的蒸腾量增加 27.37 mm。

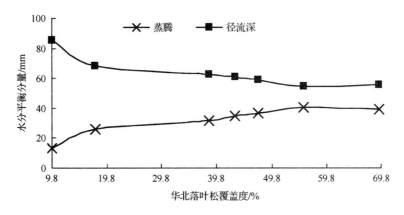

图 4-8　植被变化的水分平衡分量影响

　　由表 4-16 可以看出,随着华北落叶松林覆盖度的增加,流域的径流量减少,当流域的红桦林全部变为华北落叶松人工林,相当于华北落叶松林覆盖率从 43.19% 增加到 69.41%,流域 5~11 月径流量减少 5.33×10^4 m³,径流深减少 5.11 mm,洪峰流量减少 0.07 m³/s;当流域的山杨林全部变为华北落叶松人工林,华北落叶松林的覆盖率从

43.19%增加到47.28%,流域5~11月的径流量减少1.75×10⁴ m³,径流深减少1.68 mm,洪峰流量减少0.14m³/s;当流域的灌丛林全部变为华北落叶松人工林,华北落叶松林的覆盖率到55.55%,流域5~11月的径流量减少6.39×10⁴ m³,径流深减少6.13 mm,洪峰流量减少0.12 m³/s。相反,当华北落叶松林覆盖率减少时,流域径流量增加,当华北落叶松林的覆盖率从43.19%减少到38.40%,流域5~11月的径流量为6.51×10⁵ m³,增加了2.00×10⁴ m³,径流深增加1.92 mm,洪峰流量增加0.05 m³/s;如果华北落叶松林的覆盖率减少到17.68%,流域5~11月的径流量为7.14×10⁵ m³,增加了8.22×10⁴ m³,径流深增加7.88 mm,洪峰流量增加0.11 m³/s;如华北落叶松林的覆盖率减少为9.8%,流域5~11月的径流量为8.92×10⁵ m³,增加了2.61×10⁵ m³,径流深增加25.03 mm,洪峰流量增加0.23 m³/s。

表 4-16　不同植被情景下的流域出口径流模拟结果

情景	华北落叶林覆盖度/%	5~11月径流深/mm	5~11月径流量/m³	洪峰流量/(m³/s)	洪峰变化率/%
现状	43.19	60.54	631 432.2	1.26	—
情景1	69.41	55.43	578 134.9	1.19	−0.055 56
情景2	47.28	58.86	613 909.8	1.12	−0.111 11
情景3	55.55	54.41	567 496.3	1.14	−0.095 24
情景4	38.40	62.46	651 457.8	1.31	0.039 683
情景5	17.68	68.42	713 620.6	1.37	0.087 302
情景6	9.8	85.57	892 495.1	1.49	0.182 54

注:洪峰变化率=(设定情景最大洪峰流量−现状情景最大洪峰流量)/现状情景最大洪峰流量。

对比不同情景华北落叶松林覆盖度的变化对洪峰的影响率,情景3天然灌丛全部变为华北落叶松林时,削弱流域洪峰的功能最强;而情景1红桦林全部变为华北落叶松林时,对流域的洪峰仍具有削弱功能,但作用并不是特别明显,可以看出从水土保持与水源涵养地角度讲,林地对径流洪峰流量的影响是十分重要的。

随着华北落叶松林的减少,洪峰流量增加(图4-9),洪峰变得尖瘦,对降水的响应较为敏感,整个流量过程线变化迅速;灌丛越多,地表径流的调节能力越差,形成较大的洪峰。

而随着华北落叶松林的增加,流量过程变缓(图4-9),洪峰减小,蒸散量增加,产流量减小。华北落叶松林具有一定的削减洪峰,增加基流,调节径流的作用。

4.1.4　黄河中游黄土区水源区小流域水源涵养林体系适宜覆盖率及植被优化配置模式

1. 黄河中游水源涵养林适宜覆盖率确定

山西吉县蔡家川流域最为常见、最基本的,也是危害最为严重的侵蚀类型是水力侵蚀,产生水力侵蚀的原动力是降雨因子:降雨过程中,引发严重水力侵蚀的不是普通或常

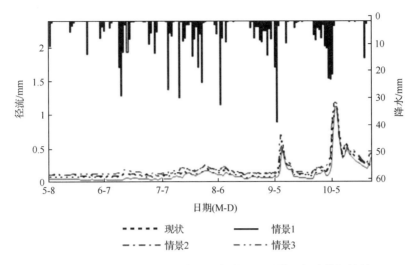

图 4-9　华北落叶松林覆盖率增加情景下的流域日径流模拟结果

见的降雨,而是那种一次性特大暴雨过程,因其强度大,动能高,侵蚀力特强,所以该地区最佳防护效益森林覆盖率应当以水源涵养为目标。该流域通过两次大幅度的退耕还林政策的实施,其森林覆盖率已经达到了一个可观的水平。不同土地利用类型的现状和植被覆盖率见表 4-17。

表 4-17　蔡家川流域土地利用现状

流域名称	项目	农地	天然草地	灌木林地	次生林	人工林	果园	暂不利用	居民点	合计
蔡家川流域	面积/km^2	4.274	4.873	7.113	11.505	9.687	0.619	0.046	0.078	38.195
	百分比/%	11.19	12.76	18.63	30.12	25.36	1.62	0.12	0.2	100

从表 4-17 中可以看出,通过两次退耕还林,蔡家川流域的森林覆盖率已经达到了一个较高的水平。次生林和人工林的覆盖率已分别达到 30.12% 和 25.36%,加上灌木林地,该流域的森林覆盖率已经达到 74.11%,加之草地也具备较强的水源涵养和水土保持功能,所以从该流域的土地利用分配看,该地区的森林具备了很高的水源涵养功能。

对黄土高原 13 条小流域森林植被覆盖率与流域径流量(以年均径流深度 mm 表示)进行回归分析,得出黄土高原小流域年均径流深(Y)与流域森林植被覆盖率(x)关系如图 4-10 所示。从图中可以看出,黄土高原地区小流域年均径流深与森林覆盖率呈显著的负指数关系:

$$Y = 9.3437 e^{-0.015x} \tag{4-7}$$

黄土高原小流域随着森林覆盖率的增加,其年均径流深减小;当森林覆盖率小于 40% 时,随着森林覆盖率的增加,年均径流深度显著减少,而当森林覆盖率大于 40% 后,年均径流深度随着森林覆盖率的增加减少的不明显。

通过对黄土高原 35 条小流域森林植被与侵蚀产沙[年均侵蚀模数 t/(km^2•a)]进行

回归分析,得出黄土高原小流域年均侵蚀模数(y)与森林覆盖率(x)均呈显著负指数关系(图 4-11)。相关关系如下:

$$y=8901.2e^{-0.046x} \tag{4-8}$$

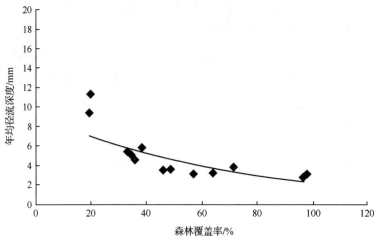

图 4-10　黄土高原流域年均径流深度与森林覆盖率的关系

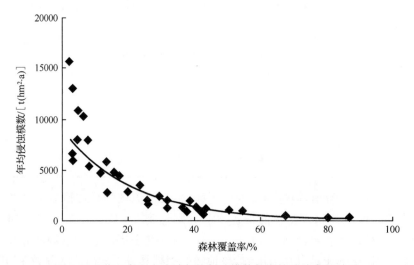

图 4-11　黄土高原小流域年均侵蚀模数与森林覆盖率的关系

　　黄土高原小流域,随着流域森林覆盖率的增加,其土壤侵蚀量均减少。从图中我们可以看到,当小流域的森林覆盖率达到 40% 时,流域年均侵蚀模数明显减小,当森林覆盖率达到 60% 时,其减沙效益趋于稳定。而当大中流域森林覆盖率小于 60%,流域的年均侵蚀模数随森林覆盖率的增加明显减小,而当森林覆盖率大于 80% 时,流域的减沙效益趋于稳定。

　　根据对黄土高原森林植被与流域径流和侵蚀产沙资料进行分析,我们可以初步得到以下结论。

　　(1) 黄土高原小流域的径流量随着森林覆盖率的增加而减小;当森林覆盖率小于

40%时,随着森林覆盖率的增加,年均径流深度显著减少,而当森林覆盖率大于40%后,年均径流深度随着森林覆盖率的增加减少的不明显。

（2）黄土高原小流域,随着流域森林覆盖率的增加,其土壤侵蚀量均减少;当小流域的森林覆盖率达到40%时,流域年均侵蚀模数明显减小。

（3）黄土高原小流域,森林植被覆盖率达到40%左右即可有效地控制流域的产流和产沙量。

2. 小流域水源涵养林优化配置技术

黄土高原以往植树成活率低除与干旱缺水有关外,植被建设的科技含量低也是一个重要原因。在植被建设中,缺乏对所在地区的立地条件类型、适宜的人工林灌草植被结构模式（林灌草适宜类型、适宜规模与合理结构和布局）以及相应的植被建设与恢复技术体系的深入研究。虽然许多乡土树种在黄土高原大部分地区都可生长,是"四旁"绿化植树的"适地适树",但由于它们不是地带性植被优势种,作为主要树种在荒山大面积营造纯林,不是"适地适林",从而在生产上和科学上还没有真正解决大面积造林种草的关键问题。在黄土高原北部荒漠草原和温带草原区,由于降水较少,植被建设应以灌木和草本植物为主;南部森林草原区,由于降水较多,植被建设可以乔灌草、多树种相结合。因此,应依据黄土高原干旱半干旱的气候特点以及由北到南地处荒漠草原、温带草原和森林草原的现实,黄土高原的生态建设应因地制宜,宜草则草、宜灌则灌、宜林则林,才能取得较好的植被建设效果。开展对人工林灌草植被建设的适宜林草类型、适宜规模与合理结构和布局的深入研究,对黄土高原大规模生态建设实践具有重要指导意义。

1）研究区水源涵养林现状

山西省吉县森林覆被率达45%,是全国林业先进县,其境内的蔡家川流域是森林生态系统国家野外科学观测研究站的观测基地,森林覆盖率已达55%以上,是黄土高原具植被恢复、水土保持和土壤侵蚀防治的示范区。

高程分布情况充分反映了蔡家川流域的地貌特征（图4-12）,全区相对高差近700 m,1000~1300 m区间占流域总面积的近80%。

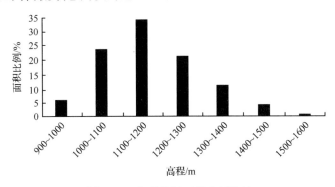

图4-12　高程分级面积比例统计

坡度分异同样反映了蔡家川流域的地貌特点（图4-13）,在20°~25°坡度级显现峰值,15°~35°区间占流域总面积的60%。

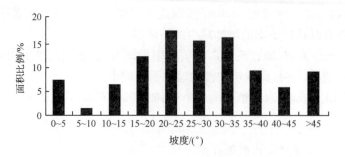

图 4-13　坡度分级面积比例统计

　　蔡家川流域的坡向分异相对均匀（图 4-14），若按阴阳坡划分，阳坡面积比阴坡面积稍大（高出近 2%），半阳坡（34%）和半阴坡（40%）面积相对较大。

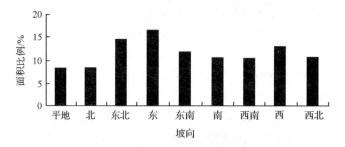

图 4-14　各坡向面积比例统计

　　目前，从整个蔡家川流域现有人工林和天然林资源状况来看，阔叶林面积最大为 11.41 hm²，约占 29.87%，灌木林次之，占 18.62%，生态林中针叶林最小，占 11.15%（图 4-15，表 4-18）。

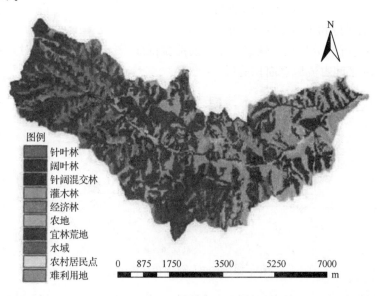

图 4-15　蔡家川流域土地利用现状图

表 4-18　蔡家川流域不同林型面积及其比例

土地利用类型	针叶林	阔叶林	针阔混交林	灌木林	经济林
面积/hm²	4.26	11.41	5.52	7.11	0.62
百分比/%	11.15	29.87	14.45	18.62	1.62

2）水源涵养林配置模式

以侵蚀防治为第一目标导向，以最大程度保障流域产水量的持续性为第二目标导向，提出黄土高原小流域防护林空间配置模式。配置时以坡度作为侵蚀防治控制的主要考虑因子；鉴于小流域海拔变化范围相对较小，其对物种分布的影响仍体现为不同区域位置土壤水分不同，配置时仍以坡位和坡向作为物种分布的主要考虑因子。表 4-19 为研究所提出的黄土高原小流域防护林建设对位配置模式，具体分以下几个方面阐述。

（1）塬面地势平缓，光照充足，土壤侵蚀产沙贡献较少，因此，不列为侵蚀防治主要对象，可考虑发展果园等经济林，充分利用现有优势条件发展潜在经济。

（2）梁顶通常地势较平缓，坡度变化 1°~5°或 8°~10°，光照充足，但统计研究表明，该区域已具一定侵蚀产沙贡献，应作为侵蚀防治对象之一。鉴于该区域侵蚀强度较弱，适宜以发展草地为主，辅以复合间种乔木树种，既可有效减少侵蚀产沙贡献，又可最大程度减少对流域水文水资源的影响。

（3）流域斜梁坡整体侵蚀产沙贡献较大，地势由缓变陡，且阴坡、阳坡水分条件差异较大，因此，防护林空间对位配置应区别对待。

以 25°为临界坡度，阴坡整体土壤水分条件优于阳坡，能保证乔木树种正常生长，但鉴于 10°~25°区域侵蚀强度较其陡坡地段要弱，因此，该区域在发展乔木林建设时，宜适当发展一定面积的条带状草地，一定程度减少林木蒸发散耗水，从而减少对流域产水量的影响。阴坡 25°~35°区域侵蚀强度较大，因此，宜以乔木林建设为主，在固土护坡的同时，最大程度减少面蚀和细沟侵蚀，因该区域面积百分比通常相对较小，乔木林建设对流域产水量影响将较小。

阳坡光照充足，在 10°~25°区域宜利用其优势条件发展经济林。除经济林的梯地建设以外，需稀植一定面积的条带状乔木林以保证有效截水拦沙。阳坡 25°~35°区域，土壤侵蚀强度较大，由于其土壤水分条件整体逊于阴坡，因此，宜稀植乔木林，在保证一定的林木成活率的同时保证有效的侵蚀防治效益。

（4）沟坡是流域侵蚀产沙贡献最大且侵蚀强度较大的区域。沟坡通常地形陡峭（坡度大于 35°），较不便于大面积人工造林及经营管护。因此，该区域总体宜采取封禁措施。以草地的自然恢复为主，依据局地地形地势条件，以及阴坡和阳坡的水分条件，分别配以适当密度的乔木树种，促进植被群落顺向演替。

（5）沟谷地通常水流冲刷严重。虽然水分条件较好，但为了减少对流域产水量的影响程度，不提倡引入乔木树种。为有效拦水滤沙，应复合间种灌草植被，此外，对于主沟和部分支沟，则还需配以谷坊等工程措施。

表 4-19　黄土高原小流域防护林建设对位配置模式

区域	坡度	坡向或地貌类型	植被类型及恢复措施	配置特征
沟谷	—	侵蚀冲沟与切沟	草、灌	灌草复合间种
	—	支沟与主沟	草、灌;谷坊	灌草复合间种,适当配以谷坊等工程措施
沟坡	>35°	阴坡	封禁	草地的自然恢复为主,适当种植乔木树种
	>35°	阳坡	封禁	草地的自然恢复为主,适当稀植乔木树种
梁峁	<10°(梁顶、峁)	—	草、林	草地为主,复合间种乔木树种
	10°~25°(斜梁坡)	阴坡	林、草	林地、草地条带状间种
	25°~35°(斜梁坡)		林、草	林地为主,复合间种草地
	10°~25°(斜梁坡)	阳坡	林、林	梯地种植经济林,稀植条带状乔木林
	25°~35°(斜梁坡)		林、草	草地为主,稀植乔木树种
塬面	<5°	—	林	经济林或草地

4.1.5　西北内陆乌鲁木齐河流域水源区小流域水源涵养林体系适宜覆盖率及植被优化配置模式

1. 乌鲁木齐河水源涵养林适宜覆盖率确定

使用 SWAT 模型进行情景模拟,最终确定乌鲁木齐河流域水源涵养林的适宜森林覆盖率。SWAT 的主要输入数据有气象数据、高程模型数据(DEM)、土壤数据、土地利用数据;模拟值检验采用乌鲁木齐河流域 1 个水文站(英雄桥站)1993~2012 年的实测径流量数据。在 ArcGIS 的 SWAT 界面加载乌鲁木齐河流域的 DEM 数据,确认 DEM 所采用的投影信息无误后计算水流流向和流量累积栅格,选取英雄桥等水文站为流域出口,经模拟运行,将乌鲁木齐河流域划分为 51 个子流域。带入重分类后的流域土地利用数据和土壤空间分布数据,进行流域响应单元(HRU)的划分。划分时需设置土地利用、土壤面积及坡度等级的阈值,本研究根据流域实际情况,设置土地利用阈值为 5%,土壤面积和坡度等级阈值都设置为 20%,将每一个子流域划分为多个水文响应单元,阈值设定后,将乌鲁木齐河流域最终划分为 230 个 HRU。其次输入气象文件,包括降雨量、最高/最低气温、风速、相对湿度、太阳辐射等数据。采用 SCS 法计算地表径流,Penman-Montieth 法计算潜在蒸发,模拟 1993~2012 年乌鲁木齐河流域径流。

选用英雄桥水文站 1993~2002 年为模型校正期,2003~2012 年则为验证期。

在利用 SWAT 模型进行径流相关的模拟分析之前,要对模型进行校准与验证。首先在 SWATCUP 中选取 SUFI-2 方法对乌鲁木齐河流域产流敏感的参数共 13 个进行校准,然后选用英雄桥水文站 1993~2002 年实测径流量为模型校正期,2003~2012 年实测径流量则为验证期,进行河道流量对径流的参数率定,通过调整参数使径流模拟值与实测值吻合(图 4-16,表 4-20),月均值的线性回归系数 R^2 >0.8,且 NS>0.7。表明 SWAT 模型能够比较准确地模拟该流域的径流深,模型在该时段内具有较好的适用性,可以应用于与流域径流相关的各种模拟分析。

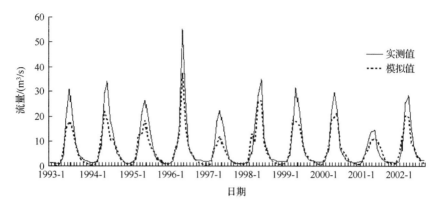

图 4-16　校准期月径流模拟值和实测值比较曲线

表 4-20　径流模拟结果评价

参数	年份	时间步长	R^2	NS
校正期	1993～2002	月	0.90	0.81
验证期	2003～2012	月	0.82	0.78

通过以上工作,确定了模型的参数,保证了模拟精度。

为了分析乌鲁木齐河流域土地利用/土地覆被对流域径流量的影响,寻求现有气候条件下流域最佳森林覆盖情景。本研究依据国家林业局对耕地坡度等级的划分标准,以 1996～2005 年的气象数据为基础,并利用 SWAT 模型对时段内森林覆盖率变化和灌木林变化情景下的径流深分别进行模拟。

1) 森林覆盖率变化情景下的径流变化

设置了 9 种情景,主要是模拟不同森林覆盖率情况下的水文径流变化,主要方法是将不同坡度的草地和灌木林变为林地,其他不变。情景设计及不同植被类型分配比例见表 4-21。

表 4-21　相同气候不同森林覆盖情景设置及模拟径流值

情景	模拟的植被类型面积比例及径流值					
	森林/%	灌木林/%	高覆盖度草地/%	永久性冰冻雪地/%	高寒荒漠/%	模拟径流值/(m³/s)
情景 1:大于 5°坡度的草地变为林地,其他类型基本不变	84.51	0	2.36	9.51	3.62	8.401
情景 2:大于 10°坡度的草地变为林地,其他类型基本不变	75.33	0	11.54	9.51	3.62	8.56
情景 3:大于 15°坡度的草地变为林地,其他类型基本不变	62.84	0.01	24.02	9.51	3.62	8.69

情景	模拟的植被类型面积比例及径流值					
	森林/%	灌木林/%	高覆盖度草地/%	永久性冰冻雪地/%	高寒荒漠/%	模拟径流值/(m³/s)
情景 4:大于 20°坡度的草地变为林地,其他类型基本不变	50.89	0.01	35.96	9.51	3.62	8.74
情景 5:大于 25°坡度的草地变为林地,其他类型基本不变	41.1	0.02	45.75	9.51	3.62	8.8
情景 6:大于 30°坡度的草地变为林地,其他类型基本不变	32.92	0.03	53.93	9.51	3.62	8.87
情景 7:大于 35°坡度的草地变为林地,其他类型基本不变	26.94	0.04	59.89	9.51	3.62	8.97
情景 8:大于 40°坡度的草地变为林地,其他类型基本不变	23.44	0.05	63.39	9.51	3.62	8.98
情景 9:大于 45°坡度的草地变为林地,其他类型基本不变	21.97	0.05	64.85	9.51	3.62	8.987

可以看出,随着坡度的上升,森林面积由 84.51% 逐步下降到 21.97%,将不同的植被类型代入到模型中,观测模型的模拟结果,得出不同森林覆盖度对径流的影响程度,从而寻找该区域的最佳森林覆盖度(图 4-17)。

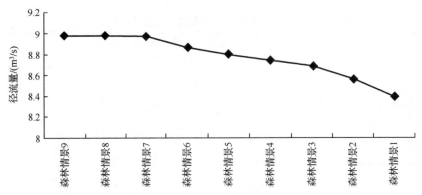

图 4-17　乌鲁木齐河流域不同森林覆盖率变化情景下径流变化关系图

2)森林低覆盖度下不同灌木林地覆盖率情景模拟

由于依据国家林业局对耕地坡度等级的划分标准,不能模拟森林覆盖率低于 21.97% 的情景,本研究设置了森林、灌木林、草地的三种植被类型转换模式,主要是将不同坡度的已有林地和草地转换为灌木林,根据实际计算得到表 4-22。

表 4-22　乌鲁木齐河流域水源地相同气候不同灌木林覆盖情景设置及模拟径流值

情景	森林/%	灌木林/%	高覆盖度草地/%	永久性冰冻雪地/%	高寒荒漠/%	模拟径流值/(m³/s)
情景 1:大于 5°坡度的草地和林地变为灌木林,其他不变	0.47	84.04	2.36	9.51	3.62	9.06
情景 2:大于 10°坡度的草地和林地变为灌木林,其他不变	2.23	73.10	11.54	9.51	3.62	9.113
情景 3:大于 15°坡度的草地和林地变为灌木林,其他不变	5.73	57.12	24.02	9.51	3.62	9.079
情景 4:大于 20°坡度的草地和林地变为灌木林,其他不变	10.19	40.72	35.96	9.51	3.62	9
情景 5:大于 25°坡度的草地和林地变为灌木林,其他不变	14.34	26.77	45.75	9.51	3.62	8.96
情景 6:大于 30°坡度的草地和林地变为灌木林,其他不变	17.60	15.34	53.93	9.51	3.62	8.957
情景 7:大于 35°坡度的草地和林地变为灌木林,其他不变	19.85	7.13	59.89	9.51	3.62	8.97
情景 8:大于 40°坡度的草地和林地变为灌木林,其他不变	21.03	2.46	63.39	9.51	3.62	8.982
情景 9:大于 45°坡度的草地和林地变为灌木林,其他不变	21.48	0.54	64.85	9.51	3.62	8.985

由表 4-22 可以看出,随着坡度的上升,森林面积比例由 0.47% 逐步增加到 21.48%,灌木林的面积比例由 84.04% 减少到 0.54%,草地面积比例由 2.36% 增加到 64.85%。将不同的植被类型代入到模型中,观测模型的模拟结果,得出不同森林覆盖度、灌木覆盖度对径流的影响程度(图 4-18)。

2. 小流域水源涵养林优化配置技术

结合研究区实际,应在适宜区域构建灌、草结合的群落,适当以补植方式构建云杉人工林。

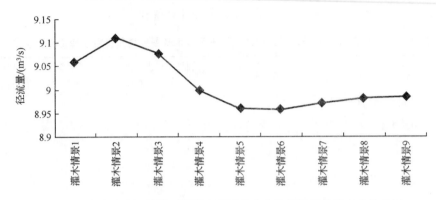

图4-18　乌鲁木齐河流域不同灌木林覆盖率变化情景下径流变化关系图

由于云杉幼龄林与灌木多混交,在栽植初期水土保持效果与灌木林差别不大。幼灌混交虽能暂时起到较好的水土保持措施,但短期内(20年之内)灌木生长要快于云杉林,长远看会影响幼林生长。随着乔木的生长,都应采取割灌、疏枝透光等人工抚育措施。

3. 流域水源涵养林优化配置技术水文生态功能分析与评价

将SWAT分布式水文模型应用于乌鲁木齐河流域水源地,构建模型数据库,并对模型进行校正和率定,使得SWAT模型在乌鲁木齐河流域达到较高的精度要求,并设置了18种情景模拟了森林覆盖度变化与灌木林覆盖度变化的情况,从已有的数据分析可以得到以下结论:该流域的森林覆盖度不能低于20%,否则森林不能起到水源涵养的主导作用。在此基础上,森林覆盖度越高,该地区的水源涵养功能越强。因此,要保护该地区的森林资源,在可能的情况下,在20%的基础上增加森林的面积。

在森林盖度小于20%的情况下,森林对径流的影响减弱,总体上径流大于森林覆盖度大于20%的情景。灌木林、草地在不同比例下,径流有不同的表现,在灌木覆盖度大于15%时,草地具有重要的作用,而当灌木覆盖度小于15%时,灌木起到一定的作用,灌木的面积不应低于15%。

4.1.6　辽河上游水源区小流域水源涵养林空间结构优化配置

1. 基于多目标的空间优化配置

根据研究地区主要水源涵养林类型的组成和分布,结合不同类型水源涵养林生态服务功能差异的研究成果,在遥感影像上提取出研究地区针叶林、阔叶林、针阔混交林和灌木林四种林型的分布范围和面积,分析研究地区现有水源涵养林的起源结构、龄组结构。

2. 水源涵养林结构优化指标

选取水源涵养林生物量、生产力、涵养水源量、土壤侵蚀量等作为水源涵养林结构空间优化配置的指标。其中,生物量是水源涵养林在某一时段单位面积内积累的有机物总量,是反映水源涵养林生态系统结构和生产力的重要指标;林分生产力指水源涵养林对降水的再分配和储存以及调节地表水、改善水质的重要作用,是水源涵养林生态系统的重要生态功能;土壤侵蚀量反映了水源涵养林防止水土流失的重要功能,是体现水源涵养林保持水土的重要指标。

根据各优化指标样本值,构建多目标综合决策矩阵,对优化方案进行计算,并由此获得对应优化方案的效果测度和综合效果测度矩阵,根据决策目标选出各目标效果测度和综合效果测度指标值均比其他方案高的优化方案(表4-23)。

表 4-23　不同林型的优化方案

优化方案	1	2	3	4	5	6	7	8	9	10	11	12	13	14	15
针叶林比例/%	23	23	23	23	23	28	28	28	28	28	33	33	38	38	43
阔叶林比例/%	31	36	41	46	51	31	36	41	46	31	36	41	31	36	31
针阔混交林比例/%	43	38	33	28	23	38	33	28	23	33	28	23	28	23	23

可以看出,水源涵养林类型优化配置前后各森林类型面积比例变化明显,可将针叶林和阔叶林面积逐步减少并恢复成针阔混交林的过程。此过程中针叶林和阔叶林面积比例均减少,针阔混交林的比例有了很大程度的提高,而且研究区水源涵养林生态系统的生态服务功能获得了很大改善。经优化配置后,研究区的针阔混交林的面积比例明显增加,由优化前的3%增加到43%,林分的降雨截留量、土壤持水量均显著提高。此外,针阔混交林生态系统具有丰富的生物多样性(Alkemade et al.,2009),而且能够形成良好的生物化学循环(齐国明等,2005),调节和改善地力,有助于提高林分生产力(Worrell and Hampson,1977)。与优化前相比,优化后水源涵养林生态系统生物量和林分生产力分别增加了0.6%和2.1%,而涵养水源功能增加了31.7%,固土功能基本保持不变。优化后的水源涵养林类型结构更加趋于合理,符合研究区目前的实际情况。

3. 小流域水源涵养林空间优化配置方案

小流域水源涵养林类型面积比例差异明显,其中次生林占主导地位,所占面积比例最高,而落叶松、色木槭和杨桦林的面积比例较小(图4-19、图4-20)。

在水源涵养林起源结构中,天然林生长抚育占主要地位,其次为人工林生长抚育(图4-21)。天然次生林主要树种为蒙古栎、色木槭和柞树,另外,还有一些水曲柳、胡桃楸和椴树等。人工林主要树种以落叶松为主,树种比较单一、稳定性差。而且长期连续种植会造成土壤中营养元素流失,导致林分生产力下降和地方衰退,不利于森林资源多样性保护及森林多种效益的发挥。

从龄组结构来看,中、幼龄林共占林分总面积的87.4%,近熟林面积占总面积的9.1%;成、过熟林面积占总面积的3.5%(图4-22、图4-23)。针对目前研究区水源涵养林资源空间配置格局现状,可以看出现有水源涵养林布局不合理的地方,尤其是针叶人工用材林所占比重较大。

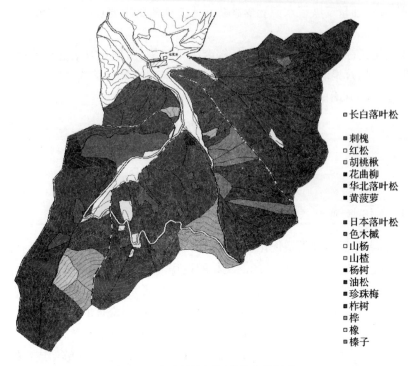

长白落叶松

刺槐
红松
胡桃楸
花曲柳
华北落叶松
黄菠萝

日本落叶松
色木槭
山杨
山楂
杨树
油松
珍珠梅
柞树
桦
橡
榛子

图 4-19　小流域水源涵养林优势树种

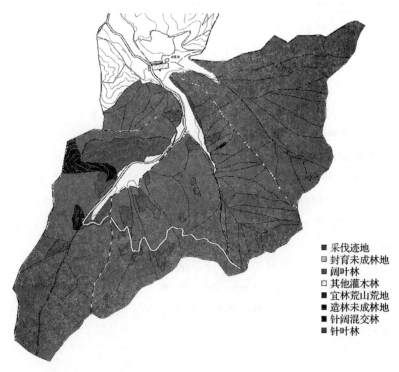

采伐迹地
封育未成林地
阔叶林
其他灌木林
宜林荒山荒地
造林未成林地
针阔混交林
针叶林

图 4-20　小流域水源涵养林地类

■ 封森管护
■ 封育未成林幼抚
□ 人工林生长抚育
■ 人工林透光抚育
■ 天然林生长抚育
■ 天然林透光抚育
■ 未成林封育
■ 小面积皆伐
■ 薪炭林采伐
■ 造林未成林幼抚

图 4-21　小流域水源涵养林经营措施类型

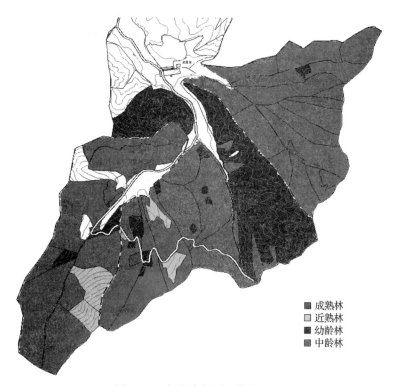

■ 成熟林
□ 近熟林
■ 幼龄林
■ 中龄林

图 4-22　小流域水源涵养林龄组

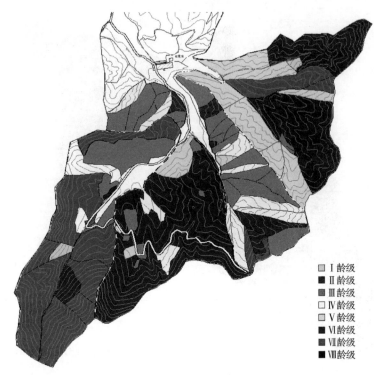

☐ Ⅰ龄级
■ Ⅱ龄级
▨ Ⅲ龄级
☐ Ⅳ龄级
▧ Ⅴ龄级
■ Ⅵ龄级
▨ Ⅶ龄级
■ Ⅷ龄级

图 4-23　小流域水源涵养林龄级类型

4.2　以调控有效水量为目标的坡面植被配置技术

4.2.1　海河上游水源区以调控有效水量为目标的坡面植被配置技术

1. 坡面水源涵养林优化配置技术

1) 立地因子划分

本研究选择北京山区为研究区域,根据所调查的各样地坡向、坡度、坡位、土层厚度等条件,参考前人立地划分研究成果(赵荟等,2010),按照下列立地类型划分标准确定立地类型(表 4-24)。

表 4-24　研究区立地分类划分标准

立地类型			立地条件
坡顶组	阳坡坡顶组	平缓阳坡坡顶组	平缓阳坡薄土坡顶组	坡向 157.5°~247.5°,坡度 0°~10°,土层厚度小于 40 cm,位于坡顶

立地类型			立地条件
坡顶组	阳坡坡顶组	平缓阳坡坡顶组	
		平缓阳坡薄土坡顶组	坡向 157.5°~247.5°,坡度 0°~10°,土层厚度小于 40 cm,位于坡顶
		平缓阳坡厚土坡顶组	坡向 157.5°~247.5°,坡度 0°~10°,土层厚度大于 40 cm,位于坡顶
		缓坡阳坡坡顶组	
		缓坡阳坡薄土坡顶组	坡向 157.5°~247.5°,坡度 10°~30°,土层厚度小于 40 cm,位于坡顶
		缓坡阳坡厚土坡顶组	坡向 157.5°~247.5°,坡度 10°~30°,土层厚度大于 40 cm,位于坡顶

续表

立地类型			立地条件
坡顶组	半阳坡坡顶组	平缓半阳坡坡顶组	平缓半阳坡薄土坡顶组	坡向 157.5°~247.5°及 247.5°~292.5°,坡度 0°~10°,土层厚度小于 40 cm,位于坡顶

<table>
<tr><td rowspan="16">坡顶组</td><td rowspan="4">半阳坡
坡顶组</td><td rowspan="2">平缓半阳坡
坡顶组</td><td>平缓半阳坡
薄土坡顶组</td><td>坡向 157.5°~247.5°及 247.5°~292.5°,坡度
0°~10°,土层厚度小于 40 cm,位于坡顶</td></tr>
<tr><td>平缓半阳坡厚土
坡顶组</td><td>坡向 157.5°~247.5°及 247.5°~292.5°,坡度
0°~10°,土层厚度大于 40 cm,位于坡顶</td></tr>
<tr><td rowspan="2">缓坡半阳坡
坡顶组</td><td>缓坡半阳坡薄土
坡顶组</td><td>坡向 112.5°~157.5°及 247.5°~292.5°,坡度
10°~30°,土层厚度小于 40 cm,位于坡顶</td></tr>
<tr><td>缓坡半阳坡厚土
坡顶组</td><td>坡向 112.5°~157.5°及 247.5°~292.5°,坡度
10°~30°,土层厚度大于 40 cm,位于坡顶</td></tr>
</table>

塌陷坡顶组	位于坡顶,易于集水的陷坑
石块坡顶组	位于坡顶,突出地面的大石块

<table>
<tr><td rowspan="12">坡中组</td><td rowspan="4">阳坡坡
中组</td><td rowspan="2">缓坡阳坡
坡中组</td><td>缓坡阳坡薄
土坡中组</td><td>坡向 157.5°~247.5°,坡度 10°~30°,土层厚度
小于 40 cm,位于坡中</td></tr>
<tr><td>缓坡阳坡厚土
坡中组</td><td>坡向 157.5°~247.5°,坡度 10°~30°,土层厚度
大于 40 cm,位于坡中</td></tr>
<tr><td rowspan="2">陡坡阳坡
坡中组</td><td>陡坡阳坡薄土
坡中组</td><td>坡向 157.5°~247.5°,坡度大于 30°,土层厚度
小于 40 cm,位于坡中</td></tr>
<tr><td>陡坡阳坡厚土
坡中组</td><td>坡向 157.5°~247.5°,坡度大于 30°,土层厚度
大于 40 cm,位于坡中</td></tr>
<tr><td rowspan="4">半阳坡
坡中组</td><td rowspan="2">缓坡半阳坡
坡中组</td><td>缓坡半阳坡薄土
坡中组</td><td>坡向 157.5°~247.5°及 247.5°~292.5°,坡度
10°~30°,土层厚度小于 40 cm,位于坡中</td></tr>
<tr><td>缓坡半阳坡厚土
坡中组</td><td>坡向 157.5°~247.5°及 247.5°~292.5°,坡度
10°~30°,土层厚度大于 40 cm,位于坡中</td></tr>
<tr><td rowspan="2">陡坡半阳坡
坡中组</td><td>陡坡半阳坡薄土
坡中组</td><td>坡向 112.5°~157.5°及 247.5°~292.5°,坡度
大于 30°,土层厚度小于 40 cm,位于坡中</td></tr>
<tr><td>陡坡半阳坡厚土
坡中组</td><td>坡向 112.5°~157.5°及 247.5°~292.5°,坡度
大于 30°,土层厚度大于 40 cm,位于坡中</td></tr>
<tr><td rowspan="4">阴坡坡
中组</td><td rowspan="2">缓坡阴坡
坡中组</td><td>缓坡阴坡薄土
坡中组</td><td>坡向 0~112.5°及 292.5°~360°,坡度 10°~30°,
土层厚度小于 40 cm,位于坡中</td></tr>
<tr><td>缓坡阴坡厚土
坡中组</td><td>坡向 0~112.5°及 292.5°~360°,坡度 10°~30°,
土层厚度大于 40 cm,位于坡中</td></tr>
<tr><td rowspan="2">陡坡阴坡
坡中组</td><td>陡坡阴坡薄土
坡中组</td><td>坡向 0~112.5°及 292.5°~360°,坡度大于 30°,
土层厚度小于 40 cm,位于坡中</td></tr>
<tr><td>陡坡阴坡厚土
坡中组</td><td>坡向 0~112.5°及 292.5°~360°,坡度大于 30°,
土层厚度大于 40 cm,位于坡中</td></tr>
</table>

塌陷坡中组	位于坡中,易于集水的陷坑
石块坡中组	位于坡中,突出地面的大石块

立地类型			立地条件
坡底组	阳坡坡底组	缓坡阳坡坡底组	缓坡阳坡薄土坡底组	坡向 157.5°~247.5°,坡度 10°~30°,土层厚度小于 40 cm,位于坡底
			缓坡阳坡厚土坡底组	坡向 157.5°~247.5°,坡度 10°~30°,土层厚度大于 40 cm,位于坡底
		陡坡阳坡坡底组	陡坡阳坡薄土坡底组	坡向 157.5°~247.5°,坡度大于 30°,土层厚度小于 40 cm,位于坡底
			陡坡阳坡厚土坡底组	坡向 157.5°~247.5°,坡度大于 30°,土层厚度大于 40 cm,位于坡底
	半阳坡坡底组	缓坡半阳坡坡底组	缓坡半阳坡薄土坡底组	坡向 157.5°~247.5°及 247.5°~292.5°,坡度 10°~30°,土层厚度小于 40 cm,位于坡底
			缓坡半阳坡厚土坡底组	坡向 157.5°~247.5°及 247.5°~292.5°,坡度 10°~30°,土层厚度大于 40 cm,位于坡底
		陡坡半阳坡坡底组	陡坡半阳坡薄土坡底组	坡向 112.5°~157.5°及 247.5°~292.5°,坡度大于 30°,土层厚度小于 40 cm,位于坡底
			陡坡半阳坡厚土坡底组	坡向 112.5°~157.5°及 247.5°~292.5°,坡度大于 30°,土层厚度大于 40 cm,位于坡底
	阴坡坡底组	缓坡阴坡坡底组	缓坡阴坡薄土坡底组	坡向 0~112.5°及 292.5°~360°,坡度 10°~30°,土层厚度小于 40 cm,位于坡底
			缓坡阴坡厚土坡底组	坡向 0~112.5°及 292.5°~360°,坡度 10°~30°,土层厚度大于 40 cm,位于坡底
	阴坡坡底组	陡坡阴坡坡底组	陡坡阴坡薄土坡底组	坡向 0~112.5°及 292.5°~360°,坡度大于 30°,土层厚度小于 40 cm,位于坡底
			陡坡阴坡厚土坡底组	坡向 0~112.5°及 292.5°~360°,坡度大于 30°,土层厚度大于 40 cm,位于坡底
	塌陷坡底组			位于坡底,易于集水的陷坑
	石块坡底组			位于坡底,突出地面的大石块

2）低耗水树种选择

结合研究内容——低耗水人工群落重建技术研究相关研究成果,选择油松、侧柏、栓皮栎和荆条作为配置树种,基于土壤水分植被承载力研究推求不同林分适宜林分密度。

基于在北京山区多年开展的典型植被样地的生态水文过程和各径流场水量平衡的研究结果,初步提出了土壤水分植被承载力的计算方法。

首先,基于北京山区不同林分径流场水量平衡数据,建立了生长季总蒸散量与叶面积指数(LAI)的回归方程:

$$Y_1 = 408.57\ln(LAI) + 0.9267 \quad R^2 = 0.71, \quad n = 24, \quad p < 0.05 \tag{4-9}$$

$$Y_2 = 320.325\ln(LAI) + 1.1829 \quad R^2 = 0.62, \quad n = 24, \quad p < 0.05 \tag{4-10}$$

$$Y_3 = 455.058\ln(LAI) + 8.9499 \quad R^2 = 0.61, \quad n = 24, \quad p < 0.05 \tag{4-11}$$

$$Y_4 = 311.709\ln(LAI) + 9.3741 \quad R^2 = 0.68, \quad n = 24, \quad p < 0.05 \tag{4-12}$$

式中,Y_1 代表侧柏林的生长季内总蒸散量(mm),Y_2 代表油松林的生长季内总蒸散量

(mm)，Y_3 代表灌木林的生长季内总蒸散量(mm)，Y_4 代表松栎混交林的生长季内总蒸散量(mm)，LAI 代表叶面积指数(m^2/m^2)。经检验 4 个方程 R^2 均大于 0.6，p 均小于 0.05，模型拟合效果较好。

根据水量平衡方程，当降雨量大于或等于林分的总蒸散量时，才能保证植被耗水需要，使林分维持健康稳定。而林地的总蒸散量又受降雨量决定，利用 BROOK90 模型的模拟结果，计算得到了各典型植被的年总蒸散量与年降雨量的关系：

$$Y_5 = 0.9572 \times p + 19.716 \qquad R^2 = 0.96, \quad p < 0.001 \qquad (4\text{-}13)$$
$$Y_6 = 0.9935 \times p - 7.6385 \qquad R^2 = 0.97, \quad p < 0.001 \qquad (4\text{-}14)$$
$$Y_7 = 0.9482 \times p + 9.2984 \qquad R^2 = 0.90, \quad p < 0.001 \qquad (4\text{-}15)$$
$$Y_8 = 0.9982 \times p + 0.5711 \qquad R^2 = 0.96, \quad p < 0.001 \qquad (4\text{-}16)$$

式中，Y_5 代表侧柏林的年总蒸散量(mm)，Y_6 代表油松林的年总蒸散量(mm)，Y_7 代表灌木林的年总蒸散量(mm)，Y_8 代表松栎混交林的年总蒸散量(mm)，p 代表年降雨量(mm)。经检验 4 个方程 R^2 均大于 0.9，p 均小于 0.001，模型拟合效果较好。

由于在研究区生长季以外的林分蒸散量占全年比例很小，因而可由生长季降雨量计算同期的蒸散量。则可联立方程，即 $Y_1 = Y_5$，$Y_2 = Y_6$，$Y_3 = Y_7$，$Y_4 = Y_8$，得到基于生长季降雨量计算的立地水分植被承载力(LAI)的公式：

$$\text{LAI}(侧) = \exp[(0.9572 \times P + 18.7893)/408.57] \qquad (4\text{-}17)$$
$$\text{LAI}(油) = \exp[(0.9935 \times P - 8.8214)/320.325] \qquad (4\text{-}18)$$
$$\text{LAI}(灌) = \exp[(0.9482 \times P + 0.3485)/455.058] \qquad (4\text{-}19)$$
$$\text{LAI}(混) = \exp[(0.9982 \times P - 8.803)/311.709] \qquad (4\text{-}20)$$

式(4-17)~式(4-20)分别代表生长季降雨量侧柏、油松、灌木和松栎混交林的叶面积指数。在 2011 年和 2012 年两年生长季平均降雨量为 448.23 mm 时，可计算得到侧柏林能承载的叶面积指数为 2.99，其实测值为 3.15；油松林可承载的叶面积指数为 3.91，其实测值为 3.25；灌木林能承载的叶面积指数为 2.55，其实测值为 1.97；松栎混交林可承载的叶面积指数为 4.08，其实测值为 3.88。

对于模拟值与实测值的差距，原因是没有考虑林分在时段内水分的输入输出情况，对于侧柏样地，以生长季水量平衡为基础，推算出坡底的水量平衡项为 −22.62 mm，这部分水分来源是由上坡径流水分补给而来，也就相当于植被可利用的水在降雨量的基础上增加了 22.62 mm，利用上式求解得出可以承载的叶面积指数为 3.16，与实测值(3.15)很接近。

而对于灌木林地，生长季的水量平衡为正值，说明植被样地属于水分输出型，其水量平衡项为 41.83 mm，即可以供给植物生长的有效水分需要在降雨量的基础上减去这部分径流输出。利用公式求解，可得出灌木林地的叶面积指数为 2.33，与实测值(1.97)也比较接近。

3) 林分密度的确定

根据上面的土壤水分植被承载力的研究推求出的四种林分各自所能承载的叶面积指数，根据叶面积指数与林分密度的关系，可推出四种林分各自能承载的植被密度(表 4-25)，分别为：油松林为 1965 株/hm^2，侧柏林为 1879 株/hm^2，灌木林为 3648 株/hm^2，松栎混交林为 1655 株/hm^2。本书在建立土壤水分植被承载力方程时所研究的林分大部分为研究区林场 20 世纪 80 年代左右所造林,因此上面提到的不同树种对应的林分密度,树种林龄均为 30 年左右。

表 4-25　研究区植被结构配置模式

配置类型	适用立地类型	承载密度 /(株/hm²)	承载郁闭度	产流量/mm	蒸散量/mm	年均降雨量/mm
松栎混交林	坡顶、阳坡、厚土层、平缓及缓坡	1655	0.72	17.9	411.6	428
油松林	全坡位、阴坡、缓坡及陡坡	1965	0.78	6.8	418.2	428
侧柏林	坡中及坡底、薄土层、缓坡及陡坡	1879	0.76	3.6	416.2	428
灌木林	全坡位、薄土层、陡坡	3648	0.83	2.2	426.9	428

4)林分郁闭度的确定

根据上面的土壤水分植被承载力的研究推求出的四种林分各自所能承载的叶面积指数,根据叶面积指数占林分郁闭度的关系,可推出四种林分各自能承载的林分郁闭度(表4-25),分别为:油松林为 0.78,侧柏林为 0.76,灌木林为 0.83,松栎混交林为 0.72。实际调查中发现林冠郁闭度以 0.7 左右为宜,这样既可以形成良好的林下灌草层,又可以防止由于乔木密度过大而引起的水分不足等问题,从而实现良好的森林调节水量功能。

5)坡面森林植被配置模式

由上面的研究确定出不同立地类型所适宜的植被种类如表 4-26 所示,根据试验区立地类型状况并结合生产经验以及整个北京山区的水资源问题可以看出,影响森林发展的关键因子是水分问题。森林结构是维护和提高水源林功能的重要方面,结构决定功能,水源林的水源保护功能的高低反映了林分结构的优劣。森林结构调整的目标就是应达到结构合理、植物多样性强和生态学稳定的要求。在水平结构上应根据不同的立地条件和经济条件,因地制宜地增加植物种类,提高植物的多样性和均匀性;在垂直结构上,应建立乔灌草相结合的复层结构。

表 4-26　研究区立地类型与适宜森林植物种类

立地	立地类型	主要乔木树种	主要灌木种类	优势草本植物
1	平缓阳坡薄土坡顶组	侧柏、油松	荆条、酸枣	野古草、隐子草
2	平缓阳坡厚土坡顶组	栓皮栎、油松	黄栌、荆条、胡枝子	隐子草、菅草
3	缓坡阳坡薄土坡顶组	侧柏、油松	荆条、酸枣	大油芒、野古草
4	缓坡阳坡厚土坡顶组	栓皮栎、油松	黄栌、胡枝子	大油芒、细叶苔草
5	平缓半阳坡薄土坡顶组	侧柏、油松	荆条、酸枣	野古草、细叶苔草
6	平缓半阳坡厚土坡顶组	油松、侧柏	荆条、大花溲疏	
7	缓坡半阳坡薄土坡顶组	侧柏、油松	荆条、绣线菊	野古草、细叶苔草
8	缓坡半阳坡厚土坡顶组	油松、侧柏	荆条、虎榛子	大油芒、细叶苔草
9	塌陷坡顶组	栓皮栎、蒙古栎	绣线菊、胡枝子	细叶苔草、菅草
10	石块坡顶组	无植被	无植被	无植被

续表

立地	立地类型	主要乔木树种	主要灌木种类	优势草本植物
11	缓坡阳坡薄土坡中组	侧柏、油松	荆条、酸枣	野古草、大油芒
12	缓坡阳坡厚土坡中组	栓皮栎、油松、侧柏	黄栌、荆条、胡枝子	细叶苔草
13	陡坡阳坡薄土坡中组	侧柏、油松	荆条、酸枣	大油芒、细叶苔草
14	陡坡阳坡厚土坡中组	栓皮栎、油松、侧柏	黄栌、胡枝子	野古草、细叶苔草
15	缓坡半阳坡薄土坡中组	侧柏、油松	荆条、酸枣	大针茅、铁杆蒿
16	缓坡半阳坡厚土坡中组	油松、侧柏	荆条、大花溲疏	野古草、细叶苔草
17	陡坡半阳坡薄土坡中组	侧柏、油松	荆条、绣线菊	大油芒、细叶苔草
18	陡坡半阳坡厚土坡中组	油松、侧柏	荆条、虎榛子	野古草、细叶苔草
19	缓坡阴坡薄土坡中组	侧柏、油松	绣线菊、胡枝子	大油芒、细叶苔草
20	缓坡阴坡厚土坡中组	油松、侧柏	黄栌、胡枝子	野古草、隐子草
21	陡坡阴坡薄土坡中组	侧柏、油松	荆条、酸枣	隐子草、菅草
22	陡坡阴坡厚土坡中组	油松、侧柏	荆条、大花溲疏	大油芒、野古草
23	塌陷坡中组	栎类、元宝枫	绣线菊、胡枝子	大油芒、细叶苔草
24	石块坡中组	无植被	无植被	无植被
25	缓坡阳坡薄土坡底组	侧柏、油松	荆条、酸枣	野古草、隐子草
26	缓坡阳坡厚土坡底组	栓皮栎、油松、侧柏	黄栌、荆条、胡枝子	野古草、细叶苔草
27	陡坡阳坡薄土坡底组	侧柏、油松	荆条、酸枣	野古草、隐子草
28	陡坡阳坡厚土坡底组	栓皮栎、油松、侧柏	黄栌、胡枝子	细叶苔草、菅草
29	缓坡半阳坡薄土坡底组	侧柏、油松	荆条、酸枣	大油芒、细叶苔草
30	缓坡半阳坡厚土坡底组	油松、侧柏	荆条、大花溲疏	野古草、大油芒
31	陡坡半阳坡薄土坡底组	侧柏、油松	荆条、绣线菊	细叶苔草
32	陡坡半阳坡厚土坡底组	油松、侧柏	荆条、虎榛子	大油芒、细叶苔草
33	缓坡阴坡薄土坡底组	侧柏、油松	绣线菊、胡枝子	大油芒、细叶苔草
34	缓坡阴坡厚土坡底组	油松、侧柏	黄栌、胡枝子	大针茅、铁杆蒿
35	陡坡阴坡薄土坡底组	侧柏、油松	荆条、酸枣	野古草、细叶苔草
36	陡坡阴坡厚土坡底组	油松、侧柏	荆条、大花溲疏	大油芒、细叶苔草
37	塌陷坡底组	栓皮栎、蒙古栎、刺槐	绣线菊、胡枝子	大油芒、细叶苔草
38	石块坡底组	无植被	无植被	无植被

由前面的研究成果,提出研究区的植被结构配置模式(表 4-25),承载密度与承载郁闭度由土壤植被承载力方法求出。为进一步验证由土壤水分植被承载力原理建立的植被配置模式是否合理,将求出的植被结构参数带入 BROOK90 模型,模型输入项的降雨量采用最近 10 年的年均降雨量,模拟得到各配置模式的产流量与蒸散量,结果表明各配置模式的林地蒸散量均小于年均降雨量,说明在平均降雨量下植被的正常生长都能得到满足,且都有径流产出,达到了北京山区水源涵养林的要求,因此我们认为配置模式是基本合理的。

2. 坡面水源涵养林优化配置技术水文生态功能分析与评价

1) 不同植被结构对降雨输入分配的影响

利用上面的研究得出的 LAI 与郁闭度的对应关系,通过同时调整模型参数中的最大叶面积指数(MAXLAI)和郁闭度(DENSEF)数值模拟各种林分结构情景,从无植被开始以 0.5 为梯度增加 LAI 数值,直至与 LAI 相应的郁闭度达到 1 为止,可认为这些情景反映了从裸地到林分完全郁闭的各种林分结构情况。实际模拟的各树种林分的情景为 8~9 个,每种情景的林分结构参数见表 4-27 至表 4-30 的第 2 列和第 3 列。

表 4-27　侧柏林不同植被结构降雨分配

情景	LAI	郁闭度	降雨量/mm	林冠截留/mm	土壤下渗/mm	径流/mm
1	0	0	409.6	0	351.6	58
2	0.5	0.43	409.6	28.25	343.55	37.8
3	1	0.61	409.6	44.3	348.6	16.7
4	1.5	0.72	409.6	59.8	344.7	5.1
5	2	0.78	409.6	62.06	345.04	2.5
6	2.5	0.85	409.6	72.31	336.09	1.2
7	3	0.89	409.6	83.62	325.28	0.7
8	3.5	0.94	409.6	94.05	315.05	0.5
9	4	0.99	409.6	108.09	301.31	0.2

表 4-28　灌木林不同植被结构降雨分配

情景	LAI	郁闭度	降雨量/mm	林冠截留/mm	土壤下渗/mm	径流/mm
1	0	0	409.6	0	383.8	25.8
2	0.5	0.33	409.6	20.21	373.09	16.3
3	1	0.59	409.6	30.9	371.8	6.9
4	1.5	0.72	409.6	43.61	362.39	3.6
5	2	0.81	409.6	49.88	357.22	2.5
6	2.5	0.9	409.6	56.35	351.45	1.8
7	3	0.96	409.6	63.68	344.52	1.4
8	3.5	1	409.6	64.25	344.25	1.1

表 4-29　油松林不同植被结构降雨分配

情景	LAI	郁闭度	降雨量/mm	林冠截留/mm	土壤下渗/mm	径流/mm
1	0	0	409.6	0	367.2	42.4
2	0.5	0.37	409.6	33.23	339.57	36.8
3	1	0.6	409.6	51.28	342.02	16.3
4	1.5	0.72	409.6	72.48	325.62	11.5
5	2	0.8	409.6	78.67	325.53	5.4
6	2.5	0.89	409.6	81.18	325.32	3.1
7	3	0.94	409.6	86.56	321.24	1.8
8	3.5	0.98	409.6	93.25	314.75	1.6
9	4	1	409.6	94.72	314.38	0.5

表 4-30　松栎混交林不同植被结构降雨分配

情景	LAI	郁闭度	降雨量/mm	林冠截留/mm	土壤下渗/mm	径流/mm
1	0	0	409.6	0	333.4	76.2
2	0.5	0.39	409.6	40.8	322	46.8
3	1	0.6	409.6	59.89	321.41	28.3
4	1.5	0.73	409.6	71.94	321.16	16.5
5	2	0.8	409.6	81.76	319.24	8.6
6	2.5	0.88	409.6	89.44	315.26	4.9
7	3	0.93	409.6	95.32	311.48	2.8
8	3.5	0.98	409.6	109.45	297.95	2.2
9	4	1	409.6	112.86	295.74	1

2）不同植被结构对蒸散耗水分配的影响

各情景的林分结构对蒸散耗水分配的影响见表 4-31 至表 4-34。

表 4-31　侧柏林不同植被结构蒸散耗水分配

情景	LAI	郁闭度	降雨量/mm	总蒸散/mm	截流蒸发/mm	土壤蒸发/mm	植物蒸腾/mm
1	0	0	409.6	314.71	0	314.71	0
2	0.5	0.43	409.6	344.17	28.25	106.04	209.88
3	1	0.61	409.6	399.5	44.3	96.75	258.45
4	1.5	0.72	409.6	411.62	59.8	72.12	279.7
5	2	0.78	409.6	421.08	62.06	58.82	300.2
6	2.5	0.85	409.6	427.81	72.31	47.05	308.45
7	3	0.89	409.6	433.01	83.62	41.96	307.43
8	3.5	0.94	409.6	436.2	94.05	30.83	311.32
9	4	0.99	409.6	437.45	108.09	15.01	314.35

表 4-32　灌木林不同植被结构蒸散耗水分配

情景	LAI	郁闭度	降雨量/mm	总蒸散/mm	截流蒸发/mm	土壤蒸发/mm	植物蒸腾/mm
1	0	0	409.6	315.98	0	315.98	0
2	0.5	0.33	409.6	367.14	20.21	232.52	114.41
3	1	0.59	409.6	398.9	30.9	221.46	146.54
4	1.5	0.74	409.6	412.34	43.61	211.04	157.69
5	2	0.81	409.6	425.55	49.88	194.67	181
6	2.5	0.9	409.6	432.03	56.35	185.69	189.99
7	3	0.96	409.6	439.28	63.68	173.92	201.68
8	3.5	1	409.6	441.28	64.25	173.02	204.01

表 4-33　油松林不同植被结构蒸散耗水分配

情景	LAI	郁闭度	降雨量/mm	总蒸散/mm	截流蒸发/mm	土壤蒸发/mm	植物蒸腾/mm
1	0	0	409.6	308.27	0	308.27	0
2	0.5	0.37	409.6	352.96	33.23	125.67	194.06
3	1	0.6	409.6	402.36	51.28	103.76	247.32
4	1.5	0.71	409.6	416.25	72.48	75.96	267.81
5	2	0.8	409.6	422.63	78.67	70.86	273.1
6	2.5	0.89	409.6	427.76	81.18	60.34	286.24
7	3	0.94	409.6	436.63	86.56	54.65	295.42
8	3.5	0.98	409.6	438.8	93.25	46.44	299.11
9	4	1	409.6	439.09	94.72	44.73	299.64

表 4-34　松栎混交林不同植被结构蒸散耗水分配

情景	LAI	郁闭度	降雨量/mm	总蒸散/mm	截流蒸发/mm	土壤蒸发/mm	植物蒸腾/mm
1	0	0	409.6	309.63	0	309.63	0
2	0.5	0.39	409.6	345.26	42.8	100.28	202.18
3	1	0.61	409.6	394.17	59.89	80.13	254.15
4	1.5	0.7	409.6	411.21	71.94	59.49	279.78
5	2	0.8	409.6	417.2	76.76	55.36	285.08
6	2.5	0.88	409.6	421.18	79.44	48.43	293.31
7	3	0.93	409.6	426.3	80.32	47.72	298.26
8	3.5	0.98	409.6	432.38	85.45	42.3	304.63
9	4	1	409.6	433.11	86.86	38.31	307.94

3) 不同植被结构对坡面林地径流的影响

各情景的林分结构对林地径流的影响见表 4-35 至表 4-38。

表 4-35　侧柏林林地产流量分配

情景	LAI	郁闭度	降雨量/mm	总径流/mm	地表径流/mm	壤中流/mm
1	0	0	409.6	58	55.45	2.55
2	0.5	0.43	409.6	37.8	36.14	1.66
3	1	0.61	409.6	16.7	15.97	0.73
4	1.5	0.72	409.6	5.1	4.88	0.22
5	2	0.78	409.6	2.5	2.39	0.11
6	2.5	0.85	409.6	1.2	1.15	0.05
7	3	0.89	409.6	0.7	0.67	0.03
8	3.5	0.94	409.6	0.5	0.48	0.02
9	4	0.99	409.6	0.2	0.19	0.01

表 4-36　灌木林林地产流量分配

情景	LAI	郁闭度	降水量/mm	总径流/mm	地表径流/mm	壤中流/mm
1	0	0	409.6	25.8	23.44	2.36
2	0.5	0.33	409.6	16.3	14.81	1.49
3	1	0.59	409.6	6.9	6.27	0.63
4	1.5	0.72	409.6	3.6	3.27	0.33
5	2	0.81	409.6	2.5	2.27	0.23
6	2.5	0.9	409.6	1.8	1.64	0.16
7	3	0.96	409.6	1.4	1.27	0.13
8	3.5	1	409.6	1.1	1.00	0.10

表 4-37　油松林林地产流量分配

情景	LAI	郁闭度	降雨量/mm	总径流/mm	地表径流/mm	壤中流/mm
1	0	0	409.6	42.4	38.28	4.12
2	0.5	0.37	409.6	36.8	33.81	2.99
3	1	0.6	409.6	16.3	15.10	1.20
4	1.5	0.72	409.6	11.5	10.66	0.84
5	2	0.8	409.6	5.4	4.75	0.65
6	2.5	0.89	409.6	3.1	2.62	0.48
7	3	0.94	409.6	1.8	1.52	0.28
8	3.5	0.98	409.6	1.6	1.43	0.17
9	4	1	409.6	0.5	0.39	0.11

表 4-38　松栎混交林林地产流量分配

情景	LAI	郁闭度	降水量/mm	总径流/mm	地表径流/mm	壤中流/mm
1	0	0	409.6	76.2	69.81	6.39
2	0.5	0.39	409.6	46.8	42.88	3.92
3	1	0.6	409.6	28.3	25.93	2.37
4	1.5	0.73	409.6	16.5	15.12	1.38
5	2	0.8	409.6	8.6	7.88	0.72
6	2.5	0.88	409.6	4.9	4.49	0.41
7	3	0.93	409.6	2.8	2.57	0.23
8	3.5	0.98	409.6	2.2	2.02	0.18
9	4	1	409.6	1	0.91	0.09

4.2.2　黄河上游土石山区水源区以调控有效水量为目标的坡面植被配置技术

1. 坡面水源涵养林优化配置技术

1）坡面水源涵养林的封山育林技术

封山育林首先要建立组织机构、制定规划和封山公约。在充分考虑当地山林权属和群众副业生产及开展多种经营需要的基础上，制定封山育林规划，划定封山范围，明确权益以及封禁和开山的方法，同时订立护林公约和奖惩制度。划定封育范围和封育方式时要因地制宜，灵活封育。在实施中，根据当地地理位置、劳动力、林分状况以及群众的实际需要，灵活采用"全封""半封""轮封"等不同模式。在封的过程中，清除抑制幼树生长发育的杂草、灌木；对疏林进行补植，对密林进行抚育间伐。封山后如发生大面积的病虫害，也应及时进行防治。

封山育林必须具备一定条件：①是有培育前途的疏林地；②是每公顷具有天然下种能力且分布均匀的针叶母树 60 株以上或阔叶母树 90 株以上的无林地；③是每公顷有分布较均匀的针叶幼苗、幼树 900 株以上或阔叶树幼苗、幼树 600 株以上的无林地；④是每公顷有分布较均匀的萌蘖能力强的乔木根株 900 个以上或灌丛 750 个以上的无林地；⑤是分布有珍贵、稀有树种，且有培育前途的地块及人工造林困难的高山陡坡、岩石裸露地，经过封育可望成林或增加林草盖度的地块。

封山育林除了政策、管理、保护等措施外，培育技术上主要是林分的密度管理和林分结构的调整等。林分密度管理主要依据地区的水资源量来确定，以满足林木正常生长需要为准则；林分结构的调整以增加林分稳定性，突出林地的水源涵养作用为目的。

2）人工营造坡面水源涵养林配置技术

（1）小班划分。根据小流域内不同地区的坡度、坡向、坡位、海拔等对水、热、肥起主导作用的因子，对立地类型进行划分。

（2）选择树种与配置。对于山坡顶部靠近山脊的部分及阳坡，土层较薄，降水难以存留，土壤含水量较低，多以灌木树种和耐旱喜光的乔木树种为主，主要适生树种有祁连圆柏、沙棘、柠条、小檗、平枝荀子等；阴坡温度低，水分条件好，主要选择耐寒、耐湿的乔木树种，主要适生树种有青海云杉、紫果云杉、青扦、白桦、山杨、小叶杨、华北落叶松等。图 4-24 为一般坡面水源涵养林的典型配置。

对于小流域内各林地类型的面积在满足适地适树的前提下，按照确定的各植被类型的最佳比例进行配置。

（3）坡面水源涵养林优化配置确定的要点。①根据坡向、坡位、坡度、海拔等主导因子，结合区域的降雨量、蒸发量，确定不同区块水资源总量；②根据树种的生物学及生态学特性确定各区块内可能适合的植物种类；③结合降雨量及各树种的水源涵养作用，在满足各树种正常生长的前提下，以最大限度地增加土壤含蓄水量为目的，确定区块内适宜的植物种类，并结合水资源总量和植物需水特性确定造林密度。

（4）坡面水源涵养林优化配置的形式。①主要乔木树种行与灌木带的水平带状混交。沿坡面等高线，结合水土保持整地措施，先造成灌木带，带间距 4～6 m，灌木成活后，

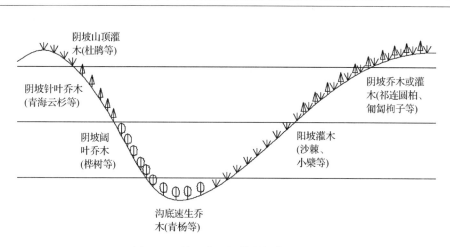

图 4-24　坡面水源涵养林的典型配置

经第一次平茬,再在带间栽植乔木树种 1～2 行,株距 2～3 m。②乔、灌木隔行混交。乔、灌木同时栽植造林,采用乔、灌木行间混交。

2. 坡面水源涵养林优化配置技术水文生态功能分析与评价

坡面水源涵养林优化配置后保证了每一种立地类型都能满足适地适树的原则,各树种均能充分健康生长,避免了林木个体之间水分竞争激烈,生长状况差的问题,为充分发挥水源涵养林涵养水源的作用提供了基础。

分水岭处土层薄,枯落物存量少,易产生径流。对于阴坡来说,云杉等针叶林下枯落物层较厚,土壤透水性好,能够将分水岭处产生的径流迅速拦截,增加入渗。针叶林下部的白桦等阔叶林下枯落物虽然较针叶林少,但土层更加深厚,仍具有很好的水源涵养作用。对于阳坡来说,生长良好的灌木植被也具有良好的保持水土功效。灌木发达的根系,有效阻止了可能的坡面径流产生的土壤侵蚀。沟底水分条件最好,适合耗水量大的速生乔木树种的生长。

优化配置后的坡面水源涵养林能够有效地调节径流,减少汛期径流量,增加河川枯水期径流量。林冠层及枯落物层能够对地表起到良好的保护作用,减少坡面土壤侵蚀。枯落物及土壤层对水中的污染物质具有明显的过滤、净化作用,能够明显改善水质。

4.2.3　黄河中上游土石山区水源区以调控有效水量为目标的坡面植被配置技术

1. 坡面水源涵养林优化配置技术

1) 总体目标

以调控有效水量为功能目标,分析坡面地貌特征与立地条件空间变化,依据不同坡面植被对生态水文过程和水质的影响机制,比较筛选水质净化与水量调节最佳功能的适宜植被类型,集成低耗水人工植被重建、人工促进植被恢复和自然植被恢复技术以及低功能水源涵养密度调控与乔灌草复层结构人工诱导混交技术,提出以调控有效水量为导向的适宜植被类型及其合理配置技术。

2）坡面植被结构设计

（1）合理植被类型的确定。根据六盘山及外缘区的自然条件特点，在海拔 2000 m 以上的地区树种以云杉、油松、白桦、红桦、沙棘为主栽树种，山桃、山杏、落叶松为伴生树种；海拔 2000 m 以下地区以白桦、红桦、辽东栎、刺槐、落叶松、油松为主栽树种，沙棘、山桃、山杏、云杉为伴生树种；立地条件比较好的河谷沟道，安排刺槐、臭椿、白蜡、水曲柳等阔叶乔木树种造林，以充分发挥林地生产潜力，提高效益。

对六盘山天然次生林中生长的并培育成功的树种，首先应选择年降水量在 450 mm 以上的地方造林，在较为干旱的地区，要采用一些抗旱造林技术措施，在试验成功的基础上，进一步扩大造林的面积和规模。白桦、红桦、辽东栎在六盘山天然次生林中有大量的分布，适应性强，育苗技术也已成熟，应作为主要树种开展大面积造林，提高在造林树种中所占的比重。水曲柳以白蜡做砧木嫁接技术在宁夏已获得成功，应大力开展引进和推广工作。

根据自然环境特点和水源涵养功能的需求，依据海拔、坡向、土壤厚度等立地因子，将宁夏六盘山地区的宜林地划分为 11 个基本立地类型，详见表 4-39。

（2）合理林分密度的确定。根据林木供水耗水水量平衡原理，在一定的降水资源供给条件下，无灌溉经营林分密度应遵循以下水量平衡方程，即从水量平衡来讲，林分耗水应小于或等于林地可供水量。

林分密度公式为

$$(P-E-R)A \times 10^{-3}=T \times N \tag{4-21}$$

式中：P 为降雨量（mm）；R 为径流量（mm）；A 为林分面积（m^2）；T 为单株林木蒸腾需水量（m^3）；N 为林密数量。

每公顷林密株数为

$$N \leqslant 10 \times (P-E-R)/T \tag{4-22}$$

则单株林木的水分营养面积为

$$S_w(m^2)=10\ 000/N \tag{4-23}$$

处于不同阶段的单数林木的蒸腾强度差异主要取决于树木的生理特性、叶面积总量和单叶蒸腾强度，表现为叶面积同水分营养面积之间有：

$$A_1 \leqslant (P-E-R)/(T_1 \times N) \tag{4-24}$$

式中：A_1 为单株叶面积（m^2）；T_1 为平均单叶蒸腾强度（kg/m^2）。

对六盘山香水河小流域华北落叶人工林密度与产水量之间表现出较高的相关性（图4-25）。密度为 844 株/hm^2 的样地产水量最大，为 165.7 mm，随后在到密度为 1278 株/hm^2 的过程中大幅降低，平均密度每增加 100 株/hm^2 减少产流 11.0 mm；在密度为 1300～1800 株/hm^2 期间，样地产水量随着密度增加缓慢减小，平均密度每降低 100 株/hm^2 增加产流 2.48 mm；在密度超过 1500 株/hm^2 以后由于水分限制而很少变化，密度为 1556 株/hm^2 和 1811 株/hm^2 的样地产水量相当，分别为 109.7 mm、108.9 mm，平均密度每增加 100 株/hm^2 产流减少为 0.93 mm。由此看来，从调节林分密度增加产水量的需求来说，对于研究林分的年龄阶段而言，密度调节要在低于 1500 株/hm^2 的范围（最好是低于 1300 株/hm^2 的范围）内实施，才能起到明显增加林地产水能力的作用。

表 4-39　宁夏六盘山宜林区主要立地类型及其主要功能确定和适宜造林树种

立地类型	海拔/m	坡向	土壤 类型	土壤 厚度/cm	主要功能要求	现有植被 灌木优势种	现有植被 草本优势种	适宜造林树种 主要树种	适宜造林树种 非主要树种
1	>2500	阴坡、半阴坡	亚高山草甸土	35~50	保护土壤、产水、物种多样性保护	绣线菊、糙皮桦、中华柳	鹅绒草、苔草		
2	>2500	阳坡、半阳坡	亚高山草甸土	30~45	保护土壤、产水、物种多样性保护	绣线菊、枸子、峨眉蔷薇	本氏羽茅	云杉、华山松、红桦、沙棘等	
3	2000~2500	阴坡	淋溶灰褐土	40~50	保护土壤、产水、物种多样性保护	茶藨子、忍冬	艾蒿、针茅	华北落叶松、油松、白桦、红桦、元宝枫、辽东栎、云杉	陕甘花楸、糙皮桦、暴马丁香、球花苜蓿
4	2000~2500	半阴坡	山地灰褐土	35~50	生产木材、产水、物种多样性保护、固碳释氧	小叶柳、枸子	蕨类、苔草、杆草	华北落叶松、华山松、油松、红桦、辽东栎、云杉	陕甘花楸、糙皮桦、少脉椴、马丁香、毛梾、枸子、球花苜蓿
5	2000~2500	半阳坡	山地灰褐土	35~45	保护土壤、产水、物种多样性保护	虎榛子、小叶柳	蕨类、苔草、杆草	华北落叶松、云杉、油松、白桦、红桦、元宝枫、华山松	野李子、陕甘花楸、球花苜蓿、暴马丁香、沙棘
6	2000~2500	阳坡	山地灰褐土	30~45	保护土壤、产水、物种多样性保护	秦岭小檗、枸子、沙棘	铁杆蒿、针茅	华北落叶松、油松、云杉、白桦、元宝枫	沙棘、山杏、暴马丁香、山桃、沙棘、野李子
7	1500~2000	阴坡	山地灰褐土	40~50	保护土壤、产水、物种多样性保护	虎榛子、蔷薇	苔草、艾蒿、针茅	华北落叶松、云杉、桦树、辽东栎、油松、椴树	毛梾、稠李、陕甘花楸、球花苜蓿、卫矛
8	1500~2000	半阴坡	山地灰褐土	30~45	保护土壤、产水、物种多样性保护	暴马丁香、秦岭小檗、蔷薇	艾蒿、针茅	辽东栎、华北落叶松、油松、云杉、椴树	野李子、陕甘花楸、球花苜蓿、暴马丁香、甘肃山楂
9	1500~2000	半阳坡	山地灰褐土	30~40	保护土壤、产水、物种多样性保护	暴马丁香、蔷薇、秦岭小檗	艾蒿、针茅	樟子松、油松、云杉	少脉椴、花楸、稠李、暴马丁香、枸子、山桃、沙棘
10	1500~2000	阳坡	山地灰褐土	10~30	保护土壤、产水、物种多样性保护	山桃、野李子	长芒草、针茅	华山松、油松、云杉	野李子、山桃、球花苜蓿、暴马丁香、枸子、沙棘
11	1500~2000	沟谷	新积土	>50	净化水质、保护土壤、物种多样性保护	枸子、甘肃山楂、忍冬、珍珠梅	长芒草、针茅、杆草	华山松、油松、云杉、桦树	野李子、陕甘花楸、枸子、甘肃山楂、球花苜蓿、暴马丁香

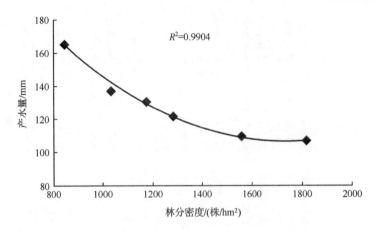

图 4-25　不同密度华北落叶松林样地的 2011 年生长季产水量

（3）适宜植被郁闭度的确定。对六盘山叠叠沟小流域不同坡位华北落叶松人工林进行林分结构调查，林分郁闭度和密度随坡位有明显差异，上坡林分密度和郁闭度都明显低于中下坡（表 4-40）。

表 4-40　华北落叶松人工林样地的主要特征

样地编号	3-1 号样地	3-2 号样地	3-3 号样地	3-4 号样地	3-5 号样地	3-6 号样地	3-7 号样地	3-8 号样地	3-9 号样地
坡位	下	下	下	中	中	中	上	上	上
林分年龄/年	20	20	20	20	20	20	10	10	10
林分密度/(株/hm²)	1650	1375	1111	1500	1875	625	950	750	400
平均胸径/cm	8.9	9.4	9.23	9.8	8.5	6.8	5.6	5.4	2.2
平均树高/m	8	9.94	9.5	8.88	9.3	5.78	4.89	4.36	2.5
林分郁闭度	0.65	0.7	0.6	0.65	0.8	0.44	0.25	0.15	0.13
枯落物层厚度/cm	1.78	1.52	3.49	2.51	4.19	4.39	2.14	0.44	0.03
平均枝下高/m	1.67	2.01	0.72	0.69	1.05	0.45	0.25	0.3	0.2
林木总投影面积/m²	536.11	556.76	457.65	545.98	679.87	176.63	100.76	60.13	50.24

2. 坡面水源涵养林优化配置技术水文生态功能分析与评价

通过选择泾河支流香水河的二级支流草沟小流域为研究对象，应用 TOPOG 模型对造林可能导致生态水温影响进行了模拟预测。目前草沟落叶松林所占的比例为 11.5%，低于香水河流域的 24.5%。因此将落叶松林所占比例增加到 23.0%、57.8% 和 21.0%，分别设置了 3 种情景。

情景 1:将目前的杨树天然次生林全部变成落叶松林；

情景 2:将杨树天然次生林和桦木林全部变成落叶松林；

情景 3:将落叶阔叶灌木林全部变成落叶松林。

在不同情景的分析中，我们主要讨论了降雨截留、蒸腾、径流量和土壤蒸发等的情景模拟值和实际值之间的差异,具体见表 4-41。在比较中模拟值和真实值的差值在 5 mm 范围内则认为没有差异,不予考虑。

表 4-41　现实情况与情景模拟下水文组分的数值变化

水文组分	现实情况	情景 1	情景 2	情景 3
总降雨量/mm			1409.43	
土壤水储量/mm	37.81	44.62	44.22	33.93
总截留量/mm	508.34	515.67	529.61	517.89
土壤总蒸发量/mm	76.00	74.46	71.15	75.26
林冠层总蒸腾量/mm	385.79	411.19	455.32	384.08
林下总蒸腾量/mm	199.25	186.57	163.51	211.9
林内总蒸散量/mm	1169.38	1187.89	1219.59	1189.13
总径流量/mm	202.2	176.86	145.57	186.32
地表径流系数/%	1.79	2.14	2.57	1.92
洪峰流量/mm	6.25	4.68	4.36	4.27

1) 阔叶林变成人工林的情景模拟

从表中可以看出,情景 1 和情景 2 的水位变化趋势均与实际水位图相似。然而,由于情景 2 中有更多的区域面积变为人工林,使得实际水位值与情景 2 的模拟值之间的差异比与情景 1 的模拟值更明显。就水文组分而言,①总蒸散量有明显增加:由于落叶松的平均叶面积指数(3.58)大于山杨(1.83)和白桦的叶面积指数(2.15),因此截留量有稍微的增大,林冠层蒸腾量具有明显的增加。由于落叶松林下的植被生长较差,导致林下总蒸腾量有所减小。不同情景下的土壤蒸发无明显差异。②总径流量明显减少,而地下径流系数却有所增加。总径流量在情景 1 中减少了 12.53%,在情景 2 中减少了 28.01%,其中总蒸散量的增加在总径流量的减少中所占比例较大。

2) 将灌木林变成人工林的情景模拟

与实际测量值相比,情景模拟值除了总的蒸散量有所增加外,冠层截留、土壤蒸发及冠层总蒸腾量变化不大。林下蒸腾量有所增加,因为原来的灌木林下没有植被生长(在所有的植被类型中忽略草本的蒸腾)。总的径流量减少了 7.85%,地下径流系数没有较大变化。

将灌木林变成人工林之后,径流波动整体上变大,同时洪峰流量也有所增大,其基流量减少。主要原因是落叶松与灌木林之间土壤特性的差异所致。然而这种变化主要出现在生长季,在非生长季径流量的波动有所变缓。

初步情景模拟分析显示,在这一地区,华北落叶松人工林面积的增大如果以砍伐天然阔叶林和开垦灌丛的方式进行,将造成径流的减少,当落叶松林面积从 11.5% 增大到流域的 58%,径流可减少 28%。开垦灌丛还将引起径流波动加剧,降低水资源保证率。因此,在六盘山及其周边的山地林区进行水源涵养林优化配置时,应考虑在水土保持和维持一定径流量这两个目标之间进行平衡,作出最优规划。

4.2.4　黄河中游黄土区水源区以调控有效水量为目标的坡面植被配置技术

1. 坡面水源涵养林优化配置技术

在蔡家川流域分别采用野外试验和室内模拟分析相结合的方法,以该流域不同坡面特征进行了产流产沙和减流减沙的试验和分析。

野外试验方法主要是选取坡向、坡度、坡位三个坡面因子中两因子相同而另一因子不同的坡面间进行植被调查分析和水源涵养比较,其结果见表 4-42。

表 4-42　不同坡面下水源涵养林状况

坡向	坡位	坡度	人工林成活率/%	林分生长状况	物种丰富度	产流量/(L/h)	径流含沙量/(kg/m³)	土壤自然含水率/%
		<15°	64	中等	9	96.84	21.39	12.02
	上坡	15°~25°	39	差	6	127.96	22.74	11.79
		25°~35°	18	差	2	189.47	22.96	10.68
		>35°	2	极差	1	286.92	26.62	8.31
		<15°	70	良	12	68.42	19.53	14.92
阴坡	中坡	15°~25°	41	中等	8	91.72	20.11	12.67
		25°~35°	24	差	4	163.7	21.32	11.02
		>35°	9	极差	1	259.96	25.78	9.74
		<15°	89	优	27	28.74	19.11	15.55
	下坡	15°~25°	62	中等	24	61.19	19.69	12.83
		25°~35°	51	差	13	157.61	20.34	10.47
		>35°	23	差	5	242.97	24.44	11.93
		<15°	49	差	3	106.3	23.82	10.73
	上坡	15°~25°	31	差	2	193.55	24.71	9.47
		25°~35°	10	极差	1	291.46	25.22	7.28
		>35°	0	极差	0	318.91	28.91	5.49
		<15°	52	中等	7	94.44	21.82	11.55
阳坡	中坡	15°~25°	33	差	2	156.71	23.71	10.6
		25°~35°	16	差	3	233.5	24.9	7.3
		>35°	0	极差	1	301.52	28.03	6.48
		<15°	72	良	11	103.14	23.25	13.82
	下坡	15°~25°	54	中等	6	169.12	23.7	11.72
		25°~35°	43	差	3	204.61	25.54	9.59
		>35°	9	极差	2	235.67	26.88	6.72

从表 4-42 中数据分析可得出:坡向是水源涵养林划分的重要因子。它虽然不是直接的生态因子,但间接地对生态因子的土壤、小气候、森林植被和水分条件重新分配、综合起

着重要作用。阴坡明显不同于阳坡,阳坡光照时间长、强度大、温度较高、湿度较小、土壤较瘠薄,水分条件差。而坡度同样是水源涵养林类型划分的主要依据指标。它对生态因子的土壤状况、水分状况、森林植被重新分配起着重要作用。特别对地表径流的调节和护土保土,坡度起着直接的重要作用,不同的坡度具有明显不同的水源涵养和护土功能,坡度越大,地表水越易流走,土壤表土越易流失。因此需根据坡位、坡度、坡向因素综合进行配置。

(1) 无论是阴坡还是阳坡,在陡峭坡水源涵养护土林(地),坡度大于 35°,经营的首要任务是恢复森林植被,采用长期封山育林,严禁放牧和樵采等干扰破坏活动,在局部环境较好的地段可以种草、种灌。

(2) 在 25°~35° 的阳坡水源涵养林地,应依据经济条件,把低效益的草灌群落改造为高效优质的灌木群落。

(3) 在 25°~35° 的阴坡水源涵养林地,采用长期封山育林,严禁放牧和樵采等干扰破坏活动,保护好现有的森林植被,促使其向顶极群落演替。

(4) 在小于 25° 的斜坡上,阳坡应加强因地制宜的更新造林,做到适地适树。

(5) 在小于 25° 的斜坡上,阴坡应确立多目标的优质、高产高效益的水源涵养林的经营目标。禁止外因干扰的破坏活动,包括乱砍滥伐。采取以抚育为主,抚育改造相结合的技术措施。

(6) 在缓坡厚土层,应当经营优质高产用材和非用材商品目标林,以取得经济效益为主要目标,同时兼顾水源涵养林要求。

2. 坡面水源涵养林优化配置技术水文生态功能分析与评价

1) 蓄水拦沙效益

水源涵养林优化配置通过改变微地形,林草地通过增加地面植被达到增强土地入渗能力的效果。林草植被的生长起到了拦蓄径流的作用。因此,坡面林草措施具有蓄水拦沙效益。对于林地的蓄水量,因为林地植被的特殊性,其具有特别的植被保持水土的机理,因此可以从其他角度计算其蓄水效益。植被,尤其是森林植被,一般可以分为三个层次,即冠层、地被层和根系——土壤层,它们是保持水土的主要作用层,是植被保持水土的机制所在。林分结构因子的减蚀作用主要表现为:植被茎、枝、叶对降雨动能的消减作用,对降雨的截流作用;植物茎及枯枝落叶对径流流速的减缓作用;植物根系对提高土壤抗冲抗蚀作用,改良土壤结构,增加水分入渗作用。

2) 防洪效益

林草综合措施对于小流域而讲,还具有调洪价值。林草等植被措施也可通过滞缓洪峰流量或削减快速径流量,达到防治山洪目的。其效果主要反映在林地非毛管空隙的蓄水容量上。

3) 改善水质效益

改善水质效益主要体现在水土保持措施在拦蓄径流过程中,植被措施在蓄水的同时对水质起到的净化作用。降水通过林冠沿树干流下时,林冠下的枯枝落叶层就像过滤器,对水中的污染物进行过滤、净化,所以最后由河溪流出的水的化学成分发生了变化。

4.2.5 西北内陆乌鲁木齐河流域水源区以调控有效水量为目标的坡面植被配置技术

1. 坡面水源涵养林优化配置技术

试验地不同林分状况见表 4-43。

表 4-43　样地信息表

样地类型	树种组成	植被密度/(株/hm²)	郁闭度	平均树高/m	枯落物厚度/cm	坡度/(°)	冠层活枝高/m	草本盖度/%
裸地	…	0	0	0	0	16	0.0	70
草地	…	0	0	0	0	18	0.0	100
幼龄林	云杉小檗	1455	0.5	4	0.3	25	3.3	60
中龄林 1	云杉	420	0.2	10	0.2	14	5.0	80
中龄林 2	云杉	525	0.4	8	0.2	15	6.0	60
中龄林 3	云杉	1110	0.6	14	1.5	18	10.5	30
中龄林 4	云杉	1695	0.8	11	1.8	20	4.5	10
近熟林	云杉	1215	0.7	16	2.1	15	12.0	10
熟龄林	云杉	600	0.9	16	2.1	21	12.0	0
人工混交林	云杉落叶林	2250	0.8	12	2.5	11	7.0	45
人工林 1	云杉	5745	1.0	10	0.3	11	9.7	0
人工林 2	云杉	2100	0.8	8.1	0.4	20	5.6	40
人工林 3	云杉	1800	0.65	8.7	0.4	16	4.3	50
灌木林 1	小檗 蔷薇	1845	0.6	1.5	0.6	22	1.0	80
灌木林 2	小檗 蔷薇	2625	0.8	1.8	0.6	22	1.0	90

利用 BROOK90 模型对上述 15 种不同林分的地表径流特征进行了模拟,并且通过情景设置,对植被变化对地表径流的影响进行了模拟,以便为整个乌鲁木齐河流域科学的水源涵养林构建提供参考。

BROOK90 模型中将降雪和降雨分别进行模拟,降水(PREC)首先受到冠层截留的作用,截留部分直接蒸发,而穿透雨降落到地面一部分形成地表径流(SRFL),另一部分下渗到土壤层(SLFL)中。模型中一部分由孔隙(pipes)排水形成快速壤中流(BYFL),土壤水分的支出分为土层垂直方向(vertical)和顺坡方向(downslope)的基质流(matric flow),表层为土壤蒸发(SLVP)。模型中将地下水看作一个线性水库,将其分为地下径流(GWFL)和渗漏(SEEP)。这样模型计算水分支出主要为:林木蒸腾(ISVP),土壤蒸发(SLVP)、植物蒸腾(TRAN)、地表径流(FLOW)、壤中流(BYFL)、滞后流(delay flow)(DSFL)、深层渗漏(SEEP)。

BROOK90 模型为机理模型,参数较多,主要分为植被参数、土壤参数和水文参数,为方便模型在不同地区的应用,为各个参数提供了默认值,各参数及默认值见表 4-44。

表 4-44　模型主要默认参数值

参数类型	参数名称	参数符号	默认值
植被参数	冠层平均高	MAXHT	
	年相对冠层高度	RELHT	1
	年最大叶面积指数	MAXLA	
	相对叶面积指数	RELLA	1
	郁闭度	DENSEF	
	冠层最大叶导度	GLMAX	林地 0.0053 cm/s,裸地 0.011 cm/s
土壤参数	土层相对根密度	NLAYER	1
	土壤厚度	THICK	
	田间持水量时的土壤水势	PSIF	
	地表湿润度的层数	QLAYER	0
	田间持水量	THETAF	
	土壤饱和体积含水量	THSAT	
	土层石质含量	STONEF	0
径流参数	垂直径流形成地下水的乘数	DRAIN	1
	侧向流的参数	BYPAR	0
	坡度	DSLOPE	
	坡长	LENGTH	20
	释放地下水的比例	GSC	0
	地下水发生深层渗漏的比例	GSP	0

结合样地信息及天山站 2011 年的观测数据,其余数据中叶面指数、土壤田间持水量和土壤饱和体积含水量见表 4-45。

表 4-45　各林分条件模型参数

林分条件	土壤容重 /(g/cm³)	土壤饱和含水量/%	田间持水量时体积含水量/%	叶面积指数	土壤厚度 /cm
幼龄林	0.97	54.5	41.3	4.45	100
中龄林 1	1.01	53.1	40.2	4.90	100
中龄林 2	1.02	53.1	40.2	4.76	100
中龄林 3	0.87	67.2	50.7	5.75	100
中龄林 4	0.84	64.3	48.6	5.43	100
近熟林	0.75	66.9	50.2	6.05	100
熟龄林	0.62	65.5	48.1	6.12	100
人工混交林	0.76	61.1	46.8	5.99	100
人工林 1	0.85	60.9	45.9	4.08	100
人工林 2	0.87	59.7	44.1	4.16	100

林分条件	土壤容重 /(g/cm³)	土壤饱和含水量/%	田间持水量时体积含水量/%	叶面积指数	土壤厚度 /cm
人工林 3	1.05	42.6	34.1	4.25	100
灌木林 1	0.93	52.2	44.6	2.80	100
灌木林 2	0.95	50.2	42.1	2.80	100
草地	1.17	43.5	37.3	0.00	100
裸地	1.26	34.3	26.1	0.00	100

利用经过参数确定后的 BROOK90 模型对研究区流域的各样地产流进行模拟,结果见图 4-26。

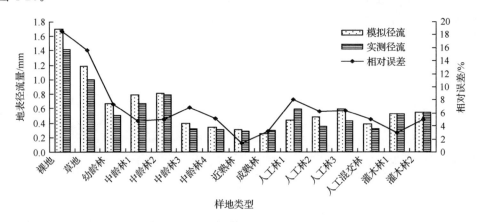

图 4-26　各林分条件实测值与模拟值

从模拟结果上看,模拟值与实测值相对误差在 2.25%～18.55% 之间,因此,说明该模型可运用于研究区的径流模拟。模拟值相对于实测值偏高,这可能是由于模型在参数中未考虑地表的糙率值,而地表的糙率系数对天山中部产流影响较大,这也说明径流在运动中不断被截留利用。

2. 坡面水源涵养林优化配置技术水文生态功能分析与评价

根据 2010 年研究区的流域植被调查数据,在 250 hm² 的流域面积中草地占 22.8%,裸地占 7.6%。单纯的草地水土保持作用有限,而裸地更是造成水土流失的主要原因,为保证小流域内的水土保持效果,流域内可适当进行一定的造林和栽灌。研究区植被类型单一,天然林中中龄林 3 水土保持效果最佳,人工林中人工林 2 和混交林最好,但混交林大面积种植较少,由于裸地大部分地处阳坡,只能栽植灌木。因此为了评价林分条件变化对产流的影响而设定了 3 种不同情景,见表 4-46。

表 4-46　模拟情景列表

情景	原有植被	情景描述
		草地变为灌木林地
情景 1	草地	草地变为幼龄林地
		草地变为人工林 2
情景 2	裸地	裸地变为灌木林地
情景 3	人工林 2	人工林 2 转变为中龄林 3

在模拟过程中,样地其他参数不变,只将原有植被参数变为模拟情景中林分条件的植被参数。根据情景设置模拟林分条件变化在生长季(6～9 月)期间引起的径流量变化,结果见表 4-47。

表 4-47　不同情境下的产流量模拟值和实测值的比较

月份	降雨量/mm	林分条件	产流量/mm	林分条件	产流量/mm	林分条件	产流量/mm
6	23.88	草地(原有)	0.068	裸地(原有)	0.238	人工林 2(原有)	0.072
		灌木	0.054	灌木	0.179	中龄林 3	0.051
		幼龄林	0.062				
		人工林 2	0.041				
7	69.93	草地(原有)	0.218	裸地(原有)	0.468	人工林 2(原有)	0.806
		灌木	0.182	灌木	0.392	中龄林 3	0.625
		幼龄林	0.186				
		人工林 2	0.155				
8	50.62	草地(原有)	0.112	裸地(原有)	0.215	人工林 2(原有)	0.093
		灌木	0.087	灌木	0.183	中龄林 3	0.071
		幼龄林	0.081				
		人工林 2	0.068				
9	22.5	草地(原有)	0.081	裸地(原有)	0.151	人工林 2(原有)	0.031
		灌木	0.074	灌木	0.146	中龄林 3	0.023
		幼龄林	0.071				
		人工林 2	0.058				

模拟结果显示,将草地变为幼龄林、灌木、人工林 2,裸地变为灌木后地表径流量都呈现下降趋势,在天山云杉生长季期间,7 月、8 月变化较大,6 月、9 月变化较小,与研究区实际情况相吻合,这主要是因为在多年的连续监测中发现,研究区降雨主要集中在 7 月、8 月,而且多暴雨,因此该月份变化较大。模拟显示,当草地变为幼龄林、灌木林、人工林可减少 9%～39%的地表径流量;裸地变为灌木林后减少 15%～30%的径流量;随着人工林的生长,当人工林 2 变为中龄林 3 时,对比现在可削减 20%～30%的地表径流量。这表明,要想最大化的减少小流域内的水土流失,人工栽植后必须进行一定的经营措施。

通过设置上述 3 种情景模式对林分条件变化后产流的变化进行模拟,结果显示,林分条件变化后地表径流量都会减少,但变化幅度不同。在模拟情景 1 中,6 月减少径流量最小,7 月减少径流量最大,当草地变为林地后径流减少最多,在情景 3 中,人工林 2 变为中龄林 3 后最高可减少 30% 径流量。这说明随着乔木的生长其水土保持作用将越来越好,但是在栽植初期水土保持效果与灌木林差别不大,结合研究区实际,幼龄林与灌木多混交,幼灌混交虽能暂时起到较好的水土保持效果,但灌木生长要快于云杉林,长远看会影响幼林生长,不论幼林还是初植的人工林,随着乔木的生长,都应采取一定的人工抚育措施,7 月天山云杉水土保持作用较好,因此应该注意该季节森林的经营和维护。

4.2.6　辽河上游水源区坡面水源涵养林优化配置技术

1. 水源涵养林植被空间配置技术原则

(1) 综合效益及功能最大原则。依据小流域生态系统的特点,综合考虑生态系统的社会、生态、经济等三个要素,以达到整体最优的目的。

(2) 立地条件适宜度原则。小流域尺度水源涵养林植被的配置,应从分析小流域生态系统的特点入手,根据不同的立地条件类型构建植被体系。

(3) 水土资源综合利用原则。小流域环境资源的变异性和复杂性,决定了水土资源综合利用与水源涵养林整体效益必须结合起来,从整个水文过程入手,以小流域为单元,根据水文过程特征,划分基本单元,配置不同类型的植被结构。

2. 水源涵养林植被配置方案

1) 建立层次结构

根据层次分析方法的原理,对集水区水源涵养林的水源涵养功能与不同植被类型的内在关系进行系统分析,以获取最佳的水源涵养功能作为植被类型结构优化的最终目标,即为层次结构的目标层,第一层。水源涵养优劣主要取决于林地枯落物的拦蓄降水、土壤的储水和林冠层截留降水三个方面,只有这三个方面合理搭配,充分发挥作用,总目标才能最优,这是实现总目标的策略层,即第二层。水源涵养功能具体落实到植被类型,构筑合理的植被类型结构组成是解决问题的根本措施所在,是实现总目标的措施层,即第三层。

2) 构造判断矩阵

对不同的植被类型根据它们对水源涵养林的林地枯落物拦蓄降水、土壤的储水和林冠层截留降水三大主要功能的贡献,得出层次排序和植被类型排序。

3) 最优植被类型结构的确定

水源涵养林植被类型结构中,将各植被类型的权值作为各植被类型分布面积所占有林地总面积的百分比来和植被类型现状进行对比。因此削减阔叶林的规模,减少其比重,而增加混交林、灌木林和经济林的栽植面积,为提高植被的水源涵养功能提供基础。

3. 不同林型水源涵养功能分析

综合分析老秃顶子自然保护区各立地类型和植被类型的林冠截留、枯落物层最大蓄水量、土壤层最大储水量和土壤层有效储水量等指标,得出以下几项结论。

1)林冠截留

林冠截留受森林自身因素的影响很大,包括森林类型、森林结构和森林覆盖率等。从收集所有降雨的总林冠截留率(各次降雨后林冠截留量的总和与降雨量的总和之比)来看,6 种林分的大小顺序为:蒙古栎林(19.90%)＞山杨林(17.72%)＞槭树蒙古栎林(15.68%)＞水曲柳核桃楸林(林下补植红豆杉)(14.30%)＞白桦山杨林(12.91%)＞蒙古栎山杨林(林下补植红豆杉)(10.05%)

2)枯落物蓄积量

大辽河流域主要森林类型枯落物厚度介于 1.07～4.83 cm 之间,蓄积量为 10.66～37.30 t/hm²,且对于每种森林类型的枯落物来说,半分解层的蓄积量都比未分解层的蓄积量要大很多。

3)枯落物持水率

不同林分的枯落物自然持水率为 124.21%～212.01%,最大持水率 155.56%～273.73%,最大持水量为 7.40～36.02 t/hm²,最大拦蓄量为 3.34～34.06 t/hm²,有效拦蓄量为 0.85～20.39 t/hm²,且主要森林植被类型枯落物最大持水量、最大拦蓄量和有效拦蓄量变化趋势一致。

4)土壤持水量

土壤容重随着土壤层次的加深而逐渐增大,在 0～10 cm 层土壤容重都是小于 1 的;从整个土壤层次而言,白桦山杨林的土壤容重最大,达到为 1.17 g/cm³,山杨林的土壤容重最小,为 1.03 g/cm³。随着土壤层次的加深,总孔隙度基本上是逐渐减小的。山杨林总持水量低于其他植被型组的森林土壤,仅为 246.20 mm,蒙古栎林的土壤总持水量是最大的,达到了 326.56 mm。

5)水源涵养功能比较

综合比较这几种天然次生林的水文功能,林冠截留能力以蒙古栎林为最大,平均可以拦截降雨量的 19.90%;枯落物持水能力同样以蒙古栎林为最大,它的最大持水量可以达到 3.60 mm;再看土壤层,蒙古栎林的土壤总持水量可以达到 326.56 mm,仍是所有天然次生林中最好的,综合比较来看,作为顶极群落的蒙古栎林的水文功能在所研究的几种典型天然次生林中是最好的。

4.3　生态缓冲带植被构建技术

4.3.1　海河上游水源区生态缓冲带植被构建技术

1. 生态缓冲带及其水文生态功能

根据河岸缓冲带生态系统的结构和特点及其与周围环境的作用规律,以实现可持续发展为前提,以减少河流水体营养物质含量为目的,在对河岸缓冲带结构进行优化的过程中,有以下几项功能原则:

(1)不同的环境条件采用不同适宜的措施,以实现最大限度的恢复和建设库滨带净化水体的环境功能。

（2）富营养化物质也是农业生产的物质来源,充分利用其发展生产可给当地农民获得收入,同时可降低系统内的营养水平,即应保护与开发并重。

（3）在有限的土地上和有限的水体和陆地生态系统净化能力上,充分发挥各种系统的净化功能,减少可能降低系统净化能力的行为,尽可能达到最大限度的净化能力,保证缓冲带附近水体水质得到实际的改善。

（4）经济合理的投入是可持续发展的做法,不合理的投入和操作将会给更大的系统带来更多的环境后果。

（5）水体富营养化防治和生态系统的修复对我们还是较新的内容,理论和技术还很不完善,还需要人类不断地进步。

（6）实现河岸缓冲带生态系统结构与各项水质指标之间的相互调控,为控制水体富营养化提供有力的技术支撑,使其在生产实践中尽快得到应用。

2. 生态缓冲带植被配置技术

根据本研究对不同陆生植物及水生植物对水体营养物质的去除效果及富集转移作用,挑选了三种不同的缓冲带植被配置类型(表 4-48),在以上的研究中表明,这 3 种水陆植被配置对水体污染物的去除有较好的效果,河岸缓冲带灌木树种可以选择荆条、山杏、绣线菊等乡土树种。

表 4-48　河岸缓冲带植物整体配置

陆相河岸带配置	水相河岸带配置
华北落叶松×白桦	千屈菜×黄花鸢尾
油松×华北落叶松	水葱×黄花鸢尾
华北落叶松	水葱×黄花鸢尾

3. 生态缓冲带植被营建技术

1）河岸缓冲带去除率-宽度模型

水体中 COD 去除率与缓冲带宽度呈正比关系,如图 4-27 所示,根据不同宽度缓冲带对 COD 去除率的变化趋势,建立缓冲带 COD 去除率-宽度模型。

$$y = 5.6231x + 36.006 \qquad (4\text{-}25)$$

式中,y 为缓冲带宽度(m);x 为去除率(%)。

由式(4-25)可知,在实验设定条件下,当植被缓冲带对 COD 的去除率达到 100% 时,缓冲带宽度为 11.38 m。

水体中 TP 去除率与缓冲带宽度呈正比关系,如图 4-28 所示,根据不同宽度缓冲带对 TP 去除率的变化趋势,建立缓冲带 TP 去除率-宽度模型。

$$y = 6.0531x + 14.945 \qquad (4\text{-}26)$$

式中,y 为缓冲带宽度(m);x 为 TP 去除率(%)。

由式(4-26)可知,在实验设定条件下,当植被缓冲带对 TP 的去除率达到 100% 时,缓

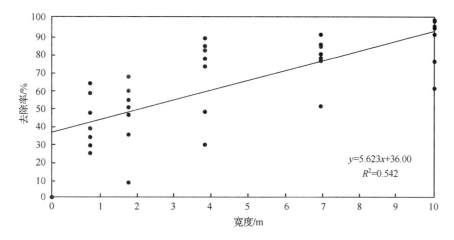

图 4-27　COD 去除率与缓冲带宽度关系

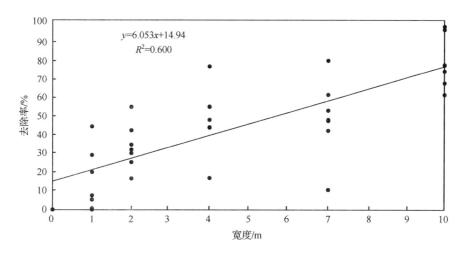

图 4-28　TP 去除率与缓冲带宽度关系

冲带宽度为 14.05 m。

　　水体中 PO_4^{3-}-P 去除率与缓冲带宽度呈正比关系,如图 4-29,根据不同宽度缓冲带对 PO_4^{3-}-P 去除率的变化趋势,建立缓冲带 PO_4^{3-}-P 去除率-宽度模型。

$$y = 6.558x + 15.9 \tag{4-27}$$

式中,y 为缓冲带宽度(m);x 为 PO_4^{3-}-P 去除率(%)。

　　由式(4-27)可知,在实验设定条件下,当植被缓冲带对 PO_4^{3-}-P 的去除率达到 100% 时,缓冲带宽度为 12.82m。

　　水体中 TN 去除率与缓冲带宽度呈正比关系,如图 4-30,根据不同宽度缓冲带对 TN 去除率的变化趋势,建立缓冲带 TN 去除率-宽度模型。

$$y = 3.4091x + 16.991 \tag{4-28}$$

式中,y 为缓冲带宽度(m);x 为 TN 去除率(%)。

　　由式(4-28)可知,在实验设定条件下,当植被缓冲带对 TN 的去除率达到 100% 时,缓

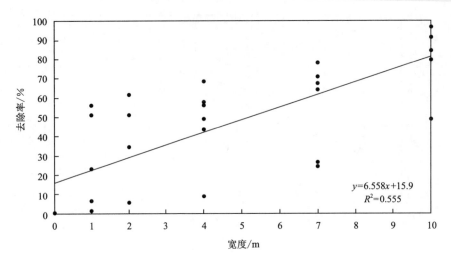

图 4-29　PO_4^{3-}-P 去除率与缓冲带宽度关系

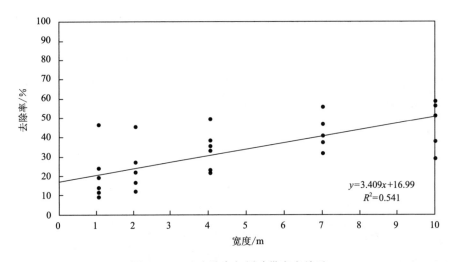

图 4-30　TN 去除率与缓冲带宽度关系

冲带宽度为 24.35 m。

　　水体中 NO_3^--N 去除率与缓冲带宽度呈正比关系,如图 4-31,根据不同宽度缓冲带对 NO_3^--N 去除率的变化趋势,建立缓冲带 NO_3^--N 去除率—宽度模型。

$$y=6.114x+38.863 \qquad (4-29)$$

式中,y 为缓冲带宽度(m);x 为 NO_3^--N 去除率(%)。

　　由式(4-29)可知,在实验设定条件下,当植被缓冲带对 NO_3^--N 的去除率达到 100% 时,缓冲带宽度为 10.00 m。

　　2) 河岸缓冲带最小宽度建立

　　由以上研究可知,河岸缓冲带在达到其最佳净化功能时的宽度为 10.00~24.35 m,为进一步明确其范围,综合各水质指标去除率,以去除率为因变量,宽度为自变量,拟合去除率-宽度曲线,如图 4-32 所示。

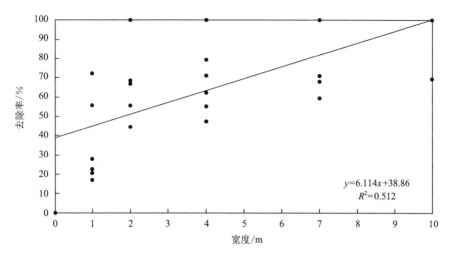

图 4-31　$NO_3^- \text{-} N$ 去除率与缓冲带宽度关系

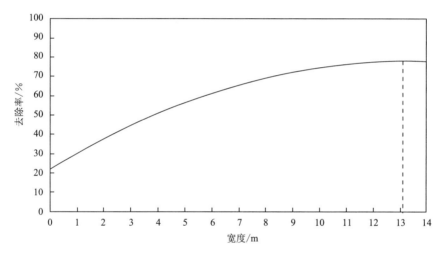

图 4-32　营养物质去除率与河岸缓冲带宽度关系

$$Y = -0.3218X^2 + 8.4707X + 22.524 \tag{4-30}$$

式中,X 为营养物质去除率(%);Y 为河岸缓冲带宽度(m)。

对式(4-30)求导可得

$$Y' = -0.6436X + 8.4707 \tag{4-31}$$

式(4-31)中 $Y' = 0$ 时,即曲线极值点,该点的宽度值是河岸缓冲带达到最佳净化功能,即营养物质去除效率最高时的最小宽度,求得缓冲带的最小宽度值为 13.16 m,此时,河岸缓冲带对营养物质的综合去除效率为 78.27%。

3)河岸缓冲带密度优化

根据多元线性回归模型,建立河岸缓冲带植被密度-水质模型,见式(4-32)。

$$Y = 1.925X_1 - 160.045X_2 + 3277.940X_3 + 494.961X_4 - 1875.013X_5 + 1074.309 \tag{4-32}$$

式中，X_1 为水体中 COD 浓度(mg/L)；X_2 水体中 TN 浓度(mg/L)；X_3 为水体中 TP 浓度(mg/L)；X_4 为水体中 NO_3^--N 浓度(mg/L)；X_5 为水体中 PO_4^{3-}-P 浓度(mg/L)。

由式(4-32)可知，河岸缓冲带植被密度与水体中 COD 浓度、TP 浓度、NO_3^--N 浓度成正比，与水体中 TN 浓度、PO_4^{3-}-P 浓度成反比。当水体各项营养物质含量趋近于 0 时，$Y=1074.309$ 株/hm²，故在同样宽度下可将河岸缓冲带最优植被密度设定为 1074 株/hm²。

4）河岸缓冲带坡度优化

根据多元线性回归模型，建立河岸缓冲带坡度-水质模型，见式(4-33)。

$$Y=0.036X_1-1.727X_2-11.796X_3-0.057X_4+1.369X_5+14.755 \qquad (4-33)$$

式中，X_1 为水体中 COD 浓度(mg/L)；X_2 为水体中 TN 浓度(mg/L)；X_3 为水体中 TP 浓度(mg/L)；X_4 为水体中 NO_3^--N 浓度(mg/L)；X_5 为水体中 PO_4^{3-}-P 浓度(mg/L)。

由式(4-33)可知，河岸缓冲带坡度与水体中 COD 浓度、PO_4^{3-}-P 浓度成正比，与水体中 TN 浓度、TP 浓度、NO_3^--N 浓度成反比。当水体各项营养物质含量趋近于 0 时，$Y=14.755°$，故可将河岸缓冲带最优坡度设定为 14.8°。

5）河岸缓冲带布局规划

在对河岸植被缓冲带的植被配置、宽度、密度、坡度优化的基础上，对缓冲带进行合理布局也是其充分发挥各项生态功能的前提。本研究根据不同植被配置对水体的净化效果的差异以及木兰围场本身的立地条件不同，建立了 3 种不同的河岸缓冲带布局，见表 4-49。

表 4-49　河岸缓冲带布局规划

布局类型	植被配置		株行距/(m×m)	混交比
	陆相带	水相带		
1	华北落叶松×白桦	千屈菜×黄花鸢尾	3×3　3×4	2∶1
2	油松×华北落叶松	水葱×黄花鸢尾	3×3　3×4	1∶1
3	华北落叶松	水葱×黄花鸢尾	3×3　3×4	—

（1）陆相缓冲带布局类型 1 见图 4-33，乔木为华北落叶松×白桦，株行距为 3 m×3 m 和 3 m×4 m，混交比为 2∶1，水相带挺水植物为千屈菜×黄花鸢尾；

（2）陆相缓冲带布局类型 2 见图 4-34，乔木为油松×华北落叶松，株行距为 3 m×3 m 和 3 m×4 m，混交比为 1∶1，水相带挺水植物为水葱×黄花鸢尾；

（3）陆相缓冲带布局类型 3 见图 4-35，乔木为华北落叶松纯林，株行距为 3 m×3 m 和 3 m×4 m，水相带挺水植物为水葱×黄花鸢尾。

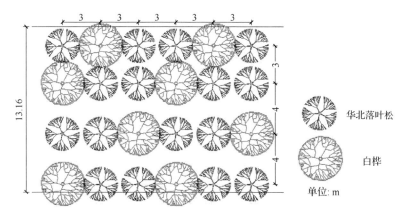

图 4-33 陆相河岸缓冲带布局 1

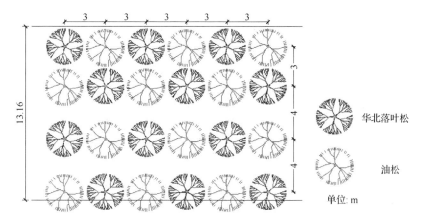

图 4-34 陆相河岸缓冲带布局 2

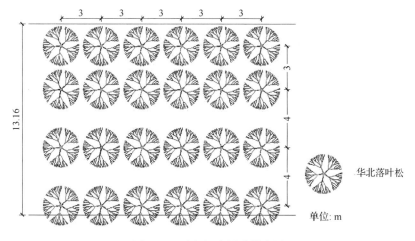

图 4-35 陆相河岸缓冲带布局 3

河岸缓冲带的整体布局见图 4-36,为实现河岸缓冲带的最佳净化效果,设定陆相河岸缓冲带宽度为 13.16 m,坡上乔木株行距为 3 m×3 m,坡下乔木株行距为 3 m×4 m,可参考调整最优坡度为 14.8°,并搭配栽种抗旱、低耗水灌木树种,水相河岸缓冲带按照上述三种配置栽种不同水生植物。

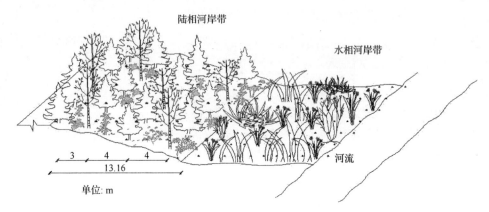

图 4-36 河岸缓冲带整体布局示意图

4. 生态缓冲带水文生态功能分析与评价

1) 不同水生植物配置对 pH 影响
不同水生植物配置对水体中 pH 影响见图 4-37。

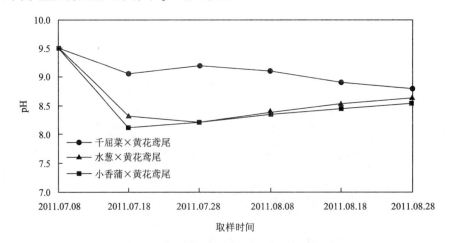

图 4-37 不同水生植物配置水体中 pH 变化

2) 不同水生植物配置对 COD 的去除效果对比
由表 4-50 可知,仅经过 10 天千屈菜×黄花鸢尾组合水体中 COD 去除率就达到 34.16%,水葱×黄花鸢尾和小香蒲×黄花鸢尾组合水体中 COD 浓度变化相差不大,经 50 天实验结束后,3 组实验对 COD 的去除效果依次为千屈菜×黄花鸢尾>小香蒲×黄花鸢尾>水葱×黄花鸢尾,去除率分别为 77.40%、58.03%、53.43%。

表 4-50　不同水生植物配置对水体中 COD 的去除率

实验天数/d	COD 去除率		
	千屈菜×黄花鸢尾/%	水葱×黄花鸢尾/%	小香蒲×黄花鸢尾/%
10	34.16	16.41	18.26
20	49.74	33.08	36.97
30	59.19	36.97	48.78
40	73.90	41.16	53.50
50	77.40	53.43	58.03

3）不同水生植物配置对 TP 的去除效果对比

3 种不同配置水体中 TP 浓度变化见表 4-51,不同植物配置的去除效果依次为水葱×黄花鸢尾＞小香蒲×黄花鸢尾＞千屈菜×黄花鸢尾,去除率分别是 88.98%、83.52%、76.00%。

表 4-51　不同水生植物配置对水体中 TP 的去除率

实验天数/d	TP 去除率		
	千屈菜×黄花鸢尾/%	水葱×黄花鸢尾/%	小香蒲×黄花鸢尾/%
10	60.00	48.64	32.48
20	64.80	65.76	40.96
30	66.40	82.56	65.76
40	84.00	86.30	75.68
50	76.00	88.98	83.52

4）不同水生植物配置对 PO_4^{3-}-P 的去除效果对比

3 种不同配置水体中 PO_4^{3-}-P 浓度变化见表 4-52。3 组实验的去除效果依次为水葱×黄花鸢尾＞小香蒲×黄花鸢尾＞千屈菜×黄花鸢尾,去除率分别为 92.39%、88.58%、87.98%。

表 4-52　不同水生植物配置对水体中 PO_4^{3-}-P 的去除率

实验天数/d	PO_4^{3-}-P 去除率		
	千屈菜×黄花鸢尾/%	水葱×黄花鸢尾/%	小香蒲×黄花鸢尾/%
10	16.29	36.07	28.31
20	37.60	60.05	52.44
30	77.02	69.94	57.15
40	79.76	80.67	76.33
50	87.98	92.39	88.58

5）不同水生植物配置对 TN 的去除效果对比

从表 4-53 可以看出,实验结束后,各组实验 TN 去除效果依次为千屈菜×黄花鸢尾＞水葱×黄花鸢尾＞小香蒲×黄花鸢尾,去除率分别为 73.83%、71.25%、64.24%。

表 4-53　不同水生植物配置对水体中 TN 的去除率

实验天数/d	TN 去除率		
	千屈菜×黄花鸢尾/%	水葱×黄花鸢尾/%	小香蒲×黄花鸢尾/%
10	8.23	15.56	12.35
20	26.03	51.85	22.02
30	51.15	56.04	27.95
40	60.92	63.36	36.32
50	73.83	71.25	64.24

6）不同水生植物配置对 $NO_3^- \text{-} N$ 的去除效果对比

不同水生植物配置水体中 $NO_3^- \text{-} N$ 浓度变化趋势见表 4-54。

表 4-54　不同水生植物配置对水体中 $NO_3^- \text{-} N$ 的去除率

实验天数/d	$NO_3^- \text{-} N$ 去除率		
	千屈菜×黄花鸢尾/%	水葱×黄花鸢尾/%	小香蒲×黄花鸢尾/%
10	58.36	77.41	61.89
20	80.94	89.41	85.18
30	89.41	—	—
40	—	—	—
50	—	—	—

4.3.2　黄河上游土石山区水源区生态缓冲带植被构建技术

1. 生态缓冲带植被配置技术

通过对宝库河的调查发现,宝库河水相生态系统内几乎没有水生植物,陆相生态系统内多以灌木为主。在研究中选择了 3 种典型的缓冲带植被群落配置类型:甘蒙锦鸡儿植被群落、沙棘植被群落、乌柳植被群落(图 4-38、表 4-55)。

甘蒙锦鸡儿植被群落　　　乌柳植被群落　　　沙棘植被群落

图 4-38　河岸缓冲带

表 4-55　3 种缓冲带群落样方基本概况

缓冲带类型	灌木种类	灌木平均高度/m	灌木平均冠幅/(m×m)	灌木平均地径/cm	主要草本类型
甘蒙锦鸡儿群落	锦鸡儿、金露梅、绣线菊	0.92	0.83×0.92	0.29	委陵菜、禾本科、高原毛茛
乌柳植被群落	乌柳	4.89	5.23×4.88	8.95	珠牙蓼、细叶苔草、禾本科
沙棘植被群落	沙棘	1.42	1.86×1.72	1.87	细叶苔草、禾本科、车前

2. 生态缓冲带植被营建技术

本实验通过选取青海大通河流域沿河典型植被群落,进行缓冲带分析。通过自然状态下缓冲带对污染负荷的去除情况,分析其优缺点,进而改进,模拟建设近自然状态下的缓冲带,以更好地实现净化水质的功能。

通过实验分析结果可以看出,限制缓冲带最佳宽度的因素主要是 3 种植被群落对 TN 的去除效率不够高。锦鸡儿、沙棘的固氮作用,能够很好地增加土壤中的氮素含量,因此,在青海大通河流域进行河岸缓冲带构建时,可以保留乌柳的选择,对于沙棘和锦鸡儿应该进行更换,选取无根瘤菌固氮作用的灌木植被在河岸进行缓冲带构建。

因此,在分析了不同缓冲带净化水质效果的基础上,我们可以构建一种以乌柳为主导的河岸缓冲带布局。自然状态下乌柳群落为天然生长,分布较为稀疏,林下草本种类稀疏,群落层次单一。因此,在乌柳自然群落基础上进行改进,可以更好地发挥其净化水质的作用。

河岸乌柳缓冲带的布局如下:设定河岸缓冲带宽度为 12 m,乌柳株间距为 1 m×2 m,随着乌柳的生长,最终密度可参考自然状态下的乌柳密度,即 4 m×5 m。林下草本以自然状态为主,不需要人工种植。

前期种植可适当增大密度,即可充分利用自然资源,也可尽快发挥缓冲带作用,后期可进行适度间伐,以维持乌柳群落良好生长状况以及林下植被的生长,使缓冲带维持良好的净水功能。

1) 缓冲带对于 TN 最佳宽度确定

我们采用在污染负荷最大情况下,拟合出径流全氮与缓冲带沿程距离之间的函数,算出最短的缓冲带宽度。在实践应用中,可根据当地实际的污染负荷,结合最大负荷下拟合函数和最短距离,得出实践中可以使用的最短距离。

根据缓冲带拟合函数得出去除 60% 径流 TN 时(图 4-39~图 4-41),3 种缓冲带所需最佳宽度分别为乌柳缓冲带为 12.37 m,沙棘缓冲带为 26.00 m,甘蒙锦鸡儿缓冲带为 30.61 m。3 条拟合曲线的显著性(R^2)均在 90% 以上,显著相关(表 4-56)。

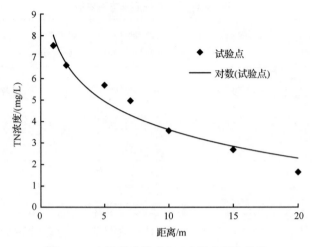

图 4-39　乌柳缓冲带对 TN 去除率拟合曲线

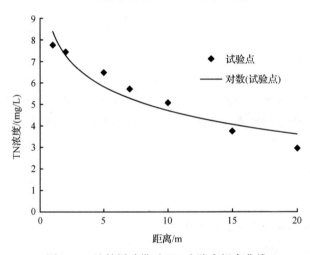

图 4-40　沙棘缓冲带对 TN 去除率拟合曲线

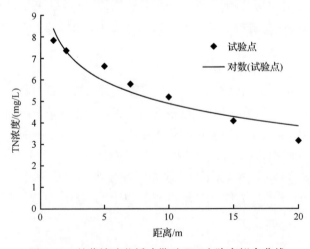

图 4-41　甘蒙锦鸡儿缓冲带对 TN 去除率拟合曲线

表 4-56　3 种缓冲带对径流 TN 去除率拟合函数

缓冲带	TN 去除率与沿程距离拟合函数	R^2	最佳宽度/m
乌柳	$Y=-1.912\ln x+8.0098$	0.9380	12.37
沙棘	$Y=-1.592\ln x+8.387$	0.913	26.00
甘蒙锦鸡儿	$Y=-1.512\ln x+8.3731$	0.9137	30.61

2) 缓冲带对于 TP 最佳宽度确定

根据缓冲带拟合函数得出去除 60% 径流 TP 时(图 4-42～图 4-44),3 种缓冲带对于 TP 所需最佳宽度分别为:甘蒙锦鸡儿缓冲带为 8.23 m,沙棘缓冲带为 11.75 m,乌柳缓冲带为 11.92 m。3 条拟合曲线的显著性(R^2)均在 90% 以上,显著相关(表 4-57)。

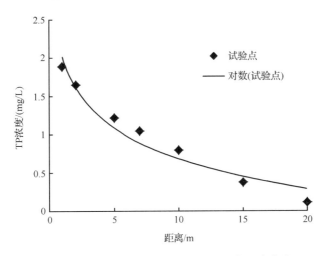

图 4-42　甘蒙锦鸡儿缓冲带对 TP 去除率拟合曲线

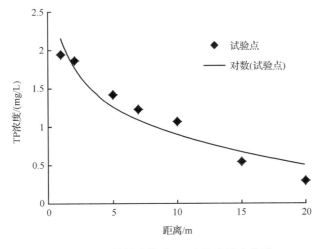

图 4-43　沙棘缓冲带对 TP 去除率拟合曲线

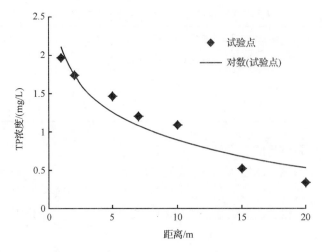

图 4-44　乌柳缓冲带对 TP 去除率拟合曲线

表 4-57　3 种缓冲带对径流 TP 去除率拟合函数

缓冲带	TP 去除率与沿程距离拟合函数	R^2	最佳宽度/m
甘蒙锦鸡儿	$Y=-0.582\ln x+2.0267$	0.9566	8.23
沙棘	$Y=-0.55\ln x+2.1553$	0.913	11.75
乌柳	$Y=-0.531\ln x+8.3731$	0.9183	11.92

根据缓冲带沿程距离与全氮、全磷拟合函数所得结果可以得出缓冲带消除氮磷元素的最佳宽度为:锦鸡儿缓冲带最佳宽度为 30.61 m,沙棘缓冲带最佳宽度为 26 m,乌柳最佳宽度为 12.37 m。

3. 生态缓冲带水文生态功能分析与评价

1) 河岸缓冲带对 N 的去除效果

在其他条件相同的情况下,以最大污染负荷通过河岸植被缓冲带,分析距离与污染物的过滤效率关系,确定不同植物群落类型条件下缓冲带的污染物负荷与缓冲带距离之间的模型公式,结合当地不同地区实际污染物负荷,确定一定宽度范围内缓冲带最大拦截效率,得出最短的缓冲带距离,从而使缓冲带设计既合理、又经济,避免盲目设计造成过滤效率低或建设成本高等情况的出现。

3 种缓冲带以及对比空地沿程对径流全氮浓度的削减如图 4-45 所示,可以看出,乌柳群落缓冲带对径流全氮的削减能力最强,在 20 m 削减率达到了 78.19%。沙棘群落缓冲带次之,在 20 m 处削减率达到了 61.85%。甘蒙锦鸡儿群落缓冲带对全氮的削减能力低于其他两个群落,在 20 m 处削减率达到了 59.69%。两种缓冲带削减污染物的能力与空白地对比相差不太大。造成甘蒙锦鸡儿和沙棘两种缓冲带削减能力低的原因主要来自于根瘤菌的固氮的能力。

由于豆科植物互生固氮的存在,一方面植物本身对土壤中氮的需求降低,使得径流中氮不能得到更好的利用;另一方面,植物本身储存了大量的氮肥,是一种很好的绿肥,当植被本身死

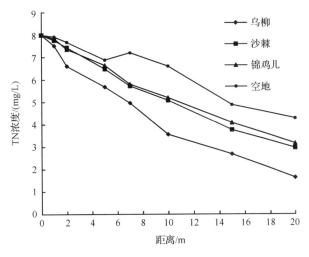

图 4-45　缓冲带径流全氮沿程的浓度变化

亡或枯枝落叶进入土壤,能够增加土壤中的氮肥含量,使得径流中氮的含量削减更为缓慢。

根据张伟华等(2005)的研究结果,青海大通中国沙棘的固氮作用使土壤中氮的含量在短时间内大幅度提高,沙棘纯林及混交林土壤 0～80 cm 储氮量相对照分别增加 3.119 t/hm²、2.574 t/hm²,速效氮储量增加 300.69 kg/hm²、233.55 kg/hm²。可以看出,沙棘林对土壤的培肥作用很明显,在一定程度上限制了缓冲带的削减作用。

2) 河岸缓冲带对 P 的去除效果

河岸缓冲带对 N 和 P 的移除机制不尽相同。对 P 的移除机制主要是使 P 能够和泥沙一起沉淀下来。除了颗粒状磷外,溶解态的磷也能通过腐殖质的吸收被移除,一部分磷会被植物和微生物吸收,但最终会返回土壤。由于缓冲带只是暂时将磷截留,当发生暴雨时,磷会流失掉。因此,在磷的截留过程中,真正起到决定作用的因素为植被的腐殖质含量、根系密度、枯枝落叶等能够起到物理拦截作用的因素。

3 种缓冲带以及空地沿程对径流全磷浓度的削减如图 4-46 所示,可以看出,甘蒙锦鸡儿群落缓冲带对径流全磷的去除能力最强,在 20 m 处去除率达到了 94.15%,沙棘群落缓冲带次之,在 20 m 去除率达到 87.63%,乌柳在 20 m 处去除率达到 82.65%。3 种缓冲带对径流全磷的去除能力都很显著,3 者之间的差异不太大。充分说明了径流中全磷的去除更偏向于物理性。

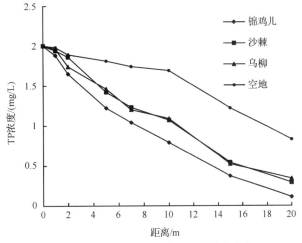

图 4-46　缓冲带径流全磷沿程的浓度变化

4.3.3　黄河中上游土石山区水源区生态缓冲带植被构建技术

1. 生态缓冲带植被配置技术

1）结构优化基本原则

生态缓冲带植被配置技术应坚持以下原则：

（1）因地制宜原则。这是生态修复以及生态治理的基本原则，不同的环境条件采用不同适宜的措施，以实现最大限度的恢复和建设缓冲带净化水体的环境功能。

（2）生态修复科学性原则。在有限的土地上和有限的水体和陆地生态系统净化能力上，充分发挥各种系统的净化功能，减少可能降低系统净化能力的行为，尽可能达到最大限度的净化能力，保证缓冲带附近水体水质得到实际的改善。

（3）经济合理性原则。经济合理的投入是可持续发展的做法，不合理的投入和操作将会给更大的系统带来更多的环境后果。

（4）新理论新技术优先原则。生态系统的修复对我们还是较新的内容，理论和技术还很不完善，还需要人类不断地进步。

（5）可操作性原则。实现河岸缓冲带生态系统结构与各项水质指标之间的相互调控，为控制水体富营养化提供有力的技术支撑，使其在生产实践中尽快得到应用。

2）缓冲带植被的选取

缓冲带植被的选取要遵循自然规律。自然选择已经为该流域选出最适宜的植物种类。通过调查河岸周围，可以了解哪些是适应该环境的优势种。缓冲带植被中乡土种越多，缓冲带看上去就越接近天然状态，并且它的生态功能也就越强。相比起乡土种，外来种可能需要更多养护才能发挥其生态效应。所以，在进行缓冲带植被的选取时，需要有一份详细的计划，调查并记录当地乔木、灌木、地面覆盖物、蔓生植物和草本等各类植被的特性。如某物种的特性：落叶/常绿；成熟植株的高度；生长率；根系生长情况；日晒下植株生长情况；部分遮阴下植株生长情况；干燥土中植株生长情况；潮湿土中植株生长情况；充当栖息地和食物作用；用于装饰作用；完全遮阴下植株生长情况；植株寿命等。

表 4-58　不同植被类型对缓冲带作用的影响

作用	草地	灌木	乔木
稳固河岸	低	高	高
过滤沉淀物，营养物质，杀虫剂以及附着在它们上面的病原体	高	中	高
从地表径流中过滤营养物质，杀虫剂和微生物	中	低	中
保护地下水和饮用水的供给	低	中	高
为森林动物改善生物栖息地	低	中	高
提供景观视觉影像	低	中	高
抵制洪水	低	中	高

本研究通过对香水河小流域的植被调查分析（表 4-58），确定了以下两种植被群落的缓冲带植被群落配置模型：乔灌草型植被群落和灌草型植被群落。其中乔灌草植被群落

主要以油松、云杉等乔木为主,包括野李子、珍珠梅等少量灌木,草本主要为箭竹、大蓟、香青等;灌草型群落中灌木主要包括沙棘、珍珠梅、野李子、山桃、水栒子等,草本包括甘露子、瞿麦、甘肃木蓝、三七、艾蒿、铁杆蒿、小黄囊吾等物种。

2. 生态缓冲带植被营建技术

1) 位置

科学地选择缓冲带位置是缓冲带有效发挥作用的先决条件。从地形的角度,缓冲带一般设置在下坡位置,与地表径流的方向垂直。对于长坡,可以沿等高线多设置几道缓冲带以削减水流的能量。在溪流和沟谷边缘一定要全部设置缓冲带,间断的缓冲带会使缓冲效果大大减弱。

2) 植物种类

缓冲带植被的选取要遵循自然规律,缓冲带植被中乡土树种越多,缓冲带看上去就越接近天然状态,并且它的生态功能也就越强。乔木发达的根系可以稳固河岸,防止水流的冲刷和侵蚀;同时,乔木可为那些沿水道迁移的鸟类和野生动植物提供食物,也可为河水提供更好的遮蔽。草本类植物由于其生长密集、覆盖与地表等特点,能最有效地滞缓径流,截留地表径流污染物和降解、吸收沉积污染物质。合理的乔灌草配置不仅能有效截留径流污染物质,还能利用灌、乔发达的深层根系保护岸坡的稳定和滞水效能;同时,乔灌草的合理搭配还能提高区域生物多样性,改善区域整体生境条件。

3) 宽度

河岸缓冲带功能的发挥与其宽度有着极为密切的关系。在小型的溪流中,良好的侵蚀控制只需要在河岸覆盖上灌木、乔木和一片经过管理的 14 m 宽的草地缓冲带即可。如果此地段的侵蚀作用严重,或是在大河流中,则在河岸后将缓冲带延伸至 20 m,这是最低的要求。将草本过滤带由 413 m 增加到 816 m 可以减少地表径流和沉淀物穿过缓冲带的总量,但在降水强度较大时,比较宽的缓冲带的效果并不明显,这也许是径流流速加快造成的。本研究中,通过对两种不同类型的缓冲带进行宽度测量发现,乔灌草型植被群落的平均宽度为 42 m,灌草型植被群落的平均宽度约为 21 m,根据上述缓冲带宽度的要求,本研究中确定的两种类型的缓冲带宽度已满足保持水土的要求;但对水质的影响,仍需进一步调查分析。

3. 生态缓冲带水文生态功能分析与评价

1) 水质净化作用显著

非点源污染物进入缓冲带后,经过缓冲带植被的过滤和拦截作用,水质可得到明显改善。对水质的检测结果表明:经过缓冲带的作用,主要污染物 TN、TP、SS 等浓度均有明显下降。

2) 缓冲带滩地土壤的养分及理化性质的分析

通过对生态缓冲带的营建使得地表接受光热水的条件发生改变,使得土壤结构及其理化性质发生了一些变化。土壤的有机质和土壤磷、氮、钾含量均有不同程度的提高,且土壤的 pH 下降,土壤趋于酸化,表明处于重建早期阶段的植物枯枝落叶的分解进行得很弱也很不彻底,从而形成粗腐殖质,使得土壤表层环境呈酸性反应。

4.3.4 黄河中游黄土区水源区生态缓冲带植被构建技术

1. 生态缓冲带及其水文生态功能

黄土高原地区由于干旱少雨,极其缺水,所以该地区的生态缓冲带主要是指大量的沟谷。蔡家川流域为丘陵沟壑区,沟谷面积占 $30\%\sim70\%$,且大部分地区沟谷面积往往超过了梁峁面积。

沟谷的生态水文功能主要有:

(1)沟谷是丘陵沟壑区生物多样性富集中心之一,具有物种丰富度,植被盖度等性质很高的植被分布。

(2)沟谷也是不同区系成分的兼容地段和扩散的廊道。各种适生植被在沟谷中适宜的生境中形成稳定的群落。

(3)沟谷存在的最直接效应是土地表面积的增加。以黄河右岸三级支流五分地沟小流域为例,沟谷的存在使得沟谷实际面积比投影面积增加 34.5%;与此相应,仅天然植被生物量就增加了 32%。在一些沟谷面积占流域面积 30.2% 的沟壑区,沟谷能使相应流域的土地表面积增加 10.4%。

(4)沟坡径流场实测表明,沟谷植被对土壤的保持作用是明显的,具有良好植被覆盖的沟坡土壤侵蚀量明显减少,在降雨强度大(38.3 mm/24h)的情况下,比无植被覆盖坡面的泥沙流失量减少 51 倍。沟坡有无植被对产泥量的影响存在显著差异($p<0.05$)。

(5)在降雨强度大(38.3 mm/24h)的情况下,沟坡植被对水的流失控制作用增强;在降雨强度小(<10 mm/24h)的情况下,沟坡植被截流作用仍很明显,但方差检验没有达到显著差异水平。

(6)沟谷自然植被对沟谷土壤肥力的改善效果是明显的,尤其是阴坡的植被。

2. 生态缓冲带植被配置技术

蔡家川流域属于黄土丘陵沟壑区,沟谷-梁峁复合生态系统对水分、温度、光照的再分配,加上由水、风等外力对地形地貌的再塑造,共同构成了基质、土壤环境类型多样、水热条件明显分异的沟谷复杂生境。复杂的生境,不仅可以促进黄土丘陵沟壑区物种的多样性的增加,同时也可以使这一区域群落多样性增加。

通过多年的观察监测,探究出以下几种沟谷地带植被配置模式。

1)疏林

疏林的配置适宜在沟谷中较为平缓的地带,最好是有常年流水以供应其生长。此时乔木的根系会发挥很强的水土保持功能。

该流域最适合种植在沟谷中的乔木植被类型是山杨。但是种植的山杨林郁闭度不可太高,调查分析发现郁闭度达到 0.4 左右,缓冲带的各项效益才会达到最佳。灌木层盖度达 30% 左右,草本层盖度达 80% 以上。这种配置在蔡家川流域不常见,因为水分是限制其配置模式利用的关键因子,主要在主沟有河流的缓冲带采用此模式。

　　2）灌丛

　　（1）沟谷黄刺玫灌丛。黄刺玫灌丛是华北山地常见的一个灌丛类型。调查区内，沟谷黄刺玫灌丛主要分布在砒砂岩和砂页岩黄土丘陵沟壑区，海拔为 1200～1350 m 的沟谷阴坡、半阴坡或半阳坡。向南在陕北黄土高原森林草原区东部，分布着同属近缘种黄蔷薇灌木草原（当然也包括黄蔷薇灌丛），一直到南部陕北黄土高原森林区也广泛分布着黄蔷薇灌丛。黄刺玫为喜暖旱中生灌木，分布在我国东北和华北地区，区系地理成分为华北分布种。

　　（2）沟谷沙棘灌丛。沙棘灌丛广泛分布在陕北黄土高原地区。考察区内，沟谷沙棘灌丛主要分布中部砒砂岩丘陵沟壑区和黄土-砒砂岩丘陵沟壑区的沟谷阴坡、半阴坡及沟底，梁峁上的沙棘多系人工种植。沙棘为旱中生灌木，耐天气干旱，而不耐土壤干旱，在土壤水分较好的地段才能良好生长。沙棘广泛分布于华北地区，区系地理成分为华北分布亚种。根据沟谷沙棘灌丛分布的生境和层片组成差异等特点，划分为以下 4 个群丛：①沙棘-锦鸡儿-禾草群丛。该群丛主要分布在砒砂岩-黄土沟壑区有风沙土覆盖的沟谷阴坡、半阴坡局部地段上，群落总盖度约 52%。沙棘盖度达 45%，沙棘灌丛平均高度为 145 cm，第二灌木层是由甘蒙锦鸡儿和中间锦鸡儿组成，分盖度各自为 6%、5%，草本层优势种有硬质早熟禾、沙芦草，伴生种有菱蒿、铁杆蒿、白草、百里香等。②沙棘-铁杆蒿群丛。该群丛广泛分布在砒砂岩丘陵沟壑区以及砒砂岩-黄土丘陵沟壑区，但主要见于沟谷阴坡、半阴坡及半阳坡。由于在砒砂岩区分布广泛，生境变化大，故群丛特征变化也较大，群落总盖度达 40%～60%，沙棘盖度达 30%～50%，半灌木铁杆蒿盖度达 15%～25%，草本层优势植物有假苇拂子茅、硬质早熟禾等，盖度约 15%。③沙棘群丛。该群丛主要分布在砒砂岩丘陵沟壑区的裸露砒砂岩沟坡和砒砂岩陡沟壁上，群落盖度在 15%～30%，其他草本少见，偶有变蒿、假苇拂子茅、南牡蒿等植物伴生。随着沟谷生境的好转，砒砂岩沟坡的进一步坍塌变缓，该群丛会逐渐演替为沙棘-铁杆蒿群丛。④沙棘-大果榆群丛。该群丛同上一群丛分布生境相似，主要见于砒砂岩陡沟壁上，沙棘群丛中常常混生有大果榆株丛，群落盖度变化在 10%～20% 之间。沙棘是砒砂岩区的一个优良水土保持树种，早已被人们所认识，为什么沙棘能在砒砂岩区成功定居，这既与沙棘自身所具有的生物学特点有关，又与砒砂岩的特性有关。沙棘具有较强的根蘖能力，侧根发达，萌蘖能力强。砒砂岩岩层具有水平分布特点，且泥岩和砂岩水平交替分布，适宜根系发达的植物生长；另外，泥岩相对疏松，含水量、养分都较高，更易于根系的伸展；相比之下，砂岩含水量少、养分低、坚硬，不利于根系的伸展。在自然状态下，我们在砒砂岩上总能看到自然成行分布的沙棘。所以，在该地区人工种植沙棘时，应注意这一特点，可能会起到事半功倍的效果。

　　（3）沟谷酸枣灌丛。酸枣灌丛广泛分布于华北地区干燥平原、丘陵、沟谷等地，但实际面积不大。在陕北黄土高原森林草原区可以形成酸枣疏林草原。建群种酸枣是旱中生灌木或小乔木，我国东北、华北普遍分布，区系地理成分为华北分布种。沟谷酸枣灌丛主要分布在向阳的黄土沟坡上，面积不大，根据群落结构、种类组成特点，沟谷酸枣群落只包含以下 1 个群丛类型：酸枣-达乌里胡枝子群丛，在调查区内主要分布在向阳的干燥黄土沟坡局部地段上,如十里长川的支流敖包沟等地,面积较小。该群落盖度可达 30%,酸枣盖度 20%～25%,平均高度为 0.9 m,最高可达 3 m。草本层优势种为达乌里胡枝子,常见伴生种有黄蒿、丛生隐子草、短花针茅等,盖度约 10%。

(4)沟谷杠柳灌丛。杠柳灌丛在华北、西南地区都有零星分布,但实际面积不大。杠柳为中生灌木,分布于我国东北的辽宁省、华北平原、黄土高原以及西南地区(贵州、四川);另外,俄罗斯远东地区也有分布。区系地理成分为东亚分布种。研究区沟谷杠柳灌丛主要分布在沟谷阳坡下部和沟谷覆沙地的局部地段,面积不大,多零星分布。

(5)沟谷狭叶锦鸡儿灌丛。无论在草原区还是在荒漠区以及草原区和荒漠区的山地,狭叶锦鸡儿灌丛总是出现在砂砾质土壤或者是覆沙地或者是砾石质山坡。狭叶锦鸡儿为旱生灌木,分布于我国黄土丘陵沟壑区、内蒙古草原区和荒漠区的砾石质土壤上及石质山坡,在草原化荒漠区的锁沙地上可以形成面积较大的狭叶锦鸡儿灌丛带。沟谷狭叶锦鸡儿灌丛主要分布在砂页岩出露面积较大的沟谷区,是在石生环境中发育的一种灌丛类型。研究区只包含 1 个群丛类型:狭叶锦鸡儿-铁杆蒿群丛,该群落主要分布在有大面积砂页岩出露的沟谷阴坡中下部,岩石间有黄土覆盖的较平坦处,群落盖度为 30%～40%。狭叶锦鸡儿盖度为 15%,其间有时散生有黄刺玫灌丛,最大盖度达 6%,其他偶见灌木有准噶尔枸子。半灌木层优势种为铁杆蒿,盖度达 13%,常见种菱蒿盖度达 6%。草本层优势植物有本氏针茅、戈壁针茅、达乌里胡枝子,常见种有羊草、硬质早熟禾、细叶远志、南牡蒿、狭叶柴胡等,偶尔有高大的丛生禾草友友草伴生。

(6)沟谷中间锦鸡儿灌丛。建群种中间锦鸡儿为旱生灌木,分布范围处于蒙古高原的荒漠化草原区、鄂尔多斯高原的典型草原区和荒漠化草原区、黄土高原北部典型草原区和森林草原区,区系地理成分为戈壁-蒙古分布种。中间锦鸡儿灌丛主要分布在荒漠草原区的沙地上。研究区,梁峁上广泛分布着人工中间锦鸡儿灌丛。沟谷中间锦鸡儿灌丛多系梁如人工锦鸡儿株丛种子散落到沟坡和沟底形成的,因为多数株丛间没有明显的株距和行距,而呈随机散落分布。沟谷中间锦鸡儿灌丛主要分布在有黄土、风沙土覆盖的沟坡以及砒砂岩陡坡上。根据群落结构、种类组成等特征,沟谷中间锦鸡儿灌丛可以划分为以下 4 个群丛类型:①中间锦鸡儿-铁杆蒿-根茎型禾草群丛。该群丛主要分布在沙黄土、风沙土沟谷阴坡,灌木层片优势种中间锦鸡儿分盖度可达 25%,平均高度 130 cm;半灌木层片优势种铁杆蒿分盖度为 10%,平均高度 40 cm;草本层占优势种为根茎型禾草赖草和假苇拂子茅共同组成或形成单优势层片,总盖度约为 10%。随着沟坡生境的稳定,该群丛演替为中间锦鸡儿—铁杆蒿—达乌里胡枝子群丛。②中间锦鸡儿-铁杆蒿-达乌里胡枝子群丛。该群丛主要分布在沙黄土沟谷阴坡,灌木层片优势种中间锦鸡儿分盖度可达 27%,平均高度 130 cm;半灌木层片优势种铁杆蒿分盖度为 10%,平均高度 40 cm,偶见有菱蒿分布;草本层片优势种为小半灌木达乌里胡枝子,常见种有赖草、糙隐子草、阿尔泰狗娃花、细叶远志、山苦荬等,总盖度约为 15%。③中间锦鸡儿-根茎型禾草群丛。该群丛主要分布在风沙土覆盖的沟谷阳坡上,灌木层片优势种中间锦鸡儿分盖度可达 15%～25%,平均高度为 125 cm,草本层片优势种常为根茎型禾草赖草和假苇拂子茅共同组成或为单优势种,盖度约 10%,伴生草本较少,常见种有黄蒿、狗尾草、猪毛菜等。有时形成了中间锦鸡儿单优势群丛。④中间锦鸡儿＋沙棘群丛。该群丛主要分布在砒砂岩陡沟坡上。灌木层片由中间锦鸡儿和沙棘共同构成，盖度约 10%～20%，群落内其他植物少见，偶尔有铁杆蒿、变蒿伴生。在研究区，在梁峁上中间锦鸡儿由于人工栽培分布较广泛，其种子可以散布到沟谷的不同群落中，组成了不同类型的中间锦鸡儿灌丛化群落。这将在各自的群落类型中进行描述。具体配置见表 4-59。

表 4-59　蔡家川流域沟谷植被配置表

灌丛类型	灌丛配置分布
沟谷黄刺玫灌丛	阴坡、半阴坡或半阳坡
沟谷沙棘灌丛	阴坡、半阴坡及沟底
沙棘-锦鸡儿-禾草群丛	阴坡、半阴坡
沙棘-铁杆蒿群丛	阴坡、半阴坡及半阳坡
沟谷酸枣灌丛	阳坡
沟谷杠柳灌丛	阳坡下部
沟谷狭叶锦鸡儿灌丛	阴坡中下部
中间锦鸡儿-铁杆蒿-根茎型禾草群丛	沟谷阴坡
中间锦鸡儿-铁杆蒿-达乌里胡枝子群丛	沟谷阴坡
中间锦鸡儿-根茎型禾草群丛	沟谷阳坡

3. 生态缓冲带植被营建技术

1) 植物护岸

植被护岸通常包括栽植柳树护岸、栅栏护岸、捆柴护岸三种。

(1) 扦插或栽植柳树护岸。植物护岸的通常做法是在原有河岸的植被状况基础上，通过栽植耐水、喜水等植物，通过大面积的植物栽植达到恢复原来河岸生态系统的功能。例如在河岸滩栽植柳树，柳树的根系发达，成活的柳树能在短时间内生长大面积的根，能够加强根系附近土壤的抗冲性，柳树长成后繁茂柔韧的柳枝能够起减缓水流速度，同时为水生生物以及陆生生物提供栖息场所的作用。柳树繁殖能力强，可以通过扦插等方式成活。此外还经常用到芦苇、菖蒲等植物材料进行护岸，在国外诸如德国等国家还种植白杨树和榛树等大型树木来保护河岸。构建方法如图 4-47 所示。

(2) 栅栏工程。栅栏护岸工程通常是将木桩间隔一定的距离成排打入河岸土壤深层，然后将柳条等繁殖力强的植物枝条经过人工编制成栅栏，插入木桩的下侧。木桩具有稳固植物栅栏，增强其对河流冲击的抵抗力。栅栏在早期作用不明显，等到栅栏成活，长出根系，枝条会形成一条植物篱笆，起到保持水土的作用。其构建方法如图 4-48 所示。

(3) 捆柴工程。捆柴工程与栅栏工程相似，先将柳枝等繁殖力强的植物用绳子捆成一捆，然后将木桩穿过植物捆打入地下土层，将植物固定在河岸边坡。捆柴工程能起到类似于栅栏工程的作用，相比栅栏工程具有坚强的抗冲能力。其构建方法如图 4-49 所示。

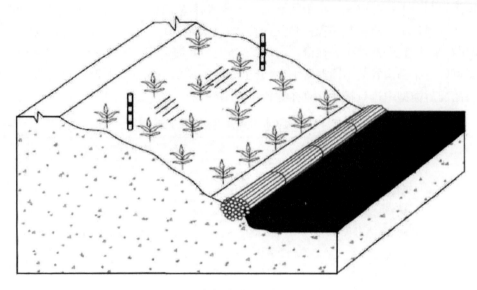

图 4-47　扦插或栽植柳树岸示意图

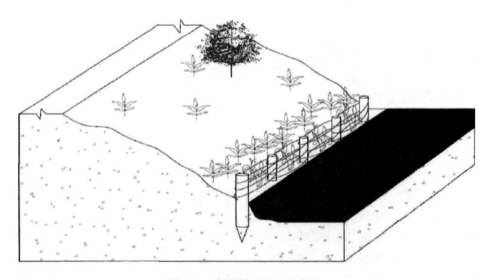

图 4-48　栅栏护岸工程示意图

2）木材护岸

木材护岸不考虑所用材料的成活与否，只是将护岸的材料换作木材，将原木等固定在坡脚，通过木材的物理阻挡达到护岸的作用。木材护岸适宜于河岸缓冲带不适进行工程措施和其他植物护岸措施的地带，木材的腐烂以及分解能一定程度改善土壤成分，加快该处生态系统的演替。其构建方法如图 4-50 所示。

3）抛石生态护岸

抛石护岸工程是结合河岸的具体情况，将大小不一、形状各异、重量不等的各种石块，抛放在河岸不同的地段，在石块与石块的间隔空间，扦插一些植物枝条或者放置一些植物栅栏。抛石护岸前期靠石块的阻挡减缓水流流速，依靠石块的重量和覆盖避免地表土壤

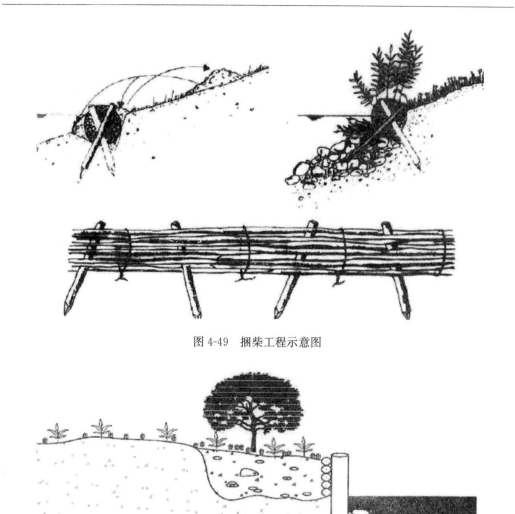

图 4-49　捆柴工程示意图

图 4-50　木材护岸示意图

被冲刷;扦插的植物或植物栅栏生长起来后,进一步加强了河岸的稳定。同时抛石护岸一定程度模拟了自然河岸的特点,能够很好地与自然河岸景观相连接,提高河流的净化能力,为河岸植被带的健康恢复奠定基础。其构建方法如图 4-51 所示。

4）石笼生态护岸

石笼进行河岸的保护有比较广泛的应用,属于常见的护岸措施之一。具体做法是将适宜内径大小的石块装入铁丝编织的网笼内,然后将石笼堆置于河岸边进行护岸。石笼护岸偏向于防洪目的,属工程措施护岸类型。由于铁丝具有一定的延展性加之石块与石块之间的空隙,使石笼具有一定的变形性,增大了河岸的柔性抗洪能力。同时石笼之间的空隙还有控制水流流量等作用。但是石笼护岸的缺点也是明显的,石笼护岸实施后,会使

图 4-51　抛石护岸示意图

得原河岸的生态系统受到一定程度的破坏,石块间过小的空隙也阻碍了植被的生长。因此石笼护岸在一定程度上不能很好地发挥生态效应。一般适用于河岸土壤贫瘠,水土流失严重的河岸地段,后期可适当覆土、添置淤泥等措施营造适合植被生长的条件,在工程效应基础上挖掘生态效应。石笼生态护岸的示意图如图 4-52 所示。

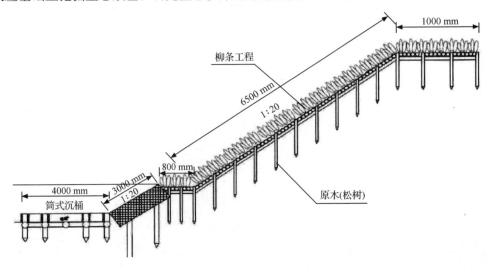

图 4-52　石笼护岸示意图

5) 连接混凝土块体生态护岸

对侵蚀强度大,河岸极不稳定的地段可以考虑连接混凝土块体护岸工程。用混凝土块的耐腐蚀、耐冲刷特性,加强河岸的强度,同时混凝土块间保持一定距离的间隔并相互连接,一定程度上避免阻断水生生态系统与陆地生态系统的物质和能量交换,后期可在间隔空隙内栽植或扦插植物,逐渐恢复生态系统的植物群落。连接混凝土块体护岸的设计示意图如图 4-53 所示。

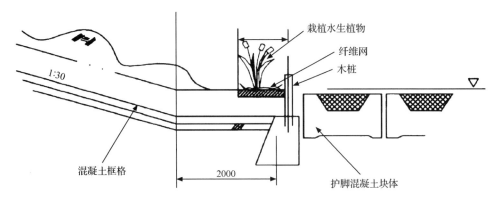

图 4-53　连接混凝土块体护岸示意图

6）综合生态型护岸

综合护岸措施就是将不同材料的护岸模式进行有机地组合，充分利用植物材料和工程材料，达到稳固河岸，保持水土，恢复植被缓冲带，最终达到快速恢复受损的河岸带生态系统的目的。各种护岸的组合应该根据河段的实际情况而定，以下是某河岸不同材料护岸的某一典型设计图如图 4-54 所示。

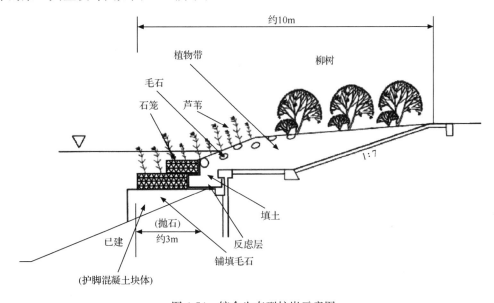

图 4-54　综合生态型护岸示意图

由于研究地区特殊的地形，所以针对蔡家川流域存在的大量的沟谷缓冲带的营建技术可能与河岸缓冲带有一定差别，但是可以借鉴一些上述的经验和措施。尤其是有河流的缓冲带可以采取一些对应有效的措施。

但是针对特殊的地形，即缺水的沟谷地带，最好的营建方法就是人工促进植被恢复下的封育措施，促进向顶级最佳群落的演替。

4. 生态缓冲带水文生态功能分析与评价

1) 沟谷对水分环境因素的重新分配

沟谷对水分的再分配最终导致：阳坡土壤水分含量相对较小，季节变化幅度大；阴坡土壤水分含量相对较高，季节变化幅度相对较小。水分沿坡面自上而下的再分配，通常受基质特性的影响较大。在均一的厚层黄土沟坡上土壤水分自上而下的变化规律为坡顶＜坡中＜沟底。

2) 沟谷对热量环境因素的重新分配

沟谷对热量的再分配也是明显的，在沟谷中阳坡往往表现出相对温暖的特点，而阴坡表现出相对冷凉的特点。这一现象，在热量相对较低的本氏针茅草原区的北部沟谷中表现得尤为突出。阳坡通常分布着喜暖的植物，如文冠果、酸枣、杠柳、白羊草、菱蒿，而阴坡主要分布着一些耐寒的植物，如大针茅、铁杆蒿等植物。沟谷对水热的重新分配，最终形成了阳坡干暖、阴坡凉湿、沟底暖湿的沟谷小生境。这种沟谷小生境的存在是沟谷植被形成的必要条件。

3) 沟谷对生物多样性的影响

纵横的沟壑形成了复杂多样的生境，多样的生境孕育了物种的多样性和群落的复杂性，可以说，干旱、半干旱地区，丘陵沟壑区，沟谷-梁峁复合系统与同一区域的沙地、山地都是生物多样性富集的中心，物种多样性的增加是构成沟谷群落增加的基础。丘陵沟壑区由于生境的复杂，物种丰富，故使得沟谷群落类型同样表现出高的多样性。

无论从物种组成还是群落类型来看，丘陵沟壑区与位于同一地带的沙地、草原比较，均表现出高的生物多样性。可以说，干旱、半干旱地区，丘陵沟壑区，特别是沟谷-梁峁复合系统中的沟谷系统是生物多样性富集地之一。

4) 对区域初级生产力的影响

沟谷表面积的增加是沟谷植被面积扩大的前提和基础，植被面积的扩大，最终会增加沟谷-丘陵复合系统的第一生产力。

5) 沟谷植被的水土保持功能

在丘陵沟壑区，水土流失是一个备受关注的问题，由于水土流失带来的负面影响是大的，所以水土保持工作者和当地居民在始终不懈地进行着水土流失的防治工作，使得黄土丘陵沟壑区水土流失得到相应控制，但也存在不少问题。植被对沟坡土壤侵蚀的影响是非常重要的，故植被与水土流失之间的关系以及在水土保持中的作用，一直是研究水土流失的一个重要问题。沟谷自然植被作为沟谷系统的重要组成部分，它的水土保持能力是一个值得深入研究的问题，对它的研究更能客观的揭示植被与水土流失的关系。沟谷植被对沟坡的水土保持作用是十分明显的，尤其是对泥沙的保持作用更强。与无植被沟坡比较，沟坡植被平均减沙、减水率为 96.6％ 和 37.6％。如果辅以工程措施，有效防止沟底进一步下切，水土保持效果会更好。

6) 沟谷植被的土壤改良作用

黄土、砒砂岩基质坍塌形成的裸沟坡，土壤养分的匮乏是植被恢复的限制因子，沟谷植被是在坍塌沟坡上发育的一组群落，它的形成和发展必将对沟坡土壤的培育、形成起到积极作用。沟谷阴坡植物群落对土壤养分的促进作用远大于沟谷阳坡植物群落。主要由于阴坡水分条件较好,植被覆盖度大,产生的凋落物多,使土壤中有机质、全氮含量较高。沟谷植被对沟坡土壤养分的促进作用是明显的,但由于阴阳坡土壤养分、水分、植物群落等存在明显差异,对沟谷阴阳坡的利用、改造应作不同对待。这样才能更好地促进沟谷植被的发育,确保减少水土流失。

4.3.5　西北内陆乌鲁木齐河流域水源区生态缓冲带植被构建技术

1. 生态缓冲带及其水文生态功能

以干旱区乌鲁木齐河流域上游为研究区,调查河岸缓冲带的组成结构,重点分析缓冲带对氮、磷的消减作用,目的是为保障该流域水质安全,同时对完善和发展都市河流生态修复理论和技术也有十分重要的现实意义。

根据乌鲁木齐河流域河岸缓冲带分布范围以及代表性,分别在乌鲁木齐县板房沟镇王家庄、七公村 4 队、东白杨沟有径流的河岸缓冲带设置植被调查样地和水样采集点,共设置 8 条植被调查样带,其中东白杨沟为 1 条人工杨树林调查样带,七公村 4 队 1 条乔灌混交调查样带(天然)、2 条灌木样带(天然)、1 条草本样带(表 4-60)。河岸缓冲带植被调查样方上方为农田,主要农作物为小麦、马铃薯。每次灌溉后,农田出水口的水流汇合进入有径流的河道。

表 4-60　采样点概况

样带编号	地理位置	树种	坡度/(°)	样带面积	起源	平均树高/m	备注
1	N532182,E4817959	新疆杨	7	10 m×30 m	人工	12.1	周围种植马铃薯和小麦
2	N524900,E4817973	蔷薇＋绣线菊＋忍冬＋小檗＋荀子	21	10 m×30 m	天然	3.8	周围种植马铃薯
3	N524922,E4817754	绣线菊＋小檗＋荀子	18	10 m×30 m	天然	2.7	周围种植马铃薯
4	N525979,E4819491	绣线菊＋小檗＋荀子	16	10 m×30 m	天然	2.7	周围种植马铃薯
5	N525961,E4819432	小叶杨	18	10 m×30 m	天然	2.1	周围种植马铃薯
6	N526032,E4819452	马兰草＋早熟禾＋白皮荆芥	12	10 m×30 m	天然	0.45	周围种植马铃薯
7	N526016,E4819470	马兰草＋早熟禾＋白皮荆芥	7	10 m×30 m	天然	0.6	周围种植马铃薯
8	N526019,E4819462	马兰草＋早熟禾＋白皮荆芥	5	10 m×30 m	天然	0.45	周围种植马铃薯

水样采集时间选择在农田施肥和灌溉后的 2012 年 6 月和 7 月,分别自每个样地坡上至坡下 0 m、1 m、3 m、5 m、7 m、9 m、13 m 处取样,各点分别取水样 500 ml,置于 4℃恒温保存,24 h 内送至新疆维吾尔自治区环境监测站进行检测。测定指标为总磷(TP)、总氮(TN)、氨态氮(NH_4^+-N)、硝酸盐氮(NO_3^--N),具体测定方法为:NH_4^+-N 采用纳氏试剂比色法;TP 采用过硫酸钾消解法;TN 采用过硫酸钾氧化后,用紫外分光光度法测定。

计算公式如下:

$$河岸缓冲带营养物质(氮、磷)富集量:R = V_0 - V_{13} \qquad (4-34)$$
$$河岸缓冲带营养物质(氮、磷)转移率:T = (V_0 - V_{13}) / V_0 \times 100\% \qquad (4-35)$$
$$河岸缓冲带营养物质(氮、磷)消减率:D = (V_0 - V_i) / V_0 \times 100\% \qquad (4-36)$$

式中,T 为营养物质(氮、磷)富集值,R 为营养物质(氮、磷)转移率,V_0 为各个缓冲带 0 m 处的营养物质(氮、磷)浓度,V_{13} 为各个缓冲带 13 m 处的营养物质(氮、磷)浓度,D 为营养物质(氮、磷)消减率,V_i 为各个缓冲带点 i 处的营养物质(氮、磷)浓度。

2. 生态缓冲带植被配置技术

不同植被配置的陆相河岸缓冲带营养物质富集转移规律见表 4-61。由表 4-61 可以看出,在 NO_3^--N 的富集转移上,人工杨树林的富集量最大,水体中有 1.57 mg/L 的 NO_3^--N 在植被-土壤-大气系统中富集,而灌木林 3 中 NO_3^--N 的转移百分比最大,达到 63.24%;草本样地 3 对 NO_3^--N 的富集量和转移率都最低,分别为 0.18 mg/L 和 10.65%。人工杨树林对 NH_4^+-N 的富集量最大(0.23 mg/L),从转移百分比看,则是灌木林 2 最大(61.54%),转移百分比最低的是草本缓冲带 2(23.08%);同样,人工杨树林对 TN 的富集量仍然最大(1.84 mg/L),从转移百分比看,则是灌木林,3 最大(63.19%),转移百分比最低的是草本缓冲带 3(14.93%);对 TP 的富集量和转移率最高的分别为灌木林 2(0.18 mg/L)和灌木林 1(80%),最低的分别为草本缓冲带 3(0.07 mg/L)和草本缓冲带 1(40.91%)

表 4-61　各缓冲带氮磷富集及转移比

指标	缓冲带类型	0m 处浓度/(mg/L)	13m 处浓度/(mg/L)	富集值/(mg/L)	转移比/%
NO_3^--N	灌木林 1	1.70	0.78	0.92	54.12
	灌木林 2	2.20	0.88	1.32	60.00
	灌木林 3	1.36	0.50	0.86	63.24
	人工杨树林	2.90	1.33	1.57	54.14
	乔灌混交	2.40	1.17	1.23	51.25
	草本 1	2.62	1.62	1.00	38.17
	草本 2	1.83	1.32	0.51	27.87
	草本 3	1.69	1.51	0.18	10.65
NH_4^+-N	灌木林 1	0.17	0.08	0.09	52.94
	灌木林 2	0.26	0.10	0.16	61.54
	灌木林 3	0.21	0.10	0.11	52.38

续表

指标	缓冲带类型	0m 处浓度/(mg/L)	13m 处浓度/(mg/L)	富集值/(mg/L)	转移比/%
$NO_3^- -N$	人工杨树林	0.40	0.17	0.23	57.50
	乔灌混交	0.39	0.19	0.20	51.28
	草本 1	0.46	0.25	0.21	45.65
	草本 2	0.39	0.30	0.09	23.08
	草本 3	0.27	0.16	0.11	40.74
TN	灌木林 1	2.12	0.90	1.22	57.55
	灌木林 2	2.53	1.00	1.53	60.47
	灌木林 3	1.63	0.60	1.03	63.19
	人工杨树林	3.40	1.56	1.84	54.12
	乔灌混交	2.84	1.39	1.45	51.06
	草本 1	3.10	1.85	1.25	40.32
	草本 2	2.40	1.67	0.73	30.42
	草本 3	2.01	1.71	0.30	14.93
TP	灌木林 1	0.15	0.03	0.12	80.00
	灌木林 2	0.23	0.05	0.18	78.26
	灌木林 3	0.10	0.02	0.08	79.00
	人工杨树林	0.21	0.09	0.12	57.14
	乔灌混交	0.19	0.06	0.13	68.42
	草本 1	0.22	0.13	0.09	40.91
	草本 2	0.18	0.10	0.08	44.44
	草本 3	0.13	0.06	0.07	53.85

3. 生态缓冲带植被营建技术

灌木河岸缓冲带各取样点营养物质消减率变化见图 4-55。可见,TP、TN、$NH_4^+ -N$、$NO_3^- -N$ 消减率整体上随着缓冲带宽度的增加呈上升趋势,而且灌木缓冲带、乔木缓冲带、乔灌混交缓冲带和草本缓冲带对磷的消减率最明显,对 $NO_3^- -N$ 的消减率最低(图 4-56~图 4-58)。

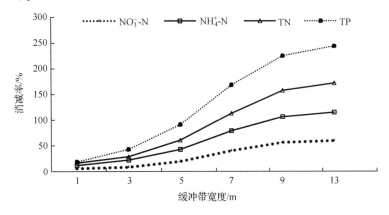

图 4-55　灌木河岸缓冲带不同宽度对营养物质的消减

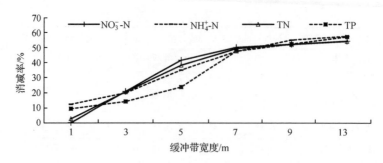

图 4-56　人工杨树林河岸缓冲带不同宽度对 TN 的消减

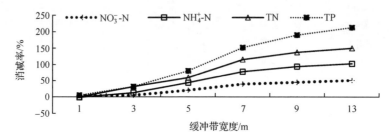

图 4-57　乔灌混交河岸缓冲带不同宽度对 TP 的消减

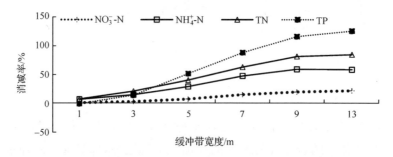

图 4-58　草本河岸缓冲带不同宽度对 TP 的消减

1）灌木缓冲带适宜宽度

在数理统计中，当 x 取为抛物线的对称轴值时，即 $x=-b/2a$ 时，所得的 y 值是这个函数的最值。当 a 是正数时，抛物线开口向上，所得到的最值是抛物线最低点，也就是最小值，此函数无最大值。当 a 是负数时，抛物线开口向下，所的最值为最大值，此函数无最小值。在本项目中，灌木缓冲带对总磷的消减拟合的方程开口都为向下的二次函数，根据公式 $x=-b/2a$，推导出变化率（y）最大值时对应的宽度（x）为 8.02m。当变化率为零时（$y=0$），也就是说缓冲能力达到稳定时，此时的缓冲带宽度为最大宽度（x），此处求得 x 为 14.83m，因此对于灌木缓冲带对磷消减的最适宜的宽度范围为［8.02，14.83］。同理，推导出灌木缓冲带对 NH_4^+-N、NO_3^--N、TN 的消减的适宜宽度分布为［7.98，13.32］、［7.96，14.84］、［8.76，16.43］。而灌木缓冲带综合适宜宽度需要同时满足上述 4 个指标，因此确定出灌木缓冲带综合适宜宽度为［7.96，16.43］（图 4-59、表 4-62）。

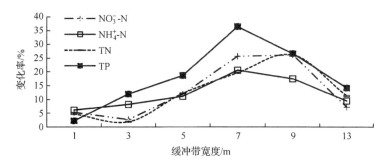

图 4-59　灌木缓冲带营养物质变化率

表 4-62　灌木缓冲带营养物质变化率与缓冲带宽度的拟合方程以及最适宜宽度

指标	方程	R^2	y 为最大值时对应的 x 值	y 为 0 时对应的 x 值
TP	$y=-0.595x^2+9.5498x-8.952$	0.8571	8.02	14.83
NH_4^+-N	$y=-0.2692x^2+4.2963x-0.033$	0.7657	7.98	13.32
NO_3^--N	$y=-0.4592x^2+7.3106x-7.5484$	0.6674	7.96	14.84
TN	$y=-0.3383x^2+5.9246x-6.0055$	0.6902	8.76	16.43

2）人工杨林缓冲带适宜宽度

推导出人工杨树林对磷消减的变化率（y）最大值时对应的宽度（x）为 6.16 m。当变化率为零时（$y=0$），也就是说缓冲能力达到稳定时，此时的缓冲带宽度为最大宽度（x），此处求得 x 为 14.86 m，因此对于人工杨树林缓冲带对磷消减的最适宜的宽度范围为 $[6.16,14.86]$。同理，推导出人工杨树林缓冲带对 NH_4^+-N、NO_3^--N、TN 的消减的适宜宽度分布为 $[6.65,13.34]$、$[9.66,19.90]$、$[7.08,14.40]$。而人工杨树林缓冲带综合适宜宽度需要同时满足上述 4 个指标，因此确定出人工杨树林缓冲带综合适宜宽度（x）为 $[6.16,19.90]$（图 4-60、表 4-63）。

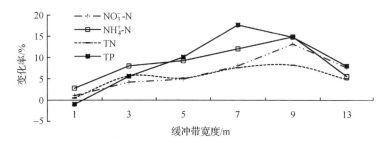

图 4-60　人工杨树林缓冲带营养物质变化率

表 4-63　人工杨树林缓冲带营养物质变化率与缓冲带宽度的拟合方程以及最适宜宽度

指标	方程	R^2	y 为最大值时对应的 x 值	y 为 0 时对应的 x 值
TP	$y=-2.1714x^2+26.74x-12.217$	0.5123	6.16	14.86
NO_3^--N	$y=-1.0303x^2+19.893x-12.119$	0.6749	9.66	19.9

续表

指标	方程	R^2	y 为最大值时对应的 x 值	y 为 0 时对应的 x 值
TN	$y=-2.6519x^2+37.529x-9.3022$	0.7666	7.08	14.4
NH_4^+-N	$y=-1.509x^2+20.074x+0.775$	0.6998	6.65	13.34

3）乔灌混交林缓冲带适宜宽度

推导出乔灌混交林缓冲带对 TP 消减的变化率（y）最大值时对应的宽度（x）为 7.6 m。当变化率为零时（$y=0$），也就是说缓冲能力达到稳定时，此时的缓冲带宽度为最大宽度（x），此处求得 x 为 14.34 m，因此对于乔灌混交林缓冲带对 TP 消减的最适宜的宽度范围为[7.6,14.34]。同理,推导出乔灌混交林缓冲带对 NH_4^+-N、NO_3^--N、TN 的消减的适宜宽度分布为[7.06,14.05]、[6.72,14.25]、[7.36,13.38]。而乔灌混交林缓冲带综合适宜宽度需要同时满足上述 4 个指标,因此确定出乔灌混交林缓冲带综合适宜宽度（x）为[6.72,14.34]（图 4-61、表 4-64）。

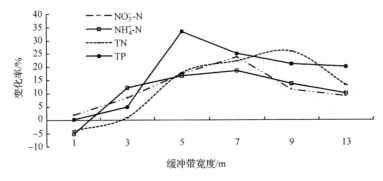

图 4-61　混交林缓冲带营养物质变化率

表 4-64　混交林缓冲带营养物质变化率与缓冲带宽度的拟合方程以及最适宜宽度

指标	方程	R^2	y 为最大值时对应的 x 值	y 为 0 时对应的 x 值
TP	$y=-1.8227x^2+27.716x-22.754$	0.7335	7.6	14.34
NO_3^--N	$y=-2.3085x^2+17.591x-14.584$	0.8151	6.72	14.25
TN	$y=-1.5123x^2+22.264x-27.142$	0.8851	7.36	13.38
NH_4^+-N	$y=-1.5395x^2+23.114x-20.902$	0.9393	7.06	14.05

4）草本缓冲带适宜范围

推导出草本缓冲带对 TP 消减的变化率（y）最大值时对应的宽度（x）为 7.09 m。当变化率为零时（$y=0$），也就是说缓冲能力达到稳定时,此时草本缓冲带缓冲带宽度为最大宽度（x），此处求得 x 为 14.06 m,因此对于草本缓冲带对 TP 消减的最适宜的宽度范围为[7.09,14.06]。同理,推导出草本缓冲带对 NH_4^+-N、NO_3^--N、TN 的消减的适宜宽度分布为[10.35,16.50]、[9.47,19.20]、[7.9,15.40]。而草本缓冲带综合适宜宽度需要同时满足上述 4 个指标,因此确定出草本缓冲带综合适宜宽度（x）为[7.09,19.20]（图

4-62、表 4-65)。

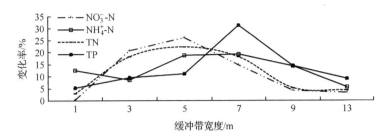

图 4-62　草本缓冲带营养物质变化率

表 4-65　草本缓冲带营养物质变化率与缓冲带宽度的拟合方程以及最适宜宽度

指标	方程	R^2	y 为最大值时对应的 x 值	y 为 0 时对应的 x 值
TP	$y=-1.7099x^2+24.248x-14.769$	0.9104	7.09	14.06
NO_3^--N	$y=-0.4538x+8.5956x-4.0049$	0.7548	9.47	19.2
NH_4^+-N	$y=-0.5466x^2+11.291x-8.021$	0.694	10.32	16.5
TN	$y=-0.672x^2+10.6173x-4.132$	0.8562	7.9	15.4

4. 生态缓冲带水文生态功能分析与评价

乌鲁木齐河道地表水经过生态缓冲植被带后,水质均有不同程度的改善,基本结论如下:

(1) 乌鲁木齐河上游各类型的河岸缓冲带中,除了人工林表现为对 NO_3^--N 的去除效果最佳,对 TP 的去除效果最差,而其余 3 种类型缓冲带都表现为相反的效果,即对 TP 的去除率最好,对 NO_3^--N 的去除效果最差。

(2) 4 种类型河岸缓冲带均表现为随着缓冲带宽度的增加消减率不断增加,但是消减变化率表现为先上升后降低的趋势。

(3) 通过计算各个河岸缓冲带对 4 种营养物质的消减变化率,得出灌木缓冲带对 TP、NH_4^+-N、NO_3^--N、TN 消减的最适宜的宽度范围为[8.02,14.83]、[7.98,13.32]、[7.96,14.84]、[8.76,16.43],灌木缓冲带同时满足对上述 4 种营养物质消减变化率达到最佳的综合适宜宽度(x)区间[7.96,16.43];人工杨树林缓冲带对 TP、NH_4^+-N、NO_3^--N、TN 消减的最适宜的宽度(x)区间为[6.16,14.86]、[6.65,13.34]、[9.66,19.90]、[7.08,14.40],人工杨树林缓冲带同时满足对上述 4 种营养物质消减变化率达到最佳的综合适宜宽度(x)区间为 [6.16,19.90];乔灌混交林缓冲带对 TP、NH_4^+-N、NO_3^--N、TN 的消减的适宜宽度分布为[7.6,14.34]、[7.06,14.05]、[6.72,14.25]、[7.36,13.38],确定出乔灌混交林缓冲带同时满足对上述 4 种营养物质消减变化率达到最佳的综合适宜宽度(x)区间为[6.72,14.34];草本缓冲带对 TP、NH_4^+-N、NO_3^--N、TN 消减的最适宜的宽度范围[7.09,14.06]、[10.35,16.50]、[9.47,19.20]、[7.9,15.40],草本缓冲带同时满足对上述 4 种营养物质消减变化率达到最佳的综合适宜宽度(x)为[7.09,19.20]。

4.3.6　辽河上游水源区生态缓冲带缓冲带植被构建技术

1. 生态缓冲带及其水文生态功能

1) 生态缓冲带植被结构特征分析

(1) 生态缓冲带样地概况。根据调查样带的地理位置划分为三种类型,分别为:水中、湿地和岸上。根据植被分布特征划分为四种群落,分别为:浮萍(*Lemna minor*)植物群落、黑三棱(*Sparganium stoloniferum*)-水葱(*Scirpus validus*)植物群落、野稗(*Echinochloa crusgalli*)-荩草(*Arthraxon hispidus*)-水蓼(*Polygonum hydropiper*)植被群落和珍珠梅(*Sorbaria sorbifolia*)植物群落。在入库河口区设置了 3 个样带,在水库上游设置 1 个样带,样带宽度在 5～6 m,样带面积 150 m²,因而该调查区具有一定的典型性和代表性。表 4-66 为各样带的地理位置概况。

表 4-66　生态缓冲带样地概况

样点类型及代码	植被样带宽度/m	地理位置	海拔高度/m	样带面积/m²
水中(Lm)	5	E124°48′18″ N41°17′05″	520	150
湿地(Sc-St)	5	E124°48′17″ N41°17′10″	521	150
湿地(Ec-Ah-Ph)	5	E124°48′19″ N41°17′15″	521	150
岸边(Ss)	6	E124°48′48″ N41°19′05″	525	120

注:Lm 代表浮萍植物群落,Sc-St 代表黑三棱-水葱植物群落,Ec-Ah-Ph 代表野稗-荩草-水蓼植被群落,Ss 代表珍珠梅植物群落。以下各图表与此相同。

(2) 生态缓冲带样地植被概况。设置的 4 个样带共有 4 个植被带。水中植被带物种较少,主要以浮萍为主,分布较集中。岸上湿地以黑三棱-水葱植物群落和野稗-荩草-水蓼植物群落为主。黑三棱-水葱植物群落共有 5 种植物,物种数较浮萍群落多,但相对其他两个群落很少;物种数量上以水葱居多。野稗-荩草-水蓼植物群落物种数相对丰富,有 20 种,菊科和禾本科植物科属组成占优势,植物种类以水蓼、荩草和野稗为主。岸边以珍珠梅为主,调查中还发现数量很少的水曲柳(*Fraxinus mandschurica*),依附灌木生长的藤本植物有软枣猕猴桃(*Actinidia arguta*)和山葡萄(*Vitis amurensis*)。植被种类相对野稗-荩草-水蓼植物群落较少,但多于浮萍植物群落和黑三棱-水葱植物群落。表 4-67 为各样带植被群落的组成和植物种类信息情况。

表 4-67　生态缓冲带样地植被群落概况

样点类型及代码	群落组成结构	植物种类
水中(Lm)	共获得草本 3 种,隶属于 3 科 3 属	浮萍、黑三棱和水葱
湿地(Sc-St)	共获得草本 5 种,隶属于 5 科 5 属	浮萍、黑三棱、水葱、芦苇和香蒲

样点类型及代码	群落组成结构	植物种类
湿地 （Ec-Ah-Ph）	共获得草本 20 种，隶属于 9 科 17 属。其中，菊科和禾本科在种属数量上占有优势。两科累计 9 属，占调查总属的 53%	水蓼、苳草、野稗、狗尾草、东北蒲公英、大车前、辽东蒲公英、野大豆、紫菀和龙蒿等
岸边（Ss）	共获得蕨类 1 种，草本 6 种，灌木 3 种，藤本 2 种，隶属于 9 科 11 属	珍珠梅、水曲柳、软枣猕猴桃、柳、山葡萄、龙牙草、蕨、芦苇、蚊子草、野大豆、鹿药和山尖子

（3）生态缓冲带样地群落的结构特征。植被群落的结构是指群落的空间配置情况，植被群落的空间配置反映了这一地带的生态环境，通过对关门砬子水库河岸带植被调查发现，从浅水区至岸上坡地不同坡位共有 4 个主要植物群落类型，从水体到陆地依次分布着浮萍植物群落，水葱-黑三棱植物群落、水蓼-苳草-野稗植物群落、珍珠梅群落。表4-68为各样带的植被群落结构情况。

表 4-68　生态缓冲带样地群落结构

样带代码	群落类型	优势种	群落结构分析	主要物种				
Lm	浮萍植物群落	浮萍		浮萍	黑三棱	水葱		
			盖度/%	55	5	5		
			平均高度/cm	0	85	80		
			密度/(株/m²)	32	2	1		
Sc-St	水葱-黑三棱植物群落	黑三棱 水葱		浮萍	黑三棱	水葱	芦苇	香蒲
			盖度/%	8	46	38	2	6
			平均高度/cm	0	92	115	143	64
			密度株/m²	17	12	18	1	2
Ec-Ah-Ph	野稗-苳草-水蓼植物群落	野稗 苳草 水蓼		水蓼	苳草	野稗	狗尾草	东北蒲公英
			盖度/%	22	32	31	6	9
			平均高度/cm	35	15	12	29	8
			密度/(株/m²)	19	16	18	5	10
Ss	珍珠梅植物群落	珍珠梅		珍珠梅	水曲柳	软枣猕猴桃	柳	龙牙草
			盖度/%	100	1	1	1	5
			平均高度/cm	190	290	230	220	35
			密度/(株/m²)	0.7	0.008	0.008	0.008	6

浮萍草本植物群落　该群落位于浅水区，草本植物种非常少，仅有浮萍（*Lemna minor*）、黑三棱（*Sparganium stoloniferum*）和水葱（*Scirpus validus*），总盖度 65%。其中，浮萍数量较多，叶子浮于水面之上，盖度为 55%，密度 32 株/m²，占总株数的 98%。此外，还分布有零星的黑三棱和水葱，它们高度较大，分别约为 85cm、80cm；但是，盖度较低，约为 5%，密度仅为 2 株/m² 和 1 株/m²。

水葱-黑三棱草本植物群落　该群落位于岸边泥滩地带，分布有大量的高大草本植物,高度 1 m 左右,总盖度接近 100%,主要草本植物水葱和黑三棱呈混生状态。其中,水葱的高度最高,达 115 cm,但是盖度并不是最大,为 38%,密度 18 株/m²,占总株数的 41%;黑三棱也较高,为 92 cm,盖度最大为 46%,密度 12 株/m²,占总株数的 29%。此外还少量分布有芦苇(*Phragmites australis*)、香蒲(*Typha orientalis*)和浮萍等植物。

水蓼-荩草-野稗草本植物群落　该群落位于水葱-黑三棱草本植物群落的上部,分布在岸边相对较干燥的地区。植物种类较多,共有 24 种,群落高度 30 cm 左右,总盖度接近 100%。在优势植物中,水蓼(*Polygonum hydropiper*)的盖度最大为 22%,平均高度为 35 cm,密度 19 株/m²,占总株数的 18.8%;荩草(*Arthraxon hispidus*)的高度 15 cm,盖度为 32%,密度 16 株/m²,占总株数的 15.3%;野稗的高度 12 cm,盖度为 31%,密度 18 株/m²,占总株数的 17.4%。此外,群落中还分布有狗尾草(*Setaria viridis*)、东北蒲公英(*Taraxacum ohwianum*)大车前(*Plantago major*)、辽东蒲公英(*Taraxacum liaotungense*)、野大豆(*Glycine soja*)、紫菀(*Aster tataricus*)、龙蒿(*Artemisia dracunculus*)等植物。

珍珠梅群落　该群落位于水库上游地区。植物种类较单一,分为灌木层和草本层。灌木层盖度 100%,高度 190 cm 左右,珍珠梅占有 99% 的比例,零星的分布有水曲柳,依附灌木生长的藤本植物有软枣猕猴桃和山葡萄。草本层植物分布稀疏,物种较少,盖度 5% 左右,平均高度 35 cm 左右。珍珠梅盖度最大为 100%,但高度不是最高,平均高度为 190 cm,密度 0.7 株/m²,占总株数的 70%。高度最高的为水曲柳,高度 290 cm,但是水曲柳的盖度很小为 1%,密度为 0.008 株/m²,占总株数的 0.6%。软枣猕猴桃高度 230 cm,盖度 1%,密度 0.008 株/m²,占总株数的 0.6%。草本层的优势种为龙牙草,平均高度为 35 cm,盖度为 5%,密度为 6 株/m²,占总株数的 5%。此外,草本层还少量分布有芦苇、山尖子、千金榆、野大豆等植物。

2) 生态缓冲带物种的科属组成分析

根据调查结果,植物种数为蕨类 1 种,草本和灌木合计 36 种,隶属于 17 个科,31 个属。由表 4-69 可知,少于 5 个种的科占大多数,它占总科、属、种数的 88.2%、61.3%、55.5%;其中,含有一个种的科 12 个。大于 5 种的科、2~4 种的科较少,但其所包含的属、种数量分别占本区植物相应比例较高,表明本区中包含的植物科数较多,构成了植物种的主体。其中,禾本科(7 属 9 种)、菊科(5 属 7 种)最占优势。

从属级别统计来看,含 5 种以上的属为 0,2~3 种的属也很少,而含有一个种的属占本区植物的绝大多数,占总属、种数的 78%、75%。构成了本区植物种组成的主体,也是本区植物种多样性的重要组成成分(表 4-69)。

表 4-69　科属的数量组成

级别	科数	属数	种数	占总科数比例/%	占总属数比例/%	占总种数比例/%	级别	属数	种数	占总属数比例/%	占总种数比例/%
>5 种的科	2	12	16	11.8	38.7	44.4	>5 种的属	0	0	0	0
2~4 种的科	3	7	8	17.6	22.6	22.2	2~3 种的属	4	9	13	25

级别	科数	属数	种数	占总科数比例/%	占总属数比例/%	占总种数比例/%	级别	属数	种数	占总属数比例/%	占总种数比例/%
含一个种的科	12	12	12	70.6	38.7	33.3	含一个种的属	27	27	87	75
合计	17	31	36	100	100	100	合计	31	36	100	100

3）群落中主要物种重要值分析

群落中的重要值是研究某个种在群落中的地位和作用的综合数量指标。通过计算得出 4 个群落主要物种的重要值如表 4-70 所示。

在浮萍植物群落中,浮萍的重要值最大,为 0.657;黑三棱和水葱较低重要值介于 0.1～0.2 之间,分别为 0.179 和 0.164。黑三棱水葱群落中,水葱和黑三棱重要值较高,但是重要值要远低于浮萍群落中的浮萍,二者的重要值介于 0.3～0.4 之间,分别是 0.356 和 0.323;芦苇和香蒲的重要值仅次于水葱和黑三棱,分别为 0.135、0.103;浮萍的重要值最小,其数值低于 0.1,为 0.083。野稗-荩草-水蓼群落中,水蓼、荩草和野稗的重要值较高,但是低于浮萍群落中的浮萍和黑三棱水葱群落中的水葱与黑三棱,与黑三棱-水葱群落中的芦苇和香蒲差不多,分别为 0.151、0.114 和 0.111,重要值介于 0.05～0.1 间的植物有狗尾草、东北蒲公英、大车前和辽东蒲公英;重要值小于 0.05 的植物有野大豆、紫菀、龙蒿、泽地早熟禾、金狗尾草、水蒿、毛笠莎草、林地早熟禾、水杨梅、旋覆花等。在珍珠梅植物群落群落中,珍珠梅的重要值最大,为 0.548。其他物种的重要值小于 0.1,其值介于 0.03～0.08 的有水曲柳、软枣猕猴桃、柳、龙芽草、山葡萄、蕨、芦苇和蚊子草。重要值 0.01 左右的有野大豆、鹿药和山尖子。由重要值也可以看出浮萍、黑三棱、水葱、水蓼、荩草、野稗和珍珠梅在各自群落中的优势程度。

表 4-70　四个群落主要物种特征

样带代码	物种名称	科名	属名	拉丁名	重要值	生活型
Lm	浮萍	浮萍科	浮萍属	*Lemna minor*	0.657	草本
	黑三棱	黑三棱科	黑三棱属	*Sparganium stoloniferum*	0.179	草本
	水葱	莎草科	藨草属	*Scirpus validus*	0.164	草本
Sc-St	水葱	莎草科	藨草属	*Scirpus validus*	0.356	草本
	黑三棱	黑三棱科	黑三棱属	*Sparganium stoloniferum*	0.323	草本
	芦苇	禾本科	芦苇属	*Phragmites australis*	0.135	草本
	香蒲	香蒲科	香蒲属	*Typha orientalis*	0.103	草本
	浮萍	浮萍科	浮萍属	*Lemna minor*	0.083	草本
Ec-Ah-Ph	水蓼	蓼科	蓼属	*Polygonum hydropiper*	0.151	草本
	荩草	禾本科	荩草属	*Arthraxon hispidus*	0.114	草本
	野稗	禾本科	稗属	*Echinochloa crusgalli*	0.111	草本
	狗尾草	禾本科	狗尾草属	*Setaria viridis*	0.073	草本

续表

样带代码	物种名称	科名	属名	拉丁名	重要值	生活型
	东北蒲公英	菊科	蒲公英属	*Taraxacum ohwianum*	0.057	草本
	大车前	车前科	车前草属	*Plantago major*	0.057	草本
	辽东蒲公英	菊科	蒲公英属	*Taraxacum liaotungense*	0.054	草本
	野大豆	豆科	大豆属	*Glycine soja*	0.039	草本
	紫菀	菊科	紫菀属	*Aster tataricus*	0.037	草本
	龙蒿	菊科	蒿属	*Artemisia dracunculus*	0.032	草本
Ec-Ah-Ph	泽地早熟禾	禾本科	早熟禾属	*Poa palustris*	0.032	草本
	金狗尾草	禾本科	狗尾草属	*Setaria glauca*	0.032	草本
	水蒿	菊科	蒿属	*Artemisia atrovirens*	0.030	草本
	毛笠莎草	莎草科	薹草属	*Carex orthostachys*	0.025	草本
	林地早熟禾	禾本科	早熟禾属	*Poa nemoralis*	0.022	草本
	水杨梅	蔷薇科	路边青属	*Geum aleppicum*	0.022	草本
	旋覆花	菊科	旋覆花属	*Inula japonica*	0.020	草本
	珍珠梅	蔷薇科	珍珠梅属	*Sorbaria sorbifolia*	0.548	灌木
	水曲柳	木犀科	白蜡树属	*Fraxinus mandschurica*	0.076	灌木
	软枣猕猴桃	猕猴桃科	猕猴桃属	*Actinidia arguta*	0.0615	藤本
	柳	杨柳科	柳属		0.059	灌木
	龙芽草	蔷薇科	龙牙草属	*Agrimonia pilosa*	0.048	草本
Ss	山葡萄	葡萄科	葡萄属	*Vitis amurensis*	0.047	藤本
	蕨	蕨科	蕨属	*Pteridium aquilinum*	0.046	
	芦苇	禾本科	芦苇属	*Phragmites australis*	0.044	草本
	千金榆	桦木科	鹅耳枥属	*Carpinus cordata*	0.030	草本
	野大豆	豆科	大豆属	*Glycine soja*	0.017	草本
	鹿药	百合科	鹿药属	*Smilacina japonica*	0.013	草本
	山尖子	菊科	蟹甲草属	*Parasenecio hastatus*	0.011	草本

4）河岸缓冲带生态植物群落多样性分析

（1）不同群落物种的多样性分析。种多样性是一个群落结构和功能复杂性的量度，即群落在组成、结构、功能和动态方面表现出的丰富多彩的差异。因此，研究物种多样性是群落生态学研究乃至整个生态学研究中十分重要的内容（陈廷贵和张金屯，2000；张金屯和焦蓉，2003）。进行物种多样性分析能更好地评价群落结构及其发展变化，同时对物种多样性的测定可以反映群落及其环境的保护状态，这对控制和减少珍稀濒危物种的丧失具有重大意义。种的丰富度是指一个群落或生境中种的数目的多少（李悦等，2011）。种的多样性是指物种水平上的生物多样性。种的均匀度是指一个群落或生境中全部种的个体数目的分配情况，它反映了种属组成的均匀程度。优势度是指具有相对最大密度和盖度的物种所具有的优势程度。

由图 4-63 可以看出，物种丰富度（Patric）指数从水中至岸上不同群落类型呈先增加

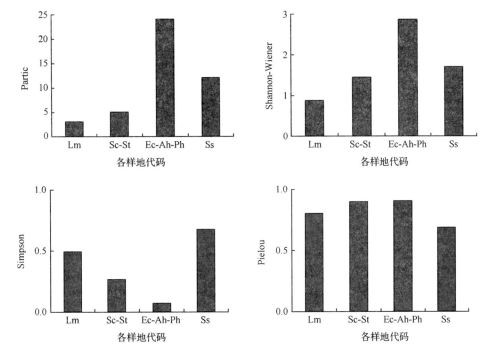

图 4-63 不同群落多样性指数

后降低的趋势。野稗-苽草-水蓼植物群落物种丰富度指数最高(24),浮萍植物群落最小(3)。浮萍群落和黑三棱-水葱群落的丰富度指数很小并且非常接近。野稗-苽草-水蓼群落丰富度指数变化较大(24)。Shannon-Wiener 多样性指数的变化也是先增加后降低的趋势,最小的为浮萍群落(0.88),浮萍群落是矮小的草本层、物种组成单一;Shannon-Wiener 多样性指数小于 2 的群落有黑三棱-水葱植物群落(1.44)和珍珠梅植物群落(1.71);丰富度高的群落物种多样性也很高,Shannon-Wiener 多样性指数最大的为野稗-苽草-水蓼群落(2.87),由于此群落所处土地湿润,群落的结构与功能相对复杂,从而多样性较大。Simpson 优势度指数从水中到岸上呈先下降后升高的趋势,珍珠梅植物群落优势度指数最大(0.68),说明珍珠梅群落中的珍珠梅处于建群种地位,其他物种受到抑制,群落特征也反映出珍珠梅群落多样性水平低;最小的为野稗-苽草-水蓼植物群落。优势度指数介于 0.2~0.5 之间的群落有浮萍植物群落和黑三棱-水葱植物群落,分别为 0.49 和 0.27。优势度指数小于 0.1 的有野稗-苽草-水蓼植物群落(0.07)。Pielou 均匀度指数的变化趋势呈先上升后下降的趋势,均匀度指数最大的为野稗-苽草-水蓼植物群落,均匀度指数为 0.90;最小的为珍珠梅植物群落,均匀度指数为 0.69。黑三棱-水葱植物群落和浮萍植物群落的均匀度指数相差不大,分别为 0.89 和 0.80。

(2) 同一草本层多样性分析。将浮萍、黑三棱-水葱、野稗-苽草-水蓼三个群落与珍珠梅群落中草本层的多样性指数进行比较分析,如图 4-64 所示。

Patric 指数(3~24)与 Simpson 优势度指数(0.07~0.82)与上面变化一致。Shannon-Wiener 多样性指数呈先增高后降低的趋势,Shannon-Wiener 多样性指数最大的是野稗-苽草-水蓼植物群落(2.87),最低的是浮萍植物群落(0.88);黑三棱-水葱植物群落和

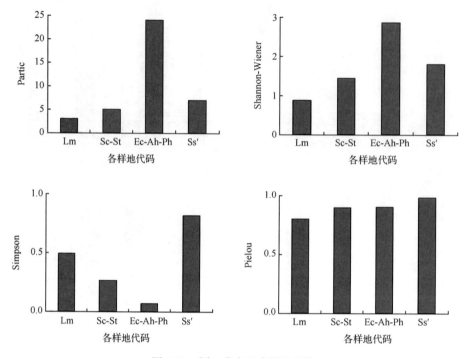

图 4-64　同一草本层多样性指数
注:Ss′为珍珠梅植物群落的草本层

珍珠梅植物群落相差不大,分别为 1.44 和 1.71。Pielou 均匀度指数呈先增加后降低的趋势,均匀度指数最大的是野稗-苔草-水蓼植物群落,最小的是珍珠梅植物群落。均匀度指数介于 0.6～0.8 之间的群落有浮萍植物群落和珍珠梅植物群落,分别为 0.67 和 0.80。均匀度指数在 0.8～1 之间的有黑三棱-水葱植物群落和野稗-苔草-水蓼植物群落,分别为 0.89 和 0.90。

本区调查物种有 17 科 36 种植物,主要以菊科、禾本科为主,物种数较多且以草本植物为主。小科和含一种植物的科较多,构成了科的主体。说明菊科和禾本科植物在本区分布广泛,这两科的植物对于水环境要求很高,依水分分布。从重要值来看,不同群落间主要植物的物种重要值珍珠梅群落(珍珠梅:0.548)>浮萍群落(浮萍:0.657)>水葱-黑三棱群落(水葱:0.356;黑三棱:0.323)>野稗-苔草-水蓼群落(水蓼:0.151、苔草:0.114 和野稗:0.111)。

陈廷贵等(2000)研究发现物种多样性、生态优势度和物种的均匀度是反映物种组成结构特征的定量指标,一般来说物种多样性与物种丰富度、均匀度呈正相关,与生态优势度呈负相关。研究结果显示,在从水体到陆地的不同植物带中,浮萍群落的物种较简单,反映物种丰富度的 Patric 指数(3)和综合反映物种数和个体数的 Shannon-Wiener 多样性指数(0.88)均明显低于其他群落。说明水中的物种数量少,物种组成单一,浮萍在水中占有优势。Pielou 均匀度指数最低的为珍珠梅植物群落(0.69),而珍珠梅群落的优势度(0.49)最高,这反映了珍珠梅群落不但物种多样性较低,而且种间个体数差异较大,珍珠梅明显在群落中占绝对优势的地位。其他两个群落丰富度、多样性不断升高,优势度不断降低,而均匀度基本一致。说明他们物种较为丰富,群落结构相对复杂。将 4 个群落的草本层多样性比较,浮萍群落的 Patric 指数、Shannon-Wiener 指数和 Simpson 指数变化与上述一致,而 Pielou 最低的为珍珠梅群落的草本层(0.67),珍珠梅群落的草本层的 Shan-non-Wiener 指数为 1.81,说明林下草本层均匀度差,物种数差异大,导致多样性下降。

表 4-71　生态缓冲带植被构建技术与配置模式

模式	适宜生境	主要植被
土壤肥厚处	选择耐寒,喜肥沃湿润土壤,生长快,抗风力强,且耐水湿的主要乔木水曲柳为主要建群种,乔灌草有机搭配,适合于河道上游整个流域土壤条件较好的地段	水曲柳、核桃楸-东北山梅花、金银忍冬、珍珠梅-粗茎鳞毛蕨、猴腿蹄盖蕨、大叶芹、玉竹、蚊子草、苔草
河谷土壤干旱瘠薄处	主要以灌木为主,采用灌草搭配,多为北方寒冷地区的乡土种,植物对土壤酸碱度要求不严,耐旱耐贫瘠,根系粗壮,萌蘖能力强,抗风抗涝,同时对氮磷污染去除能力具有较好的效果。该模式适宜于我国北方河流小流域土壤较为干旱贫瘠的河道	暴马丁香-紫穗槐(陡坡)、珍珠梅-艾蒿、茵陈蒿、石竹
河岸坝顶阳坡干旱瘠薄处(坝顶处)	选用乔木根系发达,耐寒耐贫瘠,灌木萌蘖能力强,在堤坝生长较快,枝条发达,抗风沙,灌草搭配不仅景观优美,耐涝耐盐碱能力也较强,整个模式适宜于河道地势较高地段,在坝顶应用效果较好	刺槐、榆、杨-花木兰(高处)、紫穗槐(陡坡)、珍珠梅-羊胡草、茵陈蒿、石竹、月见草
河道水洼、平静处(洪水位以下濒水处)	选用的植物以水生、耐涝性植物为主,草本植物多为多年生宿根性沼泽类植物,具有根茎粗壮,且横向生长发达,喜光,耐寒,对土壤要求不严,但以含有机质的塘泥最好,物种搭配季节性明显,不仅净化污水能力较强,而且景观也非常优美,该模式特别适合于河道近河床的浅水域地段	芦苇、蒲草、莎草、慈姑、水葫芦、浮萍(浮床、人工抚育)
开阔河滩处(洪水位边坡处)	选用阳性树种,耐水湿,主、侧根发达,耐雨水冲刷,灌草搭配组合具有较高的水土涵养和保持能力,护坡能力较好,消减氮磷污染能力强。因此,该模式适合于入库河道阳坡的植被恢复和治理	蒿柳(少量)、朝鲜柳(少量)-蒙古柳(为主)、杞柳(为主)、珍珠梅(近水)、柳叶绣线菊-芦苇、蒲草、莎草
河岸(河谷)潮湿土壤瘠薄处	选用植物耐荫喜湿、且耐寒但不耐旱,具有发达的根系,营养吸收能力强,具有较强的净化水质能力,该模式适宜于河岸小流域湿润环境	赤杨、榆、蒿柳-杞柳、珍珠梅-粗茎鳞毛蕨、猴腿蹄盖蕨、水芹、苔草

　　通过表 4-71 可知,随着由陆地到水体的群落变化,植物多样性不断降低,尤其是浮萍群落,由于植物种类少,多样性低,优势度明显,均匀度差异大,非常脆弱,极易受到环境的影响导致群落的组成发生根本性的变化。因此,加强辽河流域关门砬子水库河岸带的管理,尤其是加强水体管理,是保证关门砬子水库的河岸带具有丰富的植物多样性、稳定的植物物种和良好的水源涵养能力的重要措施。

2. 河岸生态缓冲带植被构建技术与配置模式

在辽河流域上游关门河小流域的溪流河岸两侧,主要分布有针阔混交林、珍珠梅-河柳植物群落、野稗-苫草-水蓼植被群落、黑三棱-水葱植物群落和浮萍植物群落。针对辽河上游入库河道周边植被群落结构特征,通过研究植物生物学特征及其净化水质能力,构建了入库河道的 6 种不同类型的植被组合模式。通过河岸植被缓冲带构建,通过生物吸收、过滤等功能,达到净化水质的目的,将水源涵养林结构优化技术、植被生态恢复技术和河岸植被缓冲带构建技术相结合,实现水土保持、水源涵养与水质净化综合功能的提高。

河岸生态缓冲带植被恢复传统上多使用水生植物治理,但专门针对辽河流域上游具北方地区特点的河岸生态缓冲带植被构建技术缺乏。通过入库河道不同地形地貌生境特点、不同植被类型优化组合,形成优化的生态植被治理模式和技术,保证了河岸植被提高水污染消减能力和保持水土功能。该技术与河道物理工程结合,解决和突破了寒冷地区以往单一植被或只靠物理工程保护入库河道功能不足的问题,提升了入库河道的防洪和净化水质功能,对入库河道 N、P 污染总去除率显著提高,随着植被的不断恢复及生物多样性增加,入库河道将会产生显著地经济效益和生态价值。该模式和技术具有运行稳定、操作简便、净化水质效果较好等特点,值得推广和示范。

3. 生态缓冲带水文生态功能分析与评价

河岸缓冲带植被在保护河流水质方面具有重要的作用。其水文生态功能主要是通过下列几方面影响河流水质。①河岸植被带具有明显的遮荫作用,使河流水温在夏季偏低,而水温对植物生长发育、水中溶解氧含量和水生生物的生活史都十分重要。②河岸植被带可以减少地表径流,降低泥石流发生的概率,减少水土流失,从而减少河道中的悬浮固体和河床滚动基质。③河岸植被带通过吸收大量 N、P 元素物质,提高水生植物生长和生产力。④河岸植被带有助于稳固河岸、减少河岸的冲刷,从而降低河岸的水土流失。

第5章 水源涵养林体系构建技术的适宜性分析

5.1 低耗水水源涵养林植被的群落重建技术适宜性分析

5.1.1 海河上游水源区研究区域

根据研究区域水源涵养林现状及特点,提出水源涵养型植被定向恢复技术3项,主要包括:低耗水水源涵养林植被群落重建技术;人工促进退化水源涵养型植被恢复技术;水源涵养型自然植被群落恢复技术。

结合代表区域分区结果以及各项技术应用范围及特点,确定了不同技术在代表区域范围内的适用范围,具体如下:海河上游水源区低耗水水源涵养林植被群落重建技术适用于降水量400~800 mm,坡度<25°范围内的大区域范围内,结合1.2.1小节流域立地划分,该技术适用于沟底湿润型以及半阴缓斜坡等立地条件下;海河上游水源区人工促进退化水源涵养型植被恢复技术适用于降水量400~800 mm,坡度<25°范围内的区域立地条件下;水源涵养型自然植被群落恢复技术主要针对研究区域范围内降水量<800 mm,坡度>25°区域,具体为阴陡坡、土壤薄、母质坚硬以及中低山阶地土层薄、母质疏松;半阳陡坡,坡度>25°,土层薄,母质坚硬;阳陡坡,坡度>25°,土层薄,母质坚硬等困难立地条件下。

5.1.2 黄河上游土石山区水源区研究区域

针对黄河上游土石山区水源涵养林现状及特点,提出了三项技术,包括:低耗水森林植被培育与抚育技术、人工诱导植被定向恢复技术和自然植被群落恢复技术。其中,低耗水森林植被培育与抚育技术和人工诱导植被定向恢复技术主要适用于青甘高寒土石山区海拔在2600~3200 m的阴坡。而自然植被群落恢复技术适用于海拔3200~3800 m的自然恢复区。

5.1.3 黄河中上游土石山区水源区研究区域

针对黄河中上游土石山区水源涵养林现状及特点,提出了三项技术,包括:低耗水人工群落重建技术、人工促进退化植被恢复技术和自然植被群落恢复技术。

根据不同的研究技术,结合陕甘宁土石山区二级分区,并参考坡向、植被群落现状等因素进行了陕甘宁土石山区三级分区。具体分区如下。

(1)降雨量小于400 mm地区。包括①荒漠化区(<1600 m):为荒山或岩石裸露,分布稀疏的植被;②山地草原带(1600~1900 m):为自然植被群落技术适用区;③阴坡(1900~3200 m):为低耗水人工群落重建技术、人工促进退化植被群落恢复技术适用区;

④自然植被恢复区(>3200 m):为自然植被群落技术适用区。

(2)降雨量大于400 mm地区。阳坡(1700~2300 m):为自然植被群落恢复技术;阴坡(1700~2300 m):为低耗水人工群落重建技术适宜区;阳坡(2300~2700 m):为人工促进退化植被恢复技术适用区;自然恢复区(>2700 m):为自然植被群落恢复技术适用区。

5.1.4　黄河中游黄土区水源区研究区域

针对黄河中游黄土区分区提出了三项技术,包括:低耗水人工群落重建技术、人工促进退化植被恢复技术和自然植被群落恢复技术。

低耗水人工群落重建技术可广泛应用于图中划分出的沟底河滩、阴坡、半阴缓斜坡这三种立地条件。该类立地条件下水分条件相对较好,宜根据适地适树原则,按照生态恢复学原理,进行低耗水人工群落恢复重建。构建基于科学整地、树种选择、密度控制为核心的水源涵养林造林技术体系,减少林分耗水量。

人工促进退化植被恢复技术主要适用于黄土区中度退化立地条件,包括半阴陡坡、半阳缓斜陡坡和阳坡缓斜坡。主要包括过熟老化林经营恢复技术、低密度林经营恢复技术和劣质残次林恢复技术。

自然植被群落恢复技术主要适用于黄土区严重退化立地条件,包括途中划分出的梁峁顶、半阳急坡和阳陡坡、急坡等。主要采用封育、封禁等方式,促进退化生境植被向天然次生林分演替。

5.1.5　西北内陆乌鲁木齐河流域水源区研究区域

针对西北内陆乌鲁木齐河流域水源涵养林现状提出了三项技术,包括:低干扰森林植被培育与抚育技术、人工诱导天然植被定向恢复技术和自然植被群落恢复技术。

低干扰森林植被培育与抚育技术主要适用于为3种立地类型:①灌丛地,海拔1450~1600 m;②欧洲山杨皆伐迹地,海拔1600~1680 m;③欧洲山杨-天山云杉皆伐迹地,海拔1680~1780 m。

人工诱导天然植被定向恢复技术以及自然植被群落恢复技术主要适用于中山阴坡陡坡灰褐土区、中山阴坡陡坡黑毡土区、中山阴坡缓坡灰褐土区。

5.1.6　辽河上游水源区研究区域

水源涵养型植被定向恢复技术适用范围　水源涵养型植被定向恢复技术(图5-1)包括:人工群落重建技术,人工促进退化植被恢复技术,自然植被群落恢复技术。

1)人工群落重建技术要点

(1)混交类型。①乔木间混交:分为耐荫与喜光树种混交和喜光与喜光树种混交,前者如高海拔地区的落叶松与云杉混交、白桦与云杉混交,喜光树种在上层,耐荫树种在下层,易形成复层林;后者如油松与栎类、杨与刺槐、油松与刺槐混交等。②乔灌混交,如油松与紫穗槐、油松胡枝子等。

(2)混交方式。①带状混交:一个树种连续种植几行构成一带,一个工程区内多树种呈带状排列。②块状混交:不同树种按规则或不规则的团块状进行配置。③植生组混交:

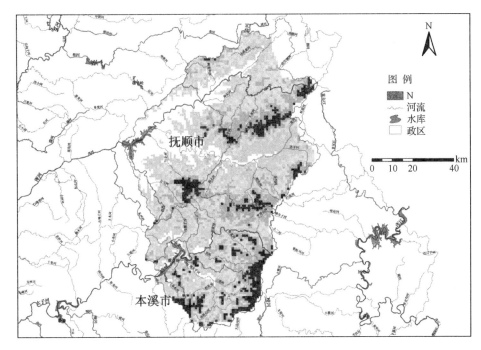

图 5-1 水源涵养型植被定向恢复技术适用范围

在一小块地域内密集种植的同一树种与相邻小地域密集种植的另一树种混交。

该技术适用于采伐迹地和适生造林立地条件。

2）人工诱导天然植被定向恢复技术要点

（1）整地技术：水源涵养林植被恢复整地带长 10～15 m，并保留＞2 m 的原有植被隔离带，每隔 10 带沿等高线保留 5～10 m 宽隔离带。山脊与栽植区之间保留 30～50 m 原有植被区。

（2）带状混交技术：针阔叶树种比例达到 6∶4。在造林前一年或当年雨季前整地，在已整地穴内挖长、宽、深分别为 50 cm、40 cm、60 cm 栽植穴，选择油松、辽东栎、蒙古栎、色木槭、白桦、紫穗槐、胡枝子造林。混交的阔叶乔木采用 2 m×3 m 株行距，灌木采用 1 m×3 m 株行距。

3）自然植被群落恢复技术要点

对郁闭度大于 0.6，地被物厚度大于 5 cm，地被物盖度大于 50% 的林分和遭受严重自然灾害的林分应进行清理采伐。封山育林方式可以采取轮封、半封方式进行，封山育林期限 10～15 年。通过设立封山育林标志，建立分片管护和经常巡山制度进行管护育林。在人畜活动频繁的地段还要设立护林站，设置围栏、壕沟等，特别是要防止盗伐现象的发生。在高山、陡坡、水土流失区的围封，将封山育林育草、更新造林、人工促进天然更新紧密结合。封山育林模式采用全封方式。同时采用围栏等机械、生物工程措施封山育林；为防止造成更大规模的水土流失，严禁采用壕沟措施进行封山育林，严禁在此模式区中进行任何形式的采伐、耕作、放牧活动。

5.2　低功能人工水源涵养林结构定向调控技术适宜性分析

5.2.1　海河上游水源区研究区域

针对海河上游水源区人工水源涵养林存在的问题,提出两项技术,包括:水源涵养林密度调控配套技术和水源涵养林与树种混交调控的配套技术。从自然立地角度而言,以上2项技术主要适用于降水量介于400~800 mm范围内的低功能水源涵养林改造,具体应用对象及技术应用要点参见第3章相应章节。

5.2.2　黄河上游土石山区水源区研究区域

针对青甘高寒土石山区三级分区提出了两项技术,包括:水源涵养林密度调控配套技术、水源涵养林与树种混交调控的配套技术。主要适用于青甘高寒土石山区海拔在2600~3200 m的阴坡。

5.2.3　黄河中上游土石山区水源区研究区域

针对黄河中上游水源区水源涵养林现状提出了两项技术,包括:水源涵养林密度调控配套技术和水源涵养林与树种混交调控的配套技术。根据不同研究技术,结合陕甘宁土石山区二级分区,并参考坡向、植被群落现状等因素进行了陕甘宁土石山区三级分区,具体适用于降雨量大于400 mm地区,包括①低丘陵区(1000~1300 m):为低功能人工水源涵养林结构定向调控技术适用区;②阳坡(1700~2300 m):为低功能人工水源涵养林结构定向调控技术适用区;③阴坡(2300~2700 m):为低功能人工水源涵养林结构定向调控技术适用区。

5.2.4　黄河中游黄土区水源区研究区域

结合黄河中游黄土区三级分区,低功能人工水源涵养林密度调控技术适用于黄土区生长较好,高密度、高耗水的人工林。如图1-15所分出的阴坡上部、阴坡下部和阳坡上部立地条件可根据实际情况采用该技术。该技术可降低人工林密度,提高林下灌草覆盖率,降低林分耗水,提高林分有效水量,增强林分涵蓄水分能力。

人工纯林补植除灌草抚育技术适用于黄土区林分立地和林相较好的人工纯林。阴坡上部、阴坡下部的纯林可采取该技术,从而提高水源涵养林产水和净水功能,达到营建功能高效、结构稳定的水源涵养林的目的。

5.2.5　西北内陆乌鲁木齐河流域水源区研究区域

针对西北内陆乌鲁木齐河流域水源区水源涵养林现状提出了两项技术:水源涵养林密度调控配套技术和低功能人工水源涵养林与树种混交调控技术。

水源涵养林密度调控配套技术主要对天山云杉天然的中龄林、近熟林进行间伐,使其密度控制在 1100～1400 株/hm²；同时进行疏枝透光等抚育，使其郁闭度控制在 0.6～0.7。

　　低功能人工水源涵养林与树种混交调控技术的主要研究对象为纯林，不涉及混交。

5.2.6　辽河上游水源区研究区域

1. 人工水源涵养林结构定向调控技术适用范围

　　人工水源涵养林结构调控技术主要包括：天然杂木林结构调控技术、落叶松人工林的调控技术以及天然次生林改造技术等，其适用范围见图 5-2。

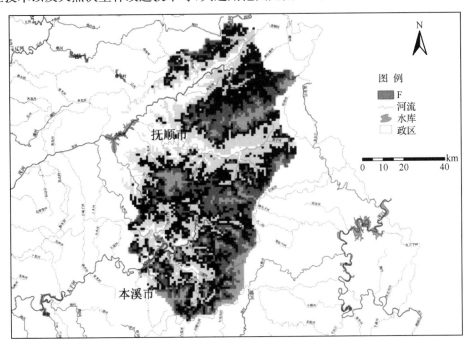

图 5-2　人工水源涵养林结构定向调控技术适用范围

2. 流域生态缓冲带植被配置技术适用范围

　　针对辽河上游入库河道周边植被群落结构特征，通过研究植物生物学特征及其净化水质能力，构建了入库河道的 6 种不同类型的植被组合模式。通过河岸植被缓冲带构建，通过生物吸收、过滤等功能，达到净化水质的目的，将水源涵养林结构优化技术、植被生态恢复技术和河岸植被缓冲带构建技术相结合，实现水土保持、水源涵养与水质净化综合功能的提高。该技术具体适用范围见图 5-3。

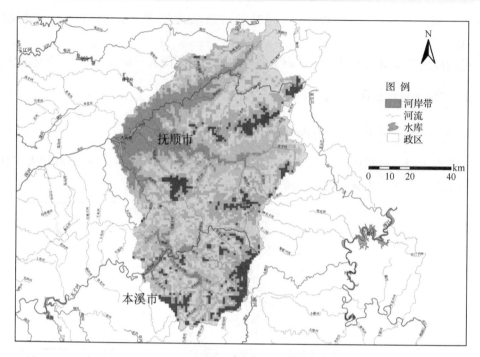

图 5-3　流域生态缓冲带植被配置技术适用范围

5.3　小流域净水调水功能导向型水源涵养林配置技术研究适宜性分析

5.3.1　海河上游水源区研究区域

针对海河上游水源区水源涵养林存在的问题,提出了两项技术,包括:小流域水源涵养林优化配置技术和生态缓冲带植被配置技术。其中,小流域水源涵养林优化配置技术主要适用于降水量介于 400~800 mm 范围内的森林小流域(流域面积＜200 km²);生态缓冲带植被配置技术主要适用于降水量介于 400~800 mm 范围内的森林小流域(流域面积＜200 km²)的河岸带等区域。

5.3.2　黄河上游土石山区水源区研究区域

针对青甘高寒土石山区三级分区,小流域及坡面水源涵养林优化配置技术主要适用于青甘高寒土石山区海拔在 2600~3200 m 的阳坡和阴坡。

5.3.3　黄河中上游土石山区水源区研究区域

本研究内容主要提出三项技术,包括:小流域水源涵养林优化配置技术、坡面水源涵养林优化配置技术、生态缓冲带植被配置技术。具体应用范围如下:

(1)小流域及坡面水源涵养林优化配置技术主要适用于降雨量小于 400 mm 地区,阳坡(1900~3200 m);

（2）降雨量大于 400 mm 地区，包括：①河谷阶地（<1000 m）：为农耕用地和生活区，其中沟岸区（指河流两岸植被地带）为生态缓冲带植被配置技术适用区；②阔叶林区（1300～1700 m）：为小流域及坡面水源涵养林优化配置技术适用区；③阴坡（1700～2300 m）：为小流域及坡面水源涵养林优化配置技术适用区。

5.3.4 黄河中游黄土区水源区研究区域

针对黄河中游黄土区水源涵养林存在问题提出以下 3 项技术：小流域水源涵养林体系适宜覆盖率及植被优化配置模式技术、黄土区坡面植被配置技术和生态缓冲带植被配置技术。

小流域水源涵养林体系适宜覆盖率及植被优化配置模式技术主要针对研究区域范围内阳坡上部、顶坡和沟坡等立地区域，宜根据坡度坡向等具体特征进行林分配置。

黄土区坡面植被配置技术适用于黄河流域黄土区的阴坡和半阴缓斜坡，阳坡的缓坡。该技术可减少坡面水土流失，净化水质，增加坡面有效水量。

生态缓冲带植被配置技术主要应用于黄河流域黄土的沟坡等生态缓冲地带，即沟坡地带，可采用如封禁、人工种植乔木、工程措施等措施提高水源涵养林对水体的净化功能。

5.3.5 西北内陆乌鲁木齐河流域水源区研究区域

针对西北内陆乌鲁木齐河流域水源区三级分区提出了两项技术，包括：小流域水源涵养林优化配置技术和生态缓冲带植被营建技术。

以上 2 项技术在天山北坡内陆河流域的适用立地条件主要是：低山阴坡平地栗钙土区、低山阴坡平地棕钙土区、低山阴坡缓坡栗钙土区、低山阳坡缓坡棕钙土区、低山阳坡缓坡栗钙土区。

第6章 水源涵养林体系构建技术集成与试验示范

6.1 海河上游水源区水源涵养林体系构建技术集成与试验示范

6.1.1 密云县古北口镇北甸子宜林地低耗水人工群落重建技术示范区

1. 示范区概况

古北口镇北甸子造林地位于密云县东北部古北口镇中,采取的造林类型为爆破造林。截至目前,完成造林面积共675亩,修建林道2000 m,作业步道2500 m,宽15 m防火隔离带1800 m,永久蓄水池1座,布置输水管线1500 m,浇灌管线7400 m。造林地原土地利用类型为宜林地,海拔230~240 m,坡度为26°~30°,坡位为全坡,坡向含西南、东南、西北。该地立地条件是低山、土壤较为瘠薄,土壤母质坚硬且以页岩、砂岩类为主,风化程度为轻微侵蚀,土壤类别为褐土,土壤质地为壤土,土层厚度较薄,平均土厚5 cm,立地条件较差。造林地植被盖度40%,盖度等级较疏,主要植被有荆条、白草、蚂蚱腿等。

2. 示范区造林设计

该造林地面积675亩,根据立地条件、坡向和坡度不同,将造林地划分为3个作业小班,其中:1作业小班60亩,西南坡向;2作业小班235亩,东南坡向;3作业小班380亩,西北坡向。造林地各小班现状情况见表6-1。

表6-1 古北口镇北甸子造林地小班现状调查表

作业小班号	造林面积/亩	立地条件							备注（计划造林树种、株数）
		坡向	坡位	坡度/(°)	土层厚度/cm	岩石类型	风化程度	原有植被盖度	现有植被	
8	60	西北	全	30	10	页岩砂岩	坚硬	60%	荆条、蚂蚱腿	造侧柏纯林3930株
9	235	东南	全	28	5	页岩砂岩	坚硬	60%	荆条、蚂蚱腿	造侧柏、油松、五角枫针阔混交林10 711株;五角枫、刺槐、橡栎等阔叶混交林5909株

作业小班号	造林面积/亩	立地条件								备注（计划造林树种、株数）
		坡向	坡位	坡度/(°)	土层厚度/cm	岩石类型	风化程度	原有植被盖度	现有植被	
10	380	西南	全	26	5	页岩砂岩	坚硬	40%	荆条、蚂蚱腿	造侧柏、臭椿、丁香针阔混交林9183 株；侧柏、黄栌、山桃针阔混交林 7044 株；黄栌、白蜡、文冠果阔叶混交林 3909 株

1）整地栽植设计

造林地采用大穴及中穴规格整地，整地规格为 0.8 m×0.8 m×0.8 m，中穴整地规格为 0.6 m×0.6 m×0.5 m，共 50 000 个坑。造林地山势较低，坡面平缓，初植密度为74 株/亩，株行距 3 m×3 m，栽植块状自然式的针阔混交林（混交比为 5∶5），主要造林树种为侧柏、油松、黄栌、五角枫、刺槐、橡栎等。

2）配套设施设计

结合现状地形合理修建林道与作业步道，林道宽 4 m，铺垫 200 mm 厚天然砂石，共修建林道 2000 m；作业步道宽 1.2 m，长 2500 m。造林地修建宽 15 m 防火隔离带，共设置隔离带 1800 m。

古北口北甸子村爆破造林现有机井 2 眼，位于造林地南侧，离水源距离较近，修建永久蓄水池 1 座，临时蓄水池 4 座，柴油泵 17 台，潜水泵 2 台，布置输水管线 1500 m，浇灌管线 7400 m。

3. 密云低山区水源涵养林造林应用技术体系

1）一般技术体系

造林地立地类型划分—造林模式选择—树种选择—确定整地方法与规格—营林模式—树种配置—混交方式—林分密度—株行距—栽植措施—经营管护。

2）密云水源林造林技术

（1）立地类型划分技术。采用海拔、土厚、坡向为主要划分指标，研究区划分为 14 个立地类型。其中示范林地有 8 种。

（2）树种选择技术。采用低中耗水大苗乡土树种为主。根据华北土石山区降水特点和树木耗水特性，将造林树种划分为低耗水、中耗水及高耗水树种。示范林地选取侧柏、油松、刺槐、枫树、栓皮栎、黄栌、山杏等造林树种。

（3）整地技术。采用小破土低干扰、集水保土整地措施。示范林地整地为中穴（穴径0.3～0.8 m），破土率为 8%～13%，地表扰动率 21%～32%。

（4）林分密度控制技术。初值密度采用 70～110 株/亩，示范林地为 70～80 株/亩；

间伐抚育采用时空错位轻度间伐强度,郁闭度控制在 0.6~0.7。

(5) 栽植技术。采用覆盖穴面、植树袋与保水剂等保墒措施。保水剂用量 0.01~0.015 kg/穴。示范林地生根粉喷洒量为 1 g/40 株。

4. 造林示范地效益

1) 成活率与保存率

成活率 95%,保存率 93%。

2) 涵养水源效益

(1) 土壤储水量。年度最旱 5 月份土壤含水量为 6%~8%。土壤可储水量 100~200 mm,整地工程一次可拦水量 11~19 m³/亩,即 16~30 mm。

(2) 林地蒸散耗水量。根据测算,生长季小于 450 mm,其中林木耗水小于 200 mm,处于低耗水状态。

(3) 林冠截留率。根据测算,林冠截留率为 20%~25%。

(4) 枯落物可持水量为 5~30 mm。

(5) 土壤侵蚀为轻度侵蚀。

6.1.2 密云县古北口镇潮关西沟水源涵养型植被定向恢复示范区

1. 潮关西沟中等退化区封山育林示范区

1) 示范区概况

潮关西沟流域地处密云县古北口镇潮关村,位于密云水库上游,该流域林地是密云水库库区水源涵养林。封育区三面环山,出口为潮河,是一个全封闭式的流域,有西沟和桃园沟两条支沟,其中中等退化区总面积 15 564 亩,含乔木林地(含稀疏林地)为 13 350 亩,灌木林地 2214 亩。中等退化区土壤类型为褐土,土层厚度为 20~30 cm,平均海拔在 600~800 m 间。坡度在 10°~35°之间。岩石种类为石灰岩,母质坚硬。该流域经过近 30 年的封山育林形成了大面积的天然林,其次是人工油松林、人工侧柏林、人工刺槐林,油松林林龄 60 年,侧柏林龄 30 年,刺槐林龄 20 年。目前存在的问题主要是低质低效林、稀疏林地为主,力求通过实施封育封造,适当补植补造、修枝、定株、割灌等措施使该地区的林分成为生态结构稳定、涵养效益较高的优质林分。

2) 封山育林设计理论

(1) 植物演替理论。不同演替阶段中的群落生态特征通过调查分析,潮关西沟森林植被的演替系列为平榛灌丛—绣线菊灌丛—荆条灌丛—山杨林、榆树林—椴树林—黑桦林—栎树林。

(2) 微立地条件划分方法。微立地的划分首先是立地的划分,划分立地先要确定立地因子,根据实验区的实际调查资料并结合以往的研究,提出以下五种立地因子:地貌、坡度、坡向、土厚和母质。通过这五个立地因子对实验区中等退化区采集的 45 个样点进行立地的划分,划分完立地类型后,再加入坡位、坡面类型、土壤类型和土壤侵蚀状况以及微地形等五个微立地因子,对研究坡面进行微立地类型的划分。根据这样的五个立地因子,一共可以分为 72 种立地类型。

3) 封山育林造林措施

(1) 主要技术措施:封育、封造。

(2) 封育方法:天然林以修枝为主,使郁闭度低于 0.8;人工林以抚育间伐为主,辅以修枝措施。

(3) 封造方式:稀疏林地造林(散点块状造林)、灌木林造林(等高穴状、块状造林)。

(4) 范围:封育、封造总面积 1037.6 亩。样地编号:C₅、C₆、C₇、D₂、D₄。小班编号:28050100370、28050100350、28050100232、28050100250、28050100141、28050100180、28050100220、28050100360、28050100323、28050100202、28050100280、28050100302、28050100242、28050100170、28050100212、28050100150、28050100080、28050100070、28050100020、28050100040、28050100030、28050100050、28050100340、28050100400、28050100390、28050100380、28050100410、28050100261、28050100310、28050100292、28050100291、28050100130、28050100090、28050100160、28050100101、28050100330、28050100321、28050100270、28050100231、28050100301、28050100102、28050100201、28050100211、28050100295、28050100293、2805010029。

(5) 封育类型:乔灌草相结合。

(6) 封育方式:全封。

(7) 封育年限:3 年,即 2011~2013 年。

(8) 封育措施:①制定护林公约,刷写护林、防火标语。②流域出口处设置封山育林牌示块,并将其用围栏封闭,防治人畜进入,对林场造成干扰。③设专职护林员 12 人,常年看护。④封山育林区。依据立地条件、植被生长状况,共划分 46 个小班。主要进行修枝、造林等抚育措施,中等退化区修枝面积 5600 亩;稀疏林地造林(郁闭度≤0.15)920 亩(2012 年 330 亩、2013 年 590 亩);人工诱导灌草坡造林 100 亩(2012 年 30 亩、2013 年 70 亩)。⑤造林时间及树种。2012 年雨季造林,造林树种侧柏、元宝枫、黄栌,树种配置比例 1:1:1;造林株数 10 000 株,稀疏林地、灌木林地造林区域 300 亩,造林面积控制率≤30%造林面积,实有造林面积 100 亩;2013 年造林区域 660 亩,造林面积控制率≤30%造林面积,实有造林面积 220 亩,造林树种侧柏、黄栌、元宝枫、栾树,造林株数 22 000 株。⑥造林整地。稀疏林地——根据微立地条件进行散点式造林,规格 60 cm×60 cm,穴状整地。灌木林地——等高穴状整地,块状混交。⑦栽植措施:采用植树袋保墒措施、割灌措施,尽量减少对原有植被的破坏。⑧树苗规格。2 年生容器苗。

4) 封育效益分析

(1) 林木耗水。按照每亩地 25 株 20 年生大树计算,林分生长季耗水量不超过 70 mm,约占全年耗水量的 12%。

(2) 林冠截留。按照每亩地 25 株 20 年生大树计算,林冠截留量为 20~70 mm。

(3) 枯落物持水量。按照每亩地 25 株 20 年生大树计算,枯落物持水量为 16~20 mm。

（4）土壤可蓄水量。按土壤厚度在 30～55 cm,总孔隙度在 37%～58% 计算,土壤可蓄水量为 160～330 mm。

（5）土壤侵蚀。土壤侵蚀强度为轻度。

通过该封山育林工程的实施,能够增加植被盖度,提高当地的森林资源质量,防止水土流失,防风固沙,充分发挥森林的水源涵养与生态效益,改善当地的生态环境,达到水源涵养的作用。

2. 潮关西沟严重退化区封禁措施示范区

1）示范区概况

潮关西沟流域地处密云县古北口镇潮关村,位于密云水库上游,该流域林地是密云水库库区水源涵养林。封育区三面环山,出口为潮河,是一个全封闭式的流域,有西沟和桃园沟两条支沟。潮关西沟流域总面积 17 720 亩,其中严重退化区面积 3870 亩。严重退化区土壤类型为褐土、山地棕壤,土层厚度 20 cm 以下,海拔 600～1158 m 间。坡度在 35°以上。岩石种类为石灰岩,母质坚硬。目前以草灌坡为主,其中混有大面积的岩壁,力求通过实施封禁措施对该区进行生态修复,恢复水源涵养林的生境条件。

2）封禁设计

（1）范围:封禁总面积 3870 亩。样地编号:B_5、B_6、B_7、A_2;小班编号:28050100060、28050100120、28050100190、28050100010。

（2）封禁类型:灌草结合。

（3）封禁方式:全封。

（4）封禁年限:3 年,即 2011～2013 年。

（5）封禁措施:①制定护林公约,刷写护林、防火标语;②流域出口处设置封山育林牌示块,并将其用围栏封闭,防治人畜进入,对林场造成干扰;③设专职护林员 12 人,常年看护,每天巡山;④封禁区依据立地条件、植被生长状况,共划分 4 个小班。

3）封育效益分析

（1）灌草耗水。按照每亩地 25 株 20 年生大树计算,林分生长季耗水量不超过 70 mm,约占全年耗水量的 12%。

（2）灌草截留。按照每亩地 25 株 20 年生大树计算,林冠截留量为 20～70 mm。

（3）枯落物持水量。按照每亩地 25 株 20 年生大树计算,枯落物持水量为 16～20 mm。

（4）土壤可蓄水量。按土壤厚度在 20 cm 以下,总孔隙度在 37%～58% 计算,土壤可蓄水量为 74～116 mm。

（5）土壤侵蚀。土壤侵蚀强度为轻度。

通过该封山育林工程的实施,能够增加植被盖度,提高当地的植被资源质量,防止水土流失、防风固沙,充分发挥水源区涵养水源的生态效益。

6.1.3　河北省围场县北沟林场示范点

　　河北省围场县北沟林场示范点主要涉及 2 个:针叶林密度调控示范和针阔混交林构建示范,具体规模和内容详见表 6-2 和图 6-1。

表 6-2　河北省围场县北沟林场示范点概况

序号	示范点名称	地点、规模、内容
1	针叶林密度调控示范	地点:河北省围场县北沟林场 规模:200 亩 内容:人工油松林,林龄 40 年,初值密度 1800～2200 株/hm^2,林内透光性差,水源涵养功能水平低,通过调整密度到 900 株/hm^2,提高植被多样性,提高水源涵养功能
2	针阔混交林构建示范	地点:河北省围场县北沟林场 规模:200 亩 内容:对林龄为 36 年的天然次生杨桦混交林进行伐除,人工引进樟子松、油松、华北落叶松,并对林内天然萌生的白桦、柞树、山杨、五角枫等阔叶树幼苗进行定株保护,营建樟子松、白桦、落叶松、油松、山杨混交比为 4∶3∶1∶1∶1 的多树种针阔混交林,提高水源涵养功能

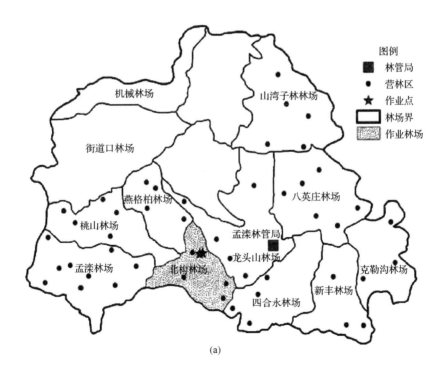

(a)

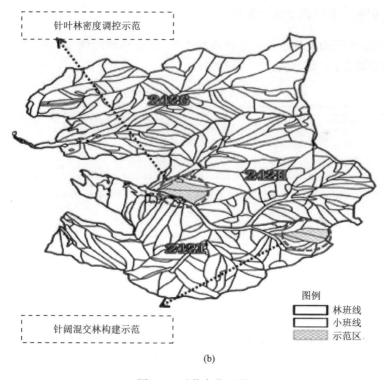

(b)

图 6-1　示范点位置图

6.2　黄河上游土石山区水源区水源涵养林体系构建技术集成与试验示范

6.2.1　示范区概况

　　本项目示范区位于 G227 国道两侧,大通县牛场附近,占地面积 1000 亩,主体部分位于国道南侧的山坡上,其中封禁保护区 700 亩位于山坡的上部,退化林地补植造林 100 亩位于靠近坡脚处生长不良的青海云杉人工林、新造林地 100 亩位于坡脚施工方便、地势较平坦的地区,河岸缓冲带造林 100 亩位于国道北侧宝库河的南岸,与宝库林场 2012 年造林任务中的河岸青海云杉大苗造林地相结合。示范区布置见图 6-2。

　　示范区内植被从坡脚到分水岭依次为窄叶鲜卑木、金露梅与草本植物形成的灌草群落,青海云杉和少量白桦形成的退化人工林地,百里香杜鹃灌木群落,在水分较差的半阳坡地区主要为沙棘和甘蒙锦鸡儿灌木群落。封禁区内零星生长着青海云杉和白桦,可以作为封禁区内乔木树种的母树。示范区各种环境条件均有所涉及,对于大通地区的各种造林和植被恢复条件代表性较好,利于各种技术的布置。

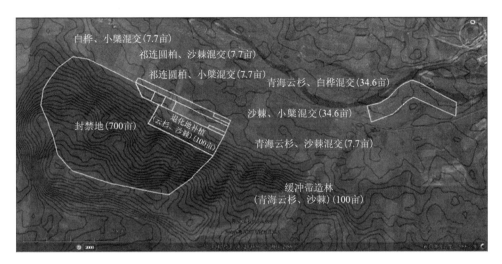

图 6-2　示范区位置与分布

6.2.2　示范区应用技术模式

示范区内接近坡顶、人为干扰少的地区设立封禁区。在封禁区周围设置铁丝围栏,防止人畜进入对区域内植被造成干扰。该区主要利用自然植被群落恢复技术,利用植被的自然恢复能力逐步改善封禁区的生态环境,达到提高水源涵养能力的目的。

对于示范区内已经存在的退化林地内,主要是通过人工促进退化植被恢复技术,结合密度调控技术和树种混交技术,在退化林地内补植一定数量的青海云杉、白桦、沙棘和匙叶小檗等苗木,人为加速群落的演替和恢复。

示范区地势平缓的坡脚处,选择大通地区耗水量较少的树种包括青海云杉、白桦、祁连圆柏、沙棘和匙叶小檗,运用低耗水水源涵养林植被的群落重建技术、密度调控技术、树种混交技术等完成了 100 亩新造林地的建设。具体树种配置见表 6-3。

表 6-3　新造林地各树种配置模式

乔乔混交 正交设计	云杉比 例/%	白桦比 例/%	云杉营养 面积/m²	白桦营养 面积/m²	混交小区占 地面积/亩
	70	30	4	6	3.85
	70	30	6	2	3.85
	50	50	2	6	3.85
	50	50	6	4	3.85
云杉＋白桦	50	50	4	2	3.85
	30	70	6	6	3.85
	30	70	2	2	3.85
	70	30	2	4	3.85
	30	70	4	4	3.85

灌灌混交正交设计	小檗比例/%	沙棘比例/%	小檗营养面积/m²	沙棘营养面积/m²	混交小区占地面积/亩
	30	70	1	0.5	3.85
	70	30	0.5	0.5	3.85
	30	70	0.5	1	3.85
	50	50	0.5	0.5	3.85
小檗+沙棘	30	70	0.5	0.5	3.85
	50	50	0.5	0.5	3.85
	70	30	1	0.5	3.85
	50	50	1	1	3.85
	70	30	0.5	1	3.85
乔灌混交均匀设计	乔木比例/%	灌木比例/%	乔木营养面积/m²	灌木营养面积/m²	混交小区占地面积/亩
云杉+沙棘	80	20	4	1	3.85
白桦+小檗	90	10	6	0.5	3.85
圆柏+小檗	80	20	2	1	3.85
圆柏+沙棘	70	30	2	0.5	3.85
圆柏+沙棘	90	10	4	1	3.85
云杉+沙棘	80	20	4	0.5	3.85
白桦+小檗	70	30	4	1	3.85
圆柏+小檗	80	20	6	0.5	3.85

位于宝库河南岸的生态缓冲带主要由沙棘与青海云杉及林下草本群落组成,该示范区的构建应用了生态缓冲带植被配置和营建技术,提高造林成活率和保存率,并使该生态缓冲带的水质净化作用充分发挥。

6.2.3　示范区应用技术模式效果评价

示范区采取封禁及人工补植措施后,区内的植被能够迅速恢复,生物多样性明显增加。最终形成的青海云杉与白桦混交的群落较当前的灌木群落具有更高的稳定性和更好的水源涵养作用。

由于示范区刚刚建成不久,其水源涵养作用和水质净化作用尚未充分发挥,这里我们利用现有调查结果,对示范区未来能够达到的水源涵养作用和水质净化作用进行预测,对比造林前后示范区有效水量和水体 N、P 含量的变化。

对于示范区有效水量的变化主要从造林前后两种不同植被群落枯落物、土壤持水和林木耗水两个方面进行对比。造林前示范区主要为灌木植被群落,造林后形成密度合理的青海云杉与白桦混交林。具体结果见表 6-4。

表 6-4 示范区造林前后生态功能指标的对比

群落类型	枯落物储量/(kg/hm²)	最大持水率/%	最大持水量/mm	容重	饱和持水率/%	土壤层最大持水量/mm	总持水量/mm	林木耗水量/mm	有效水量/mm
灌木群落	5 434	3.73	1.55	0.90	73.63	294.52	296.07	391.44	296.07
云杉＋白桦混交	37 028	4.17	11.74	0.71	92.29	369.16	380.9	424.42	347.92

由表 6-4 可以看出,示范区改造前后有效水量从 296.07 mm 增加到 347.92 mm,有效水量增加了 17.51%。可见对示范区采取各种技术改造后,其水源涵养能力将大大提高,有效水量增加明显。

对于示范区营建的生态缓冲带,树种采用沙棘。根据实验测定,沙棘缓冲带带宽 20 m 时能够将 N、P 初始浓度分别为 8 mg/L、2 mg/L 的溶液中的 N、P 浓度分别吸收至 3.22 mg/L、0.25 mg/L,去除率分别达到了 59.75%、87.5%,吸收效果明显。显然,缓冲带对于 N、P 的去除率与流过缓冲带水流中的初始 N、P 有关,然而对于足够宽的缓冲带来说,流出缓冲带的水流中 N、P 含量趋于一个稳定值,该值接近地区的本底值。本示范区营建的沙棘缓冲带宽 100 m,保证了对上游来水中 N、P 的充分吸收,使流出缓冲带的水中 N、P 含量降至本底值附近。

6.3 黄河中上游土石山区水源区水源涵养林体系构建技术集成与试验示范

6.3.1 示范区概况

本团队在六盘山试验区已完成 1000 亩示范林的构建,主要包括:叠叠沟小流域 100 亩低耗水人工群落重建技术造林试验示范林,位于六盘山林业局东山坡林场的干海子林区的 100 亩乔灌复层混交造林试验示范林,位于六盘山林业局卧羊川林场的清水沟和叠叠沟林场林区共 700 亩的封育示范林区以及六盘山林业局西峡林场的 100 亩中度退化立地人工诱导造林试验示范林。

6.3.2 示范区应用技术模式

1. 低耗水人工群落重建技术造林试验示范

基于立地类型划分和造林设计,将造林地分为上坡、中坡和下坡三种类型,具体树种配置如下:①上坡。华北落叶松(3 年生):山桃(3 年生):杞柳(3 年生)＝4:4:2,共 40 亩。②中坡。白桦(3 年生):华北落叶松(3 年生):山桃(3 年生):杞柳(3 年生)＝2:3:3:2,共 40 亩。③下坡。油松(3 年生):樟子松(3 年生)＝5:5,共 40 亩。

2. 乔灌复层混交造林试验示范林

坚持针阔混交、多树种搭配的原则,应用近自然化改造技术,通过先间伐后补植乡土树种的做法,营造了以六盘山优良乡土树种为主的乔灌型混交的示范林。造林树种为油松、樟子松、桕子、暴马丁香、珍珠梅、黄刺玫等。具体树种配置比例为樟子松∶油松∶桦木∶桕子∶丁香∶阔叶莱莲∶黄刺玫∶珍珠梅=2∶1∶1∶1∶1∶1∶1.5∶1.5。

3. 封育示范林区

封育示范林区中严重退化生境自然植被群落恢复技术技术模式见表 6-5。

表 6-5 严重退化生境自然植被群落恢复技术技术模式

气候类型	坡向	恢复方法及指标	优化模式	应用范围及恢复目标
半干旱气候区(海拔 2200 m 以下)	阳坡	①封禁为主,造林为辅;②尽量保护原有植被;③在立地条件好的地方局部造林,密度约 20～30 株/亩	模式一:虎榛子灌丛	上坡阳光充足、土层较薄的立地;灌草型植被,提高水土保持能力
			模式二:山桃＋沙棘＋草本群落	中坡土层较厚的立地;灌草型植被,提高水土保持能力
			模式三:华北落叶松＋沙棘＋草本群落	下坡土层厚、水分较充足立地;提高土壤蓄水能力
	阴坡	①封禁＋封造;②保留原有植被;③局部造林,密度约为 30～40 株/亩	模式一:虎榛子＋草本群落	上坡光照充足、但土层较薄,恢复灌草型植被有利于提高水土保持能力
			模式二:沙棘＋山桃＋草本群落	中坡土层较厚、水分相对充足的立地;丰富森林系统垂直结构,增加覆盖度
			模式三:华北落叶松＋沙棘＋草本群落	中、下坡土层厚立地;丰富森林系统垂直结构,促进植被正向演替
半湿润气候区(海拔 2200 m 以下)	阳坡	①封禁为主,造林为辅;②保留原有植被;③密度 30～40 株/亩	油松＋杂灌(山桃、虎榛子、沙棘)＋草本群落	促进植被的恢复,增加现有植被中中生或旱生植物的比例
	阴坡	①封禁＋封造;②保留原有植被;③局部造林,密度为 40～50 株/亩	油松＋杂灌(野李子、虎榛子、沙棘、水桕子等)＋草本群落(艾蒿等)	丰富森林系统垂直结构,增加覆盖度,提高涵养水源能力

6.3.3 示范区应用技术模式效果评价

1. 低耗水人工群落重建技术造林示范区效果评价

在 2013 年 5～6 月份进行了示范林造林成活率和保存率调查,结果表明示范区苗木平均成活率达 94.5%,平均保存率达 85.47%。

2. 严重退化生境自然植被群落恢复技术技术模式效果评价

本研究通过对半干旱区叠叠沟小流域以及半干旱-半湿润过渡区的卧羊川林区的封育示范林进行群落组成调查,发现不同坡位和坡向的植被组成均有所不同,主要是受光照和水分条件的限制,结合不同立地条件下的植被正向演替过程,发现封育后群落物种组成有所增加,物种多样性有所提高。

3. 中度退化立地人工诱导造林试验示范林效果评价

表 6-6 调查表明:树木成活率和保存率较高,分别达到 91.1% 和 85.4%。经过人工稀植乔木促进群落恢复等措施后,对示范林进行调查发现,华北落叶松生长较快,年高生长可以达到 10~30 cm,油松相对生长较慢,年高生长平均约 5~10 cm;灌木主要包括沙棘、枸子、忍冬、野李子等,高度约为 1.5 m;草本覆盖度达 85%,物种组成丰富,约为 20种,以冰草、苔草以及蒿类为主,并分布有委陵菜、小红菊、暴马丁香等。

表6-6　中度退化立地人工诱导造林示范林成活率、保存率和生长调查

树种	平均地径/cm	平均苗高/cm	平均成活率/%	平均保存率/%
华北落叶松	1.25	126		
油松	1.1	103.6	91.1	85.4
云杉	2.0	83.2		

6.4　黄河中游黄土区水源区水源涵养林体系构建技术集成与试验示范

6.4.1　示范区概况

项目组分别进行了黄土区水源涵养林营造技术示范和低效刺槐人工林林分密度改造技术示范。林分营造示范区位于山西吉县蔡家川流域南北窑附近,其具体地理位置见图 6-3。

其具体位置紧邻蔡家川沟道系统的 1 号流域(图 6-4),属典型的黄土丘陵残塬沟壑区,具有地形破碎、水少泥沙多等关键生态问题。具有部分农地区域,其余主要为次生灌丛和少量带状分布的刺槐人工林。经核算,其总体面积约 1409 亩,实际作业面积1195 亩。

低效刺槐人工林位于蔡家川林场西杨家峁,地理位置北纬 $36°16.400'$~$36°16.536'$,东经 $110°45.540'$~$110°45.990'$,经核算实际面积为 190 亩。林分为 1993 年营造的刺槐林分,造林密度 2 m×2 m,2011 年调查平均胸径 10.7 cm,平均树高为 11.3 m,实际密度为 2430 株/hm²。自 2009 年以来,该林分内径流小区仅在暴雨时有少量产流,对应的 4号堰已经没有基流。故从水源涵养角度分析,该林分过度消耗水分,属低效林。

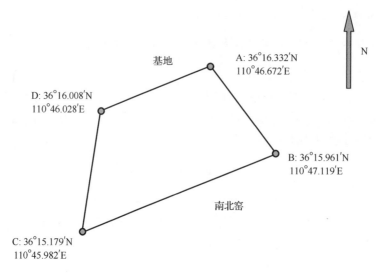

图 6-3　黄河流域黄土区水源涵养林营造技术示范区域

图 6-4　水源涵养林示范造林区域

6.4.2　示范区应用技术模式

1. 黄河流域黄土丘陵沟壑区人工林营造技术

该造林区域主要存在农地梯田埂坎和黄土坡面中下部（主要为阳坡）两种立地类型，根据研究区土壤侵蚀严重，水资源缺乏的主要生态问题，进行了造林设计（表 6-7）。

表 6-7　小班作业设计一览表

小班号	小班		海拔/m	坡向	土层厚度/cm	林种	树种	混交方式	混交比例	株行距/(m×m)	造林时间	整地			补植及抚育		
	设计面积/亩	作业面积/亩										方式	规格	时间	补植面积	抚育面积/亩	抚育时间
4	135	124	1104	阴	59	经	核	块		4×5	秋	鱼鳞坑	120×80×40/60	2011		124	2011~2013 年
5	285	251	1720	阴	32	水	刺、油	株间	1:1	3×3	秋	鱼鳞坑	120×80×40/60	2011		251	2011~2013 年
6	210	193	1076	阳	59	水	文、刺	块	1:1	4×5	秋	鱼鳞坑	120×80×40/60	2011		193	2011~2013 年
7	165	144	1032	阴	37	水	刺、油	株间	1:1	3×3	秋	鱼鳞坑	200×130×60	2011		144	2011~2013 年
8	206	190	1052	阳	54	水	刺、臭	块	1:1	4×5	秋	鱼鳞坑	120×80×40/60	2011		190	2011~2013 年
9	338	293	987	阴	38	水	刺、文	株间	1:1	3×3	秋	鱼鳞坑	120×80×40/60	2011		293	2011~2013 年
10	713	65	1087	阳	52	经	核	块		4×5	秋	鱼鳞坑	120×80×40/60	2011		65	2011~2013 年

1）造林模式

造林树种必须满足水源涵养的要求，同时兼顾区域经济发展和景观生态功能。采用不同形式的混交和合理的栽植密度，促进林木及早郁闭，以发挥其功能和效益。整地根据不同的未定型，主要采用鱼鳞坑整地，确保造林成活和利于根系发育。造林所用苗木全部达到优良等级；栽植后及时浇水和进行后期抚育 管理，使造林成活率达到 90% 以上，保存率达到 85%。

2）整地

采用大鱼鳞坑双苗混交造林技术（图 6-5），其具体规格为 120 cm × 80 cm × 40 cm。这种整地方式在当地已实践应用多年，其具有的优势有：①用工少；②对土壤扰动少，利于减少土壤侵蚀，保护自然植被；③利于控制 1:1 的混交比例。

3）树种选择

按照节水和净水的实际需要，选择刺槐、油松、侧柏、火炬、核桃、辽东栎、虎榛子、沙棘和紫穗槐等 9 个树种。其中核桃主要栽植于农地的梯埂，火炬源于示范区风景游憩区的景观需要。

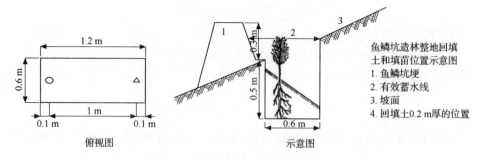

图 6-5　大鱼鳞坑双苗混交造林技术

4）造林时间

按照当地实际情况，于 2011 年秋季进行造林，以后每年春季和秋季进行适当补植。

5）混交模式

根据立地实际情况，采用了多种混交模式。

6）造林密度

黄土区地形破碎化严重，很难用标准的株行距计算造林密度，根据苗木规格和地形、植被分布特征，退耕地控制在 1500 株/hm² ，农地主要分布在梯田或水平阶的埂坎。

7）抚育管理

由于该区域水源困难，不建议采用浇水方式抚育，目前采用的抚育方式主要有补植和除草等。

2. 低效人工刺槐林密度调控技术示范

2012～2013 年，在生态林保护大环境下，根据水源涵养林调控技术要求，对位于西杨家畔的人工刺槐林进行了密度调控，主要技术措施为间伐的方式，将其林分密度逐步降低到 1200～1500 株/hm²，具体操作过程中，应该注意的措施：①林木间伐，优先间伐生长不良、高度不足或乔木密度间距过小的目标乔木；②伐倒木还林，间伐的林木不能移出林分，而应适当截断和粉碎后弃置于原林分，实现林地养分的良性循环，同时粗木质残体也具有良好的拦蓄水分，阻截土壤侵蚀的功能。同时采用修冠的技术措施，主要包括：①修去发育不良的侧枝；②修去 1/3 树高之下的全部侧枝；③适当修去其余侧枝和小枝。

6.4.3　示范区应用技术模式效果评价

在造林示范区的 2 号堰流域内的径流、泥沙观测结果表明，造林期间其径流量、泥沙量没有出现显著变化，表明本次造林过程未对流域水文生态功能产生显著影响。

蔡家川林场的半农半牧流域、农地流域的年总径流量、径流系数明显高于其他流域。人工林流域无降雨时，无径流流出，年总径流量、径流系数均低于半农半牧流域和农地流域，但高于其他森林流域。封禁流域、半人工林半次生林流域、次生林流域的年径流量相近。蔡家川主沟道年总径流量、径流系数与人工林流域相当。年地表径流量最大的是人工林流域，其次是半农半牧流域，次生林流域和农地流域的地表径流量最小。年基流量最大的是农地流域，其次是半农半牧流域，蔡家川流域、次生林流域、封禁流域和半人工林半次生林流域的年基流量较小,人工林流域没有基流量。

本次技术示范在半农半林流域进行,预期将增大改流域内森林覆盖率,不增加耗水的同时增强对农地部分的氮、磷阻截能力。水源涵养能力层次分析结果表明优化后研究区植被水源涵养能力总体将增加 35.99%,其实际效果预期可在后期观测中得以体现。

6.5　西北内陆乌鲁木齐河流域水源区水源涵养林体系构建技术集成与试验示范

6.5.1　示范区概况

本项目提出的水源涵养林体系构建技术集成与试验示范为我国西北内陆河流域水源涵养林建设以及山地森林经营提供了重要科技支撑和示范样板,具有巨大的推广前景。本项目的研究成果在天山源水管理经营公司、乌鲁木齐南山林场、乌鲁木齐板房沟林场等地区的水源涵养林经营得到大面积推广,截至目前,已营建节水、净水型水源林 3000 亩,低效水源林改造 25 475 亩。该技术使试验示范区内森林的水质指标达到国家地表水 Ⅱ 类标准,森林的调洪蓄水功能提高 30% 以上,径流量减少了 11.25%～36.62%,泥沙量减少了 38.80%～65.75%,造林成活率达 90% 以上,有效地保护了水源地生态环境,产生了显著的生态、经济和社会价值。

6.5.2　示范区应用技术模式

1. 人工促进退化植被恢复技术

在示范区开展春秋季造林,造林方法遵照 DB65/T 3264—2011 执行。

(1) 整地方式。①穴状整地:在山地、丘陵、平原广泛采用,整地规格为 60 cm×50 cm×40 cm。②鱼鳞坑整地:在干旱半干旱地区及山区水土流失严重的地段采用,鱼鳞坑为半圆形,外高内低,坑面水平或向内倾斜,外缘有土埂,整地规格为 60 cm×50 cm×30 cm。

(2) 苗木。苗木使用 DB65/T 2201—2005 规定的 Ⅰ、Ⅱ 级苗。一般选用 5～7 年生苗,根据造林任务,就近育苗,避免长途运输造成损失。起苗、分级、包装、运输、假植、栽植过程中要严防风吹日晒而失水。

(3) 栽植密度。一般应根据立地条件、树种特性、经营目的与集约度确定。本研究区类型宜取中等密度,即每亩不少于 150 株,坡陡地段 150～200 株/亩。据对本研究区云杉人工幼树冠幅的测定,其 5 年生冠幅的平均扩展速度约 18 cm,10 年生约 36 cm,15 年生约 83 cm。20 年生约 121 cm。调查表明,株行距在 2 m×2 m 时,到 20 年左右,可基本郁闭。调查表明,幼林的合理郁闭度取 0.6～0.7 为佳。

(4) 栽植。采用明穴栽植。用铁锹挖穴,穴的深度必须超过苗根的长度,将苗放入穴的正中,同时舒展苗根,先培表土,后培心土,然后踩实,精心栽植。

(5) 抚育。更新当年秋末检查 1 次,必要时可适当培土。抚育的关键期是第 2～4 年,每年主要抓 3 个抚育期,一是早春化雪后,清除穴内压盖苗木的草被,排除积水,扶苗培土;二是夏季草旺时,清除有害杂草并松土;三是秋末培土、踏实,防秋旱,利越冬。

2. 自然植被群落恢复技术

示范区的封育方式依地形地势设置围栏,采用半封或全封型封山育林,同时通过补植补播促进植被更新。对封育区内天然下种条件不好的地块进行人工补播,播种量按 0.1 kg/亩计算,经催芽处理的天山云杉种子,分春、秋两季播种进行人工点播。播种后设置围栏,防止人为及牲畜对幼苗的破坏,使幼苗成活稳定到幼树郁闭成林,封育采用铁丝网围栏,每5 m一个铁柱,根据地形选择三角支柱,转弯处选用立柱支撑,同时附用侧立柱,整个封育区全部采用配套铁丝网,以便于安装。封育区降水量相对较大,植被恢复主要依靠天然降水,封育年限为 8 年。设专职护林人员,在交通要道或人为活动频繁地段进行巡护,加强对封育区的管护和病、虫、鼠害的防治。设置标志牌和宣传牌,并在牌上标明工程名称、封育区四至界限、面积、年限、方式、主要技术措施、责任人等内容。

3. 乌鲁木齐河流域水源涵养型植被定向恢复技术示范

天山云杉郁闭度不足 0.3 的天山云杉林,通过人工更新,改善森林健康状况和生态环境,提高涵养水源功能;若郁闭度不足 0.4,建议通过封育,提高涵养水源功能。

(1)示范区表层土壤容重高于对照,但随着深度的增加,差异不断降低。人工更新示范区和封育示范区 0~10 cm、10~20 cm 土层土壤容重低于对照样地,但 20~30 cm 土层相差不大,说明林地植被对土壤的改善还需要一定的恢复期。

(2)示范区土壤持水能力均高于非示范区。人工更新示范区 0~40 cm 土层的毛管蓄水量为 54.28%,封育示范区为 55.59%,对照区为 37.26%,表明人工更新示范区和封育区的持水能力均高于对照区。

(3)示范区水源涵养功能产流和产沙量低于非示范区。未进行结构调控的郁闭度为 0.2 的对照样地、封育后、造林后地表径流总量分别为:210.5 L、170.7 L、120.2 L;总产沙量为 2.16 kg,其中未进行结构调控的郁闭度为 0.2 的对照样地、封育后、造林后产沙总量分别占总产沙量的 49%、18%、33%。造林地径流、泥沙消减效应高于封育林地,减流率与减沙率基本呈对应关系。

(4)基于水源涵养功能最大化的天山云杉林造林初始密度为 117~145 株/亩。据对试验区云杉人工幼树冠幅的测定,其 5 年生冠幅的平均扩展速度约 18 cm,10 年生约 31~36 cm,15 年生约 74~82 cm,20 年生约 121~135 cm,此时林内基本郁闭,由此计算,天山云杉林造林初始密度为 117~145 株/亩。

6.5.3 示范区应用技术模式效果评价

1. 基于空间结构确定乌鲁木齐河低效水源涵养林定向改造的更新技术

水源涵养林空间配置是水源涵养林建设的关键。本项目通过野外长期定点观测、室内模拟对不同林分结构的水源涵养林的水文效应比较,以林冠截留、地表径流、蒸腾耗水等作为优化模式判别指标,确定了天山云杉水源涵养林的适宜郁闭度为 0.6~0.7 以及初始造林密度为 117~145 株/亩。针对林分结构不合理引起的低效水源涵养林,提出在郁闭度不足 0.3 和不足 0.4 时,分别通过造林和封育的定向调控技术,以此提高林分郁闭度,改善天山云杉林的水源涵养功能。

　　2. 基于植被缓冲带净水功能,确定西北内陆河流域水源区节水、净水型水源林配置模式

　　水源涵养林的林分结构设计和流域内各森林植被类型的空间配置,在很大程度上影响和决定着水源涵养林整体功能的高低,尤其是植被缓冲带的净水功能是水源区水源涵养林植被类型空间配置建设中需解决的最重要问题。本项目通过初步筛选的树种、设计树种空间配置,进行优化组合,以树种水分利用效率和树种蒸腾大小为优化模式判别指标,提出的乌鲁木齐河水源区节水型人工水源林配置模式是本项目解决的一个关键技术;以水质作为优化模式判别指标,提出乌鲁木齐河水源区净水型人工水源林配置模式是本项目解决的另外一个关键技术。

　　在前期工作的基础上,项目通过连续多年的监测,获得了大量翔实的原始资料,建立了试验示范区,在指导今后干旱区水源林树种选择、优化空间配置等方面具有重要意义,对于改造低效水源涵养林也具有一定的指导作用,同时在干旱区建设水源涵养林及森林经营中发挥作用。

　　本书提出的干旱、半干旱区节水、净水型水源林配置模式在天山源水管理经营公司、乌鲁木齐南山林场、乌鲁木齐板房沟林场等地区的水源涵养林经营得到大面积推广。截至目前,已营建节水、净水型水源林 3000 亩,低效水源林改造 25 475 亩。天山源水管理经营公司计划在 2013 年前在库区周围大面积发展 10 000 亩。通过相关林业部门对示范区生态、经济和社会效益的监测发现,该技术加强了对水源地生态环境的保护,使试验示范区内森林的水质指标达到国家地表水 II 类标准,同时森林的调洪蓄水功能提高 30% 以上,造林成活率达 90% 以上,径流量减少了 11.25%~36.62%,泥沙量减少了 38.80%~65.75%,尤其是在乌拉泊库区整地换土和节水灌溉措施,使得造林成本降低了近 10%~15%,节水 120~150 m³/亩。

　　据新疆林业部门统计,目前新疆有林地面积 2710.95 万亩,其中疏林地 386.4 万亩,宜林地 1407.5 万亩。本书提出的乌鲁木齐河流域水源涵养型植被定向恢复技术、低功能人工水源涵养林结构定向调控技术、小流域净水调水功能导向型水源涵养林配置技术对于指导今后我区森林尤其是疏林地和宜林地的经营、改善森林健康状况、提高森林水文功能等方面具有重要意义。总之,本项目的研究成果在西北内陆河流域具有广泛的推广前景。

6.6　辽河上游水源区水源涵养林体系构建技术集成与试验示范

　　本研究试验示范区位于辽宁老秃顶子国家级自然保护区。辽宁老秃顶子自然保护区(东经 124°41′13″~125°5′15″,北纬 41°11′11″~41°21′34″)地处辽宁东部,为辽宁省最高峰,境内最高峰老秃顶子海拔 1367 m,相对高差 858 m,距抚顺市区 100 km,规划总面积

3965.6 hm²,是保护区内珍稀濒危动植物的主要分布区域,属长白山脉龙岗支脉向西南的延续部分,是一个典型的辽东山地生态系统。老秃顶子自然保护区森林生态系统保护完整,野生动植物物种资源丰富,中山植被垂直分布比较明显,是重要的水资源基地,也是重要的科学研究教学实习基地,1998 年经国务院批准为国家级自然保护区。

辽宁老秃顶子国家级自然保护区(抚顺管理局)属于森林动植物类型保护区,是集森林生态系统保护、科学研究、教学实习、科普宣传、可持续利用等多功能于一体的综合性自然保护区。保护区内划分三个功能分区,分别是核心区、缓冲区和实验区。其中,核心区面积 530.9 hm²,占保护区面积的 13.4%;缓冲区面积 2983.4 hm²,占保护区面积的75.2%;实验区面积 451.3 hm²,占保护区面积的 11.4%。区内气候属中温带湿润大陆性季风气候,四季分明,雨量充沛,年降水量 860 mm,年平均气温 8℃,最高气温 35.7℃,最低气温零下 37℃,无霜期 140 d 左右。保护区内水资源丰富,辽河较大支流太子河发源地即位于保护区的鸿雁沟,属辽河水系。

保护区植被属长白植物区系兼有华北植物特征,具有长白植物区系向华北植物区系过渡性,原生型植被为红松、阔叶混交林。区域内现存植物 232 科 1788 种,其中被列为国家级重点保护的珍稀濒危植物有人参、紫杉、水曲柳、紫椴、钻天柳、双蕊兰、野大豆等 17 种。双蕊兰是单属单种世界上唯本保护区独有物种,处于濒危状态,极具研究价值,急需抢救保护。保护区内中山植被垂直分布带谱明显,具有典型性、完整性。海拔 950 m 以下为落叶阔叶林带;950～1050 m 为云冷杉和枫桦等组成的混交林带;1050～1180 m 为云冷杉暗针叶林带;1180～1250 m 为岳桦林带;1250～1290 m 为中山灌丛带;1290 m 以上为中山草地。在中山草地分布有高山苔原植物 20 余种。这种海拔较低的条件下能形成植物带谱垂直分布在中山类型中是极为少见的,因此具有极高的科研、科普及观赏价值(图 6-6)。

(a)　　　　　　　　　　　　　　　　(b)

图 6-6　针阔混交林(a)和落叶松人工林(b)

6.6.1　水源涵养林试验基地建设情况

在辽宁老秃顶子自然保护区鸿雁沟区域,布置实验基地 12.4 hm²,其主要植被类型为落叶松针阔混交林,林内的阔叶树以柞树、花曲柳、胡桃楸为主,分布不均匀,冠下幼树有花曲柳、槭树,灌木有忍冬、刺五加等,重点开展植被结构调整和近自然化改造定位实验研究(表 6-8、图 6-7)。

　　布置植被结构调整和近自然化改造定位实验,通过间伐/栽植等经营手段,培育营造多数种混交结构,构建生态经济型的人工林植被结构,进一步探讨水源涵养人工林林分的稳定性机制,摸索适宜水源地的森林经营模式,提出近自然的稳定林分结构优化设计技术,使水源涵养人工林形成稳定、高效的森林群落,促进流域的森林可持续经营,保护椴树、胡桃楸等高景观价值的树种,发挥森林最佳生态、经济和社会效益。

(a)　　　　　　　　　(b)　　　　　　　　　(c)

图 6-7　植被结构调整
(a)为间伐前;(b)、(c)为间伐后

表 6-8　辽河上游水源涵养林试验基地

试验基地、中试线及生产线名称、地点	规模、任务	所属单位及通信地址、邮政编码
大辽河流域上游鸿雁沟小流域水源涵养林体构建技术研究示范基地,主要植被类型为落叶松针阔混交林,林内的阔叶树以柞树、花曲柳、胡桃楸为主,冠下幼树有花曲柳、椴树,灌木有忍冬、刺五加等。本试验基地重点开展植被结构调整和近自然化改造技术示范	试验示范区面积 1100 亩,示范内容包括人工植被重建技术、水源涵养林结构调控与改造技术、水源涵养林近自然改造技术	老秃顶子自然保护区管理局;辽宁省抚顺市新宾县平顶山镇;邮编:113000

6.6.2　示范区应用技术模式

1. 水源涵养林植被恢复技术

(1)整地技术。水源涵养林植被恢复整地带长 10~15 m,并保留>2 m 的原有植被隔离带,每隔 10 带沿等高线保留 5~10 m 宽隔离带。山脊与栽植区之间保留 30~50 m 原有植被区。

(2)带状混交技术。针阔叶树种比例达到 6∶4。在造林前一年或当年雨季前整地,在已整地穴内挖长、宽、深分别为 50 cm、40 cm、60 cm 栽植穴,根据土壤条件、土层厚度和坡向选择当地适生的油松、辽东栎、蒙古栎、色木槭、白桦、紫穗槐、胡枝子造林。混交的阔叶乔木采用 2 m×3 m 株行距,灌木采用 1 m×3 m 株行距。

2. 水源涵养林结构定向调控技术

(1)天然次生林改造技术。水源涵养林结构定向调控过程中,抚育改造区保留胸径

8~18 cm 林木,密度 300~400 株/hm²。栽植 5 年生红松苗,株行距为 1.5 m×3.0 m。

(2)落叶松人工林的调控技术。诱导的主要技术措施是进行林冠下更新,选择阴坡、半阴坡坡面较平缓中厚的层土,林龄 50 年左右的落叶松,对其进行强度疏伐,调整密度,使郁闭度降至 0.5 左右。

(3)落叶松冠下更新红松。对落叶松疏伐后,全面清场。在秋季 10 月末 11 月中旬结冻前进行整地,坑盘 40 cm,坑深 30 cm,密度为 3333 株/hm²。由于林内解冻较晚,秋季整地可提前一周造林。第二年 4 月初进行造林。苗木规格:4~5 年生移植苗,苗高 20 cm 以上,地径 0.5 cm 以上。

(4)落叶松冠下更新云、冷杉。春季林冠下更新云、冷杉,密度为 4 000 株/hm² 左右,苗木规格为苗龄 5 年,苗高大于 20 cm,地径大于 0.55 cm。从更新当年起连续抚育 3 年,全面割除灌木、杂草。

(5)天然杂木林结构调控技术。对于天然杂木林,在平均林龄 40 年的林分内进行抚育改造,诱导成异龄复层阔叶红松林。首先伐除病腐木、干形不良的弯曲木、非目的树种及个别大径木,保留有培育前途的中、小径目的树种林木,保留木的胸径宜在 10~15 cm 之间,郁闭度为 0.4~0.5。疏伐作业后,春季冠下栽植红松,苗木质量标准为:苗龄 4~5 年,苗高 20~30 cm,地径 0.5~1.0 cm,栽植密度为 3000 株/hm²。冠下更新后,再次进行抚育,伐除阔叶幼树,进行上层抚育,伐除胸径 20 cm 以上的林木,以总郁闭度 0.5~0.6 为宜,使红松、阔叶树之间的营养面积和营养空间搭配合理,保持其稳定的结构。

6.6.3 示范区应用技术模式效果评价

示范区应用技术模式效果评价,见表 6-9、表 6-10。

表 6-9 辽河上游水源涵养林技术

技术名称	技术特点	应用效果
水源涵养林植被恢复技术	整地带长 10~15 m,并保留>2 m 的原有植被隔离带,每隔 10 带沿等高线保留 5~10 m 宽隔离带,山脊与栽植区之间保留 30~50 m 原有植被区	该技术是较好的植被恢复途径,既不使森林环境发生重大变化,同时在冠下引进针叶树,形成针阔混交林结构,加速演替进程,增加水源涵养林生态系统的稳定性
水源涵养林结构定向调控技术	抚育改造区保留胸径 8~18 cm 林木 300~400 株/hm²,栽植 5 年生红松苗,株行距为 1.5 m×3.0 m,在红松行间栽植 2 年生细辛苗,株行距 20 cm×20 cm	该技术提高林内降雨量 112%;截留量减少 65%,结构调控技术降低了林冠总表面积,树冠截留量减少,调控区地表径流最高,对林地土壤、水分有明显的保护作用
小流域水源涵养林空间配置技术	选取水源涵养林生物量、涵养水源量、土壤侵蚀量作为水源涵养林结构空间优化配置的指标,根据优化指标样本值,构建多目标综合决策矩阵,对优化方案进行计算,获得小流域水源涵养林空间配置优化方案	水源涵养林类型优化配置后,针阔混交林的比例提高了 40%,林分的降雨截留量、土壤持水量均显著提高,生物多样性增加,形成良好的生物化学循环,生物量和林分生产力分别增加了 0.6% 和 2.1%,涵养水源功能增加了 31.7%,优化后的水源涵养林类型结构更加趋于合理,符合研究区目前的实际情况

表 6-10　辽东山区水源涵养林主要树种分析

树种	生态习性	营林技术		功能
		整地	造林季节及密度	
落叶松	耐寒、喜光、耐干旱瘠薄的浅根性树种,适应性强,对土壤水分条件和土壤养分条件的适应范围很广,喜冷凉的气候,有一定的耐水湿能力,但其生长速度与土壤的水肥条件关系密切,落叶松最适宜在湿润、排水、通气良好,土壤深厚而肥沃的土壤条件下生长	一般采用穴状、鱼鳞坑整地。在新采伐迹地、杂草较少的弃耕地,灌木较稀的立地条件上,采用穴状整地,规格为 30 cm×30 cm×30 cm;荒山、老采伐迹地,灌木和杂草较密的立地条件上,应先进行割灌后再整地	春、秋造林均可,但以春季的 3～4 月为好。采用 2 年生的 1～2 级合格苗造林,在立地条件较好的地段上造林,造林密度以 2500 株/hm² 为宜,采用 2 m×2 m 的株行距	
红松	喜生于寒冷、湿润的山带下部或中山带上部阴坡下部,大气湿度降低,本种较耐阴,但最适生于湿润、肥沃、深厚的砂壤或黏壤土的坡地	造林地选择阳坡、半阳坡或半阴坡,阳坡坡度应在 200° 以下。土壤应选择粉沙壤土或壤土中的中、厚层土	造林密度一般以 2500 株/hm² 为宜	是水源涵养林最佳选择树,红松人工林枯落物平均厚度 4.2 cm,每公顷枯落物累计量 78.53 t,每公顷持水量 115.44 t
刺槐	耐干旱、瘠薄,亦耐寒,喜光。在中性土、酸性土和含盐量 0.3% 以下的轻盐碱土上均能正常生长。刺槐属于浅根性,萌芽力和根蘖性都很强	整地规格为 20 cm×20 cm×20 cm;荒山、老采伐迹地,灌木和杂草较密的立地条件上,应先进行割灌后再整地,春、秋造林均可	采用 2 年生的 1～2 级合格苗造林,在立地条件较好的地段上造林,造林密度以 4500 株/hm² 左右为宜	叶可作饲料和沤制绿肥;花是上等蜜源
紫穗槐	管理粗放、生长旺盛、抗逆性极强的灌木,耐寒耐旱、耐瘠薄、耐风沙,根系发达,一般土质都能生长旺盛,枝繁叶茂,具有特强的固土护坡功能。在荒山坡、道路旁、河岸、盐碱地均可生长	整地规格为 30 cm×30 cm×30 cm	造林密度以 40 000 株/hm² 左右为宜。或可适当根据地理条件调整株行距。种子播种每公顷 75 kg 左右为宜	用于护坡固堤,改良土壤,枝叶对烟尘有较强的吸附作用,又可作被覆地面用。枝叶作绿肥,枝条用以编筐,果实含芳香油,广泛应用于坡面穿带、矿山护坡等
山杨	喜光性树种,不耐庇荫,耐寒、耐旱。深根性,主、侧根均发达	整地规格为 30 cm×30 cm×30 cm	株行距为 1 m×1 m 或 1 m×0.5 m。造林密度以 10 000 株/hm² 左右为宜	树冠广展,枝叶茂密,生长快速,根系发达

参 考 文 献

白晋华,胡振华,郭晋平.2009.华北山地次生林典型森林类型枯落物及土壤水文效应研究.水土保持学报,23(2): 84-89.

鲍文,何丙辉,包维楷,等.2004.森林植被对降水的截留效应研究.水土保持研究,11(1):193-197.

蔡体久.2001.基于 RS 和 GIS 的林型结构与森林涵养水源关系的研究.水土保持学报,15(4):16-19.

曹云,杨劼,宋炳煜,等.2005.人工抚育措施对油松林生长及结构特征的影响.应用生态学报,16(3):397-402.

陈波,孟成生,赵耀新,等.2012.冀北山地不同海拔华北落叶松人工林枯落物和土壤水文效应.水土保持学报,26 (3):1-6.

陈步峰,周光益,曾庆波,等.1998.热带山地雨林生态系统水文动态特征的研究.植物生态学报,22(1):68-751

陈东莉,郭晋平,杜宁宁.2011.间伐强度对华北落叶松林下生物多样性的影响.东北林业大学学报,39(4):37-39

陈天民.1999.实施天然林保护工程是生态建设的重要任务——辽宁省天然林对生态环境建设的影响.辽宁林业科技, 2:3-8.

陈廷贵,张金屯.2000.山西关帝山神尾沟植物群落物种多样性与环境关系的研究 I.丰富度,均匀度和物种多样性指 数.应用与环境生物学报,6(5):406-411.

陈祥伟,王文波,夏祥友.2007.小流域水源涵养林优化配置.应用生态学报,18(2):267-271.

陈肖.2008.半干旱地区油松纯林改造成混交林效益分析.农业科技与信息,4:31-32.

陈引珍,何凡,张洪江,等.2005.缙云山区影响林冠截留量因素的初步分析.中国水土保持科学,3(3):69-72

陈永金,陈亚宁,薛燕.2004.干旱区植物耗水量的研究与进展.干旱区资源与环境,18(6):152-158.

程云.2007.缙云山森林涵养水源机制及其生态功能价值评价研究.北京:北京林业大学博士学位论文.

党宏忠,周泽福,赵雨森.2005.青海云杉林冠截留特征研究.水土保持学报,19(4):60-64.

邓志平,卢毅军,谢佳彦,等.2008.杭州西湖山区不同植被类型植物多样性比较研究.中国生态农业学报,16(1):25- 29.

丁访军,王兵,钟洪明,等.2009.赤水河下游不同林地类型土壤物理特性及其水源涵养功能.水土保持学报,23(3): 179-183.

丁绍兰,杨乔媚,赵串串,等.2009.黄土丘陵区不同林分类型枯落物层及其林下土壤持水能力研究.水土保持学报, 23(5):104-108.

董旭,赵串串,辛文荣,等.2009.海东地区油松混交林与纯林生态效应对比研究.水土保持研究,16(1):196-198.

樊登星,余新晓,岳永杰,等.2008.北京西山不同林分枯落物层持水特性研究.北京林业大学学报,30(2):177-181.

范世香,高雁,程银才,等.2007.林冠对降雨截留能力的研究.地理科学,27(2):200-204.

冯迪,孙保平,安彪,等.2008.退耕还林工程生态效益评价指标体系与方法研究.中国北方退耕还林工程建设管理与 效益评价实践.

高成德,田晓瑞.2005.北京密云水库集水区水源保护林最佳森林覆盖率研究.林业实用技术,8:3-5.

高琼,董学军,梁宁.1996.基于土壤水分平衡的沙地草地最优植被覆盖率的研究.生态学报,16(1):33-39.

宫渊波,麻泽龙,陈林武,等.2004.嘉陵江上游低山暴雨区不同水土保持林结构模式水源涵养效益研究.水土保持学 报,18(3):28-32.

郭浩,步兆东,田福军,等.2003.辽西油松纯林林分改造效益的综合评价.北京林业大学学报,25(5):6-9.

郭浩,王兵,马向前,等.2008.中国油松林生态服务功能评估.中国科学:C 辑,38(6):565-572.

郭泺,夏北成,倪国祥.2005.不同森林类型的土壤持水能力及其环境效应研究.中山大学学报(自然科学版),44 (S1):327-330.

郭雨华,韩煜,李嘉,等.2009.大通退耕地植物群落植冠层截留性能和枯落物容水性能研究.西北林学院学报,24 (5):50-53.

韩蕊莲,侯庆春.1996.黄土高原人工林小老树成因分析.干旱地区农业研究,14(4):104-108.

韩珍喜,马志颜.1982.对赤峰市黄土丘陵区最佳森林覆盖率的探讨.内蒙古林业调查与规划,5(2):13-15.

郝帅,张毓涛,刘端,等.2009.不同郁闭度天山云杉林林冠截留量及穿透雨特征研究.干旱区地理,32(6):917-923.

贺康宁,张光灿,田阳,等.2003.黄土半干旱区集水造林条件下林木生长适宜的土壤水分环境.林业科学,39(1):
    10-16.

康绍忠,刘晓明,熊运章,等.1994.土壤-植物-大气连续体水分传输理论及其应用.北京:水利电力出版社.

柯文山,钟章成,王惠平.1998.重庆缙云山四川大头茶群落物种多样性研究.植物研究,18(4):96-101.

郎南军,胡涌.2002.云南天然林保护与可持续经营技术研究.北京林业大学学报,24(1):47-52.

雷瑞德.1984.秦岭火地塘林区华山松林水源涵养功能的研究.西北林学院学报,1:19-34.

黎建强,张洪江,程金花,等.2011.长江上游不同植物篱系统的土壤物理性质.应用生态学报,22(2):418-424.

李潮海,王群,郝四平.2002.土壤物理性质对土壤生物活性及作物生长的影响研究进展.河南农业大学学报,36(1):
    32-37.

李海军,张毓涛,张新平,等.2010.天山中部天然云杉林森林生态系统降水过程中的水质变化研究.生态学报,30
    (18):4828-4838.

李金良,郑小贤.2004.北京地区水源涵养林健康评价指标体系的探讨.林业资源管理,33(1):31-34.

李林海,邱莉萍,梦梦.2012.黄土高原沟壑区土壤酶活性对植被恢复的响应.应用生态学报,(12):3355-3360.

李清源.2004.西部民族地区生态环境恶化态势及影响分析.青海民族学院学报,30(2):61-65.

李世荣.2006.青海大通高寒区退耕还林生态效应研究.北京:北京林业大学博士学位论文.

李文影,满秀玲,张阳武.2009.不同林龄白桦次生林土壤特性及其水源涵养功能.中国水土保持科学,7(5):63-69.

李悦,马溪平,李法云,等.2011.太子河河岸带植物群落特征及其物种多样性研究.科技导报,29(23):23-28.

林斯超.1987.试论三江平原合理的森林覆被率.东北林业大学学报,15(1):95-101.

刘虎,赵淑银,郑和祥.2012.基于主成分分析法的牧草不同套种模式综合效益评价.中国农村水利水电,54(11):
    43-47.

刘建军,王得祥,雷瑞德,等.2002.陕北黄土丘陵沟壑区植被恢复与重建技术对策.西北林学院学报,17(3):12-15.

刘向东,吴钦孝,赵鸿雁.1991.黄土高原油松人工林枯枝落叶层水文生态功能研究.水土保持学报,5(4):87-92.

吕粉桃.2007.青海大通山地退耕还林生境演变特征及其评价研究.北京:北京林业大学博士学位论文.

马姜明,刘世荣,史作民,等.2007.川西亚高山暗针叶林恢复过程中群落物种组成和多样性的变化.林业科学,(5):
    17-23.

马克平,刘玉明.1994.生物群落多样性的测度方法-Ⅰα多样性的测度方法(下).生物多样性,2(4):231-239.

马雪华,杨茂瑞.2003.亚热带杉木马尾松人工林水文功能的研究.林业科学,39(3):199-206.

彭明俊,郎南军,温绍龙,等.2005.金沙江流域不同林分类型的土壤特性及其水源涵养功能研究.水土保持学报,19
    (6):108-111.

齐国明,徐敏,王显胜.2005.谈森林结构的优化与森林生态效益的充分发挥.防护林科技,3:96-115.

齐记,史宇,余新晓,等.2011.北京山区主要树种枯落物水文功能特征研究.水土保持研究,18(3):73-77.

秦嘉海,金自学,王进,等.2007.祁连山不同林地类型对土壤理化性质和水源涵养功能的影响.水土保持学报,21
    (1):92-94.

秦永胜.2001.北京密云水库集水区水源保护林土壤侵蚀控制机理与模拟研究.北京:北京林业大学博士学位论文.

曲红,王百田,王棣,等.2010.黄土区不同配置人工林物种多样性研究.生态环境学报,19(4):843-848.

茹文明,张金屯,毕润成,等.2005.山西霍山森林群落林下物种多样性研究.生态学杂志,24(10):1139-1142.

史玉虎,朱仕豹,熊峰,等.2004.三峡库区端坊溪小流域的森林水文效应.中国水土保持科学,2(3):17-21.

宋德利,王拥军.2007.辽东山区天然次生林经营的发展与问题.安徽农业科学,35(5):1365-1366.

孙昌平,刘贤德,雷蕾,等.2010.祁连山不同林地类型土壤特性及其水源涵养功能.水土保持通报,30(4):68-72.

孙鹏森.2000.京北水源保护林格局及不同尺度树种蒸腾耗水特性研究.北京:北京林业大学博士学位论文,1(1):
    1-11.

孙艳红,张洪江,杜士才,等.2009.四面山不同林地类型土壤特性及其水源涵养功能.水土保持学报,23(5):109-113.

唐丽霞.2009.黄土高原清水河流域土地利用/气候变异对径流泥沙的影响.北京:北京林业大学博士学位论文.

田晶会,贺康宁,王百田,等.2005.不同土壤水分下黄土高原侧柏生理生态特点分析.水土保持学报,19(2):175~178.

汪殿蓓,陈飞鹏,李碧方,等.2006.仙湖苏铁群落优势种群的生态位特征.生态学杂志,25(4):399-404.

王大毫.1986.丽江地区最佳森林覆盖率的探讨.云南林业调查规划,4:24-26.

王华田.2002.北京市水源保护林区主要树种耗水性研究.北京:北京林业大学博士学位论文,1(1):9-18.

王晶,莫菲,段文标,等.2009.六盘山南坡不同密度华北落叶松水源林生长过程比较.应用生态学报,20(3):
  500-506.

王鸣远,王礼先.1995.三峡库区马尾松林对降雨截留效应的研究.北京林业大学学报,17(4):74-81.

王彦辉,于澎涛.1998.林冠截留降雨模型转化和参数规律的初步研究.北京林业大学学报,20(6):25-30.

王云琦,王玉杰.2010.三峡库区典型森林植被生态水文功能.生态学杂志,20(10):1892-1900.

王宗汉,汪自喜.1978.雁北地区杨树"低产林"的形成原因与间伐抚育效果的调查报告.山西林业科技,2:1-10.

魏天兴,余新晓,朱金兆,等.2001.黄土区防护林主要造林树种水分供需关系研究.应用生态学报,12(2):185-189.

魏天兴,朱金兆,张学培,等.1998.晋西南黄土区刺槐油松林地耗水规律的研究.北京林业大学学报,20(4):36-40.

温远光,陈放,刘世荣,等.2008.广西桉树人工林物种多样性与生物量关系.林业科学,44(4):14-19.

武晶.2009.辽东山地植物多样性垂直分异及与土壤环境的关系.大连:辽宁师范大学硕士学位论文.

肖洋,陈丽华,余新晓,等.2008.北京密云麻栎-侧柏林生态系统 N、P、K 的生物循环.北京林业大学学报,30(S2):
  67-71.

余坤勇,刘健,赖玫妃,等.2009.基于水土保持的富屯溪流域森林资源开发利用适宜性评价.西北林学院学报,24
  (5):176-179.

余新晓.1995.土壤水动力学及其应用.北京:中国林业出版社.

余新晓,陈丽华.1996.黄土地区防护林生态系统水量平衡研究.生态学报,16(3):238-245.

余新晓,张建军,朱金兆,等.1996.黄土地区防护林生态系统土壤水分条件的分析与评价.林业科学,32(4):
  289-296.

余新晓,赵玉涛,程根伟.2002.贡嘎山东坡峨眉冷杉林地被物分布及其水文效应初步研究.北京林业大学学报,24
  (5/6):14-18.

张昌顺,李昆.2005.人工林地力的衰退与维护研究综述.世界林业研究,18(1):17-21.

张洪亮,张毓涛,张新平,等.2011.天山中部天然云杉林凋落物层水文生态功能研究.干旱区地理,34(2):271-277.

张金屯,焦蓉.2003.关帝山神尾沟森林群落木本植物种间联结性与相关性研究.植物研究,23(4):458-463.

张焜,张洪江,程金花,等.2011.重庆四面山暖性针叶林林冠截留及其影响因素.东北林业大学学报,39(10):32-35.

张佩昌.1999.试论天然林保护工程.林业科学,35(2):124-131.

张伟华,张昊,李文忠,等.2005.青海大通中国沙棘人工林对土壤有机质和含氮量的影响.干旱区资源与环境,19
  (1):154-158.

张毓涛,王文栋,李吉玫,等.2011.新疆乌拉泊库区沙枣与胡杨光合特性比较.西北植物学报,31(2):377-384.

张志.2004.基于 GIS 的金沟岭林场森林景观格局研究.北京:北京林业大学硕士学位论文.

张卓文,杨志海,张志永,等.2006.三峡库区莲峡河小流域马尾松林冠降雨截留模拟研究.华中农业大学学报,25
  (3):318-322.

赵荟,朱清科,秦伟,等.2010.黄土高原沟壑区干旱阳坡的地域分异特征.地理科学进展,29(3):327-334.

周晓峰,蒋敏元.1999.黑龙江省森林效益的计量,评价及补偿.林业科学,35(3):97-102.

Alkemade R, van Oorschot M, Miles L, et al. 2009. GLOBIO3:a framework to investigate options for reducing global
  terrestrial biodiversity loss. Ecosystems,12(3):374-390.

Das C, Capehart W J, Mott H V, et al. 2004. Assessing regional impacts of Conservation Reserve Program-type grass
  buffer strips on sediment load reduction from cultivated lands. Journal of Soil and Water Conservation, 59(4):
  134-142.

Johnson D W, Curtis P S. 2001. Effects of forest management on soil C and N storage:meta analysis. Forest Ecology
  and Management,140(2):227-238.

Lin C H, Lerch R N, Garrett H E, et al. 2004. Incorporating forage grasses in riparian buffers for bioremediation of atrazine, isoxaflutole and nitrate in Missouri. Agroforestry Systems, 63(1):91-99.

Lloyd A, Law B, Goldingay R. 2006. Bat activity on riparian zones and upper slopes in Australian timber production forests and the effectiveness of riparian buffers. Biological Conservation, 129(2):207-220.

Lowrance R, Hubbard R K, Williams R G. 2000. Effects of a managed three zone riparian buffer system on shallow groundwater quality in the southeastern coastal plain. Journal of Soil and Water Conservation, 55(2):212-220.

Lowrance R, Sheridan J M. 2005. Surface runoff water quality in a managed three zone riparian buffer. Journal of Environmental Quality, 34(5):1851-1859.

Nisbet T R. 2001. The role of forest management in controlling diffuse pollution in UK forestry. Forest Ecology and Management, 143(1):215-226.

Öhman K, Eriksson L O. 1998. The core area concept in forming contiguous areas for long-term forest planning. Canadian Journal of Forest Research, 28(7):1032-1039.

Potthoff M, Jackson L E, Steenwerth K L, et al. 2005. Soil biological and chemical properties in restored perennial grassland in California. Restoration Ecology, 13(1):61-73.

Sato Y, Kumagai T, Kume A, et al. 2004. Experimental analysis of moisture dynamics of litter layers—the effects of rainfall conditions and leaf shapes. Hydrological Processes, 18(16):3007-3018.

Schultz R C, Isenhart T M, Simpkins W W, et al. 2004. Riparian forest buffers in agroecosystems-lessons learned from the Bear Creek Watershed, central Iowa, USA. Agroforestry Systems, 61(1-3):35-50.

Sheeder S A, Ross J D, Carlson T N. 2007. Dual urban and rural hydrograph signals in three small watersheds. Journal of the American Water Resources Association, 38(4):1027-1040.

Singleton R, Gardescu S, Marks P L, et al. 2001. Forest herb colonization of postagricultural forests in central New York State, USA. Journal of Ecology, 89(3):325-338.

Stednick J D. 1996. Monitoring the effects of timber harvest on annual water yield. Journal of Hydrology, 176(1):79-95.

Viglizzo E F, Pordomingo A J, Castro M G, et al. 2004. Scale-dependent controls on ecological functions in agroecosystems of Argentina. Agriculture, Ecosystems & Environment, 101(1):39-51.

Worrell R, Hampson A. 1997. The influence of some forest operations on the sustainable management of forest soils—a review. Forestry, 70(1):61-85.

Zaimes G N, Schultz R C, Isenhart T M. 2004. Stream bank erosion adjacent to riparian forest buffers, row-crop fields, and continuously-grazed pastures along Bear Creek in central Iowa. Journal of Soil and Water Conservation, 59(1):19-27.